DIE HIRNTÄTIGKEIT DES SÄUGLINGS

VON

DR. ALBRECHT PEIPER
PRIVATDOZENT · ASSISTENT AN DER UNIVERSITÄTSKINDERKLINIK
BERLIN

MIT 22 ABBILDUNGEN

BERLIN
VERLAG VON JULIUS SPRINGER
1928

SONDERABDRUCK AUS
ERGEBNISSE DER INNEREN MEDIZIN
UND KINDERHEILKUNDE · BAND 33.

ISBN-13:978-3-642-90228-4 e-ISBN-13:978-3-642-92085-1
DOI: 10.1007/978-3-642-92085-1

Vorwort.

Die Hirntätigkeit des Säuglings ist nur durch unmittelbare Beobachtung und Untersuchung zu erforschen; deshalb muß der Säugling selbst den Ausgangs- und Mittelpunkt aller Forschung bilden. Die Säuglingspsychologie geht heute aber meistens einen andern Weg, indem sie ihre Gedankengänge auf die Psychologie des Erwachsenen zu stützen sucht. Gewiß lassen sich viele Vorgänge am Säugling leichter verstehen, wenn sie mit den entsprechenden Erscheinungen am Erwachsenen verglichen werden. Es geht aber nicht an, darüber die Einzeluntersuchung am Säugling zu vernachlässigen und statt dessen „mit viel Phantasie und wenig Wirklichkeitssinn“ (Tumlirz) umfangreiche Deutungsversuche anzustellen. Ein solches Verfahren, bei dem die Spekulationen ihren Zusammenhang mit der Wirklichkeit verlieren, muß die schwersten Bedenken erregen, kann doch niemals ein noch so geistreicher Gedanke die einfache Beobachtung und Untersuchung des Kindes ersetzen.

Die vorliegende Arbeit will deshalb die Forschung am Säugling selbst in den Vordergrund rücken, indem sie die vorhandenen Ergebnisse zusammenfaßt und mit eigenen Untersuchungen vergleicht. Dabei liegen rein psychologische Fragen nicht in ihrem Rahmen. Auffallenderweise haben sich gerade die Vertreter der Kinderheilkunde bisher nur selten mit der geistigen Entwicklung des Kindes beschäftigt, so sehr sein körperliches Wachstum Gegenstand ihrer Aufmerksamkeit war. Vielleicht ist die vorliegende Arbeit ein Anlaß, die geistige Entwicklung mehr als bisher zu beachten.

Berlin, im Februar 1928.

A. Peiper.

Inhaltsverzeichnis.

I. Bewußtsein.

Es ist ein müßiges Unternehmen, die Bewußtseinsvorgänge erschließen zu wollen, von denen die Sinnesempfindungen des Neugeborenen begleitet werden; denn das Gedächtnis der Erwachsenen reicht nicht bis in das Säuglingsalter und erst recht nicht in die Neugeborenenzeit zurück, so daß wir auf Grund eigener Erfahrungen und Erinnerungen nichts über diesen Zeitabschnitt aussagen können. Es ist nicht überflüssig, dies zu betonen, hat doch die Freudsche Schule dem Geburtsvorgang den größten Einfluß auf das spätere Leben zugeschrieben. Zeitlebens sollen die Spuren der plötzlichen Umstellung, die das Kind unter der Geburt erleidet, im körperlichen Ausdruck der Gemütsbewegungen zu erkennen sein. Allerdings ist bisher der Beweis für eine derartige Erinnerungsfähigkeit nicht geführt worden.

Je nach der philosophisch-psychologischen Einstellung des einzelnen werden die verschiedensten Ansichten über das Bewußtsein des Neugeborenen geäußert, ohne daß auch nur der Versuch gemacht würde sie zu beweisen. So schreit nach Kant das neugeborene Kind, weil es sein Unvermögen, sich seiner Gliedmaßen zu bedienen für Zwang ansieht und so seinen Anspruch auf Freiheit sofort ankündigt. Nach Hegel zeigt sich das Neugeborene durch sein Schreien „sogleich von der Gewißheit durchdrungen, daß es von der Außenwelt die Befriedigung seiner Bedürfnisse zu fordern ein Recht habe — daß die Selbständigkeit der Außenwelt gegen den Menschen eine nichtige sei.“ Für Michelet, einen Schüler Hegels, ist dieser Schrei „das Entsetzen des Geistes über das Unterworfensein unter die Natur“, mit der es einen fortwährenden Kampf zu führen hat.

Diese Aussprüche liegen lange zurück, aber es klingt kaum anders, wenn Kaus 1926 aus der Betrachtungsweise der Individualpsychologie heraus folgendes schreibt: „Die erste Erfahrung, die das Kind machen muß, ist die, daß es zur Befriedigung seiner Bedürfnisse der Hilfe einer andern erwachsenen Person bedarf. Der erste Zusammenstoß mit der Außenwelt vermittelt die Erkenntnis von der eigenen Hilflosigkeit und von der Hilfsbereitschaft des nächsten Menschen — meist der Mutter.“ Ist der neugeborene Mensch wirklich einer solchen Erkenntnis fähig und mit welchem Verfahren wurde diese wohl nachgewiesen?

Die Systeme wechseln, und so werden gewiß noch manche anders lautenden Ansichten über das Seelenleben des Neugeborenen vorgebracht werden. Sobald sie ohne eigene Beobachtung ersonnen wurden, geraten sie mit den vorhandenen Tatsachen in Widerspruch.

Aber selbst die eingehendste Beobachtung läßt keine Schlüsse auf den Bewußtseinszustand des Neugeborenen zu. Was wir an ihm sehen können, sind Reaktionen auf Sinnesreize, die ihm von außen zugeführt werden oder in ihm entstehen. Wir dürfen vielleicht annehmen, daß die begleitenden Empfindungen verschieden sind, wenn die Reaktionen verschieden ausfallen; es läßt sich also höchstens das Verhältnis der Sinnesempfindungen zueinander beurteilen. Was aber darüber hinausgeht, die im Bewußtsein sich abspielenden Vorgänge, entziehen sich unserer Kenntnis, da es kein Verfahren gibt, sie zu untersuchen; denn der einzige einwandfreie Weg, die Selbstbeobachtung, ist in diesem Falle noch nicht gangbar. Analogieschlüsse aber vom Erwachsenen her unter der Annahme, daß gleiche Reaktionen auch von gleichen Bewußtseinsvorgängen begleitet werden, können für den Neugeborenen keinen zuverlässigen Wegweiser abgeben. Wie noch zu zeigen ist, gibt es bisher keinen Beweis dafür, daß die Großhirnrinde, die beim Erwachsenen für den Sitz des Bewußtseins in Anspruch genommen wird, schon beim Neugeborenen arbeitsfähig ist. Wer sich die Bewußtseinsvorgänge des Neugeborenen vorzustellen sucht, der sollte dessen stets eingedenk sein.

Jedenfalls müssen die Versuche, näheres über den Bewußtseinszustand des Neugeborenen auszusagen, als das gekennzeichnet werden, was sie sind: Rein theoretische Überlegungen ohne die Möglichkeit, durch vorhandene Tatsachen bewiesen oder widerlegt zu werden. Sie sind abhängig von der philosophischen Schule, der der einzelne angehört, und durch keine Tatsachen gestützt.

Mit ganz ähnlichen Schwierigkeiten hat die Tierpsychologie zu kämpfen. Sobald wir versuchen, uns den Bewußtseinsinhalt eines Tieres vorzustellen, kommen wir über unbestimmte und unbeweisbare Annahmen nicht hinaus; wir stehn vor den Grenzen, die der wissenschaftlichen Erkenntnis gezogen sind. Auf welchem Wege sich trotzdem die Hirntätigkeit des Tieres erforschen läßt, das haben die bahnbrechenden Arbeiten von Thorndike in Amerika und besonders von Pawlow in Rußland gezeigt. Diese Forscher arbeiteten nämlich Verfahren aus, um die Reaktionsfähigkeit des Tieres unter bestimmten Versuchsbedingungen zu prüfen, und konnten so eine Fülle neuer Tatsachen und Gesetze entdecken. Sie beschränken sich aber ganz darauf, das äußere Verhalten des Tieres zu beobachten und verzichten auf alle Spekulationen über die Vorgänge, die sich gleichzeitig im Bewußtsein abspielen könnten.

Damit ist ein Weg vorgezeichnet, den die Säuglingsforschung in gleicher Weise gehen kann; denn wenn uns auch das Seelenleben des Säuglings wohl ebenso fremd ist wie das des Tieres, so läßt sich doch seine Reaktionsfähigkeit unter bestimmten Versuchsbedingungen untersuchen und in ihrer allmählichen Ausbildung verfolgen. Der Bewußtseinsinhalt, der sich ja doch nicht feststellen läßt, bleibt dabei ganz außer Betracht. Notwendig sind aber Versuche am Säugling selbst; ebensowenig wie sich eine Tierpsychologie auf Beobachtungen am erwachsenen Menschen aufbauen ließe, kann sich eine Säuglingspsychologie auf diese Grundlagen stützen.

Wir treten damit in bewußten Gegensatz zu den Forschern, die ihre am Erwachsenen gewonnenen Erfahrungen auf den Säugling übertragen, ohne es für nötig zu halten, die Richtigkeit ihrer Behauptungen am Säugling selbst zu beweisen. Daß oft ein solcher Beweis überhaupt nicht möglich ist, haben wir bereits gesagt.

Schwer zu entscheiden ist die Frage, ob im Laufe der Entwicklung qualitativ neue, vorher nicht vorhandene Leistungen des Nervengewebes entstehen oder ob es sich immer nur um eine Steigerung der vorhandenen Leistungen handelt. Vielleicht kann hier die Strukturpsychologie eine Antwort geben. Man könnte sich nämlich vorstellen, daß durch das Zusammentreten von Einzelleistungen neue, in den Teilen nicht einzeln vorhandene Leistungen entstehen.

Vor allem darf über der Fülle der Einzelheiten nicht der Gedanke an das große einheitliche Ganze verloren gehen. Die Seele des Neugeborenen ist nicht der Summe aller von ihm gegebenen Reaktionen gleichzusetzen, sondern darüber hinaus ein Ganzes, das nicht aus seinen Teilen heraus erklärt werden kann.

II. Erwachen der Sinnestätigkeit.

Die allgemeinen Reaktionen.

Die Reaktionen des Säuglings auf einen Reiz haben um so mehr die Eigenschaften einfacher Reflexe, je jünger das Kind ist. Je älter es aber wird, je mehr das Großhirn seine Hirntätigkeit mitbeeinflußt, desto häufiger treten Reaktionen auf, die nicht mehr als reine Reflexe zu deuten sind. Nebenher sind diese natürlich zu allen Zeiten des Lebens in großer Zahl vorhanden.

Sie lassen sich in zwei Gruppen einteilen: Die Allgemeinreaktionen, z. B. die Schreckreaktion, sind von jedem Sinnesorgan aus hervorzurufen; dagegen sind die örtlichen Reaktionen nur durch Reizung eines bestimmten Sinnesorgans auszulösen, z. B. die Pupillenverengerung auf Lichteinfall oder das Gesichterschneiden nach dem Genuß schlecht schmeckender Stoffe.

Zu den allgemeinen Reaktionen gehören:

Veränderungen von Atemrhythmus und -Tiefe,
Veränderungen des Hirnpulses,
Pupillenerweiterung,
Galvanischer Hautreflex,
Schreckreaktion, Bewegungsunruhe,
Mienenspiel.

Canestrini hat die Reizbarkeit der Neugeborenen untersucht, indem er ihre Atmung und ihren Hirnpuls auf dem Kymographion schrieb. Da sich seine Kurven unter dem Einfluß der verschiedenartigsten Reize stark veränderten, so schloß er mit Recht, daß eine Reizung stattgefunden hatte. Unzweifelhaft hat sich Canestrini ein großes Verdienst dadurch erworben, daß er diese Verfahren in die Sinnesphysiologie des Neugeborenen einführte; denn sie beweisen einwandfrei, daß der Neugeborene wirklich reagiert.

In der weiteren Deutung seiner Ergebnisse kann ich ihm aber auf Grund eigener ausgedehnter Erfahrungen nicht beipflichten. Unter dem Einfluß äußerer Reize kommt es beim Säugling sehr leicht zur Schreckreaktion oder zu einer allgemeinen Bewegungsunruhe, und dadurch verändern sich notwendigerweise die Atmungs- und Hirnpulskurven so stark, daß das Bild vollkommen verwischt wird. Es genügt z. B. eine ganz geringe Kopfbewegung, um das sehr empfindliche Aufnahmegerät des Hirnpulses am Schädel zu verschieben und so die Kurve des Hirnpulses von außen zu ändern. Damit dieser Fehler vermieden wird, muß das Kind vor und nach dem Reiz völlig bewegungslos liegen, und diese Bewegungslosigkeit muß, am besten durch ein besonderes Gerät, ständig überwacht werden. Wie ich gezeigt habe, gelingt es am schlafenden Kinde den aufgestellten Forderungen zu genügen. Die von mir untersuchten Kinder waren aber keine Säuglinge, und so ist das Verhalten des Hirnpulses im Säuglingsalter bisher nicht einwandfrei untersucht worden.

Watson hat sich begnügt, bei Neugeborenen neben der Atmung einfach die Handbewegungen zu schreiben, die unter dem Einfluß äußerer Reize entstehen. Aus seinen Kurven läßt sich wie mir scheint nicht weniger folgern, als aus den Hirnpulskurven Canestrinis, die zum größten Teil nur die Bewegungen des Kopfes wiedergeben. Als ich die Reaktionszeit des Säuglings zu messen suchte, legte ich das Kind auf eine lufthaltige Manschette und übertrug die Druckschwankungen des Inhaltes, die von den Bewegungen des Kindes abhingen, auf ein Kymographion. Es kommt in jedem Falle, wo nicht ganz besondere Vorsichtsmaßregeln getroffen sind, unter dem Einfluß äußerer Reize zu kräftigen Allgemeinbewegungen.

Leichter als der Hirnpuls ist die Atmung zu schreiben. Ich fand bei schlafenden Frühgeburten auf äußeren Reiz eine Vertiefung und Verlangsamung der Atmung, manchmal geradezu einen vorübergehenden Atemstillstand. Ähnliches läßt sich aus den Atemkurven Canestrinis herauslesen, wenn sie auch meist durch die Bewegungen entstellt sind.

Schon bei Frühgeburten erweitert sich die Pupille auf äußeren Reiz beliebiger Art, wenn auch nicht mit solcher Regelmäßigkeit wie später. Die Verhältnisse werden in dem Abschnitt „Gesichtssinn" näher besprochen.

Einen galvanischen Hautreflex (psychogalvanischen Reflex) vermißte ich meistens im Säuglingsalter. Erst am Ende des 1. Lebensjahres wurde er einigermaßen deutlich.

Bei der Schreckreaktion des Säuglings ergibt sich folgendes Bild: Der ganze Körper zuckt zusammen; die beiden Arme fahren erst auseinander und dann wieder, im Ellbogen halb gestreckt, aufeinander zu. Die Finger werden erst gespreizt, dann geschlossen. In ähnlicher Weise, nur etwas undeutlicher, bewegen sich die Beine. Liegt der Kopf auf der Seite, so wird er mit einem Ruck nach hinten geworfen. Nicht immer ist die Schreckreaktion so stark; manchmal werden die Bewegungen nur angedeutet. Dauert der unangenehme Reiz längere Zeit an, so wird das Kind unruhig, bewegt sich stark und fängt schließlich zu schreien an. Gelegentliche Hinweise auf die Schreckreaktion des Säuglings finden sich mehrfach in der Literatur, z. B. bei K. Müller, Canestrini, Cemach.

Ebenso wie der Erwachsene erschrickt der Säugling nur, wenn ihn der Reiz plötzlich in voller Ruhe, z. B. im Schlafe, trifft. Wiederholt sich der gleiche Reiz mehrere Male kurz hintereinander, so bleibt rasch jede Schreckreaktion aus (refraktäre Phase). Ebenso gelingt es nicht, das Kind zu erschrecken, wenn es durch andere Reize stark abgelenkt ist. In einer geräuschvollen Umgebung wird es auf einen Schallreiz viel weniger reagieren, als wenn längere Zeit völlige Ruhe geherrscht hat. Bei der Reaktion auf Lichtreiz spielt in ähnlicher Weise der Adaptationszustand der Augen eine große Rolle. Überhaupt müssen für das Erschrecken des Säuglings dieselben Voraussetzungen erfüllt sein wie beim Erwachsenen.

Bei der Schreckreaktion werden die gleichen Bewegungen ausgeführt wie bei dem Moroschen Umklammerungsreflex. Während dieser aber stets durch eine Erschütterung des Kopfes auszulösen ist, also beliebig oft kurz nacheinander, ohne daß eine refraktäre Phase eintritt, ist das gleiche bei der Schreckreaktion nicht möglich. Wir betrachten den Umklammerungsreflex als eine Bogengangsreaktion (vgl. S. 40). Die anderen Verfahren, mit deren Hilfe man einen Umklammerungsreflex auslösen kann, wirken nur als Schreckreiz, sind daher nicht beliebig oft hintereinander wirksam. So kann man nach Yllpö bei kleinen Frühgeburten ein hampelmannartiges Zucken von Armen und Beinen hervorrufen, wenn man mit einem Perkussionshammer auf das Brustbein klopft. Isbert und ich haben die gleiche Reaktion stets bei ausgetragenen Neugeborenen im Schlafe erzeugt; dabei wurde häufig auch der Kopf nach hinten gestreckt. Was aber das „Hampelmannphänomen“ als Schreckreaktion kennzeichnet, ist die Tatsache, daß es sich keineswegs beliebig oft nacheinander hervorrufen läßt. Dagegen konnte ich bei einigen, aber durchaus nicht bei allen Frühgeburten durch einen leichten Schlag auf den Bauch eine Schreckreaktion ohne refraktäre Phase hervorrufen.

Bei manchen Idioten ist die Schreckreaktion jederzeit durch einen Hammerschlag auf das Brustbein leicht auszulösen, ebenso durch geringe Reize anderer Art, wie Händeklatschen, Nadelstich usw. Moro hat bereits darauf hingewiesen, daß der Reflex bei Idioten länger bestehen bleibt. Aber selbst beim gesunden Erwachsenen fehlt er nicht ganz, das „Zusammenfahren“ bildet die letzte Erinnerung daran.

Bei Kindern, die einige Jahre alt sind, läßt sich ein ähnlicher Reflex noch mit großer Deutlichkeit nachweisen: Man nimmt die Kinder auf den Schoß, und läßt sie plötzlich etwas fallen. In dem gleichen Augenblick strecken sie ihre Arme aus, als ob sie den unerwarteten Fall vermindern oder das Gleichgewicht wieder gewinnen wollten. Diese reflektorische Bewegung scheint mir ein Rest des Umklammerungsreflexes zu sein.

In stammesgeschichtlich weit zurückliegenden Zeiten gefährdete jede Erschütterung den Säugling, der sich am Leibe der Mutter festhielt. Die darauf folgenden Bewegungen sind im Laufe der Entwicklung zur allgemeinen Schreckreaktion geworden, die sich in ihren letzten Resten, wie gesagt, heute noch selbst beim Erwachsenen feststellen läßt.

Als allgemeine Reaktion muß schließlich das Mienenspiel aufgefaßt werden, da es mehr oder weniger deutlich von jedem Sinnesorgan aus hervorzurufen ist. Ob der Säugling mit freudigem oder traurigem Gesichtsausdruck reagiert, richtet sich nach der Stimmungslage, die ihn im Augenblick des Reizes gerade beherrscht, und nach dessen Beschaffenheit und Stärke.

Die Tatsache, daß der Säugling noch nicht imstande ist, die Erregung auf einzelne Muskelgruppen zu beschränken, macht sich im Ausdruck seiner Gemütsbewegungen geltend. Diese spiegeln sich beim Erwachsenen fast ausschließlich im Gesicht wieder, während nur heftige Erregungen den ganzen Körper in Mitleidenschaft ziehen. Für gewöhnlich dämpft aber der Erwachsene den leidenschaftlichen Ausbruch seiner Gefühle, unter Umständen verbirgt er ihn so gut, daß überhaupt nichts im Gesicht abgelesen werden kann. Solche Hemmungen werden jedoch erst allmählich erworben; im Säuglings- und Kleinkindesalter fallen sie noch vollkommen fort, vielmehr drücken sich alle Gemütsbewegungen sofort und unverfälscht im Benehmen des Kindes aus. Ganz besonders das Schreien bringt den Säugling in allgemeine, ziemlich erhebliche motorische Unruhe und bedeutet deshalb eine große Kraftentfaltung für ihn.

Das Mienenspiel wird nicht erst durch Nachahmung erworben, sondern beruht auf angeborenen Reflexen; denn es ist schon zu einer Zeit vorhanden, wo das Kind seine Umwelt noch gar nicht beachten und nachahmen kann. Die Reflexe sind zunächst ganz unabhängig vom Großhirn und geraten erst allmählich im Laufe des 1. Lebensjahres unter seinen, wohl meistens hemmenden Einfluß. Da bei Erkrankungen des Corpus striatum das Mienenspiel verschwindet, wird die vermittelnde Zentralstelle dorthin verlegt. Beim Neugeborenen ist sie bereits so weit arbeitsfähig, daß sie die Äußerung der Unlust vermittelt, während der Ausdruck der Lust erst später möglich wird.

Obwohl der Neugeborene noch nicht imstande ist, seine Befriedigung unmittelbar auszudrücken, läßt er doch schon erkennen, ob ihm bestimmte Reize oder Zustände angenehm sind oder nicht. Wenn er noch so heftig schreit, ist er rasch zu beruhigen, sobald er aufgenommen und gewiegt wird, Nahrung erhält, oder sobald störende Reize entfernt werden. Die Lust wird nur von einem Verschwinden der Unlustäußerungen begleitet, und der Gesichtsausdruck der Behaglichkeit, wie ihn Preyer bei Neugeborenen beschreibt, besteht nur in der Abwesenheit erkennbarer Unlustäußerungen; der Neugeborene besitzt aber noch kein Mienenspiel, um seiner Befriedigung unmittelbar Ausdruck zu geben.

Dagegen wird die Unlust schon vom neugeborenen und frühgeborenen Kinde auf das lebhafteste durch Schreien geäußert, wobei zunächst noch keine Tränen fließen. Allerdings berichten Römer-Schleich und Blanton von einigen Neugeborenen, die bereits beim Schreien Tränen vergossen haben, doch müssen diese Fälle als Ausnahmen betrachtet werden. Im allgemeinen gilt die Regel, daß die Kinder erst mit einigen Wochen die Fähigkeit erlangen, unter Tränen zu weinen, obwohl ihre Tränendrüsen von Anfang an arbeitsfähig und durch chemische oder mechanische Reize leicht zu erregen sind.

Das Schreien selbst besteht in lang hingezogenen, wiederholten, tönenden Ausatmungsstößen, die sich an eine kurze, rasche Einatmung anschließen. Die Ausatmung dauert daher beträchtlich länger als die Einatmung. Beim Schreien

reißt das Kind seinen Mund möglichst weit auf; es hebt die Zunge und bringt sie etwas nach vorne und kneift die Augen mehr oder weniger zusammen (Abb. 1). Nach längerem Schreien röten sich das Gesicht und der Körper. Der Lidschluß beim Schreien (ebenso wie beim Husten und Niesen) hat nach Darwin eine bestimmte Bedeutung: Er schützt die Augen davor, daß sie zu stark mit Blut überfüllt und dadurch geschädigt werden.

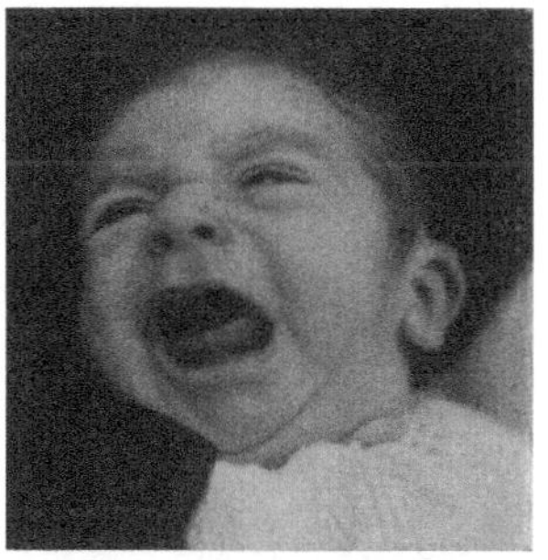

Abb. 1. Lautes Brüllen. ♂ 4 Wochen.

Etwas ältere Säuglinge pflegen ihr Schreien durch ein eigentümliches Mienenspiel einzuleiten, das am deutlichsten wird, wenn sie langsam in die schlechte Stimmung geraten: Sie ziehen nämlich die beiden Mundwinkel herab und die Oberlippe ein wenig in die Höhe, wie es Abb. 2 zeigt, auf der außerdem die Kinnmuskulatur leicht verzogen ist. Preyer beobachtete das Herabziehen der Mundwinkel bei seinem Kinde erst von der 18. Woche an; Darwin sah es von der 6. Woche an, doch wurde es von Hollis schon bei einem 3 Wochen alten Kinde beschrieben und abgebildet. Von Blanton wurde es bereits bei Neugeborenen beobachtet. Mag aber auch der junge Säugling bereits seine Mundwinkel nach unten verziehen, — eine häufigere Erscheinung wird dies Mienenspiel doch erst, wenn das Kind einige Wochen alt geworden ist.

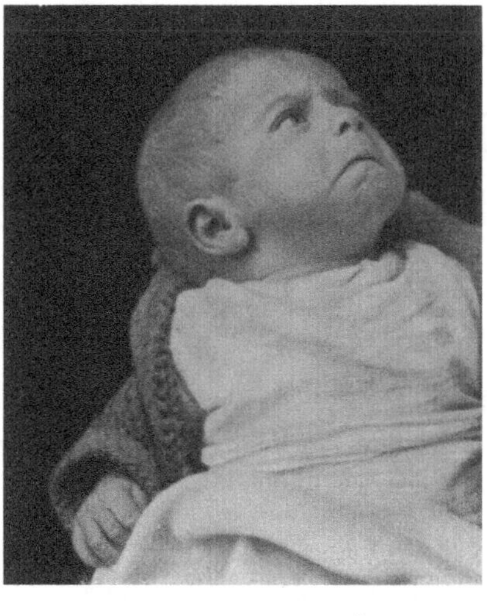

Abb. 2. Schlechte Stimmung. ♀ 4 Monate.

Abb. 3. Lachen. ♀ 4 Monate.

Ganz ähnlich steht es mit dem sog. „Schippeziehen", das gleichfalls den Übergang in die schlechte Stimmung einleitet. Nicht alle Säuglinge besitzen dieses eindrucksvolle Mienenspiel; wer von ihnen es aber besitzt, der pflegt es stets bei entsprechender Gelegenheit zu zeigen. Der Säugling zieht den Mund etwas in die Breite, öffnet ihn ein wenig und schiebt die Unterlippe nach vorne, so daß seine Mundöffnung ein schmales Rechteck bildet (Abb. 4). Dauert der unangenehme Reiz noch etwas länger, so fängt das Kind gleich darauf laut zu schreien an.

Ein anderes Zeichen der Unlust bildet das Stirnrunzeln mit senkrecht verlaufenden Stirnfalten, wie es auf Abb. 4, 16 und 17 zu sehen ist. Die Augen werden dabei halb geschlossen. Die „finstere Stirn" ist auch beim Erwachsenen das Zeichen des Unmuts, während das Herabziehen der Mundwinkel und besonders das „Schippe ziehen" später nicht mehr so deutlich zu beobachten sind.

Die Unlustäußerungen des Säuglings sind aber mit seinem Mienenspiel noch durchaus nicht erschöpft; sie drücken sich vielmehr in den Bewegungen des ganzen Körpers auf das deutlichste aus: Die lebhaften Bewegungen werden auf einmal gehemmt, das Gesicht verzieht sich, und schließlich, wenn das Kind zu schreien beginnt, werden wieder die lebhaftesten Bewegungen ausgeführt. Der Unterschied im Bewegungsablauf drückt sich in den Abb. 2 und 3 aus. Auf der einen Seite die „gehobene" Stimmung, die in dem Erheben des Armes sichtbar wird, und auf der andern die „Depression" die im Gesicht ebenso deutlich zu erkennen ist, wie im Senken des Armes.

Abb. 4. Schippe ziehen. ♀ 8 Monate.

Der Neugeborene, dessen erster Atemzug schon mit einem Schrei verbunden ist, schreit hauptsächlich bei unangenehmen Sinnesempfindungen, bei Schmerzen, bei Hunger oder bei Ermüdung. Nach dem ersten Monat gibt es noch andere Gründe, die ihn zum Schreien oder Weinen bringen, z. B. das Aufhören einer angenehmen Beschäftigung, wenn er herumgetragen wurde und nun hingelegt werden soll, oder wenn man aufhört, mit ihm zu spielen. Plötzliche fremde Sinneseindrücke aller Art werden leicht der Anlaß zu einem Geschrei. Ganz allgemein ist die Stimmung des kranken Säuglings empfindlicher; er schreit bereits bei Anlässen, die ihm in gesunden Tagen Vergnügen machen würden.

Allmählich ändert sich, je nach der Veranlassung, die Art des Geschreies, so daß eine aufmerksame Mutter schon aus der Entfernung auf die Ursache schließen kann.

Neuropathische Säuglinge schreien manchmal Tag und Nacht fast ohne Unterbrechung, ohne daß ein erkennbarer Grund vorliegt. Sie bereiten der Pflege ganz außerordentliche Schwierigkeiten; zuweilen läßt sich die Darreichung narkotischer Mittel gar nicht umgehen.

Ein Lächeln oder Lachen steht dem Neugeborenen noch nicht zu Gebote; wann es zum erstenmal auftritt, läßt sich nicht mit Sicherheit angeben. Eine Mutter, die ihr Kind beobachtet, wird leichter geneigt sein, jedes geringfügige Verziehen der Mundwinkel als Lächeln aufzufassen. Im allgemeinen ist aber ein wirklich deutliches Lächeln kaum vor Ablauf des ersten Monats zu sehen; oft dauert es damit noch länger. Blanton hat freilich angegeben, das erste Lächeln schon bei einem Neugeborenen von 4 Tagen beobachtet zu haben; doch können derartige vereinzelte Angaben, wenn man sie überhaupt anerkennen will, nicht verallgemeinert werden. Nicht selten dürfte das krampfartige Verziehen der Gesichtsmuskulatur bei jungen Säuglingen, wie es Zipperling

als „Stäupchen" beschrieben hat, für ein Lächeln gehalten werden. Es unterscheidet sich dadurch, daß es ohne äußeren Anlaß in völliger Ruhe, ja im Schlafe, in einem Alter auftritt, wo das Kind sonst noch nicht lächelt.

Beim Lächeln sind die Augen geöffnet, der Mund wird dabei in die Breite gezogen, oft etwas geöffnet (Abb. 5). Lautes Lachen, das ja nur eine Steigerung des Lächelns ist, schließt sich sehr bald an das Lächeln an. Viele, wenn auch nicht alle Säuglinge, lachen anders als die Erwachsenen: Sie öffnen weit ihren Mund und stoßen krähende Laute hervor (Abb. 3). Die Augen sind dabei gleichfalls weit geöffnet.

An sich ist das Lächeln oder Lachen noch durchaus kein Zeichen eines hochentwickelten Verstandes, da schon schwachsinnige Kinder und die Menschenaffen, vielleicht sogar manche Hunde, diese Fähigkeit besitzen. Gamper gibt an, daß das von ihm beobachtete menschliche Mittelhirnwesen imstande war, das Gesicht zu einer Art Lächeln zu verziehen. Manche Idioten zeichnen sich geradezu dadurch aus, daß sie häufig und ohne genügenden äußeren Anlaß lachen. Bei Krankheiten im Säuglingsalter verschwindet das Lächeln; es ist ein gutes Zeichen, wenn es sich wieder einstellt.

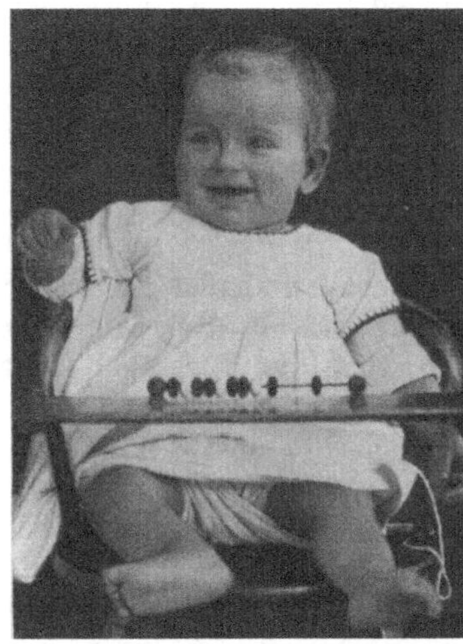

Abb. 5. Lächeln. ♀ 8 Monate.

Nach Schopenhauer entsteht das Lachen jedesmal aus der plötzlich wahrgenommenen Inkongruenz zwischen einem Begriff und den realen Objekten, die durch ihn in irgendeiner Beziehung gedacht worden waren, und ist nur ein Ausdruck dieser Inkongruenz. Für den Säugling trifft dieser Erklärungsversuch gewiß nicht zu. Bei ihm ist das Lachen nichts weiter als der Ausdruck einer freudigen Erregung auf irgendeinen willkommenen Reiz hin, z. B. wenn man mit ihm spricht, ihn anlacht oder ihn hin und her wiegt.

Es ist nichts leichter, als den Säugling kurz nacheinander zum Lachen, dann zum Weinen und schließlich wieder zum Lachen zu bringen. Der Erwachsene und das ältere Kind halten die gleiche Stimmung viel länger fest. Dabei ist der Anlaß, der den Stimmungsumschwung herbeiführt, äußerst gering: Ein unerwarteter oder fremder Gesichtseindruck, die Unfähigkeit, einen Gegenstand zu erreichen usw. können vollkommen genügen.

Offenbar besitzt das Schreien eine wichtige Bedeutung für das Kind: Je jünger dieses ist, desto weniger ist es imstande, sich selbst aus einer unangenehmen oder gefährlichen Lage zu befreien. Das reflektorisch eintretende Schreien ruft die Umgebung zu Hilfe, mit der eine Verständigung durch die Sprache noch nicht möglich ist. So hat das Schreien schon manchen Säugling vor schweren Schäden bewahrt. Es handelt sich also um eine sehr wirksame Schutzvorrichtung.

Man hat sich vielfach bemüht, festzustellen, ob bestimmte Reize für den Säugling angenehm oder unangenehm sind. Canestrini hat beispielsweise zu diesem Zwecke Hirnpuls und Atmung des Neugeborenen geschrieben und aus

Vergleichen mit den Erwachsenen auf die Gefühle des Neugeborenen geschlossen. Vom Erwachsenen her ist bekannt, daß bei Empfindungen, die von Lustgefühl begleitet werden, der Puls langsamer und die Atmungsgröße geringer werden, während bei Unlustgefühl Puls und Atmung sich beschleunigen. Zunahme der Pulszahl unter gleichzeitiger Abnahme der Atmungshäufigkeit und Unregelmäßigkeit des Pulses sollen ein Ausdruck der Aufmerksamkeit sein. Uns erscheint es nicht notwendig, so umständliche Versuche durchzuführen, um die Frage zu entscheiden, ob dem Säugling ein Reiz angenehm ist oder nicht; denn schon die einfache Beobachtung ergibt, daß das Kind bei plötzlich eintretenden Reizen erschrecken kann. Unangenehme Reize bringen es zum Schreien und angenehme Reize beruhigen es wieder. Für solche Feststellungen ist jede verwickelte Versuchsanordnung überflüssig; man könnte höchstens fragen, ob beim Säugling das Lust- oder Unlustgefühl von den gleichen körperlichen Erscheinungen begleitet wird wie beim Erwachsenen.

Bei derartigen Versuchen muß berücksichtigt werden, daß der gleiche Reiz, wenn er zu verschiedenen Zeiten am gleichen Säugling angewendet wird, bald Lust und bald Unlust hervorrufen kann, eine Erscheinung, die ja vom Erwachsenen her genügend bekannt ist. So sehen wir z. B., daß der Genuß der gleichen Speise bei Hunger Lust und bei Übersättigung Unlust und Ekel bewirken kann.

Die Empfänglichkeit des Säuglings für Reize ist von seinem Allgemeinzustand stärker abhängig als beim Erwachsenen. In gesunden Tagen läßt er sich selbst durch ziemlich kräftige Reize nicht so leicht aus der Ruhe bringen; während der Krankheit genügt schon der leiseste Anlaß, etwa das Herantreten an sein Bett, um das Kind zum Weinen zu bringen. Dabei soll ganz davon abgesehen werden, daß es auch im Säuglingsalter Neuropathen gibt, die schon auf geringe Reize ungewöhnlich stark reagieren. Umgekehrt ist die Reizbarkeit im Schlafe mehr oder weniger herabgesetzt, doch nicht aufgehoben. Sie ist aber nicht allein von dem Allgemeinzustand abhängig, sondern auch von der Aufnahmefähigkeit des gereizten Organes; diese Tatsache wird zu wenig berücksichtigt, wie aus dem folgenden Beispiel hervorgeht.

Nach Preyer, Cuignet und Canestrini soll das neugeborene Kind lichtscheu sein, während Espinas, Tiedemann und Compayré gerade das Umgekehrte angeben. Gutmann hat über diese Frage eigene Versuche angestellt und will sogar lichtscheue, lichtgleichgültige und lichtfrohe Neugeborene unterscheiden. Es ist nichts leichter, als aus einem lichtfrohen Kinde ein lichtscheues zu machen und umgekehrt. Man braucht zu diesem Zwecke das Kind nur aus der Helligkeit auf längere Zeit ins Dunkle zu bringen und dann mit der gleichen Lichtquelle zu beleuchten. Der Säugling adaptiert sich an die Dunkelheit genau so gut wie der Erwachsene; so konnte ich feststellen, daß seine Empfindlichkeit gegen weißes Licht nach einstündiger Dunkeladaptation um das 100fache gewachsen ist. Natürlich ist das dunkeladaptierte Kind lichtscheu, wird durch das Licht geblendet und beantwortet den unangenehmen Reiz mit Abwehrbewegungen. Andererseits kann man selbst Frühgeburten dazu bringen, daß sie ohne Scheu längere Zeit in helles Licht starren, wenn man sie allmählich an den Reiz gewöhnt. Die Reaktionsfähigkeit ist also in diesem Beispiel von rein peripheren Zuständen abhängig; eine Einteilung in lichtfrohe und lichtscheue Neugeborene steht mit der Erfahrung offenbar in Widerspruch.

Schließlich sei noch eine Reaktion erwähnt, die hierher zu stellen ist, nämlich das Gähnen. Es findet sich bei Säuglingen, besonders bei Frühgeburten, gar nicht so selten, wenn sie aus dem Schlafe herausgenommen werden. Genau so wie beim Erwachsenen werden dabei die Augen geschlossen, der Mund öffnet sich sodann unter tiefer Ein- und Ausatmung (s. Abb. 6). Häufig streckt schon der junge Säugling dabei seinen ganzen Körper. Die physiologische Bedeutung des Gähnens ist trotz der Theorie Dumperts, auf die ich hier nicht eingehen kann, wohl bis heute noch nicht klar erkannt; jedenfalls möchten wir sein Vorkommen bei Frühgeburten nicht auf ein Geburtstrauma zurückführen, wie es die Frankfurter Pathologen tun, da wir es oft bei klinisch ganz gesunden Kindern auftreten sahen.

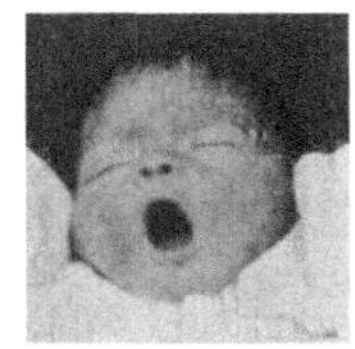

Abb. 6. Gähnen. Frühgeburt. ♂ 1225 g. 14 Tage alt.

1. Gesichtssinn.

Das Auge des Neugeborenen ist um 2—3 Dioptrien weitsichtig, weil die Hornhaut stärker gekrümmt und die Linse stärker gewölbt ist. Skiaskopisch findet sich nach Elschnig in den ersten Tagen eine Kurzsichtigkeit von 4—7 Dioptrien; sie wird auf das unwillkürliche Anspannen der Akkommodation bei den ersten Sehversuchen zurückgeführt. Wird diese durch Einträufeln von Atropin ausgeschaltet, so macht die Kurzsichtigkeit einer geringen Weitsichtigkeit Platz. Dies muß berücksichtigt werden, wenn man sich ein Bild von dem ersten Sehen des Neugeborenen machen will. Dieser kann schon wegen der anatomischen Beschaffenheit seines Auges und der zunächst noch unrichtig arbeitenden Akkommodation kein scharfes Netzhautbild erhalten.

Weiter kann das Sehen des Neugeborenen durch Netzhautblutungen empfindlich gestört werden, wie sie sich nach von Sicherer bei dem fünften Teil aller Neugeborenen nachweisen lassen. Sie finden sich bald nur vereinzelt, bald aber so zahlreich, daß nur wenige Stellen des Augenhintergrundes von ihnen freibleiben. Daß es sich um eine Geburtsfolge handelt, geht schon daraus hervor, daß bei 1. Schädellage das rechte Auge und bei 2. Schädellage das linke am meisten betroffen ist. Die Blutungen verschwinden nach wenigen Tagen, ohne Folgen zu hinterlassen.

Der Erwachsene hat eine mittlere Pupillenweite von 2—5 mm, die natürlich von der Beleuchtung stark abhängig ist. Im Schlafe verengern sich seine Pupillen um so mehr, je tiefer er schläft. Wird er plötzlich geweckt, so tritt sogleich eine starke Erweiterung ein, so daß er zunächst von dem Lichte geblendet wird.

Im Vergleich dazu sind die Pupillen des Neugeborenen enger; ihre Weite beträgt nach Pfister bei mittlerer Beleuchtung 1,5 mm; im Laufe des ersten Lebensjahres wächst sie langsam auf 2,5 mm. Die Pupillen des schlafenden Neugeborenen fand Bartels 1,5 mm weit, dagegen beträgt ihre Weite nach Gudden im Schlafe 2,2—2,5 mm. Nach diesem Verfasser soll sie sich beim Erwachen nur langsam bis auf etwa 3—3,5 mm vergrößern; das gleiche hatte Bartels gefunden. Erst vom dritten Monat an sind die Pupillen stärker verengt, es fehlt aber immer noch die rasche Erweiterung beim Erwachen, eine Reaktion, die Gudden als Großhirnreflex betrachtet, da sie erst aufträte, wenn sich bei dem Kinde die ersten Bewußtseinsregungen einstellten. Diese Angabe dürfte sich allerdings schwer beweisen lassen.

Die hier wiedergegebenen Befunde stimmen untereinander nicht überein. Der Grund dafür ist wohl in der wechselnden Beleuchtung zu suchen, bei der die Versuche vorgenommen wurden. Da es keinen Zweck hat, Befunde zu erklären, die nicht einmal genau feststehen, sollen die aufgestellten Theorien nicht wiedergegeben werden.

Betrachtet man die Pupille des Erwachsenen mit einer Vergrößerung, so sieht man den Irissaum in ständiger Unruhe. Ununterbrochen erfolgen 30 bis 120mal in der Minute kleinste zitternde Bewegungen. Die Pupillenunruhe verstärkt sich bei äußeren Reizen, bei Affekten und überhaupt bei jeder geistigen Anstrengung (Bumke); sie ist willkürlich nicht zu unterdrücken. Beim jungen Säugling läßt sich nach meinen Untersuchungen mit dem Heßschen Differentialpupilloskop das Fehlen jeder Pupillenunruhe mit Sicherheit nachweisen. Das Alter, in dem die Pupillenunruhe zum erstenmal erscheint, ist nicht mit Sicherheit anzugeben, da sie sich ganz allmählich einstellt. Wenn die Säuglinge einige Monate alt geworden sind, kann die Pupille sich noch zeitweise ganz ruhig verhalten; sobald aber das Kind aus irgendeinem Grunde erregt wird, fängt der Irissaum zu zittern an. Äußere Reize rufen dann gleichfalls eine länger dauernde Pupillenunruhe hervor. Die Schwankungen erfolgen zunächst langsam und verlaufen ganz konzentrisch, während sich später der Pupillenrand rasch und ungleichmäßig bewegt. Eine ständige Pupillenunruhe läßt sich bei den Kindern erst nachweisen, wenn sie etwa 4—5 Monate alt geworden sind.

Ich nehme an, daß erst die Tätigkeit höherer Hirnteile, vielleicht des Großhirns, von der Pupillenunruhe begleitet wird und daß diese deshalb in den ersten Lebensmonaten noch fehlt. Von der Erregbarkeit der Pupille auf äußeren Reiz ist sie unabhängig, da diese Reaktion schon früher vorhanden ist.

Auf Licht reagiert die Pupille des ausgetragenen Kindes stets, nur erfolgt die Reaktion bei jungen Säuglingen und Frühgeburten zunächst etwas langsamer. Die konsensuelle Reaktion ist von Anfang an vorhanden (Pfister). Magitot bemühte sich festzustellen, wann die Lichtreaktion der Pupille zum erstenmal in der embryonalen Entwicklung auftritt. Er fand sie immer bei Früchten bis zum sechsten Monat hinab, dagegen war sie unter vier Früchten des fünften Monats nur einmal, und zwar bei der schwersten mit einem Gewicht von 860 g nachzuweisen. Magitot betont bereits mit Nachdruck, daß auf dieser Entwicklungsstufe eine zentrale Sehleitung gewissermaßen noch nicht vorhanden ist und eine Markscheidenumhüllung des Sehnerven überhaupt noch fehlt. Und doch wird dadurch der Reflex nicht verhindert. Die gleichen Befunde wie Magitot erhoben Bolaffio und Artom.

Die mittlere Reaktionsweite der Pupille auf Lichteinfall beträgt nach Pfister im ersten Lebensmonat 0,9 mm. Sie wächst langsam mit zunehmendem Alter, erreicht im fünften Monat einen Wert von 1,1 mm und am Ende des ersten Lebensjahres von 1,4 mm (im 6.—12. Lebensjahr beträgt sie 1,9 mm). Zu dem gleichen Ergebnis, daß die Reaktionsfähigkeit der Pupille mit zunehmendem Alter allmählich wächst, kam auch de Rudder, der mit dem Heßschen Differentialpupilloskop die pupillomotorische Unterschiedsempfindlichkeit bestimmte. Diese Größe nimmt in den ersten Lebensmonaten rasch zu; in dem zweiten Halbjahr beginnt sich die Kurve zu verflachen. Die Werte des Erwachsenen werden etwa im 12. Lebensjahr erreicht. Frühgeburten zu pupilloskopieren, ist de Rudder nicht gelungen; überhaupt ist es nach meinen Untersuchungen recht schwer, mit dem Pupilloskop im Säuglingsalter brauchbare Messungen auszuführen.

In der Regel sind die beiden Pupillen des Säuglings gleich weit. Gelegentlich beobachtete ich aber bei sonst ganz gesunden Säuglingen verschieden große Pupillen bei deutlicher Lichtempfindlichkeit, ohne daß sich ein Grund dafür auffinden ließ. Um eine krankhafte Erscheinung dürfte es sich nicht handeln.

Pfister sah in einigen Fällen eine langsame Zu- und Abnahme der Pupillenweite ohne äußeren Anlaß; ich konnte bei einigen Frühgeburten das gleiche beobachten. Für diesen Vorgang fehlt vorläufig eine Erklärung.

Neben ihrer Lichtempfindlichkeit besitzt die Pupille des Erwachsenen die Eigenschaft, auf äußere Reize anderer Art mit einer Erweiterung zu reagieren. Pfister beobachtete diese Reaktion nach Hautreiz erst gegen Ende des zweiten Monats; im zweiten Vierteljahr war sie in 87%, später nur in 40% der untersuchten Kinder vorhanden. Die Pupillenerweiterung auf Schallreiz erschien erst nach der 10. Woche; sie war im 7.—9. Monat in 64% der untersuchten Fälle vorhanden. Im Gegensatz dazu sah Bartels die Pupillenerweiterung auf kräftigen Hautreiz bei allen Neugeborenen auftreten, die er daraufhin untersuchte. Bach fand die Reaktion gleichfalls früher als Pfister.

Ich selbst untersuchte die Kinder mit dem Heßschen Pupilloskop und fand die Pupillenreaktion nur sehr unregelmäßig vor. Auf Nadelstiche und Schallreize war sie bei dem gleichen Kinde bald vorhanden, bald fehlte sie völlig. Je älter die untersuchten Säuglinge waren, desto sicherer konnte man auf ihr Vorhandensein rechnen. Immerhin war sie manchmal schon bei den kleinsten Frühgeburten in den ersten Lebenstagen mit Sicherheit nachweisbar.

Die beiden Augenlider werden beim Schließen und Öffnen des Auges zunächst oft ungleichmäßig bewegt (Rählmann und Witkowski, Preyer). Nicht selten ist das eine Auge offen und das andere geschlossen oder sie sind beide nicht gleichweit geöffnet. Der Säugling lernt die gleichsinnigen Augenlidbewegungen noch in dem ersten Monat; bis in den zweiten hinein dauert es, bis die Lider den Augäpfeln folgen, bis sie also beim Blick nach oben gehoben und beim Blick nach unten gesenkt werden.

Von Anfang an bewirkt das Licht einen reflektorischen Schluß der Augenlider. Selbst im Schlafe werden die Lider stärker zusammengepreßt, wenn man die Augen beleuchtet (Kußmaul, Preyer, Canestrini). Es handelt sich dabei um einen der zahlreichen Schutzreflexe, mit denen der Schlafende auf äußere Reize reagiert, ohne daß sein Schlaf unterbrochen würde.

Der Erwachsene schließt reflektorisch seine Lider, wenn plötzlich ein Gegenstand rasch gegen seine Augen bewegt wird. Der Neugeborene ist dazu noch nicht imstande; Rählmann, Preyer und Soltmann beobachteten das Auftreten dieses Reflexes erst um die achte Lebenswoche. Pfister sah ihn in einer größeren Beobachtungsreihe zwischen dem zweiten und vierten Monat erscheinen. Nach Rählmann tritt er aber zunächst nur auf, wenn der Gegenstand sich der Blickrichtung des kindlichen Auges nähert, er bleibt dagegen noch aus, wenn die Annäherung von der Peripherie des Gesichtsfeldes aus erfolgt. Die von der Netzhautperipherie herstammenden Empfindungen werden also erst später verwertet, und zwar setzt Rählmann diesen Zeitpunkt in den fünften Lebensmonat.

Man hat die Reaktion als Schreck- oder Blinzelreflex bezeichnet, wohl auch von einem Psychoreflex gesprochen, doch scheint mir die letzte Bezeichnung unzweckmäßig zu sein, da wir über die psychischen Begleiterscheinungen nichts wissen. Gewiß hängt das Auftreten des Reflexes mit der fortschreitenden Entwicklung zusammen; wie weit aber das Kind die Bedrohung erkennt, ist in keiner Weise zu sagen. Gibt es doch recht verwickelte reflektorische Vorgänge, wie z. B. das Kratzen, die ganz ohne Beteiligung des Großhirns ablaufen. Der Ausdruck Psychoreflex besagt daher mehr, als wir der Beobachtung entnehmen können.

Schallreiz kann ein Zucken der Augenlider bewirken. Dieser „Cochlearpalpebralreflex" wurde mehrfach benutzt, um die Hörfähigkeit des Neugeborenen zu untersuchen (Genzmer, Moldenhauer, Poli, Köllreutter, Voß, Demetriades).

Bei jungen Säuglingen und besonders bei Frühgeburten läßt sich durch plötzlichen Lichteinfall eine Reaktion auslösen, die ich als tonischen Augenreflex auf den Hals bezeichnet habe. Man bringt dazu das Kind in aufrechte Stellung, wobei der Kopf nicht unterstützt werden darf. Belichtet man nun plötzlich die Augen, so wird der Kopf mit einem Ruck nach hinten geworfen, so daß der ganze Körper in eine opisthotonische Haltung gerät. Daß es sich um einen tonischen Reflex handelt, ist zu erkennen, wenn man eine elektrische Birne an der Stirne des Kindes befestigt, so daß beim Einschalten des Stromes die Augen beleuchtet werden; das Kind nimmt dann die opisthotonische Haltung so lange ein, wie seine Augen beleuchtet sind. Auch wenn nur ein Auge vom Licht getroffen wird, bewegt das Kind seinen Kopf genau nach hinten.

Der Reflex findet sich fast bei allen reifen und unreifen Neugeborenen. Die Frühgeburten behalten ihn das ganze erste Vierteljahr, während er bei den reifen Kindern schon von der zweiten Woche an seltener wird. Im zweiten Halbjahr fehlt er ganz, ebenso ist er bei jungen Frühgeburten, die weniger als etwa 1500 g wiegen, in der Regel noch nicht nachzuweisen. Sein Vorhandensein spricht für einen guten Allgemeinzustand des Kindes; bei kranken Kindern verschwindet er dagegen vorübergehend oder dauernd.

Wahrscheinlich bestehen Beziehungen zu den von Magnus erforschten Körperstellreflexen, da man annehmen muß, daß das Auftreten des Reflexes beim wachsenden Säugling schließlich durch die fortschreitende Entwicklung des Gehirnes gehemmt wird. Es ist aber bisher nicht gelungen, entsprechende Reflexe an Thalamustieren nachzuweisen. Entweder sind die Bedingungen, unter denen sie bei Tieren auftreten, noch nicht bekannt, oder es handelt sich um eine Erscheinung, die der Mensch vor dem Tiere voraus hat. Beim erwachsenen Menschen hat Metzger gleichfalls Tonusveränderungen der Körpermuskulatur auf Lichtreize nachweisen können.

Der Neugeborene bewegt seine beiden Augen zunächst unkoordiniert, also unabhängig voneinander. Es kommt sogar vor, daß nur das eine Auge bewegt und das andere stillgehalten wird. Die Augenbewegungen des Neugeborenen haben eine große Ähnlichkeit mit denen, die man im Schlafe bei älteren Kindern beobachtet hat. Daneben sind aber am Neugeborenen schon am ersten Tage assoziierte Bewegungen beobachtet worden (Hering, Donders, Preyer), und zwar können bei dem gleichen Kinde beide Bewegungsformen auftreten. Indessen erfolgen nach Preyer die gleichzeitigen Bewegungen beider Augen nach der gleichen Seite doch nicht genau symmetrisch; sie scheinen vielmehr nur zufällig zu entstehen, da sie eben unter allen möglichen Augenbewegungen auch einmal eintreten. Ganz allmählich werden diese zweckmäßigen Bewegungen immer häufiger, während die unzweckmäßigen immer mehr zurücktreten und schließlich verschwinden.

Ich selbst bezweifle durchaus, daß die koordinierten Augenbewegungen bei dem jungen Säugling eine so große Rolle spielen, wie ihnen vielfach zugeschrieben wird. Daß ein Kind von Anfang an nur koordinierte Bewegungen ausführte, scheint nur selten vorzukommen; Stern und Guillaume haben es bei ihren Kindern beobachtet.

Das genaue Sehen wird dem Erwachsenen erst durch das Fixieren und Akkommodieren ermöglicht. Das Fixieren ist ein Vorgang, durch den die beiden Augen zu einem einzigen Organ zusammengefaßt werden und einheitlich wirken. Sie stellen sich reflektorisch so ein, daß der fixierte Gegenstand beiderseits sein Netzhautbild auf der Stelle des deutlichsten Sehens entwirft. Wenn sich der Gegenstand bewegt, wandern beide Augen mit, so daß das Netzhautbild auf der gleichen Stelle liegen bleibt. Beim Erwachsenen sind die beiden Augen zwangsmäßig aneinandergekoppelt; es bedarf einer großen Willensanstrengung, um diese Bindung vorübergehend zu unterbrechen. Plötzlich entstandene Augenmuskellähmungen rufen Doppelbilder hervor.

Für gewöhnlich kann der Neugeborene noch nicht fixieren. Darüber kann für den, der Säuglinge häufiger beobachtet, kein Zweifel sein. Gelegentliche anders lautende Beobachtungen können nur als Ausnahmen betrachtet werden, die unter günstigen Bedingungen zustande kamen. So hat z. B. Watson zwanzig Neugeborene schon am ersten Tage zum Fixieren veranlaßt, in dem er sie, auf dem Rücken liegend und mit unbeweglichem Kopf, in ein Dunkelzimmer brachte, wo nur ein Lichtstrahl zu sehen war. Unter diesen Umständen wurde das Licht nach wenigen Sekunden angeblickt, wenn es nicht mehr als 20^0 vom Mittelpunkt des Gesichtsfeldes entfernt war.

Überhaupt sind es bewegte glänzende Gegenstände, die den Blick des Säuglings am leichtesten fesseln. Stern und Guillaume fanden, daß ihre Kinder am fünften Tage zum ersten Male einem bewegten Gegenstande folgen konnten. Preyers Sohn war dazu erst am 23. Tage imstande; das von Espinas beobachtete Kind am 26. Tage und das Kind Cuignets mit 3 Monaten. Es handelte sich aber nur um gelegentliche Beobachtungen, die nicht so gedeutet werden dürfen, daß die Kinder schon in diesem Alter regelmäßig hätten fixieren können. Erst im zweiten Lebensmonat sind sie imstande mit einiger Sicherheit einen langsam bewegten glänzenden Gegenstand mit den Augen zu verfolgen; ihn aufzusuchen gelingt noch später. Nach Rählmann sollen die Kinder dazu erst in der Mitte des fünften Monats imstande sein, doch scheint mir dieser Zeitpunkt reichlich spät angesetzt zu sein. Ich schließe mich auf Grund meiner Beobachtungen dem Standpunkte Heubners an, der das regelmäßige Fixieren meist im dritten Lebensmonat beobachtete. Im einzelnen sind allerdings ziemlich beträchtliche Schwankungen möglich.

In der Zeit, in der das Kind das Fixieren erlernt, verschwinden die unkoordinierten Augenbewegungen. Sie treten aber später noch im Schlafe auf.

Die Fähigkeit zu fixieren, setzt nicht nur einen vollentwickelten Reflexapparat voraus, sondern auch eine übergeordnete Stelle, in der die Eindrücke verarbeitet werden. Idiotische Kinder können oft jenseits der ersten Lebensjahre noch nicht fixieren; manches erlernt es sogar überhaupt nicht. Die Augen dieser Kinder irren wohl koordiniert, aber planlos umher, richten sich zwar gelegentlich auf einen Gegenstand, verlieren ihn aber gleich wieder aus dem Gesichtsfeld. Längere Zeit seine Aufmerksamkeit auf den gleichen Gegenstand zu richten, ist dem älteren idiotischen Säugling ebenso unmöglich wie dem gesunden Säugling der ersten Lebensmonate. Während sich aber das gesunde Kind diese Fähigkeit später erwirbt, bleibt sie dem schwachsinnigen dauernd mehr oder weniger versagt.

Wenn der Erwachsene einen Gegenstand in der Nähe betrachtet, so konvergieren die Blickrichtungen beider Augen, die Akkommodationsmuskeln spannen sich an und die Pupillen verengern sich. Nach Genzmer ist schon beim Neugeborenen jede Konvergenzstellung durch starken Lichteindruck von einer kräftigen Anspannung des Ciliarmuskel begleitet. Er kam zu diesem Ergebnis, als er die Linsenbildchen beobachtete, und schließt daraus auf einen vorgebildeten Zusammenhang zwischen Konvergenz und Akkommodation. Preyer konnte durch Annäherung eines glänzenden Gegenstandes in den ersten 2 bis 6 Wochen eine Konvergenz der Augen hervorrufen; über die Akkommodation hat er keine eigenen Versuche angestellt. Dagegen sah Rählmann in den ersten Lebenswochen noch keine Pupillenverengerung bei den zufällig entstehenden Konvergenzbewegungen, wie sie ja bei jungen Neugeborenen schon vorkommen; er fand sie erst gegen Ende der fünften Lebenswoche, also zur gleichen Zeit wie die ersten Fixationsversuche. Nach Preyer ist die Pupillenverengerung bei Neugeborenen „nicht ausnahmslos" mit der Konvergenz verbunden. In der neunten Woche konnte er sie mit Sicherheit nachweisen. Einwandfreie Beobachtungen über die Akkommodation scheinen somit bisher nicht vorzuliegen.

Soweit die bisher bekannten Tatsachen, die noch eine ganze Reihe von Fragen offen lassen. Wir wissen nicht, ob das Kind von Anfang an die Ciliarmuskel beiderseits gleichmäßig anspannt oder ob dies erst gelernt werden muß. Ebensowenig wissen wir, von welchem Zeitpunkt an es seine Ciliarmuskel zweckmäßig gebraucht, wobei noch zu berücksichtigen ist, daß es ja zunächst weitsichtig ist. Das eine scheint aber doch aus den vorliegenden Untersuchungen hervorzugehen, daß Pupillenverengerung, Konvergenz und Spannung des Ciliarmuskels nicht von der Geburt an miteinander verknüpft sind. Vielleicht hat darauf die zunehmende Erfahrung einen Einfluß.

Die Augenbewegungen des Neugeborenen wurden untersucht, um die alte Streitfrage zu entscheiden, ob der Raumbegriff angeboren ist, unabhängig von aller Sinnestätigkeit, oder ob er erst durch Einzelerfahrungen erworben wird. E. Hering, der die nativistische Theorie im Sinne der Kantschen Erkenntnislehre vertritt, stützt sich darauf, daß nach seinen Beobachtungen die Neugeborenen ihre Augen schon koordiniert, gleichzeitig und symmetrisch bewegen und daß selbst ein seit der Geburt blindes Auge den Bewegungen des anderen in vollem Maße folgt. Nach der empiristischen Lehre (Helmholtz, Rählmann) soll sich dagegen der Raumbegriff erst unter dem Einfluß der Erfahrung bilden, die mit Hilfe der Sinnesorgane, hauptsächlich des Auges und des Tastsinnes, gewonnen wird.

Unzweifelhaft ist das Vermögen des Neugeborenen zu fixieren noch gering, wenn auch die Versuche Watsons zu denken geben. Die Tätigkeit entwickelt sich vor unseren Augen, ohne daß wir im einzelnen den sicher vorhandenen Einfluß festlegen könnten, den dabei die Erfahrung ausübt.

Wenn Blindgeborene durch eine Operation ihr Augenlicht gewinnen, so sind sie zunächst nicht imstande, die Raumbegriffe, die sie von ihrem Tastsinn her besitzen, mit denen in Einklang zu bringen, die sie nun mit ihren Augen gewinnen. Der von Rählmann operierte 19jährige Kranke mußte z. B. das Fixieren erlernen. Seine ersten Augenbewegungen waren ungeregelt, der gesuchte Gegenstand wurde schwer gefunden und schwer festgehalten. Gegenstände im seitlichen Gesichtsfelde wurden anfangs überhaupt nicht bemerkt, ebensowenig ließ sich zunächst von der Seite her ein Bedrohungsreflex auslösen. Weiter war es ihm ganz unmöglich die Entfernungen richtig zu schätzen oder runde und eckige Gegenstände, die ihm von der Betastung her bekannt waren, durch den Anblick zu erkennen. Er lernte vielmehr in genau der gleichen Reihenfolge wie der Neugeborene seine Augen zu gebrauchen. Derartige Beobachtungen sprechen mit großer Entschiedenheit gegen eine angeborene Fähigkeit des Menschen, sich im Raume zurechtzufinden. Daß es dagegen neugeborene Tiere mit dieser Fähigkeit gibt, ist sicher. Daraus lassen sich aber noch keinerlei Rückschlüsse auf den Menschen ziehen. Um durch Erfahrungen lernen zu können, sind höhere Zentren nötig, von denen die Eindrücke verarbeitet werden.

Es scheint sogar, als ob die Tätigkeit selbst das Nervengewebe anatomisch verändern kann (Flechsig, Bernheimer, A. Westphal). Held öffnete längere Zeit hindurch neugeborenen blinden Tieren das eine Augenlid, während er das andere geschlossen ließ. Bei der anatomischen Untersuchung der Sehnerven dieser Tiere ergab sich, daß in dem Lichtauge im Gegensatz zu dem anderen eine deutliche Markscheidenbildung eingetreten war.

Plötzlich einfallendes Licht wirkt als Schreckreiz und kann deshalb allgemeine Reaktionen auslösen, die in gleicher Weise von anderen Sinnesgebieten aus hervorzurufen sind. So tritt auf Licht der eigentümliche Schreckreflex des jungen Säuglings, der Umklammerungsreflex, ein. Ebenso verändern sich wahrscheinlich unter dem Reiz Atmung und Hirnpuls, doch sind die entsprechenden Kurven Canestrinis nicht beweiskräftig, da sie durch die Allgemeinbewegungen des Kindes entstellt sind.

Im allgemeinen ist aber das Licht für die Kinder so anziehend, daß ihm schon sehr früh nicht nur die Augen, sondern auch der Kopf zugewandt werden. Schon Kußmaul fand diese Erscheinung sehr häufig, selbst bei einem zwei Tage alten Neugeborenen, der um zwei Monate zu früh geboren war. Seine Beobachtung wurde oft bestätigt, so von Genzmer, Kroner, Stern, Dix u. a. Preyers Kind, dessen Gesichtsausdruck sich am Tage veränderte, wenn die Augen beschattet wurden, wendete sich am sechsten Tage zum ersten Male dem Lichte zu; W. Stern spricht geradezu von einem Hinwendungsinstinkt, der sich auch bei Schallreizen und bei Berührungen geltend macht. Bárány, der den Reflex gleichfalls bei Neugeborenen beobachtete, läßt es unentschieden, ob die Bewegung von der Hirnrinde oder von den Vierhügeln aus zustande kommt. Bei den Versuchen muß unbedingt der Adaptationszustand der Augen mitberücksichtigt werden (vgl. S. 20).

Man kann sich von der Vorliebe des Kindes für Licht überzeugen, wenn man den Körperstellreflex auf den Kopf (vgl. S. 42) auslöst. Dieser wird hervorgerufen, indem man das auf dem Rücken liegende Kind an seinen Beinen ergreift und sein Becken zur Seite dreht. Für gewöhnlich folgen Körper und Kopf sehr rasch dieser Bewegung. Stellt man aber nun eine Lichtquelle vor das Gesicht des Kindes, während der ganze Raum sonst dunkel ist, so wird der Eintritt des Reflexes verzögert, wenn auch nicht völlig aufgehoben. Umgekehrt wird der Eintritt des Reflexes deutlich beschleunigt, wenn man dem Kinde die Augen verbindet.

Für die richtige Innervation der Augen ist das Licht sogar unbedingt notwendig. Bei ungenügender Beleuchtung erkranken die Kinder schließlich unter Nystagmus und ständigen ruckartigen Kopfbewegungen. Das Krankheitsbild, das als Spasmus nutans bezeichnet wird, entwickelt sich nur langsam und tritt deshalb nicht vor dem zweiten Lebenshalbjahr auf. Raudnitz zeigte, daß es sich um eine Lichtmangelkrankheit handelt, die dadurch zustande kommt, daß die Kinder in den dunkelsten Winkeln dunkler Stuben gehalten werden. Unter ähnlichen Bedingungen läßt sich auch im Tierversuch Nystagmus hervorrufen. Werden die Kinder genügend ins Helle gebracht, so verschwindet die Krankheit in einigen Monaten.

Unsicher ist dagegen, worauf die nystagmusartigen Augenzuckungen der Neugeborenen zurückzuführen sind, wie sie Römer, Thornval und Schur beschrieben haben. Berberich und Wiechers wollen sie auf geburtstraumatische Hirnblutungen zurückführen; Stern und Schwartz, die der gleichen Ansicht sind, haben zum Beweise eine Reihe von Beobachtungen gesammelt. Sie sahen den Nystagmus nach regelrechter Geburt nur in dem dritten Teil aller Fälle; dagegen war er bei 11 Kindern in Fehllage jedesmal vorhanden, während er bei Kaiserschnittkindern ohne Wehentätigkeit nicht nachzuweisen war. In den ersten Stunden nach der Geburt war er immer am stärksten. Sie sahen ferner einen Zusammenhang zwischen Dauer und Stärke der Kopfgeschwulst und des Nystagmus, und schließen daraus auf eine gemeinsame Ursache: die traumatische Schädigung des Schädels und des Gehirns.

Ihre Befunde sprechen allerdings für einen Zusammenhang zwischen Geburtstrauma und Nystagmus, nur ist eine Gehirnschädigung dadurch noch nicht bewiesen. Nystagmus kann z. B. durch Veränderungen zustande kommen, die sich am Auge selbst abspielen und seine Sehschärfe herabsetzen. So wäre auch an Netzhautblutungen zu denken, die ja bei Neugeborenen nicht selten sind.

Genau so wie beim Erwachsenen ist schließlich im Säuglingsalter ein reflektorischer Nystagmus vom Labyrinth aus hervorzurufen. Er wird an anderer Stelle besprochen.

Ob der Farbensinn des Säuglings angeboren ist oder sich erst allmählich bildet, ist ebensowenig geklärt wie die Frage seines Raumsinnes. Meistens wird der Neugeborene ohne weiteres für farbenblind erklärt (Tracy, Shinn, Bernfeld u. a.), obwohl er bisher niemals daraufhin untersucht wurde. Nach Shinn soll sich der Farbensinn erst in der zweiten Hälfte des 1. Lebensjahres entwickeln, nach Uffelmann und Garbini im 2. Jahr, nach Preyer, Heubner und Szulina im 3. Jahr. Nach Garbini ist die Entwicklung bei Knaben im 4. Lebensjahr abgeschlossen, bei Mädchen erst zwischen dem 5. und 6. Lebensjahr, während sich nach Roselli gerade umgekehrt der Farbensinn bei Mädchen früher entwickelt als bei Knaben[1]. Dagegen schreibt Rählmann schon dem Neugeborenen einen vollentwickelten Farbensinn zu; das gleiche tut Bühler, indem er sich auf die Versuche Wooleys an einem 6 Monate alten Säugling stützt. Ganz abgesehen von den Mängeln der Wooleyschen Versuchsanordnung sind solche Übertragungen auf eine frühere Lebenszeit nicht statthaft.

Man hat den Farbensinn der Kinder untersucht, indem man feststellte, von welchem Zeitpunkt an sie die Farben richtig benennen konnten, nach welchen Farben sie am häufigsten griffen, oder welche Farben ihren Blick am meisten anzogen. Auf diese Weise lassen sich aber nur die bevorzugten Farben erkennen. Die mehrfach geäußerte Annahme, daß sich die Farbenempfindungen in der gleichen Reihenfolge entwickeln, ist ganz unbewiesen. Nach den genannten Verfahren sind die folgenden Farbenreihen aufgestellt worden:

Preyer: Gelb, Braun, Rot, Violett, Schwarz, Orange, Grau, Grün, Blau.
Uffelmann: Rot, Grün, Blau, Gelb.
Binet: Rot, Blau, Orange, Braun, Rosa, Violett, Grün, Weiß, Gelb.
Garbini: Rot, Grün, Gelb, Orange, Blau, Violett.
Jastrow: Blau vor den anderen Farben.
Oltuscewski: Rot und Grün, Gelb und Blau.
Baldwin: Blau, Rot, Weiß, Grün, Braun.
Lindner: Blau vor den anderen Farben.
Holden und Bosse: Rot, Orange, Gelbgrün, Blau, Violett.
E. T. Tyler (mitgeteilt von Shinn): Keine Bevorzugung bestimmter Farben.
Myers: Rot und Gelb vor den anderen Farben.
Meumann: Weiß und Schwarz, Rot, Blau, Grün, Gelb, Violett, Orange.
Valentine: Gelb, Weiß und Rosa, Rot, Braun und Schwarz, Blau und Grün, Violett.
Winch: Weiß und Schwarz, Rot, Blau, Grün, Gelb, Violett, Orange.
Wooley: Rot, Gelb, Blau, Grün.

Nach Shinn erscheint dem Kinde am Ende des 1. Lebensjahres die Welt in zwei Farben: Schwarz-weiß und Rot.

Die aufgestellten Reihen sind miteinander unvereinbar. Deshalb erscheinen mir Koffkas Hypothesen über die Entwicklung des Farbensinnes, die sich auf die Ergebnisse von Winch, Meumann und Garbini stützen, die andern aber nicht genügend berücksichtigen, keineswegs ausreichend begründet.

Aussichtsreicher ist das Verfahren von Rählmann und Krasnogorski, die bei den Säuglingen bedingte Reflexe auf bestimmt gefärbte Milchflaschen ausbildeten. Sie konnten so zeigen, daß die Säuglinge vom 6. Monat an, dem Zeitpunkt, wo sie überhaupt zu greifen begannen, alle Farben unterschieden. Dies ist um so bemerkenswerter, als es Pawlow nicht gelungen ist, im Tierversuch mit Farbreizen bedingte Reflexe zu bilden.

Aber selbst bei diesen Versuchen wurde nicht genügend berücksichtigt, daß verschiedene Wellenlängen außer den Farbenempfindungen auch Helligkeitsempfindungen hervorrufen. Beide sind voneinander unabhängig, da der relative Helligkeitswert der Farben von dem Adaptationszustande des beobachtenden Auges abhängig ist. Beim Dämmerungssehen ist ebenso wie bei der

[1] Darwin, der seine Kinder anfangs für farbenblind hielt, konnte sich später überzeugen, daß seine Befürchtung nicht zutraf.

Helladaptation des Erwachsenen mit angeborener totaler Farbenblindheit der relative Helligkeitswert der Farben nach dem violetten Ende hin verschoben (Purkinjesches Phänomen). Daher könnte der Säugling, wenn er total farbenblind wäre, zwei Farben, die dem Erwachsenen gleich hell erscheinen, an der verschiedenen Helligkeit, die sie für sein Auge besitzen, voneinander unterscheiden, ohne doch selbst Farbenempfindungen zu besitzen.

Als Grundlage aller derartiger Versuche ist deshalb der relative Helligkeitswert der Farben für das Säuglingsauge festzustellen. Zu diesem Zwecke bestimmte ich bei hell- und bei dunkeladaptierten Frühgeburten die Reizschwelle für das Auftreten des tonischen Augenreflexes auf den Hals, indem ich weißes und verschieden gefärbtes Licht anwandte. Ein Vergleich mit den Befunden am Erwachsenen (vgl. Abb. 7 und 8) ergab mir, daß der relative Helligkeitswert von Rot, Gelb, Grün und Blau für das frühgeborene Kind und den Erwachsenen bei Hell- und Dunkeladaptation gleich ist, daß also schon bei Frühgeburten ein Purkinjesches Phänomen eintritt.

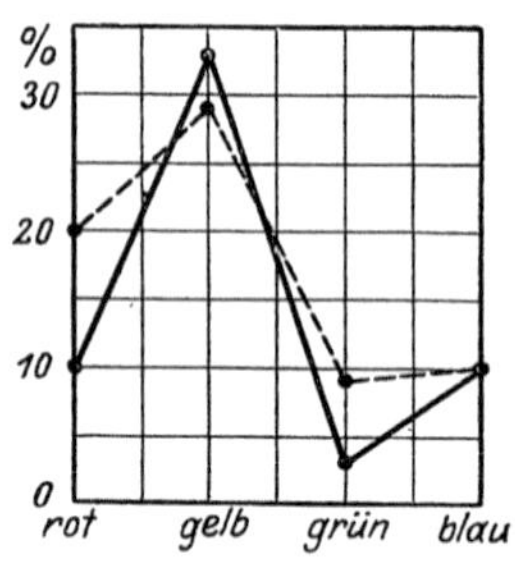

Abb. 7. ——— Relativer Helligkeitswert der Frühgeburt. – – – Relativer Helligkeitswert des Erwachsenen (bei Helladaptation).

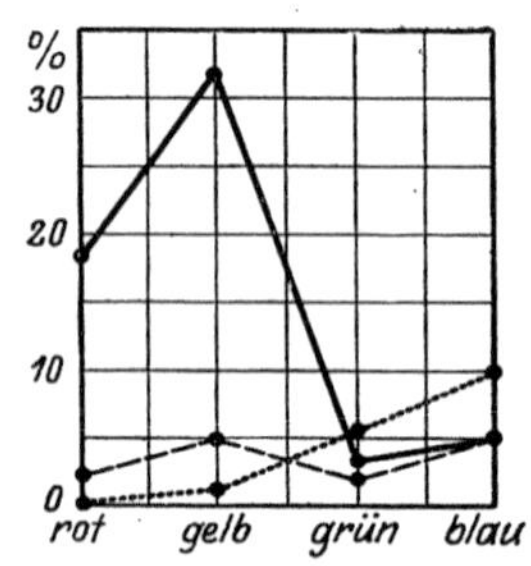

Abb. 8. ——— Relativer Helligkeitswert der Frühgeburt bei Helladaptation. – – – Relativer Helligkeitswert der Frühgeburt bei Dunkeladaptation. ·········· Relativer Helligkeitswert des Erwachsenen bei Dunkeladaptation.

Aus meinen Versuchen geht weiter hervor, daß die Empfindlichkeit der Netzhaut bei Dunkeladaptation ganz erheblich wächst. Gegen weißes Licht ist das dunkeladaptierte Auge der Frühgeburten hundertmal empfindlicher als das helladaptierte.

Die Helligkeitsempfindungen des Menschen entwickeln sich also nicht erst nach der Geburt, vielmehr ist schon bei Frühgeburten der Zustand des Tages- und Dämmerungssehens so weit fertig ausgebildet, daß beide Apparate in ihren eigentümlichen Erregbarkeitsverhältnissen reagieren. In der Netzhaut der Frühgeburten können deshalb nicht nur die Stäbchen arbeitsfähig sein. Das Vorhandensein des Purkinjeschen Phänomens läßt vielmehr auf eine Tätigkeit der Zapfen schließen, wenn sich auch nicht sagen läßt, ob sie schon voll, d. h. mit Farbenempfindung arbeiten. Gewisse Angaben lassen sich auch über den Farbensinn machen, wenn man von der immerhin wahrscheinlichen Annahme ausgeht, daß sich beim Säugling höchstens solche Formen von Farbenblindheit vorfinden können, wie sie vom Erwachsenen her bekannt sind.

Ausgeschlossen ist dann die angeborene Form der totalen Farbenblindheit und die Rotblindheit, weil bei ihnen der relative Helligkeitswert der Farben nicht mit den gefundenen Werten übereinstimmt. Möglich bleiben dagegen neben dem Farbensehen des farbentüchtigen Erwachsenen die Rotgrün- und die Blaugelbblindheit und schließlich eine totale Farbenblindheit, wie sie auf der Netzhautperipherie des farbentüchtigen Erwachsenen vorkommt. Alle diese Möglichkeiten müssen noch offen bleiben.

Um sie auszuschließen, waren andersartige Versuche notwendig. Ich benutzte dazu, im Anschluß an W. Köhlers Schimpansenversuche, bei dem die Tiere auf bestimmte Farben dressiert wurden, das Zweikastenverfahren, das sich aber erst jenseits des Säuglingsalters anwenden läßt. Am Beginn des 3. Lebensjahres (das jüngste Kind war $2^1/_{12}$ Jahre alt), unterschieden die Kinder Rot, Gelb, Grün und Blau von jeder Stufe der 30stufigen Zimmermannschen Graureihe. Da der Unterschied von zwei einander benachbarten Stufen dieser Reihe für die Bildung bedingter Reflexe nicht mehr ausreicht, können die Kinder am Beginn des 3. Lebensjahres nicht mehr total farbenblind sein.

Um die partiellen Farbenblindheiten auszuschließen, mußte der Versuch etwas geändert werden, und zwar wurden dazu bedingte Reflexe auf farbige Lichter gebildet, deren Helligkeit abgestuft werden konnte. So ergab sich, daß die Kinder mit Sicherheit das rote von dem grüngelben Lichte, sowie das blaugrüne von dem blauvioletten unterscheiden konnten, unabhängig von der relativen Helligkeit der beiden Lichter zueinander. Zum Beginn des 3. Lebensjahres besteht also keine bekannte partielle Farbenblindheit und, wenn man nicht gerade eine sonst unbekannte Form annehmen oder die Kinder für anomale Trichromaten erklären will, muß man diesem Alter das Farbensehen des Erwachsenen zuschreiben.

Mit dem Zweikastenverfahren ließen sich weiter am Ende des 2. Lebensjahres (das jüngste Kind war $1^{10}/_{12}$ Jahre alt) Strukturen auf tonfreie Farben nachweisen. Bei jüngeren Kindern versagte das Verfahren, wohl nicht, weil Strukturen noch nicht vorhanden waren, sondern weil sich auf diesem Wege keine bedingten Reflexe mehr ausbilden ließen. Es muß aber betont werden, daß bisher bei noch jüngeren Kindern keine Strukturen nachgewiesen sind, und daß deshalb Koffka für seine Annahme, schon bei Neugeborenen fänden sich Strukturen, vorläufig noch keinen Beweis hat.

Es liegt nahe, das Pupillenspiel des Säuglings zur objektiven Prüfung seines Farbensinnes in gleicher Weise heranzuziehen, wie es v. Heß beim Erwachsenen und beim Tier getan hat. Nach de Rudder sind solche Versuche erst in der zweiten Hälfte des ersten Lebensjahres möglich, wenn die Pupille empfindlich genug geworden ist. Allerdings werden die Beobachtungen, wie ich bestätigen kann, durch die Unruhe des Kindes empfindlich gestört.

Eine Farbenblindheit müßte sich am deutlichsten aus den pupillomotorischen Werten von Rot ergeben. Die von de Rudder ermittelten Werte stimmen aber befriedigend mit den theoretisch errechneten überein. Es ergab sich also auch auf diesem Wege kein Anhalt dafür, daß die Farbenempfindungen des Säuglings von denen des Erwachsenen abweichen.

Hat der Säugling erst einmal gelernt, seine Augen zu gebrauchen, so kommt er bald instand, Gesichtseindrücke wiederzuerkennen. Dazu sind natürlich höhere Zentren notwendig, die mit den eigentlichen Augenreflexen nicht mehr so eng verknüpft sind.

2. Gehörsinn.

Schallreize beantwortet der menschliche Neugeborene fast nur mit allgemeinen Reaktionen, während beim Tier auch örtliche Reaktionen beobachtet sind. So beschreibt Preyer, daß junge Meerschweinchenembryonen lauten Pfiff mit einem Zucken der Ohrmuschel beantworten. Ein gleicher Reflex wurde gelegentlich auch bei Erwachsenen gefunden (Cemach), aber eine allgemeinere Bedeutung kommt ihm nicht zu. Es gibt vielmehr keine Reaktion, die nur durch Schallreiz hervorzurufen wäre. Auf der Grenze steht höchstens der Cochlearpalpebralreflex (Lidschlag auf Schallreiz), doch ist die gleiche Reaktion auch auf andere Reize (Licht, Berührung) zu erhalten.

Am deutlichsten reagiert der Säugling und auch schon der Neugeborene auf Schallreiz mit der Schreckreaktion. Aus diesem Grunde hatten die einzelnen Untersucher so widersprechende Ergebnisse. Wie nämlich oben ausgeführt, reagiert der Säugling ebenso wie der Erwachsene mit einer Schreckreaktion nur, wenn ihn ein plötzlicher Reiz unvorbereitet trifft; bei Wiederholung des Reizes wird das betreffende Zentrum unerregbar, so daß jede Reaktion verschwindet. Wer das nicht beachtet, läuft Gefahr, fälschlicherweise aus dem Fehlen der Reaktion auf mangelnde Hörfähigkeit zu schließen. Ein einmaliger Versuch reicht nicht aus, man muß sich vielmehr Zeit lassen und in möglichst ruhiger Umgebung untersuchen. Moldenhauer fand übrigens, daß der Lidschlag auf Schallreiz gleichfalls allmählich verschwindet, wenn der Reiz mehrmals wiederholt wird; der Reflex verhält sich also ganz ähnlich wie die Schreckreaktion.

Der menschliche Neugeborene sollte, wie man annahm, taub sein, weil seine Paukenhöhle noch nicht mit Luft gefüllt und durch das enge Aneinanderliegen der Wände verstopft ist. Heubner wies bereits darauf hin, daß in diesem Falle noch die Knochenleitung übrig bleibt, um den Schallreiz zum Hörnerven zu leiten.

Kußmaul konnte zwar selbst in den ersten Lebenstagen keine Reaktion auslösen. Er führte aber Feldbausch an, dem der Nachweis bei dreitägigen Kindern gelang. Genzmer fand eine Reaktion vom 1.—2. Tage an, Preyer vom 1.—3. Tage, Moldenhauer und Kroner mit wenigen Stunden, Poli mit 10 Minuten, Sachs mit 5 Stunden, Köllreutter mit wenigen Stunden, Dix mit 4 Tagen, Kutvirt mit $^1/_2$ Stunde, Sikorski mit 2—3 Wochen, Demetriades mit 2 Stunden, Bárány sah unter 30 Neugeborenen am ersten Lebenstage nur einmal keine Reaktion. Blanton bezeichnet eine Reaktion auf Schallreiz gleich nach der Geburt als ungewöhnlich, sah sie aber doch recht häufig in den ersten Lebenstagen. Canestrinis Kurven von Atmung und Hirnpuls bei Neugeborenen änderten sich stets unter dem Einfluß von Schallreizen. Die jüngsten von ihm untersuchten Kinder waren 6 Stunden alt.

In eigenen Versuchen konnte ich mit Hilfe der Atemkurve bei 6 Neugeborenen in ihrer ersten Lebensstunde viermal eine Änderung der Atemkurve nachweisen; der gleiche Versuch gelang auch bei Frühgeburten. Berberich und Wiechers untersuchten neugeborene und frühgeborene Kinder mit der Báránychen Lärmtrommel und hohen Stimmgabeln auf Lidschluß; sie fanden nur ganz wenige Kinder, die in den ersten Tagen und Wochen keine Reaktionen gaben. Voß betrachtete ihr Fehlen bei Frühgeburten für ein prognostisch ernstes Zeichen.

So bleibt denn von der Annahme, daß der Neugeborene taub sei, nicht viel übrig. Allenfalls läßt sich eine gewisse Schwerhörigkeit nicht von vornherein ausschließen.

Da nach meinen Untersuchungen das Gehörorgan der Frühgeburten bereits schallempfindlich ist, erwartete ich für das ungeborene Kind das gleiche. Es ist freilich nötig, bei derartigen Versuchen möglichst starke Schallreize zu gebrauchen, weil der Schall, bis er das Kind im Mutterleib erreicht, stark abgeschwächt wird. Aus diesem Grunde verwandte ich als Schallquelle eine möglichst laute Kraftwagenhupe.

An dem ungeborenen Kinde läßt sich nun wirklich von außen die Schreckreaktion beobachten, wenn die geschilderten Vorsichtsmaßregeln auf das strengste innegehalten werden. Canestrini, der selber in dieser Richtung keine eigenen Versuche angestellt hat, schlug vor, die Bewegungen der Frucht mit dem Röntgenverfahren sichtbar zu machen. Das ist nicht nötig, es genügt durchaus, die mütterliche Bauchwand zu beobachten. Selbstverständlich muß das Kind, wenn der Schallreiz ertönt, vorher längere Zeit völlig bewegungslos gewesen sein.

Die Frucht beantwortet den Reiz sofort mit einem kräftigen Stoß gegen die vordere Bauchwand der Mutter, weil sie wahrscheinlich ebenso wie ein Säugling zusammenzuckt. Man kann den Stoß des Kindes, der auf den Reiz hin folgt, sehen, mit der Hand fühlen und auf dem Kymographion schreiben. Auch die Mutter spürt die Reaktion als Kindsbewegung. Im Anschluß daran stellt sich nicht selten eine länger dauernde Bewegungsunruhe des Kindes ein. Daß es sich nur um eine Reaktion der Mutter handelte, läßt sich mit Sicherheit ausschließen. Meine Versuche wurden kürzlich von H. S. und H. B. Forbes bestätigt[1].

Schwangere Mütter gaben mir wiederholt an, sie hätten in Konzerten unangenehm starke Kindsbewegungen verspürt. Es scheinen also dabei Schallempfindungen des ungeborenen Kindes zu entstehen.

Der Säugling reagiert auf Schallreiz (elektrische Klingel) ungefähr in der gleichen Zeit wie der Erwachsene. Der Zentralwert einer Versuchsreihe von mir betrug 0,25″. Verlängert ist die Reaktionszeit im natürlichen oder durch Schlafmittel herbeigeführten Schlaf, sowie bei Frühgeburten.

In der Regel ist der Neugeborene noch nicht imstande, sich zur Schallquelle hinzuwenden, also zu erkennen, aus welcher Richtung der Schall in sein Ohr dringt. Allerdings sind gelegentlich auch abweichende Beobachtungen gemacht worden. So berichtet Genzmer, daß gut hörende Neugeborene bisweilen ihren Kopf nach der gleichen Seite wandten, wenn er sehr nahe an einem Ohr leise eine Glocke anschlug. Später, etwa im 3. Monat, ist diese Reaktion Allgemeingut der Kinder geworden.

Schon früher aber ist es möglich, schreiende Säuglinge durch musikalische Töne oder durch Worte zu beruhigen. Eine solche Wirkung konnte Canestrini sogar bei Neugeborenen feststellen. Er weist dabei auf die bekannte Tatsache hin, daß ja alle Mütter und Ammen auf diese Weise ihre Kinder beruhigen und zum Schlafen bringen.

Man würde indessen irregehen, wollte man daraus sehließen, daß der Säugling schon ein Unterscheidungsvermögen für musikalische Töne besitzt; denn nach Krasnogorski ist die Arbeitsfähigkeit gerade des Gehöranalysators beim Kinde wenig entwickelt. Wie er mit dem Pawlowschen Verfahren feststellte, waren bei dem Kinde weder durch bestimmte Töne, noch durch Akkorde bedingte Reflexe zu bilden, während z. B. der Hund dabei schon $^1/_8$ Töne unterscheidet.

[1] Forbes, H. S. und H. B.: Journ. of comp. psychol. Vol. 7. 353. 1927.

3. Geschmackssinn.

Schon Kußmaul machte die wichtige Entdeckung, daß der Neugeborene auf den Genuß verschieden schmeckender Stoffe verschieden reagiert. Er beantwortet nämlich die Darreichung eines schlecht schmeckenden Stoffes dadurch, daß er das Gesicht verzieht, die Augen zusammenkneift, den Mund öffnet oder krampfhaft zusammenzieht und reichlich Speichel absondert, der teilweise mit dem schlecht schmeckenden Stoff nach außen fließt. Oft treten Würgbewegungen oder Erbrechen auf. So kommt schon beim Neugeborenen, nur unverfälschter, derselbe Gesichtsausdruck zustande wie beim Erwachsenen, wenn er die gleichen Stoffe genießt (Abb. 9 und 10).

Süß schmeckende Stoffe führen dagegen zu Saugbewegungen. Da diese aber in gleicher Weise bei bloßer Berührung der Zunge und der Lippen entstehen, so können sie nicht ohne weiteres auf eine Reizung des Geschmackssinnes zurückgeführt werden; denn es ist nicht möglich, den Geschmackssinn getrennt von dem Tastsinn zu reizen. Höchstens dürfen die leckenden Bewegungen, die

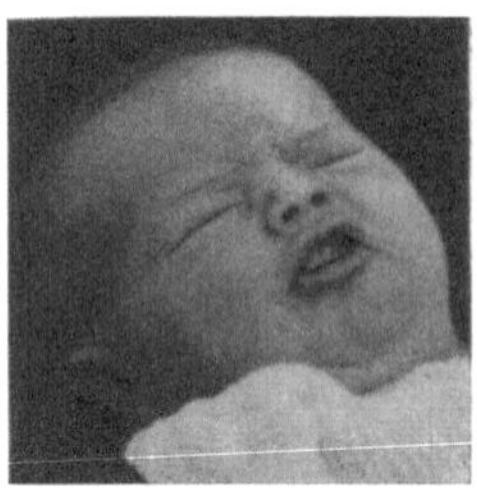

Abb. 9. Reaktion auf Chinin (3 %). ♀ 3 Wochen.

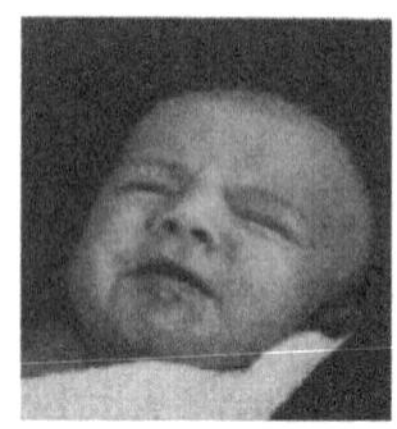

Abb. 10. Reaktion auf Chinin (3 %). ♀ 4 Wochen.

unter dem Einfluß des süßen Stoffes auftreten können, auf eine Geschmacksempfindung zurückgeführt werden, da sie sonst fehlen.

Kußmaul beobachtete das Gesichterschneiden nach dem Eingeben von Chinin, Kochsalz und Weinzucker, während der Rohrzucker ohne Widerstand genommen wurde. Seine Angaben wurden von allen Nachuntersuchern bestätigt; es ist nicht daran zu zweifeln, daß diese Reaktionsfähigkeit ererbt ist und nicht erst durch Einzelerfahrung erworben werden muß. Offenbar wird der unwillkommene Reiz dadurch abgeschwächt, während umgekehrt der Genuß des Süßen durch Lecken noch vermehrt werden kann.

Nach Kußmaul erscheinen die verschiedenen Geschmacksreaktionen schon bei Frühgeburten im 7. und 8. Schwangerschaftsmonat. Ich selbst brachte einer menschlichen Frucht von 23 cm Länge, die durch Kaiserschnitt gewonnen war, einige Tropfen 3%iger Chininlösung in den Mund. Es traten daraufhin Schluckbewegungen auf, ohne daß der Mund in erkennbarer Weise verzogen wurde. Eine Geschmacksreaktion ließ sich also auf dieser Entwicklungsstufe noch nicht nachweisen.

Gelegentlich wurde beobachtet, daß Neugeborene auf die Eingabe bitterer Stoffe den Gesichtsausdruck des Süßen annahmen und umgekehrt bei süßen Stoffen den des Bitteren (Kußmaul, Genzmer, Preyer). Ein Teil der Fälle erklärt sich, wie schon Kußmaul erkannte, dadurch, daß die Kinder kurz vorher einen anders schmeckenden Stoff erhalten hatten, dessen Wirkung bei dem neuen Versuch noch nicht abgeklungen war. Daneben bleibt natürlich die Reaktion aus, wenn der verabreichte Stoff in zu starker Verdünnung eingegeben wurde. Von solchen Versuchsfehlern abgesehen, ist es mir nie gelungen, ein neugeborenes Kind zu finden, das in paradoxer Weise reagiert oder überhaupt keine Geschmacksempfindung besessen hätte.

Es ist wiederholt angegeben worden, daß der Gesichtsausdruck des Kindes sich verschieden gestaltet, je nachdem bitter, salzig oder sauer schmeckende Stoffe verwandt wurden. Mir selbst erscheint es dagegen nicht möglich, aus dem Mienenspiel zu erkennen, welcher Art der schlecht schmeckende Stoff gewesen ist; ich möchte also nicht den Ausdruck des salzigen, sauren und bitteren Geschmackes voneinander unterscheiden, sondern nur ganz allgemein den Ausdruck des schlechten Geschmackes anerkennen.

Selbst großhirnlose Mißgeburten zeigen die Geschmacksreflexe in gleicher Weise (W. Sternberg, Heubner, Brouwer, Gamper), was darauf schließen läßt, daß es sich um Reaktionen tieferer Hirnteile handelt.

Die Empfindlichkeit des Säuglings für Geschmacksunterschiede ist aber wesentlich größer als aus diesen Versuchen zu schließen wäre. Wird ihm nämlich eine neue, anders schmeckende Nahrung zugeführt, so ist es manchmal recht schwer, den Widerwillen des Kindes zu überwinden. Jeder Säugling muß eines Tages zum erstenmal salzig schmeckende Nahrung, — Gemüse, — erhalten. Bis er sich an den neuen Geschmackseindruck gewöhnt hat, kostet es meistens etwas Mühe, ihm die neue Nahrung beizubringen. Diese Schwierigkeiten sind aber zu überwinden, und wir müssen als Ärzte darauf dringen, daß es geschieht. Eine Mutter, die dem Kinde nur die Nahrung gibt, nach der es verlangt, setzt es den größten Gefahren aus. Gewiß ist die Geschmacksreaktion an sich etwas sehr Zweckmäßiges, sie kann aber wie alle derartigen Einrichtungen geradezu schädlich wirken. So ist der Standpunkt von Preyer und Canestrini, die die Nahrung dem Geschmack des Kindes anpassen wollen, grundsätzlich abzulehnen.

Der Angabe Preyers nämlich, daß sein Kind, schon als es wenige Tage alt war, keine Kuhmilch trinken wollte, ist von den Psychologen große Bedeutung beigemessen worden. Hat man doch daraus geschlossen, daß das Kind imstande sei, ungeeignete Nahrung am Geschmack zu erkennen und zurückzuweisen. „Das (neugeborene) Kind erkennt schon die Eigenschaften der Milch, erinnert sich, welchen Geschmack die Milch gestern und vorgestern hatte und äußert echten Willen, der Hunger und Durst übertrifft, einen Willen, der höhere Ziele, höhere Interessen überwacht.“ Diese Worte Sikorskis sind zugleich ein Beleg dafür, wie gefährlich es ist, die Beweggründe des Erwachsenen schon dem Neugeborenen unterzulegen; sie lassen sich in keiner Richtung beweisen. Die gleiche Anschauung wird leider von vielen Müttern geteilt: Wenn ihr Kind eine bestimmte Nahrung nicht nehmen will, so schließen sie daraus, daß sie ihm nicht bekömmlich ist, und verzichten überhaupt darauf, sie ihm zu geben. Die Folge davon ist eine einseitige Ernährung, die bei längerer Dauer zu schweren Krankheitszuständen führt.

Demgegenüber ist festzustellen, daß der Säugling keineswegs imstande ist, durch den Geschmack zweckmäßige und unzweckmäßige Nahrung voneinander zu unterscheiden; weist er doch z. B. oft genug Frauenmilch zurück, wenn er vorher andere Nahrung erhalten hatte. Wenn sein Sträuben überhaupt vom

Geschmack der Nahrung abhängt, — es gibt auch andere Gründe genug, — so richtet es sich doch nur gegen alles Ungewohnte. Meistens gelingt es in der Klinik ohne Schwierigkeiten, das Kind an eine Nahrung zu gewöhnen, die es zu Hause bei der Mutter durchaus nicht nehmen wollte.

Es ist manchmal überraschend, wie fein das Kind auf Geschmacksunterschiede reagiert. So sieht man immer wieder, daß ein Säugling, der eine der üblichen mit Rohrzucker gesüßten Milchmischungen erhalten hat, sich weigert, eine gleichfalls aus der Flasche dargereichte Frauenmilch zu trinken, deren Geschmack weniger süß ist. Durch Zugabe von Süßstoff kann der Widerstand leicht überwunden werden.

Jenseits der Neugeborenenzeit sind schwere Geschmacksstörungen nicht selten. Nach Lichtenstein finden sich nämlich nur bei einem Teil der rachitischen Kinder die Geschmacksreflexe, bei einem anderen Teil sind sie herabgesetzt oder ganz aufgehoben, so daß die bittersten Chininlösungen ohne Anstand genommen werden. Ebenso verhalten sich manche Idioten. Lichtenstein erkannte bereits richtig, daß die Geschmacksstörung bei Rachitis mit dem Ausheilen der Krankheit allmählich verschwindet, also nicht etwa einen bleibenden Befund darstellt.

Diese Angaben wurden bald bestätigt. So konnte Büssem bei rachitischen Säuglingen häufig das Fehlen einer Geschmacksreaktion feststellen. Daneben beobachtete er aber auch einige nichtrachitische Kinder, bei denen gleichfalls jede Reaktion fehlte. Ähnlich vermißte Neumann die Geschmacksreaktionen bei manchen rachitischen oder nichtrachitischen Kindern.

Nach unseren Erfahrungen unterliegt es keinem Zweifel, daß gerade bei der Rachitis besonders häufig der Geschmackssinn gestört ist, und zwar ist um so sicherer darauf zu rechnen, je schwerer die klinischen Erscheinungen des Einzelfalles sind; mit ihrem Schwinden bessert sich allmählich auch die Geschmacksstörung. Diese ist, wie Czerny betont hat, nicht peripheren, sondern zentralen Ursprungs, also ein Ausdruck der cerebralen Störung, die zum Bilde der Rachitis gehört.

Daneben gibt es noch einige Formen von Idiotie, die sich durch Fehlen der Geschmacksreflexe auszeichnen. Aber davon abgesehen, sahen wir einige nichtrachitische und nicht schwachsinnige Säuglinge, bei denen gleichfalls jede Geschmacksempfindung aufgehoben war. Die Kinder litten an schwerer Atrophie, und als sich ihr Allgemeinzustand gebessert hatte, stellte sich nach einer Reihe von Monaten allmählich der Geschmack wieder ein. Einen Befund, der wohl hiermit in Beziehung zu setzen ist, erhob Yllpö an zwei Säuglingen, die eine schwere Toxikose durchgemacht hatten. Bei ihnen bestand neben einer Intelligenzstörung auch noch eine Hyp- oder Anästhesie der äußeren Haut, die nach einigen Monaten wieder verschwand. Es kann demnach im Laufe einer schweren Ernährungsstörung die Sensibilität vorübergehend im Gebiete des Geschmacks- und Schmerzsinnes aufgehoben werden.

Wenn die Zunge eines Säuglings stark mit Soor oder andersartigem Belag bedeckt ist, so scheint sich der Geschmack rein mechanisch vermindern zu können. Die Kinder werden appetitlos, solange wie der Belag dauert.

Manche Beobachtungen sprechen dafür, daß im Kindesalter die geschmacksempfindliche Zone größer ist als beim Erwachsenen. So sollen nach v. Skramlik die folgenden Teile nur bei Kindern geschmacksempfindlich sein: Ganze Zungenoberfläche, Unterseite der Zungenspitze, harter Gaumen und wahrscheinlich auch noch Lippen und Wangenschleimhaut. Kiesow sieht in dieser Erscheinung eine ontogenetische Wiederholung der Stammesgeschichte. Wie die Verhältnisse beim Säugling liegen, ist noch nicht klargestellt.

4. Geruchssinn.

Am Zustandekommen der Geruchsempfindung sind der Olfactorius und der Trigeminus beteiligt, und zwar wird die reine Geruchsempfindung durch den Olfactorius vermittelt, während die stechende Empfindung, die z. B. bei der Einatmung von Ammoniak, Essig u. dgl. entsteht, durch den Trigeminus fortgeleitet wird. Weil viele Stoffe beide Nerven zugleich erregen, so ist es in der Regel nicht möglich, ihre Einwirkungen voneinander zu unterscheiden. Da eine Reizung des Trigeminus leichter zu unangenehmen Empfindungen und damit zu Abwehrbewegungen führt, ist sie im Säuglingsalter besser zu erkennen als eine Reizung des Olfactorius. Diese Verhältnisse müssen berücksichtigt werden, wenn man die im Säuglingsalter gefundenen Ergebnisse betrachtet.

Kußmaul konnte zwar beim Neugeborenen keine bestimmten Reflexgruppen auf Gerüche nachweisen, sah aber doch, daß schlafende Kinder starke Gerüche unangenehm empfanden (Asa foetida, Ol. Dippelii). Sie kniffen die Lider zusammen, verzogen das Gesicht, wurden unruhig, bewegten Arme und Beine und erwachten schließlich. Der Geruchssinn stumpfte sich aber rasch ab, so daß das gleiche Kind bei späteren Versuchen nicht mehr reagierte.

Kußmauls Angaben wurden später oft bestätigt, wenn auch z. B. Genzmers Zustimmung nicht genügend begründet ist, da er den Kindern die betreffenden Stoffe auf die Lippen brachte und so den Berührungs- und Geschmackssinn mitreizte. Beweiskräftiger sind dagegen die Versuche Kroners, nach dessen Angaben hungrige Neugeborene die Brust ablehnten, wenn diese vorher mit Petroleum oder Bernsteinöl bestrichen worden war, während die andere Brust sofort angenommen wurde. Die Versuche Canestrinis ergaben, daß die Neugeborenen hauptsächlich auf Geruchsstoffe reagierten, durch die der Trigeminus gereizt wird; auf den Geruch von Milch reagierten die Säuglinge nie. Es ist aber doch recht unsicher, ob menschliche Neugeborene die mütterliche Brustwarze mit Hilfe des Geruchssinnes finden können, wie es bei manchen Tieren der Fall sein soll. Ein so vorsichtiger Beobachter wie Darwin gibt allerdings an, daß sein Kind im Alter von 32 Tagen die mütterliche Brustwarze auf eine Entfernung von 75—100 mm erkannt habe; das Kind wurde nach seiner Ansicht durch Geruchs- oder Wärmeempfindungen geleitet. Daß der Wärmesinn dabei eine Rolle spielt, ist mir nach den noch zu besprechenden eigenen Versuchen nicht wahrscheinlich; jedenfalls ist ein Einfluß des Geruchssinnes nicht auszuschließen.

Perez berichtet, daß manche Säuglinge, nur durch den Geruch geleitet, die Brust bestimmter Frauen annahmen oder ablehnten. Es dürfte sich in solchen Fällen aber schwer beweisen lassen, daß wirklich der Geruchssinn dabei maßgebend ist.

Beim älteren Säugling ist das Geruchsvermögen durch Krasnogorski untersucht worden. Er beobachtete mit Hilfe der bedingten Reflexe, daß sich schon bei Säuglingen von 7—8 Monaten ziemlich leicht ein Unterscheidungsvermögen zwischen Parfüm- und Camphergeruch nachweisen läßt.

5. Wärme- und Kältesinn.

Sobald der Neugeborene aus dem warmen Mutterleib an die kalte Außenwelt getreten ist, beginnt er zu schreien, zu zittern und zu erblassen, während er sich im warmen Bade wieder beruhigt und seine Haut sich rötet. Kußmaul schloß daraus, daß dem Neugeborenen eine lebhafte Empfindung für Wärme und Kälte innewohnt. Genzmer konnte kräftige Bewegungsreaktionen hervorrufen, wenn er die Neugeborenen mit einem kalten Eisenstäbchen berührte. Reizte er in dieser Weise die Fußsohle, so wurde der Fuß zurückgezogen. Die Hand wurde bei Berührung der inneren Fläche zuerst geschlossen, dann zurückgezogen, der Kopf bei Berührung einer Wange zur Seite gewendet. Auf Anblasen befeuchteter Körperstellen reagierten die Kinder mit Bewegungen; sie verhalten sich allerdings, wie Kroner richtig bemerkt, genau so, wenn die Stellen vorher nicht angefeuchtet sind. Preyers Kind begann jedesmal laut zu schreien, wenn das Badewasser über eine ganz bestimmte Stufe hinaus abgekühlt wurde. Ebenso wies es die Flasche zurück, wenn ihr Inhalt zu kalt oder zu warm war. Preyer erinnert schließlich an den bekannten Handgriff der Geburtshelfer, die Atmung asphyktisch geborener Kinder durch warme oder kalte Wechselbäder anzuregen.

Daß der Neugeborene ein lebhaftes Empfinden für Wärme und Kälte hat, wird also allgemein anerkannt, doch erscheinen die Beweise, die dafür gegeben werden, nicht zuverlässig, weil in den Versuchen stets andere Sinne, und zwar der Tast- und der Geschmackssinn, mitgereizt wurden. Die beobachteten Reaktionen sind deshalb nicht ohne weiteres auf eine Reizung des Wärme- und Kältesinnes zu beziehen.

Einwandfreie Ergebnisse lassen sich erst erzielen, wenn der Wärme- und Kältesinn allein gereizt wird. So bewährte sich mir das folgende Verfahren: Dem Versuchskinde wird eine Metallkapsel mit Zu- und Abflußrohr auf die Brust gelegt, durch die verschieden warmes Wasser hindurchgeleitet werden kann. Die Reaktion des Kindes besteht in allgemeiner Bewegungsunruhe. Daß nicht etwa die Strömung des Wassers als Reiz wirkt, läßt sich nachweisen, wenn man zunächst mit Hilfe eines Dreiwegehahnes körperwarmes Wasser hindurchleitet und dann plötzlich kaltes Wasser verwendet. Das Kind beantwortet den Reiz, der nur den Kältesinn erregen kann, mit lebhaften Bewegungen und fängt bei längerer Dauer zu schreien an.

Eine andere Reaktion, die wohl nur auf den Kältereiz zu beziehen ist, hat Blanton bei Neugeborenen schon in der ersten Viertelstunde gesehen: Die Kinder begannen in der Kälte zu zittern und mit dem, noch zahnlosen, Unterkiefer zu „klappern“. Sobald sie erwärmt wurden, verschwand die Reaktion.

Außer den Sinnesorganen der Haut ist das Labyrinth durch Kälte zu reizen. Die Reaktion wird an anderer Stelle (S. 39) besprochen.

Nach Sikorski wendet der junge Säugling sein Gesicht der Wärmequelle zu. Er brachte eine Flasche mit warmem Wasser in die Nähe des Gesichtes und sah daraufhin lebhafte Kopf- und Lippenbewegungen auftreten, bis das Kind sein Gesicht ganz in die Richtung der Wärmequelle gedreht hatte. Ich habe den Versuch bei hungrigen Säuglingen der ersten Monate wiederholt, die ihren

Kopf auf seitliche Berührung des Mundes deutlich hin und her wendeten. Als Wärmequelle benutzte ich eine elektrische Wärmesonne, mit der ich die Kinder von der Seite bestrahlte. Es gelang mir jedoch nicht, auf diese Weise eine Bewegung des Kopfes hervorzurufen. Danach ist es nicht wahrscheinlich, daß die Kinder bei dem Suchen nach der mütterlichen Brustwarze von dem Wärmesinn ebenso unterstützt werden wie von dem Tastsinn.

6. Schmerzsinn.

Schmerzhafte Reize beantwortet das Kind mit den oben beschriebenen allgemeinen Reaktionen, doch können daneben auch örtliche Reaktionen auftreten, wobei allerdings nicht mit Sicherheit zu entscheiden ist, wie weit eine gleichzeitige Reizung des Tastsinnes von Einfluß ist. Sieht man doch ganz ähnliche Reaktionen unter dem Einfluß von Reizen, die bestimmt nur den Tastsinn erregen können. Die Bewegungen der gereizten Körperstelle treten meist sehr plötzlich ein; so wird z. B. auf einen Stich in die Fußsohle das ganze Bein an den Leib rasch herangezogen. Diese Reaktion stellt eine Art von Schutzvorrichtung dar, die den gereizten Körperteil in Sicherheit bringt. In anderen Fällen zuckt nur der gereizte Körperteil; auf Stiche in die Mund- oder Nasengegend wird das Gesicht verzogen. Es besteht also bereits die Fähigkeit, den Reiz zu lokalisieren.

Die Schmerzempfindlichkeit des Säuglings wurde mit mechanischen (Nadelstichen) und elektrischen Reizen geprüft.

Genzmer hat, — nach meiner Ansicht mit Unrecht, — behauptet, das Schmerzgefühl (auf mechanischen Reiz) sei beim neugeborenen Kinde außerordentlich schwach entwickelt. Seine Angaben sind in die allgemeine Literatur übergegangen. Bei der Untersuchung von 60 Neugeborenen fand er, daß sie in den ersten Tagen fast ganz unempfindlich gegen Schmerzreize waren. Frühgeborene Kinder stach er mit feinen Nadeln in die empfindlichsten Teile wie Nase, Oberlippe und Hand so derb, daß aus der Stichöffnung ein kleiner Blutstropfen quoll, und doch gaben sie kein Zeichen des Unbehagens von sich. Reife Kinder sollen nach Genzmer auf mittelstarke Stiche 1—2 Tage nach der Geburt, selten früher, mit örtlichen Bewegungen reagieren, wobei die Reaktionszeit bis zu 2″ (ebenso nach Preyer) beträgt. Während der ersten Lebenswoche nahm die Empfindlichkeit gegen Nadelstiche merklich zu.

Kroner hat Genzmers Angaben bestätigt, obwohl er bei reifen oder nahezu reifen Neugeborenen deutliche Schmerzreaktionen wie Verzerren des Gesichtes oder lautes Schreien sofort auf starke elektrische oder mechanische Reize wahrgenommen hat. Weiter erblickt Lombroso einen Beweis der geringen Schmerzempfindlichkeit bei Kindern in der Tatsache, daß im Alter von 2 und 3 Jahren die Schmerzreize noch nicht genauer lokalisiert werden können. Ich will nicht bestreiten, daß solche Kinder leicht irreführende Angaben in dieser Beziehung machen, nur ist daraus noch durchaus nicht auf eine geringe Empfindlichkeit zu schließen. Nach Canestrini ist bei Neugeborenen der Schmerzsinn auf Nadelstiche sehr gering, die Reaktionszeit lang. Dabei waren in 10 Versuchen 8 mal deutliche Reaktionen aufgetreten. Schließlich bezeichnet Koffka die Schmerzempfindlichkeit des Säuglings als „unternormal". Ganz abgesehen davon, daß man einen Zustand, der doch etwas Physiologisches darstellen soll, nicht als unternormal bezeichnen kann, scheint mir auch diese Ansicht unter dem Einfluß Genzmers entstanden zu sein.

Eigene Versuche belehrten mich, daß es, im Gegensatz zu Genzmer, kein gesundes Kind, Frühgeburten eingeschlossen, gibt, das nicht durch Nadelstiche zu einer Reaktion zu bringen ist. Schon bei einer unreifen menschlichen Frucht von 23 cm Länge sah ich auf Nadelstiche Zuckungen im Facialisgebiet auftreten. Um die beschriebenen allgemeinen oder örtlichen Reaktionen beobachten zu können, ist es allerdings manchmal notwendig, mehrmals Versuche anzustellen und überhaupt die Vorsichtsmaßregeln zu beachten, die bei der Beschreibung der allgemeinen Reaktionen aufgeführt wurden.

Die Reizbarkeit hängt von der Stimmung des Kindes ab; Ermüdung, Ablenkung, Sättigungsgefühl und Gesundheitszustand können sie erheblich beeinflussen. So war es denn auch nicht möglich, eine bestimmte Einstichtiefe anzugeben, bei der die Reaktion gerade auftrat. Sie schwankte an der Fußsohle des Kindes etwa zwischen 2 und 4 mm.

Die Reaktionszeit ist von Genzmer zu lang angegeben. Der gesunde Säugling reagiert nach meinen Messungen im Wachen meistens nach 0,12—0,70'' mit Bewegungen, manchmal noch später. Die Reaktionszeit des Erwachsenen ist ungefähr ebenso groß. Zu schreien beginnt der Säugling allerdings erst nach etwa 2—5''. Bei Frühgeburten und schlafenden Kindern war die Reaktionszeit etwas länger.

Die örtliche Reaktion auf einen Schmerzreiz (Bewegen des gestochenen Gliedes = Fluchtversuch) scheint nur dem jüngeren Kinde eigentümlich zu sein. Sie wird bei dem älteren Kinde und beim Erwachsenen undeutlich, wenn der Reiz erwartet wird, läßt sich aber bei ihnen noch im Schlafe nachweisen. Eine andere örtliche Reaktion hat Watson beschrieben. Er legte den Neugeborenen mit ausgestreckten Beinen auf den Rücken, kniff ihn leicht in die innere Oberfläche des Knies und beobachtete nun, daß seine Hand nach kurzer Zeit von dem Fuß der anderen Seite getroffen wurde. Diese Bewegung, deren Zweckmäßigkeit offensichtlich ist, erfolgte so regelmäßig wie bei einem Reflexfrosch. Eine ganz entsprechende Reaktion bildet der Kratzreflex auf Berührung (siehe dort), der aber nicht angeboren ist, sondern erst erworben werden muß.

Manche schwachsinnige Säuglinge zeigen eine auffallend geringe Empfindlichkeit gegen Nadelstiche, was diagnostisch bedeutungsvoll sein kann. Umgekehrt erweisen sich andere Idioten besonders empfindlich und beantworten jeden Schmerzreiz mit der Schreckreaktion.

Auffallend gering ist die Schmerzempfindlichkeit des Säuglings gegenüber dem elektrischen Strom. Wie an anderer Stelle (S. 62) besprochen wird, reagiert er erst bei Strömen, die dem Erwachsenen unerträglich sein würden. Zur Erklärung denkt man an die abweichenden Widerstände des Säuglingskörpers gegenüber dem elektrischen Strom und die unvollkommene anatomische Entwicklung der Nervenbahnen, doch ist die Frage wohl noch keineswegs gelöst.

Czerny hatte die Empfindlichkeit des Säuglings gegenüber dem elektrischen Strom bestimmt, um so den Verlauf der Schlaftiefe messen zu können. In ähnlicher Weise hat vor kurzem Wolowik die gegenseitige Wirkung der Schmerz- und Nahrungsreflexe untersucht, indem er die Reizschwelle vor und während der Nahrungsaufnahme bestimmte. Es ergab sich, daß der Säugling beim Trinken an der Brust oder aus der Flasche deutlich unempfindlicher gegenüber dem galvanischen Strom wird, daß dann also stärkere Ströme gebraucht werden müssen, um eine Reaktion hervorzurufen.

7. Tastsinn.

Die Empfindlichkeit des Säuglings gegen Berührung ist groß. Von allen Stellen der Haut aus lassen sich allgemeine und häufig auch lokale Reaktionen hervorbringen. Die letzteren sind von Kußmaul, Genzmer und Preyer ausführlich beschrieben worden. Sehr gut ist bereits beim Neugeborenen der Schutz der Augen ausgebildet; denn ein Berühren des Lides, der Binde- oder Hornhaut sowie der Wimpern führt sofort zu einem Schließen der Augen. Die Reflexzone ist aber noch größer, denn selbst ein Berühren der Nasenspitze (Genzmer) oder der Stirn (Moro) veranlaßt das Kind noch, die Lider zu schließen. So sind die Augen von Anfang an gegen das Eindringen von Fremdkörpern in gewisser Weise geschützt; sie werden neben dem Munde zuerst von den Händen des Kindes erreicht. Dies ist um so wichtiger, als der Blinzelreflex bei Annäherung eines Gegenstandes zunächst noch fehlt.

Reizt man die Nasenschleimhaut mechanisch, etwa mit einem kleinen Pinsel, so wird das Kind unruhig, zwinkert mit den Augen, wendet den Kopf oder fährt wohl auch mi tden Händen nach der Nase. Watson verstärkte noch den Reiz, indem er den Kindern die Nase zuhielt; sie werden daraufhin natürlich sehr unruhig und fahren mit den Händen in der Luft herum. Die Zeit, bis die Finger des Versuchsleiters getroffen wurden, betrug bei Neugeborenen manchmal nur 3″. Die Kinder scheinen also einen derartigen Reiz schon sehr gut lokalisieren zu können.

Auf Kitzeln des äußeren Gehörganges werden manche Neugeborene unruhig und fahren sich mit den Händen ins Gesicht, aber nicht an die Ohren (Kroner). Preyer beschreibt, daß er einen eigentümlichen Ausdruck von Spannung beobachten konnte, wenn er einem schreienden Kinde den Gehörgang verschloß.

Berühren der Lippen (auch außerhalb des Lippenrotes) und des vorderen Teiles der Zunge mit einem beliebigen Gegenstand ruft Saugbewegungen hervor. Es sind also nicht die Geschmacks-, sondern die Berührungsreize, die diesen wichtigen Reflex auslösen. Im Hunger ist die Reflexschwelle herabgesetzt,was allerdings von Popper bestritten wird; ich möchte ihm nach meinen Erfahrungen nicht recht geben.

Streichelt man die Wange seitlich vom Munde, so wendet das Kind seinen Kopf nach der gereizten Seite; streichelt man es nun auf der andern Seite, so wendet es sich wieder zurück. Oft sperrt es dabei seinen Mund auf, als ob es nach der mütterlichen Brustwarze suchte. Hat man den Versuch mit einem Gummisauger ausgeführt, so kann man auf diese Weise das Kind dazu bringen, ihn mit dem Munde zu erfassen und daran zu saugen. Dieser „Suchreflex“ wurde zuerst von Kußmaul beschrieben und seitdem oft bestätigt. Nach der von Magnus eingeführten Ausdrucksweise wäre er als Kopfstellreflex auf den Kopf zu bezeichnen.

Gamper und Untersteiner, die ihn genauer untersucht haben, bezeichnen ihn als oralen Einstellreflex. Sie machen darauf aufmerksam, wie zweckmäßig sogar die Lippen bewegt werden. Berührt man z. B. die Mitte der Oberlippe, so wölbt diese sich unter Öffnung des Mundes rüsselförmig nach oben, während gleichzeitig der Kopf nach hinten gebeugt wird. Umgekehrt wird auf Berühren der entsprechenden Stelle an der Unterlippe der Mund geöffnet, die Unterlippe gesenkt und der Kopf nach vorne gebeugt. Bei seitlicher Berührung wird der Mundwinkel nach der gereizten Seite hin verzogen und der

Kopf zur Seite gedreht. Angesichts dieser Tatsachen ist es schwer zu verstehen, wie Bernfeld neuerdings zu der Angabe kommt, der Neugeborene sei nicht imstande, eine zielvolle Bewegung zu machen, durch die etwas Saugbares in seinen Mund käme. Ganz ähnlich hat sich Koffka geäußert. Dabei besitzt gerade der Neugeborene eine äußerst zweckmäßig arbeitende Reflexvorrichtung, die ihn befähigt, die Brustwarze in den Mund zu bekommen, selbst wenn sie zunächst ungünstig liegt.

Ist das Kind einige Monate alt, so werden die Kopfbewegungen immer mehr von optischen Eindrücken abhängig, wie sich gerade am Suchreflex sehr schön zeigen läßt. Wenn man nämlich jetzt mit dem Sauger nur in die Nähe des Mundes kommt, ohne ihn überhaupt zu berühren, so wird dieser bereits aufgesperrt. Das Kind folgt nun den Bewegungen des Saugers mit seinem Kopfe nur auf Grund der optischen Eindrücke.

Der Saugreflex verschwindet allmählich im Laufe des ersten Lebensjahres; er kann aber später wieder auftreten. So hat Oppenheim bei cerebralen Erkrankungen einen Freßreflex beschrieben, der in der gleichen Weise ausgelöst wird wie der Saugreflex des Säuglings und in rhythmischen Kau- und Saugbewegungen besteht. Ebenso sahen Gamper und Untersteiner den oralen Einstellreflex bei einer erwachsenen Kranken; nur liefen bei ihr die Bewegungen ohne äußeren Reiz ab.

Bei ganz gesunden älteren Kindern habe ich gleichfalls wiederholt Saugbewegungen beobachten können, wenn sie unter dem Einfluß äußerer Reize aus dem Schlafe halb erwachten. Wahrscheinlich wird der Reflex durch die Tätigkeit des Großhirns gehemmt; er kann nur auftreten, wenn das Großhirn entweder noch nicht arbeitet, wie beim jungen Säugling, oder erkrankt ist, oder vorübergehend seine Tätigkeit einstellt wie im Schlafe. Daß es sich um einen sehr tiefstehenden Reflex handelt, geht daraus hervor, daß er sich schon bei großhirnlosen Mißgeburten findet.

Frühgeburten müssen oft mit der Sonde ernährt werden, weil ihr Saugreflex noch nicht genügend ausgebildet ist oder weil die allgemeine Reflexerregbarkeit noch nicht ausreicht, um die Kinder lange genug zum Saugen zu veranlassen. Als Folge geburtstraumatischer Blutungen in das Gehirn oder Rückenmark (Yllpö) möchte ich die Erscheinung aber nicht ansprechen, da die Kinder, wenn sie überhaupt am Leben bleiben, stets noch das Saugen erlernen.

Die Übererregbarkeit der Mundgegend zeigt sich weiter bei Beklopfen des M. orbicularis oris, wodurch bei jungen Säuglingen manchmal ein rüsselförmiges Vorschieben beider Lippen veranlaßt wird (Escherich, Thiemich). Einige Wochen später ist der Reflex meistens verschwunden. Nach Moro findet sich außerdem bei Neugeborenen nicht selten ein Facialisphänomen.

Berührt man nicht den vorderen, sondern den hinteren Teil der Zunge oder die Tonsillen, so treten unter lebhaftem Mienenspiel Würgbewegungen auf; dabei wird der Mund geöffnet und die Zunge herausgestreckt, während sich die Augen schließen. Der Gesichtsausdruck hat eine gewisse Ähnlichkeit mit dem, der unter der Eingabe bitterer Stoffe eintritt, doch möchte ich ihn nicht damit gleichsetzen.

Besonders empfindlich gegen Berührung sind Handteller und Fußsohle. Gibt man dem Neugeborenen einen länglichen Gegenstand in seine Hand, so wird dieser so fest umschlossen, daß man das ganze Kind daran emporheben kann

(Robinson). Die Kinder können manchmal eine Minute und länger so hängen, bis ihre Kraft erlahmt. Isbert und ich fanden den Reflex stets bei Neugeborenen; im zweiten Vierteljahr wird er allmählich seltener; er verschwindet aber erst völlig gegen Ende des ersten Lebensjahres. Auch hier ist es wahrscheinlich die Tätigkeit des Großhirns, die das Zustandekommen des Reflexes verhindert, denn Watson hat ihn bereits bei einer großhirnlosen menschlichen Mißgeburt gefunden und Karplus und Kreidl sowie Magnus beobachteten ihn bei Thalamusaffen, sobald diese sich von der Operation erholt hatten.

Beim menschlichen Neugeborenen scheint außerdem eine gewisse Beziehung zwischen Kopf- und Beinhaltung zu bestehen, wie Isbert und ich fanden. Hängt der Kopf nach hinten, so werden die Beine an den Leib gezogen; ist er dagegen nach vorne gebeugt, so fallen sie schlaff nach unten. Offenbar wird auf diese Weise das Gleichgewicht des Körpers besser bewahrt.

Der Reflex wird wohl mit Recht als eine Erinnerung an die Zeit aufgefaßt, wo sich das Kind selber an dem Haarkleid der Mutter festzuhalten hatte.

Schon lange ist die Aufmerksamkeit der Neurologen auf die Zehenbewegungen gerichtet, die bei Bestreichen der Fußsohle auftreten. Nach Babinski wird die große Zehe des Erwachsenen plantarwärts gebeugt, solange die Pyramidenbahnen unversehrt sind, im anderen Falle erfolgt die Beugung dorsalwärts. Es stellte sich nun heraus, daß im Säuglingsalter die große Zehe gleichfalls überwiegend dorsalwärts gebeugt wird, eine Erscheinung, die mit der unvollkommenen Reifung der Pyramidenbahnen in Zusammenhang gebracht wird (Cattaneo, Engstler, K. Müller, Galant, Burr, Bersot, Minkowski, Wolpert). Eine strenge Gesetzmäßigkeit ließ sich aber trotz der großen, darauf verwandten Arbeit nicht feststellen, kann doch das gleiche Kind, wenn man es mehrmals hintereinander untersucht, verschieden reagieren.

Minkowski hat bei menschlichen Früchten, die durch Kaiserschnitt gewonnen waren, das Verhalten des Reflexes von den frühesten Entwicklungsstufen an verfolgt. Er fand bei Früchten von 2 Monaten auf Reizung der Fußsohle Plantarflexion und 2—3 Minuten später langsame Dorsalflexion; im 3. und 4. Monat Dorsalflexion der Zehen, manchmal auch des Fußes für sich allein oder unter Anziehung des ganzen Beines, sowie Zehenspreizung; im 4.—6. Monat Dorsalflexion, Zehenspreizung, wiederholt Übergang der dorsalen Form in die plantare; bei Frühgeburten und ebenso bei reifen Neugeborenen Dorsal- und Plantarflexion.

Mit Recht betonen Berberich und Wiechers, daß überhaupt das Phänomen bei jungen Säuglingen nicht vollkommen typisch auszulösen ist. Nur erscheint es mir nicht möglich, daraus mit Schwartz auf eine geburtstraumatische Schädigung des Striatum zu schließen. Dagegen sprechen doch sehr die erwähnten Befunde von Minkowski. Nach meiner Auffassung wird durch den Reiz ein athetotisches Bewegungsspiel aller Zehen ausgelöst, das durch die noch unvollkommene Arbeitsfähigkeit des Corpus striatum zu erklären ist.

Jedenfalls geht aus den vorliegenden Beobachtungen das eine mit Sicherheit hervor: ein positives Babinskisches Phänomen besitzt im Säuglingsalter keinerlei krankhafte Bedeutung, ist aber durchaus nicht in jedem Einzelfall zu erwarten.

Neben der Zehenbewegung werden die Beine auf den Reiz hin in Knie und Hüfte gebeugt und später wieder gestreckt, so daß schließlich das ganze Kind in lebhafte Bewegung geraten kann; oft greift die Bewegung auf das andere Bein über.

Der Cremasterreflex ist im Säuglingsalter nicht so leicht auszulösen wie später, er wird nicht selten ganz vermißt (Farago, Cattaneo, Thiemich, K. Müller, Aronovitsch). Nach Bresa ist aber der Reflex auch bei Neugeborenen stets auslösbar, wenn durch warme Bäder eine chronische Zusammenziehung der Tunica dartos, die ihn sonst überdeckt, beseitigt wird.

Wenn man längs der Wirbelsäule des Säuglings entlang streicht, so wird nach Galant der sog. Rückgratreflex ausgelöst: Der ganze Körper beschreibt einen Bogen, indem er in die entgegengesetzte Richtung ausweicht, so daß die Konkavität des Bogens der gereizten Stelle zugewendet ist. Wie Isbert und ich gefunden haben, wird außerdem oft das Becken nach hinten gebeugt, das gleichseitige Bein gestreckt und das ungleichseitige gebeugt, manchmal auch noch der Kopf nach der gleichen Seite gewandt. Der Reflex besitzt deutlich tonische Eigenschaften; er findet sich das ganze erste Lebensjahr hindurch, nur ist die eigentümliche Beinhaltung desto häufiger, je jünger das Kind ist. Noch bei älteren Kindern jenseits des ersten Lebensjahres läßt sich oft durch einen entsprechenden Reiz eine Rumpfbewegung hervorrufen.

Man kann den Reflex als hinteren Bauchdeckenreflex bezeichnen, denn er steht in deutlicher Beziehung zu dem vorderen. Nimmt man nämlich das Kind in die Hand und übt nun einen starken Reiz auf die Vorderseite des Bauches aus, — am besten, indem man den Hammerstiel hineindrückt, — so wird das Becken ebenso wie beim Rückgratreflex zur Seite geschwenkt. Die Reflexzone befindet sich etwas seitlich von der Mittellinie; unmittelbar neben ihr ist der Reflex nicht auszulösen. Beim Erwachsenen fehlt diese Beckenschwenkung wohl nur aus mechanischen Gründen, denn in Rückenlage ist die Reibung des Körpers auf der Unterlage zu stark, um eine Beckenschwenkung zuzulassen.

Sucht man den vorderen Bauchdeckenreflex in der üblichen Weise durch Bestreichen der Bauchhaut hervorzurufen, so findet er sich meistens im Säuglingsalter. Einzelne Ausnahmen sind wohl nur durch die Unruhe des Kindes zu erklären, die eine genaue Untersuchung sehr erschweren kann.

Wie beim Erwachsenen sind beim Neugeborenen die verschiedenen Körperteile gegen Berührung nicht gleich empfindlich: Hände, Fußsohlen und Gesicht sprechen sehr leicht auf Berührung an, doch ist nach Genzmer und Preyer die Haut des Unterarms und Unterschenkels weniger leicht zu reizen, und noch unempfindlicher sind Schultern, Brust, Bauch, Rücken und Oberschenkel.

Der Erwachsene pflegt einen Berührungsreiz durch Kratzen zu beseitigen, eine an sich sehr zweckmäßig aussehende Handlung, die aber bei ihm rein reflektorisch, meist ganz ohne bewußt zu werden, verläuft. Dieser Kratzreflex ist nicht angeboren, sondern wird erst erworben, wie aus eingehenden Beobachtungen Szymanskis hervorgeht. Der Neugeborene kann sich zunächst überhaupt noch nicht kratzen, er lernt es vom zweiten Monat an, zunächst bei Berührung der Augenlider, während die Reizung der anderen Körperstellen nur mit allgemeiner motorischer Unruhe, — also allgemeinen Reaktionen, — beantwortet wird. Mit zunehmendem Alter wurde nacheinander die Reizung folgender Körperteile wirksam: Augenlider, Ohrmuscheln, Ränder der Nasenöffnungen, übrige

Gesichtsteile, Rumpf, Glieder; dabei wird die erforderliche Reizschwelle mit zunehmendem Alter immer geringer. Erst mit 18 Monaten ist die Fähigkeit zu einem Kratzen mit Nägeln und Fingerbeeren voll ausgebildet. Bei Idioten fand Szymanski je nach der Schwere des Schwachsinns alle Übergangsstufen vom völligen Fehlen bis zu guter Ausbildung des Kratzreflexes.

Die langsame Entwicklung beim gesunden Säugling wird unterbrochen, sobald das Kind an einer juckenden Hautkrankheit leidet. Bei manchen neuropathischen Säuglingen wird der Juckreiz so unerträglich, daß sie sich immer wieder blutig kratzen, wenn man sie nicht daran verhindert, und das ist oft nicht leicht, da sich die Kinder geradezu erfinderisch zeigen und jede Möglichkeit zum Kratzen wahrnehmen. Unter diesen Umständen beobachten wir schon bei einem 10tägigen Neugeborenen die ausgesprochene Fähigkeit, sich zu kratzen. Ein anderer Säugling mit juckendem Gesichtsekzem, der sechs Monat alt war, wurde so fest gebunden, daß er nicht mehr mit den Händen das Gesicht berühren konnte; da brachte er es fertig, sich das Gesicht mit den Füßen zu kratzen.

8. Lage- und Bewegungssinn.

a) Die Reflexe des Lage- und Bewegungssinnes.

Dem Neugeborenen geht die Fähigkeit seine Lage den äußeren Bedingungen anzupassen, vollkommen ab; ist er doch zunächst nicht einmal imstande, seinen Kopf im Raume richtig zu stellen. Es bedarf eigener recht beträchtlicher Anstrengungen, bis er es nacheinander erlernt, den Kopf zu halten, zu sitzen, zu stehen und endlich die ersten Schritte zu machen. Nachdem jeder Versuch unzählige Male mißglückt ist, gelingt es schließlich dem Kinde, einen kleinen dauernden Fortschritt zu machen.

Während es nun bestrebt ist, sich die Herrschaft im Raum zu erwerben, kommt ihm eine Reflexgruppe zu Hilfe, die sich allmählich bildet und ihm seine Aufgabe wesentlich erleichtert, weil es dadurch vor dem Umfallen geschützt wird. Sobald das Kind nämlich zu stürzen droht, entstehen reflektorische Gegenbewegungen, die das gefährdete Gleichgewicht wieder herstellen. Ob ihre Entstehung durch die Übung begünstigt wird, ist unbekannt. Allmählich wird die Reflexgruppe durch die Tätigkeit des Großhirns mehr oder weniger überflüssig gemacht, ohne doch ganz zu verschwinden. Sie läßt sich vielmehr später noch unter geeigneten Versuchsbedingungen oder bei krankhaften Ausfällen der Großhirntätigkeit nachweisen.

Dem Erwerb statischer Fähigkeiten dienen die Organe des Lage- und Bewegungssinnes, von denen die Körperstellung im Raume bei Ruhe und Bewegung sowie die Stellung der einzelnen Glieder zueinander wahrgenommen und geregelt wird. Die Erkenntnis dieser Zusammenhänge begann mit den grundlegenden Versuchen von Flourens, der 1824 bei Tauben die Bogengänge zerstörte und im Anschluß daran auffallende Bewegungsstörungen beobachtete. Als weitere Organe des Lage- und Bewegungssinnes wurden in der Folgezeit die Augen, die Drucksinnesorgane der Haut und die Proprioceptoren der Muskeln erkannt, und zwar treten meist mehrere Sinnesorgane gleichzeitig in Tätigkeit, um eine bestimmte Aufgabe zu erfüllen.

Wesentlich erweitert wurden unsere Kenntnisse durch die Arbeiten von Magnus und seinen Mitarbeitern, von denen hier nur de Kleijn und Rademaker genannt werden sollen. Sie fanden eine Reihe von Reflexen, die von den Sinnesorganen aus das Verhalten der Körpermuskulatur regeln. Die Reflexzentren befinden sich zwischen oberem Halsmark und vorderer Vierhügelgegend.

Das sog. statische Organ, das mit diesen Reflexen in engster Verbindung steht, befindet sich in dem häutigen inneren Ohr. Die beiden Nervenendstellen im inneren Vorhof werden als Maculae utriculi und sacculi bezeichnet, die drei Nervenendstellen in den Bogengängen heißen Cristae ampullares. Das Sinnesepithel besteht aus gestützten Haarfortsätzen, die durch geformte resistente Körper belastet werden. Der Reiz selbst kommt durch Strömungen der Endolymphe zustande, die sich in den Bogengängen und im Vorhof befindet.

Beim Drehversuch mit ansteigender Geschwindigkeit (positiver Winkelbeschleunigung) bleibt durch das Gesetz der Trägheit die Endolymphe der Bogengänge im Umlauf zurück; sie schießt dagegen noch weiter voraus, wenn die Drehung plötzlich beendet wird (negative Winkelbeschleunigung). Als Kennzeichen dient der Nystagmus, der nach Beendigung der Drehung auftritt, da eine Beobachtung während der Drehung große Schwierigkeiten macht.

Weiter ist das Labyrinth durch die calorische Prüfung (Spülen des Hörgangs mit kaltem Wasser) zu erregen und schließlich ist es mit Hilfe des konstanten galvanischen Stromes zu reizen, während merkwürdigerweise Änderungen der Stromdichte keine Reaktion hervorrufen. Der Reizerfolg wird gleichfalls am einfachsten an dem Eintreten des Nystagmus erkannt.

Daneben werden die Muskeln des Halses, des Rumpfes und der Glieder erregt (kompensatorische Kopfbewegungen, Neigung zum Umfallen nach bestimmter Richtung, Vorbeizeigen).

Magnus unterscheidet zwischen dem Verhalten des Körpers in Ruhe und in Bewegung. Von den statischen Reflexen hängt die Körperstellung und das Gleichgewicht in der Ruhe ab. Es handelt sich um Dauerreflexe mit tonischen Eigenschaften. Als Aufnahmeorgan dienen neben den Vorhofsorganen die Drucksinnesorgane der Haut, die Proprioceptoren der Muskeln und die Augen.

Die Lagereflexe zerfallen wieder in zwei Gruppen: durch die Stehreflexe wird die Haltung des Körpers in der Ruhe bedingt; dabei hängt die Lage der einzelnen Körperteile zueinander von einer gesetzmäßigen Spannungsverteilung der ganzen Körpermuskulatur und einer tonischen Fixierung in den Gelenken ab, wodurch die Normalstellung zwar festgehalten, aber nicht erworben wird. Die Stellreflexe ermöglichen es dagegen dem Körper, aus den verschiedensten abnormen Lagen wieder die Normalstellung zu gewinnen. Mit den Bewegungsreflexen reagiert der Körper auf aktive und passive Bewegungen, um die Verschiebungen mehr oder weniger auszugleichen.

Die Reflexe auf Winkelbeschleunigung und (nach Magnus und de Kleijn im Gegensatz zu anderen) auch die auf Progressivbewegung in gerader Richtung werden durch die Bogengänge vermittelt; sie gehen immer rasch vorüber. Im Gegensatz dazu sind die Sinnesorgane des Vorhofs in ständiger Erregung; sie bewirken tonische Reflexe auf die Körpermuskulatur und auf die Labyrinth- und Augenstellung. Die Bogengänge reagieren also immer nur vorübergehend auf Bewegungsveränderungen, während die Otholithen durch die Schwerkraft einen ständigen Reiz auf das Sinnesepithel ausüben. Auf eine Bewegung treten oft im Anfang nur die Bogengangsreflexe und nach ihrem Abklingen erst die statischen Reflexe hervor.

Beim erwachsenen Menschen und Tier kommen für gewöhnlich diese Reflexe nicht deutlich zur Geltung, weil Lage und Bewegung überwiegend vom Großhirn bestimmt wird. Es bedarf besonderer Maßnahmen, um sie sichtbar zu machen, und zwar muß dazu vor allem der Einfluß des Großhirns ausgeschaltet werden. Magnus machte deshalb den Tieren Schnitte durch das Mittelhirn und setzte so die höher gelegenen Hirnteile außer Tätigkeit. An den operierten Tieren ließen sich dann die vorher nicht nachweisbaren Reflexe feststellen.

Beim Menschen wurden sie von Magnus, de Kleijn, Simons u. a. in pathologischen Fällen nachgewiesen, bei denen anatomische Hirnveränderungen vorlagen. Welche Zentren und Bahnen beim Menschen ausgeschaltet sein müssen, ist im einzelnen noch nicht klar gestellt, wenn auch natürlich ein Vergleich mit dem Tierversuch nahe liegt.

Es ist nun von großer Wichtigkeit, daß sich gerade im Säuglingsalter die Lage- und Bewegungsreflexe oft nachweisen lassen. Dafür gibt es drei Erklärungsmöglichkeiten:

1. Die Zentren und Bahnen, die später hemmend wirken, sind noch nicht arbeitsfähig.

2. Sie selbst oder die Aufnahmeorgane sind durch geburtstraumatische Blutungen geschädigt.

3. Bei schlechtem Allgemeinzustand des Kindes erlischt die Reflexerregbarkeit ungleichmäßig. So können die hemmenden Bahnen und Zentren schon arbeitsunfähig sein, während die tiefer liegenden Reflexe noch vorhanden sind.

Der junge Säugling verhält sich in vieler Beziehung ähnlich wie die künstlich ihres Großhirns beraubten Tiere. Die einzelnen Hirnteile sind nämlich bei der Geburt nicht gleichmäßig arbeitsfähig, vielmehr wird die Tätigkeit in der Richtung vom Mittelhirn auf das Großhirn zu aufgenommen. Bei Neugeborenen arbeitet, soweit wir bis heute wissen, das Großhirn überhaupt noch nicht. Infolgedessen fällt sein hemmender Einfluß auf die tiefer gelegenen Hirnteile fort, so daß die Reflexe des Mittelhirns ungehindert zur Geltung kommen. Es ergibt sich die merkwürdige Tatsache, daß beim Säugling die Tätigkeit der Sinnesorgane für Lage und Bewegung leichter nachzuweisen ist als beim Erwachsenen.

Zwischen den ersten beiden Möglichkeiten kann häufig nicht entschieden werden. Die Frankfurter Forscher (Schwartz, Voß, Berberich und Wiechers) haben die zweite Möglichkeit in den Vordergrund gestellt, da sie beim Neugeborenen überraschend häufig Blutungen in das Felsenbein und in das Gehirn nachweisen konnten. Trotzdem darf die erste Möglichkeit nicht vernachlässigt werden, da es vorläufig nicht gelingt, aus den klinischen Erscheinungen auf den Sitz und die Größe der Blutungen zu schließen. Es besteht vielmehr, wie Berberich und Wiechers selbst zugeben, manchmal ein Mißverhältnis zwischen dem klinischen und dem pathologisch-anatomischen Befund. In beiden Fällen werden sich die klinischen Erscheinungen allmählich zurückbilden, so daß sich auch im weiteren Verlauf keine Unterschiede zu zeigen brauchen. Die genannten Forscher haben weiter festgestellt, daß sich bei angeborenen cerebralen Erkrankungen im späteren Leben oft Störungen des Lage- und Bewegungssinnes nachweisen lassen, aber wir möchten selbst daraus noch keine bindenden Schlüsse auf das Vorliegen eines Geburtstraumas ziehen.

Daß daneben noch die dritte Möglichkeit in Betracht kommt, haben Isbert und ich gezeigt. Wir sahen nämlich bei zwei sterbenden Frühgeburten Reflexe (tonischer Halsreflex auf Kopfwenden) auftreten, die vorher nicht vorhanden waren. Es ist zu bedenken, daß die Frankfurter Forscher gleichfalls oft sterbende Kinder untersucht haben, also neu auftretende Reflexe vor sich gehabt haben können.

Welche Reflexe des Lage- und Bewegungssinnes finden sich nun im Säuglingsalter?

Die gebräuchliche Labyrinthuntersuchung auf dem Drehstuhl wird am Erwachsenen in folgender Weise ausgeführt: Der Untersuchte wird 10mal mit ansteigender Geschwindigkeit gedreht, dann wird die Bewegung plötzlich gehemmt. Darauf tritt nach Rechtsdrehung ein nach links gerichteter Nystagmus auf, nach Linksdrehung ist er nach rechts gerichtet. Bulbuswanderung und Kopfdrehung werden beim Erwachsenen leicht durch Fixieren und andersartige Muskeleinflüsse gehemmt.

Entsprechende Versuche am Säugling hatten folgendes Ergebnis: Bartels konnte in vielen Versuchen unmittelbar nach der Geburt stets einen Nystagmus hervorrufen; am besten gelang der Nachweis von dem siebenten Tage an. Wurden die Kinder in wagerechter Ebene gedreht, so machte ihr Kopf eine deutliche Gegenbewegung. Bei Frühgeburten war der Nystagmus erst auszulösen, nachdem sie einige Tage alt waren. Alexander, der die Neugeborenen in Rückenlage drehte, fand diese Reaktion in 92 von 118 Fällen. Bei Frühgeburten sah er sie gleichfalls erst nach einigen Tagen. Während des Drehens wich der Kopf meistens in der Drehrichtung ab, hinterher in entgegengesetzter. Oft wurden die Augen mitabgelenkt. Eine Reihe von Kindern, die zunächst nicht normal reagiert hatten, wies später doch noch die gewöhnlichen Verhältnisse auf.

Bei Báránys Versuchen an Neugeborenen fiel die Kopfbewegung immer genau in die Ebene und Richtung der langsamen Bewegung des Nystagmus. Reaktionen auf die Glieder konnte er nicht nachweisen. Schur, der die Kinder zunächst in aufrechter Haltung drehte, fand nur fünfmal unter 20 Fällen einen Nystagmus. Während der Drehung wurde der Kopf in entgegengesetzter Richtung, hinterher in gleicher Richtung gedreht. Wurde das Kind ebenso wie in den Versuchen Alexanders im Liegen gedreht, so fanden sich die gleichen Abweichungen des Kopfes. Berberich und Wiechers haben zahlreiche ausgetragene Neugeborene und Frühgeburten untersucht. Ihre Ergebnisse waren davon abhängig, ob sie die Kinder in aufrechter Haltung, Rücken- oder Seitenlage drehten. Während der Drehung bewegten sich Kopf und Augen in entgegengesetzter, hinterher in gleicher Richtung. Der sofort nach dem Anhalten etwa eintretende Nystagmus erfolgte in der zur Drehrichtung entgegengesetzten Richtung. Bei etwaiger Bulbusabweichung wichen die Augen in der Drehrichtung ab.

Schaltenbrand fand ebenfalls gleich nach der Geburt Nystagmus und Augenablenkung. Er konnte regelmäßig bei Säuglingen Drehreaktionen auf die Glieder auslösen, wenn er sie in aufrechter Haltung um ihre Körperachse drehte. Arme und Beine wurden dann gestreckt und gehoben, wobei die Glieder das Bestreben hatten, der Bewegung vorauszueilen.

Die bisher berichteten Versuche beschäftigten sich nur mit Neugeborenen und Frühgeburten. Schur hat auch ältere Säuglinge untersucht und dabei gefunden, daß die Kinder schon bei 4—5 Umdrehungen mit Nystagmus reagierten, während dazu für den Erwachsenen meistens 10 Umdrehungen nötig sind. Wenn das Kind etwas im Laufen geübt ist, so weicht es nach der Prüfung stark von der eingeschlagenen Richtung ab. Schur schließt aus diesen Versuchen auf eine Übererregbarkeit des kindlichen Vestibularapparates im Vergleich zum Erwachsenen.

Bei der calorischen Prüfung wird ein Gehörgang mit kaltem oder warmem Wasser ausgespült. Warmes Wasser ruft beim Erwachsenen rotatorischen Nystagmus nach der gespülten Seite, kaltes Wasser nach der Gegenseite hervor. Thornval, der 74 Neugeborene untersuchte, erhielt stets eine calorische Reaktion. Schur fand beim Spülen die gleichen Erscheinungen wie beim Drehen, er konnte bei zwei Neugeborenen deutlich Nystagmus auslösen. Berberich und Wiechers, die mit kaltem Wasser spülten, sahen bei Neugeborenen und frühgeborenen Kindern Abweichungen der Augen nach der gespülten Seite hin. Ein Nystagmus trat nur selten ein. Ältere Kinder, „Laufkinder", erwiesen sich nach Schur als calorisch stark erregbar, erst im dritten Lebensjahr wurden die Verhältnisse des Erwachsenen erreicht.

Die elektrische Vestibulariserregung beansprucht beim Erwachsenen einen galvanischen Strom von 3 MA. Zu dem gleichen Zwecke gebrauchte Schur bei Sitz- und Laufkindern 5—7 MA, bei Neugeborenen sogar 8—10 MA. Schur weist dabei auf die bekannte Tatsache hin, daß überhaupt die Nerven des Kindes um so schwerer elektrisch zu reizen sind, je jünger es ist.

Die verschiedenen Versuche, das Labyrinth des Säuglings mit den gewöhnlichen Verfahren zu reizen, ergeben also in leidlicher Übereinstimmung, daß es in vielen Fällen schon von der Geburt an ebenso reagiert wie beim Erwachsenen. Darüber hinaus wurden noch Ablenkungen des Kopfes, der Glieder und der Augen beobachtet, wie sie beim Erwachsenen gewöhnlich nicht vorkommen. Nach Schur ist das Labyrinth des Kindes sogar leichter erregbar als beim Erwachsenen.

Voß, Berberich und Wiechers fanden das Labyrinth bei einem Teil der neugeborenen und frühgeborenen Kinder auf Drehung und Kälte unerregbar und ziehen als Grund dafür ein Geburtstrauma in Betracht. Andere Erklärungsmöglichkeiten habe ich oben angeführt.

Mit den beschriebenen Verfahren läßt sich der Säugling und der Erwachsene in gleicher Weise untersuchen. Die weiter zu besprechenden Reaktionen treten aber nur beim Säugling und nicht beim gesunden Erwachsenen auf. Sie finden sich außerdem größtenteils bei Tieren, deren Großhirn künstlich außer Tätigkeit gesetzt ist.

Zu ihrem Nachweis ist es zweckmäßig, die Säuglinge in einer bestimmten Reihenfolge zu untersuchen, wobei sich das nachfolgende Schema[1] als zweckmäßig erweist.

1. Bewegungsreaktionen. Labyrinth-(Bogengangs-)reflex auf die Glieder (Umklammerungsreflex).
2. Lagereaktionen.
   A. Haltungsreflexe. Tonische Halsreflexe auf die Glieder.

[1] Vgl. dazu R. Magnus: Körperstellung. Berlin 1923. — Schaltenbrand, G.: Dtsch. Zeitschr. f. Nervenheilk. Bd. 87, S. 23. 1925. — Peiper, A. und H. Isbert: Jahrb. f. Kinderheilk. Bd. 115, S. 142. 1927.

B. Stellreflexe.
a) Labyrinthstellreflex auf den Kopf.
b) Halsstellreflex auf den Körper.
c) Körperstellreflex auf den Kopf.
3. Zusammengesetzte Reflexe.
A. Asymmetrischer Bewegungsreflex auf die Glieder.
B. Schwebereflexe.
C. Aufrichtungsreflex.
4. Gekreuzte Reflexe.
A. Doppelseitiger Beugereflex der Beine.
B. Kriechphänomen.
C. Schreitbewegungen (bei Frühgeburten).
D. Gekreuzter Patellarsehnenreflex.
5. Ruhehaltung.

1. Bewegungsreaktion.

(Labyrinthreflex auf die Glieder = Umklammerungsreflex.)

Der von Moro beschriebene Umklammerungsreflex besteht in einem ruckartigen Zusammenfahren der Arme und Beine. Die Finger werden dabei erst gespreizt, dann geschlossen. Der Reflex ist am sichersten durch eine plötzliche Erschütterung des Kopfes hervorzurufen. Es handelt sich um die gleichen Bewegungen wie bei der Schreckreaktion (siehe dort), nur ist bei der Kopferschütterung keine refraktäre Phase zu beobachten. Willkürliche und unwillkürliche Bewegungen des Kindes, z. B. Niesen, führen ebenfalls zu dem Reflex, wenn sie mit einer Erschütterung des Kopfes verbunden sind. Wird das ganze Kind plötzlich in beliebiger Richtung im Raume bewegt, so tritt der Reflex gleichfalls ein (Lift- und Kippreaktion, Sprungbereitschaft). Nach Simons kann man dazu auch das Kind in Kopfhängelage kräftig hin und herschwingen. Als auslösender Reiz dient eine positive oder negative Progressivbewegung des Kopfes in gerader Richtung, wodurch der Reflex als eine reine Bogengangsreaktion gekennzeichnet ist.

Der Umklammerungsreflex findet sich im ersten Lebensvierteljahr immer, im zweiten und dritten wird er allmählich seltener, im vierten haben wir ihn nicht mehr gefunden. Nur bei Idioten bleibt er, wie Moro mit Recht hervorgehoben hat, noch lange erhalten.

2. Lagereaktionen.

A. Tonische Halsreflexe auf die Glieder. Dreht man den Kopf des Kindes mit einem Ruck zur Seite, so kommt es in typischen Fällen zu einer „Fechterstellung". Der Schädelarm ist dabei in Schulter und Ellbogen gebeugt, nach innen gedreht und adduziert, der Kieferarm in der Schulter mehr oder weniger gestreckt, im Ellbogen meist gleichfalls gestreckt und nach außen gedreht. Der Schädelarm steht also weiter kranial als der Kieferarm. Gleichzeitig ist häufig das Schädelbein in Knie und Hüfte gebeugt, das Kieferbein gestreckt.

Eine ähnliche Stellung findet sich nicht selten bei schlafenden Säuglingen, die den Kopf zur Seite gedreht haben, wenn sie durch die Kleidung nicht allzusehr behindert sind. Bei Toxikose des Säuglings wird die Fechterstellung häufig eingenommen und längere Zeit festgehalten, wahrscheinlich, weil höhere Hirnteile, die sonst hemmend wirken würden, durch die Krankheit ausgeschaltet sind.

Ganz entsprechende Reflexe hat Magnus im Tierversuch nachgewiesen. Beim Menschen finden sie sich um so häufiger, je jünger das Kind ist. Minkowski sah sie schon bei fünf Monate alten Früchten. Isbert und ich beobachteten sie am häufigsten bei Frühgeburten, bei ausgetragenen Kindern der ersten Woche etwa in der Hälfte der Fälle, später nur noch vereinzelt. Im zweiten Halbjahr fehlten sie ganz.

Auf Kopfwenden fanden Isbert und ich nur bei zwei sterbenden Frühgeburten und einem sehr schlaffen Neugeborenen einen Reflex auf die Beine: Das Bein der Seite, zu der der Kopf hingewendet wurde, streckte sich in Knie und Hüfte, das andere wurde oder blieb gebeugt. Der Reflex trat erst während des Sterbens auf; es konnte sich also nicht um die Folgen eines Geburtstraumas handeln.

Das Brudzinskische Phänomen besteht in einem Anziehen der Beine auf Kopfbeugen nach vorne. Ob es sich dabei wirklich um einen tonischen Halsreflex handelt, ist noch nicht sicher. Nach Freudenberg soll sich das Phänomen bei Säuglingen in den ersten Lebensmonaten normalerweise vorfinden; Schaltenbrand, Isbert und ich haben es aber in diesem Alter nur selten gesehen. Großen Wert besitzt es für die Diagnose der Meningitis, bei der es ursprünglich von Brudzinski aufgefunden wurde.

B. Stellreflexe. a) Labyrinthstellreflex auf den Kopf. Durch den Labyrinthstellreflex auf den Kopf wird dieser in die Normallage zum Raume (Scheitel oben, Mundspalte wagerecht) gebracht. Es handelt sich um einen tonischen Reflex, der vom Sacculus und Utriculus ausgelöst wird. Schaltenbrand hat ihn im Anschluß an die Tierversuche von Magnus beim Säugling nachgewiesen. Hält man das Kind mit verbundenen Augen frei in der Luft in aufrechter Stellung, so macht der Kopf eine Gegenbewegung, wenn man den Körper des Kindes vorwärts oder rückwärts neigt. Beim Seitwärtsneigen dreht sich das Gesicht zur unteren Schulter, während der Kopf angehoben wird. Wie Isbert und ich zeigten, läßt sich ein entsprechender Labyrinthreflex auslösen, wenn man das Kind in Hängelage, Kopf unten, bringt. Bei ganz jungen Kindern hängt er dann einfach der Schwere nach herunter. Im zweiten Vierteljahr wird er regelmäßig nach hinten gebeugt, so daß ein mehr oder weniger ausgesprochener Opisthotonus entsteht. Langstein hat einen Säugling in dieser Haltung abgebildet mit der Überschrift: „Haltung des Säuglings bei Hypertonie. Abnormer Spannungszustand der Muskulatur der oberen Rumpfpartie.“ Ich glaube jedoch, daß es sich um einen physiologischen Reflex handelt.

Im zweiten Lebensjahr versuchen sich die Kinder aus dieser Lage aufzurichten, indem sie sich im Nacken oder in der Hüfte nach vorne beugen.

Beim Neigen nach seitwärts (Kopf unten) wird der Kopf wieder der unteren Schulter zugewendet, und zwar nach unseren Beobachtungen häufiger und deutlicher, als wenn das Kind mit dem Kopf nach oben gehalten wird.

b) Halsstellreflex auf den Körper. Legt man das Kind auf den Rücken und dreht seinen Kopf zur Seite, so folgt der ganze Körper der Drehung. Wird der Brustkorb festgehalten, so schwenkt das Becken in die entgegengesetzte Richtung (Schaltenbrand). Auf Kopfwenden wird das Becken manchmal nach der gleichen Seite geschwenkt. Der Reflex läßt sich meistens im ersten Lebensjahr nachweisen.

c) Körperstellreflex auf den Kopf. Wie Isbert und ich zeigten, läßt sich ebenso ein umgekehrter Reflex auslösen: Legt man das Kind wieder in Rückenlage auf den Tisch, ergreift es an den Beinen und dreht mit ihnen das Becken zur Seite, so folgen Oberkörper und Kopf der Drehung. Hält man den Brustkorb fest und schwenkt nun das Becken zur Seite, so dreht sich der Kopf auf die andere Seite.

Der Körperstellreflex auf den Kopf bei freiem Brustkorb war im ersten Lebensjahr fast immer zu finden, bei fixiertem Brustkorb fand er sich viel seltener.

Ein Kopfstellreflex auf den Kopf wurde auf S. 31 beschrieben.

3. Zusammengesetzte Reflexe.

A. Asymmetrischer Bewegungsreflex auf die Glieder (Bogengangsreaktion + asymmetrischer tonischer Halsreflex auf die Glieder). Dreht man den Kopf des Kindes mit einem Ruck zur Seite, so werden beide Arme asymmetrisch im Sinne der Fechterstellung bewegt. Wahrscheinlich wird die ursprüngliche Bogengangsreaktion durch die gleichzeitig entstehenden tonischen Halsreflexe beeinflußt. Isbert und ich fanden den Reflex bei Frühgeburten und ausgetragenen Kindern der ersten vier Lebenswochen regelmäßig, später wurde er allmählich seltener, im zweiten Halbjahr fehlte er ganz. Das zeitliche Verschwinden vollzog sich also ganz ähnlich wie bei den tonischen Halsreflexen, deren Beteiligung an dem Reflex auch dadurch wahrscheinlich wird.

B. Schwebereflexe. a) Schweben in wagerechter Lage, Auslöschen des Reflexes. Hält man einen älteren Säugling in Bauchlage frei in der Luft, so hebt er seinen Kopf und meistens auch das Becken in die Höhe, so daß sein Rumpf einen nach oben offenen Bogen bildet (Landau). Jüngere Säuglinge sind dazu noch nicht imstande. Bei ihnen folgen vielmehr Kopf, Oberkörper und Becken einfach der Schwerkraft und sinken nach unten. Sie stellen also weder den Kopf im Raum, noch die einzelnen Körperteile zueinander richtig.

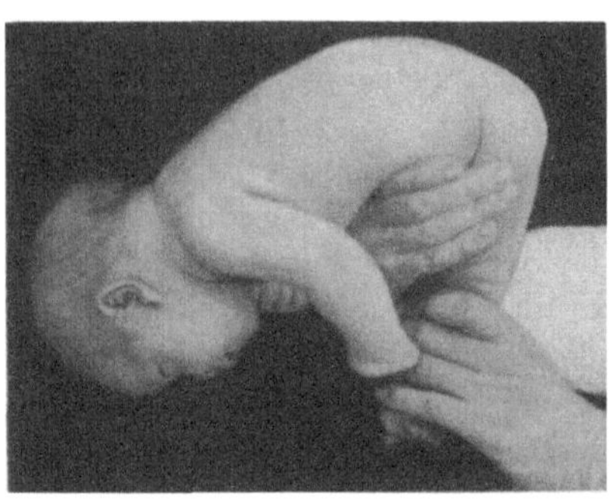

Abb. 11. Schweben in Bauchlage (Kopf gehoben). ♂ 11 Tage.

Sehr früh entwickelt sich dagegen die Fähigkeit, den Kopf zu heben, wenn die Kinder mit dem Bauch auf einer Unterlage liegen. Wahrscheinlich handelt es sich um einen Schutzreflex, der sie vor dem Ersticken bewahren soll. Nur bei Frühgeburten des ersten Vierteljahres ist er in der Regel nicht nachzuweisen; reife Kinder besitzen ihn im ersten Monat etwa zur Hälfte, wenn sie auf den Tisch gelegt werden. Im freien Schweben ist er dagegen viel seltener nachzuweisen (s. Abb. 11). Von der vierten Woche an findet er sich fast bei allen liegenden Kindern, während er bei älteren Kindern erst in den späteren Monaten immer häufiger wird.

Wie Landau zeigte, läßt der Reflex sich bei schwebenden Kindern stets auslöschen, wenn er überhaupt vorhanden ist. Drückt man nämlich den Kopf nach unten, so erschlafft sofort die Beckenmuskulatur und die Beine sinken, der Schwere folgend, nach unten.

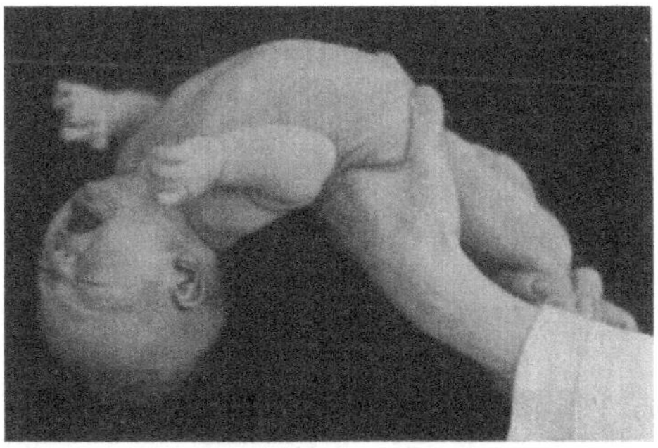

Abb. 12. Schweben in Rückenlage. (Der Körper folgt der Schwerkraft.) ♂ 11 Tage.

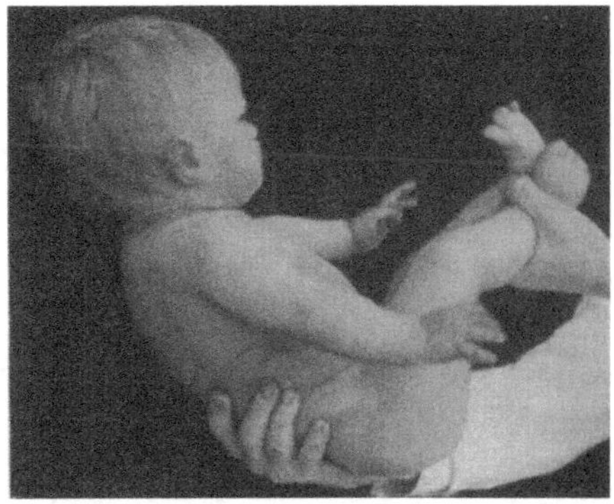

Abb. 13. Schweben in Rückenlage. ♂ 11 Monate.

Hält man den Neugeborenen schwebend in Bauchlage und dreht seinen Kopf um 90°, so kommt es oft zu einer verschieden starken Biegung der Wirbelsäule in der wagerechten Ebene (Simons). Hauptsächlich handelt es sich dabei um Halsstellreflexe.

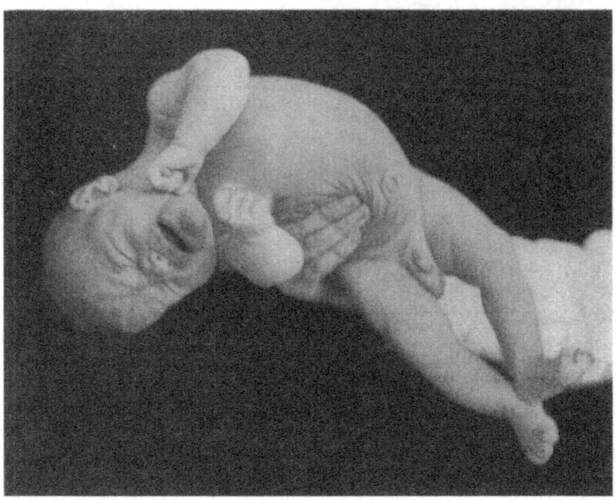

Abb. 14. Schweben in Seitenlage. (Der Körper folgt der Schwerkraft.) ♂ 11 Tage.

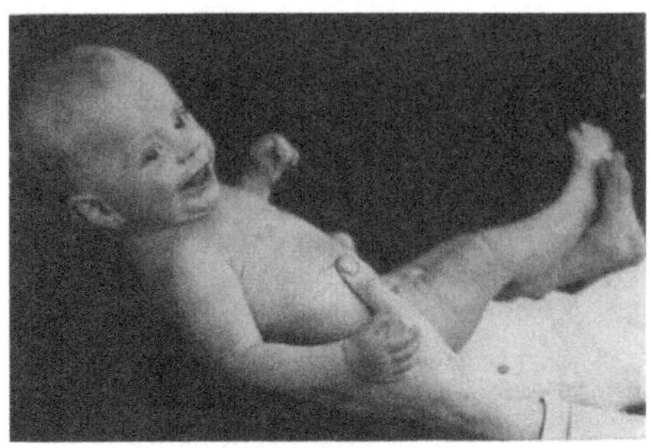

Abb. 15. Schweben in Rückenlage. ♂ 8 Monate.

Bei dem wagerechten Schweben in Rücken- und Seitenlage zeigt sich genau das gleiche wie in Bauchlage (Abb. 12 und 13): Die Neugeborenen sind noch nicht imstande, Kopf und Becken zu heben und sich auch nur einigermaßen im Raume richtig zu stellen; die nicht unterstützten Körperteile sinken vielmehr, der Schwere folgend, nach unten (Abb. 14). Nur ein gewisses Anheben des Kopfes ist manchmal deutlich zu erkennen. Welche Fortschritte der Säugling in wenigen Monaten macht, zeigen Abb. 13 und 15. Auf der ersteren machen die Arme gleichfalls deutliche Gegenbewegungen.

b) Schweben in schräger Seitenlage, Auslöschen des Reflexes. Wenn man das Kind in der Lendengegend faßt und in schräger Seitenlage in den Raum hält, so gerät der ganze Körper in eine eigenartige Stellung, um sich im Gleichgewicht zu halten. Der Kopf erhebt sich in die Normalstellung zum Raum, der Oberkörper folgt ihm, so daß er halb aufgerichtet ist. Das Becken wird ebenfalls angehoben, Arme und Beine nehmen eine ganz bestimmte Haltung ein. Ist z. B. der Körper nach rechts geneigt, so werden linker Arm und linkes Bein gestreckt zur Wagerechten erhoben; der rechte Arm wird dabei möglichst weit nach links geführt, das rechte Bein in der Hüfte gebeugt und der Fuß in starker Supinationsstellung gestreckt. In der ganzen Stellung kommen tonische Reflexe zum Ausdruck; sie dauert so lange an, wie das Kind in der beschriebenen Weise gehalten wird. Wenn sich das Kind stark bewegt, so wird das reine Bild dieser Reflexstellung sehr gestört; bei jüngeren Kindern fehlt häufig

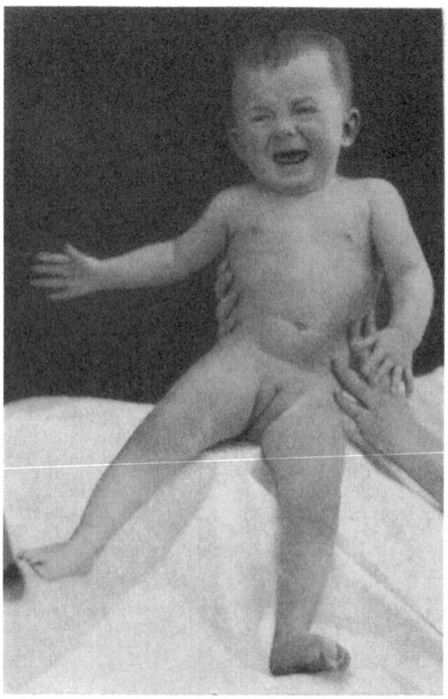

Abb. 16. Gegenbewegung beim Sitzen in schräger Seitenlage. ♀ 11½ Monate.

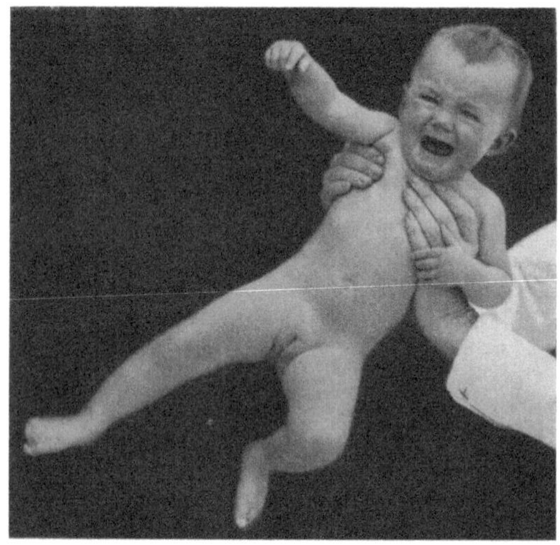

Abb. 17. Gegenbewegung beim Schweben in schräger Seitenlage. ♀ 11½ Monate.

die eigenartige Haltung der Arme. Ganz entsprechende Körperstellungen hat Magnus bei Thalamuskaninchen nachgewiesen.

Wendet man den Kopf des Kindes, das sich in dieser Stellung befindet, zur unteren Schulter, so senken sich plötzlich Oberkörper und Becken: Arme und Beine fallen schlaff nach unten. Es tritt also die gleiche Reaktion ein, wie sie Landau bei den in Bauchlage gehaltenen Säuglingen beschrieben hat.

Der Schwebereflex in Seitenlage tritt vom zweiten Vierteljahr an auf. Wenn er vorhanden ist, läßt er sich stets auslöschen.

Durch die Stellung, die das schwebende Kind in schräger Seitenlage einnimmt, gewinnt es das Gleichgewicht wieder, das verloren zu gehen droht. Der Reflex läßt sich zwar in dieser Lage am reinsten beobachten, im täglichen Leben spielt aber das Schweben keine Rolle. Ganz entsprechende Reflexe treten jedoch auf, wenn das Kind im Sitzen oder Stehen Gefahr läuft, das

Gleichgewicht zu verlieren und zur Seite zu stürzen. In Abb. 16 ist z. B. der Unterleib des Kindes von dem Beobachter zur Seite gedrängt worden. Das Kind müßte sein Gleichgewicht verlieren, wenn nicht Gegenbewegungen des Rumpfes, des Kopfes sowie der Arme und Beine der gegenüberliegenden Körperseite eingetreten wären. Ein Vergleich von Abb. 16 mit Abb. 17, auf der das Kind, um den Brustkorb gefaßt, in schräger Seitenlage schwebt, zeigt, daß es sich im Schweben und Sitzen um grundsätzlich die gleichen Reflexe handelt.

Eine andere Stellung, bei der der Säugling sein Gleichgewicht durch eine Armbewegung bewahrt, zeigt Abb. 18.

Leichtere Verschiebungen des Körpergleichgewichtes, die durch derartige Reflexe sofort wieder ausgeglichen werden, ereignen sich sehr häufig. Der Körper des freisitzenden Säuglings schwankt ständig in ziemlich grobem Maße hin und her.

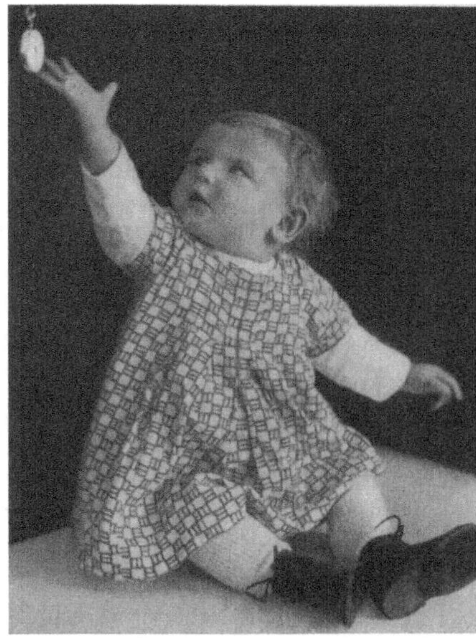

Abb. 18. Aufmerksamkeit, Bewahrung des Gleichgewichtes! ♂ 10 Monate.

c) Schweben in schräger Rückenlage. Hebt man das Kind am Oberkörper in die Luft und neigt es schräg nach rückwärts, so bewegt es den Kopf entsprechend dem Labyrinthstellreflex nach vorne, so daß dieser wieder in die Normalstellung kommt. Das Becken wird nach vorne gehoben, Arme und Beine werden nach vorne gestreckt. Der Reflex tritt etwas seltener auf als das Schweben in schräger Seitenlage.

Die verschiedenen Schwebestellungen entstehen durch die oben beschriebenen Reflexgruppen, und zwar besonders durch den Labyrinthstellreflex auf den Kopf sowie die tonischen Labyrinth- und Halsreflexe. Ihr Zusammenwirken soll hier nicht im einzelnen erörtert werden.

C. Aufrichtungsreflex. Versucht man die Kinder aus der Rückenlage an den Armen in sitzende Stellung emporzuziehen, so unterstützen sie die Bewegung, indem sie die Bauchmuskulatur anspannen, die Beine in den Kniegelenken strecken und in der Hüfte leicht beugen. Der Reflex ist von dem guten Willen des Kindes abhängig und hat deshalb wohl nichts mehr mit den Magnusschen Reflexen zu tun. Da er nur auftritt, wenn die Kinder sich selber aufrichten wollen, so ist wahrscheinlich das Großhirn mitbeteiligt. Er findet sich vom zweiten Vierteljahr an.

4. Gekreuzte Reflexe.

Bei den gekreuzten Reflexen beschränkt sich die Erregung nicht auf die gereizte Körperseite, sondern springt auf die andere über und ruft dort gleiche oder andersartige Reaktionen wie auf der gereizten Seite hervor. Ein solcher Vorgang ist beim gesunden Erwachsenen, dessen Nervensystem überhaupt jede Erregung besser zu isolieren vermag, seltener zu beobachten. Werden aber bei ihm die höheren Zentren durch Krankheit ausgeschaltet, so können gekreuzte Reflexe ebenso auftreten wie im Tierversuch, wenn höhere Hirnteile durch einen Schnitt abgetrennt und damit ausgeschaltet sind.

Auch im Säuglingsalter, und zwar am besten bei jungen Säuglingen und Frühgeburten, lassen sich gekreuzte Reflexe nachweisen. Allerdings muß dahingestellt bleiben, welche „höheren Hirnteile" es sind, deren Arbeitsunfähigkeit die gekreuzten Reflexe zustande kommen läßt. Die Reflexe zeichnen sich beim Erwachsenen wie beim Säugling durch eine gewisse Hinfälligkeit aus und können nach mehrmaligem Auslösen vorübergehend verschwinden.

A. Doppelseitiger Beugereflex der Beine. Jede Mutter weiß, daß ein Säugling mit Vorliebe strampelt, daß er also abwechselnd erst das eine Bein beugt, während er gleichzeitig das andere streckt, und umgekehrt. Die gleichen Bewegungen können unter dem Einfluß äußerer Reize auftreten. So sah Minkowski bei jungen menschlichen Früchten, daß sich die Erregung von einer bestimmten Hautstelle aus über den ganzen Körper ausbreitete. Z. B. rief leichter Druck auf einen Fuß neben einer Verkürzung oder einer Bewegung des gereizten Beines verschiedene Reaktionen auf der anderen Seite (Beugung, Streckung, Adduction usw.) hervor.

Ähnliche Reaktionen, etwa derart, daß das Kind auf einen äußeren Reiz hin zu strampeln beginnt, sind sehr häufig; seltener ist dagegen gesetzmäßig durch eine Bewegung des einen Beines eine bestimmte Bewegung des anderen hervorzurufen. Nur den doppelseitigen Beugereflex der Beine konnte ich bei jungen Säuglingen und Frühgeburten mit ziemlich großer Regelmäßigkeit auslösen.

Für gewöhnlich haben die Kinder in der Ruhe beide Beine an den Leib gezogen; wenn sie aber offen daliegen, so strecken sie doch nicht selten ihre Beine längere Zeit aus. Beugt man nun ein ausgestrecktes Bein plötzlich in Knie und Hüfte, so macht das andere fast gleichzeitig die gleiche Bewegung. Der Reflex läßt sich beliebig oft hintereinander auslösen, wenn man nur immer wartet, bis beide Beine wieder von selbst gestreckt werden. Maßgebend ist die Beugung in der Hüfte, da die Reaktion selbst bei gestrecktem Knie nur durch Beugung in der Hüfte zustande kommt, während Beugung im Knie allein bei gestreckter Hüfte keine Reaktion hervorruft.

Die Bewegung des andern Beins hängt nicht etwa von der Erschütterung ab, die mit der Beugung des ersten Beins verbunden ist; denn wenn man dieses Bein mit dem Hammer beklopft, so bleibt der Reflex aus.

Der doppelseitige Beugereflex ist bei jungen Säuglingen ziemlich regelmäßig zu finden, dagegen ist ein doppelseitiger Streckreflex seltener; ich konnte ihn bisher nur bei zwei jungen Säuglingen nachweisen. Ungleichsinnige Reflexe derart, daß auf die Streckung des einen Beines das andere gebeugt wird und umgekehrt, waren von mir bisher nicht mit Sicherheit festzustellen.

Unter pathologischen Bedingungen sind auch diese Reflexe wiederholt beim Menschen nachgewiesen worden. So hat Brudzinski bei tuberkulöser Meningitis Beuge- und Streckreaktionen der anderen Seite gesehen, die bald gleichsinnig, bald ungleichsinnig auftraten. Ganz ähnliche Beobachtungen sammelte Böhme bei Erwachsenen mit durchtrenntem Rückenmark.

Gekreuzte Reflexe an den Armen habe ich im Säuglingsalter ebensowenig gefunden wie Böhme bei Erwachsenen.

B. Kriechphänomen. Die folgende Erscheinung hat Bauer als Kriechphänomen beschrieben: Legt man einen Säugling in Bauchlage auf den Tisch und unterstützt seine Fußsohlen mit den Händen, so beginnt er zu kriechen. Er zieht die Beine an den Leib und stößt sich dann nacheinander von den Händen ab, wenn diese nicht nachgeben. Die Arme werden gleichfalls nacheinander gehoben und vorgesetzt, indem sie wechselseitig den Körper von der Unterlage abheben. Auf diese Weise, indem man den Fußsohlen des Kindes immer von neuem einen Widerstand bietet, von dem sie sich abstoßen, kann man das Kind veranlassen, über den ganzen Tisch zu kriechen. Wenn die Koordination der Arm- und Beinbewegungen deutlich ausgeprägt ist, was nicht immer der Fall ist, so entsteht durchaus der Eindruck eines Vorwärtskriechens.

Nach Bauer tritt die Erscheinung nur in den ersten vier Lebensmonaten auf, und zwar nur dann, wenn sich die Kinder in Bauchlage befinden; dagegen fehlt sie in Rücken- und Seitenlage. Im Vergleich zu den noch zu beschreibenden Schreitbewegungen findet sie sich wesentlich häufiger und vor allem auf reiferen Entwicklungsstufen.

C. Schreitbewegungen. Als lokale statische Reaktionen bezeichnet Magnus solche, bei denen Reiz und Reaktion sich auf einen Körperabschnitt beschränken. Ein Beispiel dafür bildet die Stützreaktion, durch die ein aus einzelnen Teilstücken gelenkig zusammengesetztes Glied abwechselnd als bewegliches Werkzeug zum Greifen, Kratzen usw., bald als feste, stützende Säule benutzt wird. Die positive Stützreaktion verwandelt das bewegliche Glied in eine stützende Säule, die negative Stützreaktion formt sie wieder zu einem beweglichen Werkzeug um. Magnus und seine Mitarbeiter fanden diese Reflexe ursprünglich bei kleinhirnlosen Tieren, konnten sie später aber auch bei gesunden Tieren nachweisen.

Positive Stützreaktionen sind im Säuglingsalter schon frühzeitig vorhanden. So wird bei dem oben beschriebenen Kriechphänomen das Bein auf eine Berührung der Fußsohle in Knie und Hüfte kräftig gestreckt, so daß der ganze Körper des Kindes fortgestoßen wird. Zum Stehen werden die Beine aber erst später benutzt; denn wenn man einen Neugeborenen aufzustellen versucht, so zieht er seine Beine an den Leib und macht keine Anstalten, sie auszustrecken. Es dauert aber gar nicht lange, bis das Kind, sobald es aufgestellt wird, seine Beine in Hüfte und Knie streckt und mit ihnen sekundenlang die Last seines Körpers trägt. Ich sah z. B. Frühgeburten im Alter von 3 Monaten und mit einem Gewicht von 3000 g, die bereits zu dieser Leistung imstande waren.

Derartige positive Stützreaktionen habe ich bei Säuglingen nur an den Beinen und nicht an den Armen gefunden.

Sherrington und Magnus konnten im Tierversuch zeigen, daß der gleiche Reiz unter bestimmten Bedingungen bald zu einer Beugung, bald zu einer Streckung auf der Gegenseite führen kann, je nach der Ausgangsstellung, in der sich die Gegenseite im Augenblick des Reizes befand. Möglicherweise liegen bei Frühgeburten oder noch unreiferen Früchten ähnliche Verhältnisse vor; es gelang mir jedoch nicht, ein gesetzmäßiges Verhalten nachzuweisen, wenn ich nur das eine Bein beugte und streckte.

Dagegen konnte ich manchmal Frühgeburten zu richtigen Schreitbewegungen bringen, bei denen gleichfalls die Bewegungen beider Beine sich gegenseitig beeinflussen. Es muß aber ausdrücklich betont werden, daß diese Reaktionen selbst bei dem gleichen Kinde nicht ständig vorhanden waren. Andeutungen ließen sich häufiger nachweisen, und unter günstigen Umständen gelang es mir, die Kinder über die ganze Tischplatte hinweg schreiten zu lassen. Das Kind wird dabei am Oberkörper gehalten und mit den Füßen so auf den Tisch gestellt, als ob es das Laufen lernen sollte. Die Berührung der Fußsohlen mit der Unterlage führt zu einer Streckung der Beine in Knie und Hüfte (positive Stützreaktion). Nun beugt das Kind das eine Bein in Knie und Hüfte, setzt es an dem andern vorbei weiter nach vorne und geht mit richtigen Schritten über den Tisch, wobei man natürlich den Bewegungen der Beine mit dem Oberkörper folgen muß (Abb. 19). Nicht selten verhakt sich der nach vorne zu führende Fuß hinter der Ferse des anderen, weil die beiden Beine infolge einer zu starken Innervation der Adductoren etwas gekreuzt stehen. Die Hemmung läßt sich natürlich leicht beseitigen.

Abb. 19. Schreitbewegung einer Frühgeburt. ♂ 1225 g. 14 Tage.

Schreitbewegungen sind also bereits auf sehr frühen Entwicklungsstufen vorhanden; wie Böhme nachwies, ist schon das menschliche Rückenmark allein zu so verwickelten Reflexleistungen fähig. Ich konnte die Schreitbewegungen nur bei jungen Frühgeburten finden; später verschwinden sie ganz, und am Ende des ersten Lebensjahres muß das Kind mühsam das Gehen erlernen; und doch ist, wenigstens beim Tier, zum Gehen das Großhirn nicht notwendig, wie aus den zahlreichen Versuchen der Magnusschen Schule an enthirnten Tieren hervorgeht. Wie weit sich diese Tierversuche auf den aufrecht gehenden Menschen übertragen lassen, ist unbekannt. Im allgemeinen verhalten sich nur die beiden Beine des Menschen so wie die vier Beine des Tieres, während die Bewegungen der Arme, die ja ganz andern Zwecken dienen, auch andern Gesetzen gehorchen. Beim Gange des Erwachsenen spielen sich reflektorische Spannungen und Entspannungen der Protagonisten und Antagonisten in ständigem Wechsel ab. Für diesen Vorgang dürfte eine Mitwirkung des Großhirns ebensowenig notwendig sein wie bei dem Laufen der enthirnten Tiere und den beschriebenen Schreitbewegungen der Frühgeburten.

D. Gekreuzter Patellarsehnenreflex. Meistens lassen sich schon bei Neugeborenen die Patellarsehnen, — oft auch die Achillessehnenreflexe auslösen. Je weiter man aber in den Entwicklungsstufen zurückgeht, desto schwieriger ist wegen der Kleinheit der Verhältnisse eine sichere Reaktion zu erzielen. Bei jüngeren Entwicklungsstufen breitet sich überhaupt leicht jede Erregung auf andere zunächst nicht mitbetroffene Muskelgruppen aus.

Ein Rest von diesem Vorgang erhält sich noch bis in die Säuglingszeit hinein. Man findet nämlich im ersten Lebensjahr ziemlich allgemein beim Auslösen des Patellarreflexes, daß das andere Bein mitreagiert, und zwar wird es infolge einer Anspannung der Adductoren nach innen bewegt. Der Reflex kann danach als ein gekreuzter Patellarsehnenreflex auf die Adductoren der anderen Seite bezeichnet werden. Eine Streckung im Kniegelenk, wie sie für den Patellarreflex eigentümlich ist, findet dagegen auf der gekreuzten Seite nicht statt.

Gelegentlich sieht man beim Auslösen des Babinskischen Phänomens eine Reaktion auf beiden Seiten.

5. Ruhehaltung.

Im Gegensatz zum Erwachsenen nimmt der Säugling in Rückenlage, solange wie er sich nicht bewegt, eine ganz bestimmte Haltung ein: Sein Rumpf ist leicht nach vorne gebeugt, die Beine sind an den Leib gezogen. Die beiden Hände liegen, zu Fäusten geballt, zu beiden Seiten des Kopfes auf der Unterlage, wobei die Vorderarme stark proniert sind. Wenn die Kinder nicht durch Kleidungsstücke behindert werden, so nehmen sie diese Stellung stets im Schlafe ein. Sie wird deshalb als Schlafhaltung bezeichnet, nicht ganz mit Recht, denn im Wachen ist es die Grundstellung, aus der heraus die Bewegungen erfolgen und in die die Kinder immer wieder zurückkehren. Oft wird sie sogar im Sitzen beibehalten. Nicht selten sieht man bei ganz gesunden Säuglingen eine kleine Abweichung: Die Arme sind im Ellbogen noch stärker gebeugt, so daß die Hände hinter dem Nacken liegen.

Während die Haltung im allgemeinen am Ende des ersten Lebensjahres ganz allmählich verschwindet, kann sie unter bestimmten Umständen noch länger beibehalten werden, ja sogar wieder neu auftreten. Bei Idiotie und schwerer cerebraler Rachitis findet sie sich noch im zweiten und dritten Lebensjahr; bei benommenen meningitischen Kindern erscheint sie oft aufs neue, wenn ihr Auftreten nicht durch den Druck der Kleider verhindert wird.

Die eigenartige „Schlafhaltung" des Säuglings ist schon lange aufgefallen, sie bietet aber der Erklärung einige Schwierigkeiten. Die bisher geltende Auffassung, nach der sie als eine Fortsetzung der intrauterinen Haltung anzusehen ist, kann nicht richtig sein, da sich die Frucht im Mutterleibe, wo sie durch den Druck der Gebärmutter von allen Seiten zusammengepreßt wird, ganz anders verhält.

Man hat weiter daran gedacht, die Beugehaltung des Neugeborenen einfach mechanisch auf ein Überwiegen der Beuge- über die Streckmuskulatur zurückzuführen. Zur Entscheidung bestimmte Ritter das Gewicht der Beuge- und Streckmuskulatur beim Neugeborenen, indem er von der Annahme ausging, daß der größeren Masse auch die größere Kraft entspräche. Dabei zeigt sich aber, daß gerade umgekehrt wie beim Erwachsenen die Masse der Strecker die der Beuger übertrifft. Daß trotzdem die Beugehaltung physiologisch ist, kann daher nicht an peripheren, sondern nur an zentralen Einflüssen liegen, von denen die Beugemuskulatur tonisch stärker erregt wird.

Nun kommt beim Erwachsenen eine Zwangshaltung vor, die stark an die Neugeborenenzeit erinnert (Förster), so daß es nahe liegt, die gleiche Ursache verantwortlich zu machen. Das ist die eigenartige Hocker- oder Kletterstellung Erwachsener, die an einem Ausfall der Tätigkeit des Corpus striatum leiden. Durch das Fehlen der striären Hemmung gewinnt das Pallidum das Übergewicht, das stammesgeschichtlich der Kletterfunktion gedient hat, und führt so zu einer Haltung, wie sie noch heute den Halbaffen eigentümlich ist (Förster). Wie noch zu zeigen ist (S. 56), führen die Spontanbewegungen des Säuglings zu der Annahme, daß zunächst das Striatum noch nicht völlig arbeitsfähig ist. So ist die Schlafhaltung des Säuglings ebenso wie die Zwangshaltung des striatumlosen Erwachsenen auf die gleiche Ursache zurückzuführen, nämlich auf die Arbeitsunfähigkeit des Corpus striatum.

Möglicherweise handelt es sich um symmetrische, tonische Halsreflexe, die bei Seitenlage des Kopfes in die beschriebenen asymmetrischen Reflexe übergehen. Ein zwingender Beweis liegt allerdings nicht vor.

Unter pathologischen Verhältnissen kann der Säugling eine andere Haltung bevorzugen, so daß man von einer „Zwangshaltung" sprechen kann. Sie braucht nicht ständig eingenommen zu werden, da sie leicht durch hemmende Kleidung oder Spontanbewegungen verdeckt wird. Beobachtet man aber solche Kinder längere Zeit hindurch und sorgt dafür, daß sie nicht durch äußere Einflüsse gestört werden, so sieht man doch, daß immer wieder die gleiche Grundstellung zum Vorschein kommt, am deutlichsten nach einigen ungehinderten Spontanbewegungen.

Die bekannteste Zwangshaltung ist der Opisthotonus bei Meningitis, der durch einen tonischen, zentral ausgelösten Erregungszustand der Halsmuskulatur hervorgerufen wird; doch sind die Reflexbahnen, die, — wohl nach Ausschaltung höherer Zentren, — in Tätigkeit treten, nicht näher bekannt. Weiter findet sich bei manchen sonst ganz gesunden Säuglingen von Geburt an eine sehr ausgesprochene opisthotonische Zwangshaltung. Die Kinder setzen wahrscheinlich damit nur eine Haltung fort, die sie schon im Uterus eingenommen haben und die ein schweres Geburtshindernis bilden muß, da sie häufig in abnormen Lagen (besonders Deflexionslagen) geboren werden. Wir halten also die Zwangshaltung für die Ursache der abnormen Geburt und nicht umgekehrt; sehen wir doch auch sonst, daß eine normale Geburt einen normalen Erregungszustand der kindlichen Gesamtmuskulatur voraussetzt und daß Lähmungen, wie z. B. bei der Spina bifida, leicht eine richtige Einstellung des Kindes unter der Geburt verhindern.

Andere Zwangshaltungen finden sich im Säuglingsalter bei manchen Idioten. Oft sind sie der Ausdruck Magnusscher Reflexe, besonders der tonischen Halsreflexe, die infolge des Fehlens höherer Zentren zum Vorschein kommen; in andern Fällen versagt allerdings eine derartige Erklärung.

Weiter finden sich Zwangshaltungen der Glieder nicht selten bei Meningitis. Dabei können gleichfalls tonische Halsreflexe auf die Glieder, Halsstellreflex auf das Becken usw. erscheinen, doch kommen daneben andere Stellungen vor, die sich nicht auf die bisher bekannten Magnusschen Reflexe zurückführen lassen.

Die Lage und die Bewegungen des Menschen werden auf Grund der Empfindungen geregelt, die von den Sinnesorganen der Lage- und Bewegungssinne aus in die Zentralstelle einströmen. Daß die Sinnesorgane selbst anfangs weniger empfindlich sind als später, läßt sich nicht erweisen. Dagegen ändert sich allmählich die Art und Weise, in der die einströmenden Empfindungen in der Zentralstelle verarbeitet werden. Die Normalstellung der einzelnen Körperteile zueinander, besonders des Kopfes zum Körper, wird von Anfang an gut gewahrt. Labyrinthreflexe lassen sich unter geeigneten Bedingungen schon beim Neugeborenen nachweisen; es dauert aber doch beträchtliche Zeit, bis es dem Kinde gelingt, sich mit Hilfe der Labyrinthe im Raume richtig zu stellen. Später wächst zusehends der Einfluß der Augen, der in der Neugeborenenzeit noch sehr gering ist, und beherrscht immer mehr die Stellung des Kopfes im Raum und seine Bewegungen.

Mit der unvollkommenen Verarbeitung der einströmenden Erregungen hängt die bekannte Tatsache zusammen, daß Säuglinge nicht seekrank werden, obwohl kein anderes Lebensalter so sehr zum Erbrechen neigt. Die Seekrankheit kommt nämlich dadurch zustande, daß das Zentralorgan mit den Empfindungen nicht fertig wird, die sich plötzlich von Grund auf geändert haben. Nun verarbeitet aber der Säugling diese Empfindungen überhaupt nur unvollkommen zu einem Gesamtbilde, so daß eine gröbere Störung zunächst gar nicht eintreten kann.

b) Die Bewegungen.

Im Säuglingsalter lassen sich die folgenden Bewegungsformen unterscheiden:

1. Athetotische Bewegungen, physiologisch bei Frühgeburten, oft noch bei reifen Neugeborenen, später rasch verschwindend,

2. Reflexbewegungen, bei Frühgeburten wie bei älteren Säuglingen. Ein Teil von ihnen, der durch die Tätigkeit des Großhirns gehemmt wird, verschwindet allmählich; bei krankhaftem Ausfall der Großhirntätigkeit können später einzelne Reflexe wieder auftreten. Eine Reihe von Reflexen bleibt das ganze Leben hindurch erhalten.

3. Reflexartige Spontanbewegungen, bei Frühgeburten und Säuglingen. Sie verschwinden allmählich, wenn die willkürlichen Bewegungen auftreten.

4. Willkürliche Bewegungen, nur bei älteren Säuglingen, aber noch nicht bei Neugeborenen.

Die Bewegungen des Säuglings sind bisher nur von Preyer näher beschrieben worden, dessen Einteilung von allen anderen Forschern widerspruchslos angenommen wurde. Er unterscheidet zunächst die Gruppe der impulsiven Bewegungen, die mit unseren reflexartigen Spontanbewegungen zusammenfallen. Seine zweite Gruppe wird von den Reflexbewegungen gebildet und stimmt mit der von uns aufgestellten überein.

Unter den Instinktbewegungen faßt Preyer drittens das Greifen, Saugen, Beißen, Knirschen, Lecken, Kopfhalten und Erlernen der statischen Fähigkeiten zusammen. Die Kopfhaltung ist aber, wie oben schon gezeigt wurde, von Stellreflexen auf den Kopf abhängig und muß daher den Reflexbewegungen zugerechnet werden. Das Sitzen, Gehen und Stehen gehört nach unserer Auffassung zu den willkürlichen Bewegungen, die durch Reflexe der Lage- und Bewegungssinne mitbeeinflußt werden. Ebenso ist das Greifen eine willkürliche Bewegung. Aus den anderen Instinktbewegungen Preyers sei nur das Saugen als wichtigstes herausgegriffen. Am zweckmäßigsten ist es nach meiner Ansicht als Kettenreflex aufzufassen, trotz der Einwände, die Koffka gemacht hat.

Koffka rechnet nämlich das Saugen nicht zu den Reflexen, weil es sich um einen ziemlich verwickelten Vorgang handle und weil das Verhältnis zu den auslösenden Reizen ein anderes sei als bei den Reflexen. Die ausgelösten Bewegungen seien dem Reiz angepaßt und richteten sich nach der Form des Reizgegenstandes; die Lippen würden anders gehalten, je nachdem an der Brust, an einem Gummipfropfen oder am Finger gesogen werde. Weiter könnten feine

Unterschiede in den Reizen zu entgegengesetzten Reaktionen führen (Saugen oder Ausstoßen der Brustwarze), und schließlich rufe der Reiz nur im Hunger eine Reaktion hervor. Ich möchte auf diese Angaben im einzelnen nicht eingehen, da Koffka schließlich selbst zugeben muß, daß sie kaum genügen, eine besondere Bewegungsform von den Reflexen abzugrenzen. Er leitet die Berechtigung dazu schließlich von den Tieren her, deren Instinktbewegungen ja allseitig anerkannt sind. Die Beobachtung am Menschen aber — und nur auf sie kommt es hier an — gibt keine Handhabe, einen Sauginstinkt anzunehmen.

Ob man beim menschlichen Neugeborenen überhaupt von Instinkten sprechen will, hängt davon ab, welchen Sinn man in diesen Begriff hineinlegt. In der Literatur fand ich keinen greifbaren Unterschied zwischen Instinkt und Reflex angegeben, vielmehr hat ein jeder auf diesem Gebiet seine eigene Meinung. So spricht Stern von einem Hinwendungsinstinkt, wenn sich das Kind zur Mutterbrust hinneigt, und Watson führt überhaupt die Reflexe des Neugeborenen, die auf einen äußeren Reiz hin entstehen, unter den Instinkten an. Pawlow, dem wir so viel Aufklärung über das Wesen der Reflexe verdanken, erkennt vom physiologischen Standpunkt aus einen Unterschied zwischen Instinkten und Reflexen nicht an. Viele Reflexe, die kettenartig aufeinander folgen, sind ebenso verwickelt wie Instinkte. Schließlich sind die Reflexe, wie gerade aus den Arbeiten der Pawlowschen Schule hervorgeht, ebensowenig unveränderlich wie die Instinkte.

Den Frühgeburten und in geringem Maße auch den Neugeborenen sind athetotische Bewegungen der Hände und Füße eigentümlich. Nimmt man eine junge gesunde Frühgeburt von etwa 1500—2000 g aus ihrem Bette heraus, so führen bald ihre Arme und Beine langsame Bewegungen aus. Die Arme werden im Ellbogen rechtwinklig gebeugt, die Unterarme stark proniert, so daß die Handflächen nach außen sehen; dabei wird das Handgelenk gestreckt oder überstreckt. Gleichzeitig führen die Finger ein eigenartiges Streck-beuge-spreizspiel aus, indem sie sich gleichzeitig oder nacheinander gegen die Mittelhand strecken oder sich auseinander spreizen. Dadurch, daß sich die einzelnen Finger verschieden verhalten, kommt es vorübergehend zu recht merkwürdigen Stellungen.

Ähnliche, nur nicht so deutliche Bewegungen, spielen sich in den Zehen ab. Die große oder kleine Zehe wird für sich allein oder unter Spreizung der übrigen abduziert, so daß sich die verschiedensten Bilder ergeben. Die Fähigkeit einzelne Zehen zu bewegen, bleibt dem Kinde noch später lange erhalten, wenn sich bereits die willkürlichen Bewegungen eingestellt haben. Es liegt darin eine Erinnerung an den Affen, der seine Hinterbeine ebenso wie seine Vorderbeine gewohnheitsmäßig zum Greifen benutzt.

Die ersten Bewegungen des Menschen lassen sich nur unter besonders schwierigen Bedingungen beobachten; denn menschliche Früchte, die weniger als 800—1000 g wiegen, sind in der Regel nicht mehr lebensfähig; sie gehen vielmehr nach der Geburt um so rascher zugrunde, je jünger sie sind. Wenn jedoch eine Schwangerschaft durch Kaiserschnitt unterbrochen werden muß, so bietet sich Gelegenheit, derartige Früchte zu untersuchen. Minkowski hat diesen Weg beschritten. Er fand, daß die Früchte nach ihrer Herausnahme mehr oder weniger lebhaft Kopf, Rumpf und Glieder bewegten, und zwar wurde dabei der Kopf gedreht oder gewendet, gehoben und wieder gesenkt, der Rumpf gekrümmt und wieder gestreckt, die Glieder wurden gebeugt und wieder gestreckt, adduziert oder abduziert und nach außen oder innen gedreht. Die Bewegungen erfolgten langsam, unsymmetrisch und unkoordiniert; sie erstreckten sich auf ein oder mehrere Gelenke und auf ein oder mehrere Glieder zugleich. Auch Einzelbewegungen der Finger oder nur eines Fingers wurden gelegentlich beobachtet. Minkowski bezeichnet die ganzen Bewegungen als choreatisch-athetotisch, betont aber dabei, daß die Finger und Zehen nicht besonders häufig bewegt wurden.

Die jüngsten von ihm untersuchten Früchte waren 2 Monate alt, bei einer noch jüngeren, nämlich 6 Wochen alten Frucht hat Straßmann langsame Bewegungen der Arme und Beine beobachten können. Wann aber überhaupt die ersten Bewegungen auftreten, ist nicht bekannt. Der Mutter werden sie erst in der 20. Schwangerschaftswoche bemerkbar, wenn sie tatsächlich schon längst vorhanden gewesen sind.

Die Spontanbewegungen des jungen Säuglings unterscheiden sich hauptsächlich dadurch von denen des Erwachsenen, daß sie noch kein bestimmtes Ziel verfolgen. Der Neugeborene kann z. B. noch nicht einen Gegenstand ergreifen und in den Mund führen oder seinen Aufenthalt wechseln, vielmehr erfolgen alle seine Bewegungen ganz absichts- und regellos. Weiter vermeidet der Erwachsene zum Unterschied vom Säugling ganz unwillkürlich jede unnötige Anstrengung. Er wendet nur gerade soviel Muskelkraft an, wie unbedingt zum Erreichen des Zieles erforderlich ist, wobei die verschiedenen Muskeln zweckmäßig zusammenarbeiten. So spielen sich bei einer Beugung des Armes in den Streckern genau ebenso fein abgestufte, nur entgegengesetzte Innervationen ab wie in den Beugern; dadurch erhält die Bewegung erst ihr richtiges Maß, während sie sonst ausfahrend würde und über das Ziel hinausschösse.

Nichts von alledem beim Neugeborenen. Seine Bewegungen sind ausfahrend, eckig und ziellos; sie beschränken sich nicht auf eine oder mehrere Muskelgruppen; vielmehr gerät leicht der ganze Körper in länger dauernde motorische Unruhe, wobei sich aber doch ziemlich eintönig immer nur die gleichen Bewegungen abspielen. Diese lassen sich zum Teil als wirkliche Reflexbewegungen auffassen, bei denen der auslösende Reiz durch vorangegangene Bewegungen gegeben ist. Zum Teil verlaufen sie nur unter dem Bilde von Reflexbewegungen, ohne daß ein äußerer oder innerer Reiz zu erkennen wäre. Die letzteren haben Isbert und ich als reflexartige Spontanbewegungen bezeichnet.

Besonders ist es der Umklammerungsreflex, der häufig durch eine kräftige Spontanbewegung des Kopfes zustande kommt. Ob dabei das Kind seine Glieder symmetrisch bewegt oder nicht, hängt zum großen Teil von der Kopfstellung ab. Man kann willkürlich die vorher unsymmetrischen Bewegungen symmetrischer machen, wenn man den Kopf genau in Mittellage bringt. Ist er dagegen zur Seite gedreht, so bewegen sich die Arme so, als ob tonische Hals- und Labyrinthreflexe ausgelöst würden: Die Schädelhand wird höher als die Kieferhand gehoben und das Kieferbein streckt sich häufiger als das Schädelbein. Diese Bewegungen wiederholen sich oft viele Male hintereinander, auch wenn der äußere Reiz fortfällt. Bei manchen Krampfanfällen kommen die Erscheinungen noch deutlicher zum Ausdruck.

Die reflexartigen Spontanbewegungen bilden die Bewegungsform, die dem jungen Säugling eigentümlich ist. Man kann den Satz aufstellen, daß der

Neugeborene zu keiner Bewegung fähig ist, die sich nicht auch als Reflex hervorrufen ließe. Die ausfahrenden spontanen Bewegungen der Arme und das Spreizen der Hände entsprechen dem symmetrischen oder unsymmetrischen Umklammerungsreflex, das Schließen der Hand dem Handreflex. Die Spontanbewegungen der Beine bestehen überwiegend aus einem Strecken und Beugen in Knie und Hüfte. Reflektorisch wird ein gestrecktes Bein auf einen Nadelstich an den Leib gezogen und umgekehrt ein gebeugtes gestreckt. In ähnlicher Weise führen der Umklammerungsreflex, Kopfwenden und Rückgratreflex zu einem Strecken und Beugen der Beine. Frühgeburten strampeln nur selten, ältere Säuglinge dagegen oft. Die verschiedenen Spontanbewegungen der Zehen, also Abduction, Adduction, Streckung, Beugung oder Spreizung lassen sich durch einen Nadelstich in die Fußsohle reflektorisch leicht hervorrufen.

Der Rumpf wird mit Vorliebe nach hinten gestreckt; beim Schreien besonders macht sich das Kind steif, so daß es in eine opisthotonische Haltung gerät, wie sie als Reflex schon lange bekannt ist. Ein Seitwärtsdrehen des Kopfes wird durch den Körperstellreflex auf den Kopf leicht ausgelöst. Im allgemeinen bestimmt aber der Kopf die Stellung des Oberkörpers und Beckens im Sinne des Kopfstellreflexes auf den Körper.

Alle diese als Einzelbewegungen geschilderten Bestandteile können sich wohl in verschiedener Weise miteinander verbinden, im Grunde genommen führt aber der junge Säugling immer nur dieselben ziemlich eintönigen Bewegungen aus. Erst wenn beabsichtigte Bewegungen auftreten, ändert sich das Bild allmählich; aber selbst dann werden zunächst noch viele unnötige Mitbewegungen gemacht. So werden, um einen Gegenstand zu ergreifen, beide Arme und Beine unter lebhaftem Muskelspiel in Tätigkeit gesetzt. Die Bewegung ist ungeschickt und ausfahrend, so daß es mehrerer Versuche bedarf, bis das Ziel erreicht ist. Dem Säugling fehlt nämlich zunächst noch die Fähigkeit, seine Bewegungen genau abzustufen, und so wendet er immer mehr Kraft auf, als an sich nötig gewesen wäre. Er muß erst allmählich lernen, die unnötigen Nebenbewegungen zu unterdrücken, um das Ziel mit möglichst geringer Anstrengung zu erreichen. Der gleiche Vorgang wiederholt sich beim Erwachsenen, wenn dieser eine neue Handfertigkeit erlernt. Immer wird zunächst eine größere Anstrengung aufgewandt, als unbedingt notwendig ist, und erst bei fortschreitender Übung werden allmählich die überflüssigen Nebenbewegungen erspart.

Das Arbeitsverhältnis der Antagonisten zu den Protagonisten hat Doxiades näher untersucht, indem er die Verdickungskurven beider Muskelgruppen während aktiver und passiver Bewegungen schrieb. Er fand, daß sich beim Neugeborenen die beiden Muskelgruppen genau entgegengesetzt verhielten, so daß nichts für das Vorliegen eines Bewegungsentwurfes sprach. Erst bei einem 18 Monate alten Knaben traten zum erstenmal Zeichen einer Einstellreaktion und eines Rückstoßes auf.

Jeder Reiz, der stark genug ist und lange genug anhält, führt schließlich zu allgemeiner Bewegungsunruhe, die sich nicht mehr auf den gereizten Körperteil beschränkt. Das ist beim Neugeborenen nicht anders als beim Erwachsenen; ein Unterschied besteht nur darin, daß der Neugeborene leichter in allgemeine Unruhe verfällt. Er ist viel weniger imstande den Reiz mit einer Einzelreaktion zu beantworten. Hierin drückt sich die Unfähigkeit des kindlichen Nervensystems aus, mag sie nun durch den Mangel an Hemmungen oder durch die schlechte Isolation der Bahnen und Zentren voneinander verursacht sein.

Aber selbst wenn der Säugling nicht von äußeren Reizen getroffen wird, ist er doch, so lange wie er wacht, in ständiger Bewegung; ja er ist kaum imstande, mehrere Sekunden hintereinander ruhig dazuliegen. Nur wenn sich sein Allgemeinszutand verschlechtert, vermindert sich diese physiologische Bewegungsunruhe. Umgekehrt vermehrt sie sich bei „agilen" Idioten, anscheinend weil hemmende Zentren fehlen. Schon im Mutterleibe beginnen bei solchen Kindern die übermäßigen Bewegungen, so daß diese den Müttern, die mehrere Kinder geboren haben, auffallen können.

Die reflexartigen Spontanbewegungen, die der Säugling ständig ausführt, unterscheiden sich also gar nicht grundsätzlich von den eigentlichen Reflexbewegungen, sondern nur in der Art ihres Zustandekommens. Beide Bewegungsformen hängen von den gleichen motorischen Zentren ab, die bald auf äußeren, bald auf inneren Reiz in Erregung geraten und so die gleichen Bewegungen hervorrufen.

Abb. 20. Der Fuß als Greifwerkzeug. ♂ $1^1/_2$ Jahre. Rachitis.

Seine erste **willkürliche Bewegung** macht der Säugling mit 4—5 Monaten, wenn er nach einem Gegenstande greift, den er vor sich sieht. Von nun an verschwinden die reflexartigen Spontanbewegungen immer mehr, während die willkürlichen allmählich in den Vordergrund treten. Sie sind zunächst noch von zahlreichen Mitbewegungen begleitet.

Der Affe gebraucht seine Beine nicht nur zum Laufen, sondern auch zum Greifen und Festhalten. Anklänge daran finden sich noch beim Säugling. Als Beispiel ist in der Abb. 20 ein Kind von $1^1/_2$ Jahren wiedergegeben, das in seiner Entwicklung durch Rachitis stark zurückgeblieben war und noch nicht laufen konnte. Wenn es mit einem Kastanienblatt spielte, so pflegte es den Stengel mit der großen Zehe festzuhalten und dann mit den Händen an dem Blatte zu rupfen. Sobald die Kinder das Laufen erlernen und ihre Füße in Stiefeln stecken, verlieren sie jede Möglichkeit, ihre in den Füßen vorhandenen Fähigkeiten weiter auszubilden. Daß aber auch späterhin wirklich noch solche Fähigkeiten vorhanden sind, zeigt das Beispiel armloser Erwachsener, die mit ihren Füßen fast ebenso gewandt waren wie andere mit ihren Händen.

Die Rechtshändigkeit ist dem Menschen nicht angeboren. Vergeblich bemühte sich Watson nachzuweisen, daß der Neugeborene, der sich im Handreflex festhält, seinen Körper mit der rechten Hand länger zu halten vermag als mit der linken; es ergab sich vielmehr, daß keine Körperseite bevorzugt war. Der junge Säugling bewegt nur dann die eine Seite merklich mehr als die andere, wenn der Kopf unsymmetrisch zum Körper liegt, so daß seine Bewegungen von unsymmetrischen tonischen Halsreflexen beeinflußt werden.

Über das erste Auftreten der Rechtshändigkeit hat Baldwin nähere Beobachtungen gesammelt. Im 6.—10. Monat wird noch keine Hand bevorzugt, solange das Greifen nicht mit größerer Muskelanstrengung verbunden ist; vielmehr werden beide Hände zugleich häufiger gebraucht als nur eine allein. Vom 7.—8. Monat an macht sich eine Vorliebe für die rechte Hand bemerkbar, wenn der Gegenstand mit größerer Anstrengung ergriffen werden muß. Die linke Hand bleibt aber nicht unbeweglich, sondern folgt langsam den Bewegungen der anderen. Die symmetrische Innervation beider Hände bleibt also zunächst noch deutlich zu erkennen.

Synergische Bewegungen treten nach Thiemich erst mit dem 3.—4. Monat auf. Von dieser Zeit an wird die Mittelhand bei Fingerbeugung dorsalflektiert und bei Fingerstreckung palmar. Ebenso tritt erst dann die Plantarflexion des Fußes bei Streckung in Knie und Hüfte auf und die entgegengesetzte Bewegung bei der Beugung.

Von welchen Zentren und Bahnen hängen die Bewegungen des Säuglings ab? Da sie beim Neugeborenen so grundverschieden von denen des Erwachsenen sind, so ist anzunehmen, daß bei ihm die auslösenden Innervationen auf anderem Wege zustande kommen. Tatsachen, die eine Arbeitsfähigkeit der Hirnrinde beim jungen Säugling beweisen, liegen nicht vor; dagegen spricht vieles dafür, daß zunächst das extrapyramidale Bewegungssystem, das stammes- und entwicklungsgeschichtlich älter ist, die Bewegungen beherrscht. „Tiere, die nur ein extrapyramidales System haben, können nur Reize beantworten; sie sind darauf angewiesen, die Umwelt an sich herankommen zu lassen. Es bestimmt also das extrapyramidale System im wesentlichen die Instinkthandlungen. Erst mit dem Auftreten einer motorischen Rindenbahn ist die Möglichkeit zu aktivem Handeln gegeben, ist das Individuum in die Lage versetzt, seine Umgebung sich anzupassen" (F. H. Lewy). Schon diese allgemeine Schilderung gilt in gleicher Weise für den menschlichen Neugeborenen, der ja auch vollkommen von seiner Umgebung abhängig ist und sie noch nicht zu ändern vermag. Seine ausfahrenden Bewegungen hat man geradezu choreatisch genannt, doch möchten wir mit dieser Bezeichnung zurückhalten. Ist doch die choreatische Bewegungsstörung dadurch gekennzeichnet, daß beabsichtigte Bewegungen durch die extrapyramidale Störung enthemmt und ausfahrend werden, daß zahlreiche Mitbewegungen auftreten und schließlich, daß manche Bewegungen in dem beabsichtigten Augenblick nicht vorgenommen werden können. Der Neugeborene kann aber beabsichtigte Bewegungen überhaupt noch nicht ausführen und so besteht ein recht erheblicher Unterschied zu der choreatischen Bewegungsstörung.

Dagegen gibt es keine greifbaren Unterschiede zwischen den athetotischen Bewegungen des jungen Säuglings und denen des Erwachsenen, wie von neurologischer Seite schon mehrfach hervorgehoben wurde (C. und O. Vogt, Förster, Jakob, Runge).

Da nun die anatomischen Untersuchungen von C. und O. Vogt ergeben haben, daß die athetotische Bewegungsstörung des Erwachsenen auf den Arbeitsausfall des Corpus striatum zurückzuführen ist, so lassen sich Rückschlüsse auf die motorischen Innervationen beim jungen Säugling ziehen. Das Striatum ist nämlich stammes- und entwicklungsgeschichtlich jünger als das Pallidum und ihm in seiner Tätigkeit übergeordnet. Während das Pallidum, das früher der Kletterfunktion gedient haben soll, nur Massenimpulse abgeben kann, dient das Striatum den eigentlich menschlichen Leistungen wie Sitzen, Stehen und Gehen, und zwar hat es die Aufgabe, die Massenimpulse des Pallidum so weit zu hemmen, daß Einzelbewegungen erfolgen (Förster). Aus dem Auftreten der athetotischen Bewegungsform bei Frühgeburten und jungen Säuglingen ist deshalb zu schließen, daß das Striatum zu dieser Zeit noch nicht genügend entwickelt ist, um das Pallidum zu hemmen.

Während aber alles dafür spricht, daß die extrapyramidalen Bahnen schon beim Neugeborenen in Tätigkeit sind, läßt sich von den motorischen Pyramidenbahnen und ihren Zentren, deren Arbeitsfähigkeit man vielfach als selbstverständlich betrachtet, nicht das gleiche sagen; vielmehr führten bisher alle Untersuchungen, die darüber angestellt wurden, zu einem negativen Ergebnis. Schon die Unfähigkeit zu beabsichtigten Bewegungen spricht gegen eine Arbeitsfähigkeit der Pyramidenbahnen. In gleicher Weise wird das Auftreten des Babinskischen Phänomens im ersten Lebensjahr gedeutet, das später nur erscheint, wenn die Pyramidenbahnen geschädigt sind. Es wurde indessen bereits hervorgehoben (S. 33), daß das Babinskische Phänomen im Säuglingsalter durchaus nicht immer deutlich ist, und daß die Befunde schon beim gleichen Kinde stark wechseln. So kann daraus nicht viel geschlossen werden.

Am einfachsten müßte sich eine Arbeitsfähigkeit der Rindenzentren nachweisen lassen, wenn es gelänge, sie unmittelbar zu reizen. Henoch und Seitz haben über 2 Neugeborene berichtet, bei denen ein Druck auf den Schädel zu Bewegungen führte, doch halten beide Fälle einer Kritik nicht stand: Henoch hatte seinen Fall nicht selber beobachtet und Seitz hat wahrscheinlich nur den Umklammerungsreflex ausgelöst.

Ebensowenig ist etwas Sicheres über das Vorkommen von „Hirnrinden"-krämpfen beim Neugeborenen bekannt, obwohl wiederholt darüber berichtet wurde (v. Reuß, Berberich und Wiechers, v. Jaschke). Diese könnten nur auftreten, wenn die Rindenzentren zum mindesten einen Teil ihrer späteren Tätigkeit besäßen. Es ist aber bisher nicht gezeigt worden, daß Neugeborene, die unter Krämpfen zugrunde gingen, wirklich nur Blutungen in die Zentralgegend gehabt hätten.

Krampfanfälle können von den subcorticalen Zentren ebensogut ausgehen wie von der Hirnrinde (Förster). Allerdings wird im Anschluß an Ziehen vielfach noch angenommen, daß klonische Krämpfe nur unter Beteiligung der Großhirnrinde auftreten, und beim Neugeborenen sind tatsächlich klonische Krämpfe gar nicht so selten. Ob man aber schon daraus auf eine Arbeitsfähigkeit seiner Rindenzentren schließen darf, erscheint mir doch recht zweifelhaft. Ich verweise nur auf die Beobachtung von Wichura, der bei einer großhirnlosen menschlichen Mißgeburt 3 mal klonische Zuckungen im Gesicht und in einem Arm auftreten sah. Hier fehlt doch gewiß jede Möglichkeit, das Großhirn für beteiligt zu halten. Ähnlich konnte Schön bei enthirnten Kaninchen klonische Zuckungen in den Gliedern hervorrufen. Die Annahme Ziehens ist daher heute nicht mehr genügend gestützt, und so läßt sich aus dem Vorkommen klonischer Zuckungen beim Neugeborenen nicht auf eine Arbeitsfähigkeit seiner Rindenzentren schließen.

Die motorischen Rindenzentren wurden ursprünglich mit Hilfe elektrischer Reizung gefunden und erforscht. Es lag deshalb nahe, beim neugeborenen Tier nach ihnen in gleicher Weise zu suchen. Solche Versuche wurden zuerst von Soltmann ausgeführt, der das Gehirn neugeborener Hunde freilegte und dann elektrisch reizte. Er fand die ersten Muskelbewegungen bei 10 tägigen

Tieren, während vorher jede Reizung erfolglos blieb. Wenn er weiter bei neugeborenen Tieren die Rinde beider Vorderlappen entfernte, so waren die Tiere weder sofort, noch später gelähmt, während der gleiche Eingriff bei älteren Tieren zu Lähmungen führte. Soltmann suchte seine Befunde am Tier auf den menschlichen Säugling zu übertragen. Er nahm an, daß dessen motorische Rindenfelder gegen Mitte oder Ende des ersten Vierteljahres arbeitsfähig würden, da zu dieser Zeit die ersten gewollten Bewegungen aufträten.

Soltmanns Versuche, die jetzt gerade 50 Jahre zurückliegen, sind oft wiederholt worden (Paneth, Bary, Bechterew u. a.), und doch läßt sich bis heute aus den widersprechenden Angaben der verschiedenen Forscher kein klares Bild gewinnen. So fand, um nur ein Ergebnis zu erwähnen, Paneth die Hirnrinde neugeborener Hunde schon in den ersten Lebenstagen erregbar, obwohl die gereizten Hirnteile noch keine markhaltigen Nervenfasern enthielten.

Eine weitere große Schwierigkeit entsteht dadurch, daß sich die Versuchstiere auf einer ganz anderen Entwicklungsstufe befinden als der menschliche Neugeborene, so daß aus den Tierversuchen keine Schlüsse auf den Menschen zu ziehen sind. Mag die Hirnrinde des neugeborenen Hundes elektrisch erregbar sein oder nicht, für die Verhältnisse beim Menschen ergeben sich daraus noch keine Anhaltspunkte. Wesentlich weiter könnten uns aber Versuche führen, die am Menschen selber vorgenommen sind.

Allerdings ist für gewöhnlich das Gehirn des Säuglings durch die Schädelknochen so weit bedeckt, daß eine elektrische Reizung unmöglich ist. Doch berichten C. Westphal und Yllpö, leider nur kurz, über Versuche an 2 Neugeborenen, bei denen die Schädeldecke infolge einer Mißbildung fehlte und der größte Teil beider Großhirnhälften nur von der Pia bekleidet war. Der Versuch, die Rindenfelder elektrisch zu reizen, blieb in beiden Fällen ergebnislos. Eine ähnliche Beobachtung konnte ich selbst machen:

Es handelt sich um ein frühgeborenes Kind, das im Alter von 6 Tagen mit einem Gewicht von 1200 g und einer Körperlänge von 39 cm aufgenommen wurde. Zeichen von Lues waren nie vorhanden, der Schädel bot zunächst keine Besonderheiten. Im Alter von 8 Wochen bildete sich plötzlich unter Fieber eine Verfärbung der rechten Schädelhälfte, aus der sich allmählich ein fluktuierendes handtellergroßes Hämatom entwickelte. Einige Tage später stellte sich eine leicht spastische Lähmung des linken Armes und der linken Hand ein. Allmählich resorbierte sich das Hämatom und hinterließ einen Kochenspalt von 2—3 cm Breite, der von der Pfeilnaht aus in der Gegend der rechten motorischen Rindenzentren schräg nach außen verlief. Nach und nach stellte sich dann auch die Beweglichkeit des linken Armes wieder ein.

Es ist nicht sicher zu sagen, welcher Art der Vorgang war, der sich hier abgespielt hatte, jedenfalls war ein Trauma auszuschließen. Es hinterblieb eine Spaltbildung im Schädelknochen über den motorischen Rindenzentren, die eine Gelegenheit bot, den Versuch Westphals zu wiederholen. Zu diesem Zwecke wurde dem Kinde die differente Elektrode in den Knochenspalt und die indifferente auf den Hinterkopf gesetzt. Die galvanische Reizung mit einer Stromstärke bis zu 10 Milliampère blieb ganz wirkungslos, gleichgültig ob die differente Elektrode zur Anode oder zur Kathode gemacht wurde. Zur Zeit des Versuches war das Kind 10 Wochen alt, wog 2400 g, war 44 cm lang und hatte einen

Kopfumfang von 35 cm. Leider war es aus äußeren Gründen unmöglich, die Untersuchungen längere Zeit fortzusetzen.

So hat dieser Versuch ebensowenig wie der Westphals und Yllpös zu einem endgültigen Ergebnis geführt, da er nicht lange genug durchgeführt wurde. Vor allem wurde nicht festgestellt, von welchem Zeitpunkt an die ersten Reaktionen zu erzielen sind, wozu fortlaufende Untersuchungen am gleichen Fall nötig wären. Vielleicht gelingen in Zukunft einmal an einem geeigneten Fall ähnliche Versuche.

Es ergibt sich, daß beim Neugeborenen und jungen Säugling das extrapyramidale System bis zum Pallidum hinauf arbeitet, während die vom Striatum auf das Pallidum ausstrahlenden Hemmungen zunächst noch fehlen. Allmählich nimmt das Striatum seine Tätigkeit auf; die Pyramidenbahnen fangen an zu arbeiten, wenn die ersten beabsichtigten Bewegungen ausgeführt werden. So hat man ein gewisses Recht, den menschlichen Neugeborenen als „Pallidumwesen" zu bezeichnen, wenn auch natürlich die arbeitenden von den nichtarbeitenden Hirnteilen nicht so scharf getrennt sind wie bei den operierten Versuchstieren.

In der gleichen Reihenfolge wie die genannten Hirnteile ihre Tätigkeit aufnehmen, haben sie sich auch stammes- und entwicklungsgeschichtlich entwickelt. Die jüngeren Hirnteile fangen später an zu arbeiten und sind den älteren übergeordnet.

c) Die Erwerbung des aufrechten Ganges[1].

Die Fähigkeit aufrecht zu gehen, wird stufenweise im ersten Lebensjahre erworben.

Als erstes hat das Kind das Bestreben, seinen Kopf im Raum richtig zu stellen. So hebt, wie bereits erwähnt, schon mancher Neugeborene seinen Kopf aus der Bauchlage empor; die meisten Kinder sind dazu imstande, wenn sie einige Monate alt geworden sind. An dieser Errungenschaft dürfte hauptsächlich der Labyrinthstellreflex auf den Kopf beteiligt sein. In der nächsten Zeit machen die Kinder weitere Fortschritte. Im Beginn des zweiten Halbjahres sind sie meistens so weit, daß sie Kopf und Oberkörper aufrichten können, indem sie sich mit den Händen auf die Unterlage aufstützen.

Das Heben des Kopfes nach vorne aus Rückenlage wird etwas langsamer erlernt. Neugeborene sind dazu noch gar nicht fähig. Im allgemeinen beginnen die Kinder mit 2—3 Monaten, wenn sie von ihrer Umgebung mehr erkennen wollen, ihren Kopf aus der Rückenlage aufzurichten.

Im Alter von etwa 5—6 Monaten lernen die meisten Kinder das Sitzen. Anfangs müssen sie sich noch mit ihren Armen aufstützen, um das Gleichgewicht nicht zu verlieren; später sitzen sie ganz frei. Wieder etwas später gelingt es ihnen, sich mit ausgiebiger Zuhilfenahme der Arme emporzusetzen.

Zuerst ziehen die Kinder ihre Beine an den Leib, sobald man sie aufzustellen versucht. Bald früher, bald später tritt die oben S. 47 beschriebene positive Stützreaktion auf: Die Beine werden ausgestreckt, sobald sie den Boden berühren; etwas später fangen die Kinder an, mit ausreichender

[1] Siehe hierzu auch Heubner: Ergebn. d. inn. Med. u. Kinderheilk. Bd. 16, S. 1. 1919. — Engel und Runge: Körperliche und geistige Entwicklung des Kindes. München 1923.

Unterstützung zu stehen oder stampfende Bewegungen zu machen. Mit 8 bis 9 Monaten stehen sie allein, indem sie sich selber festhalten. Mit etwa 10 Monaten können gut entwickelte Kinder schon kurze Zeit frei stehen. In dieser Zeit beginnen sie sich an den Möbeln und anderen Gegenständen fortzubewegen. Um die Wende des ersten Lebensjahres wird der erste freie Schritt gemacht.

Nach Schaltenbrand entwickelt sich die Fähigkeit zum Aufstehen in ganz bestimmter Reihenfolge. In den ersten Monaten wälzt sich das Kind auf die eine Seite, wenn es auf den Rücken gelegt wird. Im zweiten Halbjahr dreht es sich vollkommen auf den Bauch herum, dann lernt es mit erhobenem Kopf auf allen Vieren zu hocken, später zu sitzen und schließlich zu stehen. An der Art und Weise, wie das Kleinkind aufsteht, lassen sich noch die einzelnen Entwicklungsstufen des Ganges verfolgen.

Der Säugling und das Kleinkind steht und geht noch nicht wie der Erwachsene. Sein Oberkörper wird vielmehr nach vorne geneigt, Hüft- und Kniegelenke werden etwas gebeugt. Die Wirbelsäule ist in ihrem Halsteile leicht nach vorne konvex, im übrigen nach hinten konvex gerichtet. So durchläuft das Kind eine Entwicklungsstufe, die sich ständig beim Affen und andeutungsweise bei niederen Menschenrassen findet (Spitzy).

Der Gang des Kindes ist zunächst sehr unsicher. Um das Gleichgewicht besser zu bewahren, geht es breitbeinig und benutzt ausgiebig die Arme zum Ausgleich. Natürlich fällt es zunächst sehr häufig; aber seine Sicherheit und damit sein Selbstvertrauen wachsen rasch, so daß bald der Zeitabschnitt erreicht wird, wo es sich völlig frei im Raume bewegt. Die Reflexe der Lage- und Bewegungssinne, von denen leichtere Störungen des Gleichgewichtes sofort wieder ausgeglichen werden, sind S. 39 ausführlich besprochen worden.

Krankheiten, und zwar besonders häufig Rachitis und länger dauernde Ernährungsstörungen, halten die Entwicklung vorübergehend auf. Bei schwachsinnigen Kindern verzögert sie sich oder bleibt sie mehr oder weniger ganz aus. Der Wunsch und das Bestreben sind zum Gehenlernen unbedingt notwendig. Daran fehlt es aber bei den schwachsinnigen Kindern, obwohl ihre Muskulatur oft durchaus leistungsfähig ist.

Das Gehenlernen ist aber nicht nur von dem Gesundheitszustand und der Entwicklung des Großhirns abhängig, sondern zu einem wesentlichen Teil von den Übungen, die mit dem Kinde vorgenommen werden. Ein Kind, mit dem die Mutter fleißig übt, kommt durchschnittlich rascher vorwärts als eines, um das sich niemand kümmert.

In der psychologischen Literatur wurde wiederholt der Wunsch ausgesprochen, man möchte einmal ein Kind längere Zeit am Gehen hindern, um dann zu sehen, ob es sich am Ende dieser Zeit bei seinen Gehversuchen ebenso ungeschickt benimmt wie ein Säugling. Dieser Wunsch ist bereits vor 100 Jahren erfüllt worden: Kaspar Hauser, der etwa bis zum 16. Lebensjahr festgebunden in einem Kellerloch gesessen hatte, konnte zunächst nicht alleine gehen, lernte es aber dann sehr bald.

Allgemeine Arbeitsfähigkeit der Sinnesorgane.

Aus den vorliegenden Tatsachen geht hervor, daß jedes Sinnesorgan, das der Erwachsene besitzt, schon beim Neugeborenen arbeitsfähig ist. Für die entgegengesetzte Behauptung, so oft sie auch aufgestellt wurde, fehlt jeder einwandfreie Beweis. Allerdings muß zugegeben werden, daß eine volle Übereinstimmung mit der späteren Erregbarkeit bisher nicht in allen Beziehungen nachgewiesen wurde; daher könnten sich bei einem weiteren Ausbau der Untersuchungsverfahren noch Unterschiede ergeben. Gewiß vermittelt das eine Sinnesorgan im Säuglingsalter mehr Reflexe als das andere; so sind vom Auge aus viel mannigfaltigere örtliche Reflexe hervorzurufen als vom Ohr aus. Wenn aber nur die Reflexe in Betracht gezogen werden, die von außen zu beobachten sind, so bestehen beim Erwachsenen genau die gleichen Unterschiede zwischen den Reaktionen der einzelnen Sinnesorgane. Es ist also bisher nicht die Möglichkeit widerlegt, *daß bei der Geburt alle Sinnesorgane voll ausgebildet sind und die gleiche Erregbarkeit besitzen, die ihnen später eigentümlich ist.*

Ihre Tätigkeit läßt sich im Säuglingsalter nur aus den Reflexen erkennen, die auf äußeren Reiz hin auftreten. Alle Sinnesnerven sind bei der Geburt imstande, die Erregungen der Sinnesorgane zum Zentralorgan weiterzuleiten, ganz unabhängig davon, wie weit ihre anatomische Entwicklung fortgeschritten ist. *Nur in der Art, wie die Erregungen dann in der Zentralstelle verarbeitet werden, ergeben sich tiefgreifende Unterschiede gegen später.* Sprechen doch viele Tatsachen dafür, daß hemmende Zentren, die das Auftreten mancher Reaktionen später verhindern, zunächst noch nicht arbeitsfähig sind. Andere Reaktionen werden erst möglich, wenn sich die entsprechenden zentralen Verknüpfungen gebildet haben. *Daß aber ein Sinnesorgan oder ein Sinnesnerv bei der Geburt noch unvollkommen arbeitet, also später noch arbeitsfähiger würde, läßt sich aus dem, was bisher bekannt ist, nicht beweisen.*

Mit dieser Feststellung treten wir in Gegensatz zu dem, was bisher wohl allgemein angenommen wird. Zwar sind schon bei der Geburt die einzelnen Sinnesorgane so weit ausgebildet, daß ihre volle Arbeitsfähigkeit möglich erscheinen muß; dagegen ist die anatomische Reifung der Nervenbahnen bei der Geburt verschieden weit fortgeschritten. Man hat daher geglaubt, sie seien zunächst mehr oder weniger arbeitsunfähig. *Flechsig* hatte die wichtige Entdeckung gemacht, daß die Nervenbahnen sich allmählich und nacheinander mit Markscheiden umhüllen, so daß die einzelnen Nervenfasersysteme an dem Stande ihrer Markscheidenumhüllung zu erkennen sind. Zur Zeit der Geburt ist diese Entwicklung noch nicht vollendet, vielmehr treten die Sinnesorgane nach *Flechsig* in einer ganz bestimmten Reihenfolge mit der Großhirnrinde in Verbindung: Am frühesten sollen sich die zentralen Leitungen entwickeln, die zur Übertragung der Tasteindrücke dienen, daneben aber auch sämtliche Leitungen für Gemeingefühle, wie Schmerz, Hunger, Durst und die Nerven für die Entstehung der Lagevorstellungen (aus Muskeln, Sehnen, Gelenken hervorgehend). Annähernd gleichzeitig entwickelt sich der Tractus olfactorius. Erheblich später reift die Sehleitung, doch so, daß sie beim ausgetragenen Neugeborenen bis zur Rinde markscheidenhaltig wird; als letzte wird die Hörleitung reif.

Nach *Stern* sollen nun die Sinne des Neugeborenen in folgender Reihenfolge arbeitsfähig werden:

1. Sinne der Haut, bes. Tastsinn.
2. Geschmacks-, Geruchs- und Gesichtssinn.
3. Gehörsinn.

Diese Anordnung stimmt, das muß zugegeben werden, recht gut mit den anatomischen Befunden Flechsigs überein. Koffka, der die Sternsche Reihenfolge übernommen hat, erkennt allerdings schon die Schwierigkeit, den Schmerzsinn in die 1. Gruppe einzuordnen, während doch die Neugeborenen weniger schmerzempfindlich sein sollen. Weil wir aber gezeigt haben, daß sich eine geringere Schmerzempfindlichkeit nicht beweisen läßt, möchten wir dagegen keine Einwände erheben.

Wird denn aber die Sternsche Reihenfolge den Tatsachen gerecht? Der Hörsinn soll auf der untersten Stufe stehen, obwohl er bisher der einzige Sinn ist, dessen Arbeitsfähigkeit sich schon vor der Geburt hat nachweisen lassen (S. 23). Stern stellte ihn in die 3. Gruppe, weil von ihm aus beim Neugeborenen nur undifferenzierte Shockreaktionen (= allgemeine Reaktionen) auszulösen sind. Und doch lassen sich beim Erwachsenen vom Gehör aus kaum andere Reflexe hervorrufen als beim Neugeborenen. Ebenso ist es ganz willkürlich, den Tastsinn in die 1. und den Gesichtssinn, mit dessen Hilfe sich schon bei Frühgeburten das Purkinjesche Phänomen nachweisen läßt, in die 2. Gruppe zu setzen. Der wichtige Lage- und Bewegungssinn ist überhaupt ganz ausgelassen. Es gibt eben keinen Maßstab, um die Arbeitsfähigkeit verschiedener Sinnesgebiete miteinander zu vergleichen.

Vor allem ist die Reifung der zur Hirnrinde führenden Bahnen für diese Frage ganz bedeutungslos, da die Reaktionen des Neugeborenen unabhängig vom Großhirn sind; treten sie doch in gleicher Weise schon bei großhirnlosen Mißgeburten auf. Die Schaltstelle, von der die Reaktionen vermittelt werden und auf deren Arbeitsfähigkeit es ankommt, befindet sich gar nicht in der Hirnrinde, sondern weiter peripher.

Warum bleibt die Markscheidenbildung des peripheren Abschnittes der Sinnesnerven unberücksichtigt? Wollte man danach die Arbeitsfähigkeit der Sinnesorgane beurteilen, so würde man zu einer ganz andern Reihenfolge kommen, als sie Stern aufgestellt hat. Nach A. Westphal ist nämlich beim Neugeborenen die Markscheidenentwicklung am weitesten zurück in den distalen Teilen des N. opticus, dessen Bündel in der Augenhöhle selbst noch völlig markscheidenlos sind. Am weitesten fortgeschritten ist dagegen die Entwicklung des Acusticus, also gerade des Nerven, von dem man es nach der Sternschen Reihenfolge am wenigsten erwarten sollte.

Aus alledem geht hervor, daß wir vorläufig nicht die Arbeitsfähigkeit eines Nerven auf Grund seines anatomischen Baues beurteilen können. Ganz unabhängig von dem Zustande der Markscheidenreifung zeigt vielmehr der physiologische Versuch, daß jeder Sinnesnerv des Neugeborenen bereits imstande ist, die Erregung zentralwärts zu leiten. Daß auch schon markscheidenlose Nervenfasern diese Fähigkeit besitzen, zeigt die Arbeitsfähigkeit des N. opticus beim Neugeborenen. Ebenso sind unreife Früchte mit markscheidenlosem Nervensystem für Sinnesreize empfänglich (vgl. S. 85). Dadurch wird die vielfach als selbstverständlich hingestellte Annahme widerlegt, daß markscheidenlose Nervenfasern die Erregung noch nicht fortleiten könnten. Gegen diese Ansicht haben sich bereits Paneth, A. Westphal, C. und O. Vogt ausgesprochen.

In ihrem Verhalten gegenüber dem elektrischen Strom weisen die Nerven und Muskeln des Neugeborenen noch gewisse Besonderheiten auf. Der elektrische

Reiz stößt nämlich im Säuglingsalter auf eine geringere Empfindlichkeit als bei dem älteren Kinde, und zwar wächst diese schon beim Säugling mit zunehmendem Alter. Soltmann hatte bereits gefunden, daß die Muskeln neugeborener Tiere vom Nerven aus schwerer zu reizen sind, und C. Westphal, der entsprechende Versuche am menschlichen Neugeborenen ausführte, konnte selbst mit starken galvanischen oder faradischen Strömen vom Nerven oder Muskel aus nur ganz schwache Kontraktionen hervorrufen. Woizechowski und Narbutt bestätigten die Angaben Westphals.

Die sensiblen Nerven des Neugeborenen verhalten sich dem elektrischen Strom gegenüber ebenso wie die motorischen. So bestimmte Czerny, wann die Kinder auf Öffnungsinduktionsströme zu reagieren beginnen, indem er die Stärke des primären Stromes maß; er fand, daß sich die Empfindlichkeit des Säuglings von der Neugeborenenzeit an allmählich vergrößert.

Das gleiche ergab sich bei der Bestimmung der Chronaxie, worunter eine Zeitkonstante verstanden wird, die die Dauer des zur Schwellenerregung gerade noch nötigen Stromstoßes angibt. Nach Banu, Bourgignon und Langier sind die Chronaxiewerte beim Neugeborenen um das $1^1/_2$—10 fache größer als beim Erwachsenen und fallen dann bis zum 6. Lebensmonat rasch, später langsamer zu den Werten des Erwachsenen herab.

An der geringen Empfindlichkeit der Nerven gegenüber dem elektrischen Strom ist also nicht zu zweifeln. Damit läßt sich aber von den Sinnesnerven des Säuglings ebensowenig wie von seinen Sinnesorganen sagen, daß ihre Erregbarkeit schon unter physiologischen Bedingungen eine andere ist als später.

Dagegen verschiebt sich im Laufe des ersten Lebensjahres allmählich der Einfluß der einzelnen Sinnesorgane auf das Verhalten des Säuglings. Soweit es sich nicht einfach um Abwehrreflexe handelt, ist es vor allem der Tastsinn des Mundes, der zunächst am häufigsten zu Reaktionen führt. Danach hat der Säugling ja seine Bezeichnung erhalten. Seine Körperstellung wird zunächst von den Proprioceptoren der Muskeln, zum Teil vielleicht auch vom Labyrinth und den Drucksinnesorganen der Haut mit Hilfe der beschriebenen Reflexe geregelt. Im Vergleich dazu ist der Einfluß der „höheren Sinne", des Auges und des Ohres, anfangs noch äußerst gering. Die fortschreitende Entwicklung kommt vor allem dem Einfluß dieser beiden Organe zu gute, während die andern dagegen zurücktreten. Die meisten Fortschritte, die das Kind macht, werden ihm überhaupt erst durch Auge und Ohr ermöglicht. Für den Lage- und Bewegungssinn entwickelt sich das Auge und in geringerem Maße das Ohr zum Sinnesorgan, während beide in der Neugeborenenzeit dafür kaum tätig sind.

Der Zweck der Reaktionen läßt sich in vielen Fällen mit großer Deutlichkeit erkennen: Der junge Säugling, der die Außenwelt noch nicht beeinflussen kann, paßt sich reflektorisch ihren Reizen an, indem er durch seine Reaktionen besser oder schlechter aufnahmefähig wird, je nachdem die Reize günstig oder schädlich sind. Mit Hilfe der Zuwendungsreaktionen kann er den Reiz leichter in sich aufnehmen. Hierher sind zu rechnen die Bewegungen des Kopfes und des Mundes auf seitliche Berührung, die zum Erfassen des berührenden Gegenstandes mit dem Munde führen, weiter der Saugreflex, das Hinwenden zum Licht und zum Schall, das Fixieren, das Öffnen der Augen beim Staunen. Dagegen wird der Reiz abgeschwächt z. B. durch das Zurückziehen des gestochenen Gliedes, den Lidschluß, die Pupillenverengerung, den Augenreflex auf den Hals bei Lichteinfall, das Verziehen des Gesichtes und den Speichelfluß nach der Eingabe schlecht schmeckender Stoffe.

III. Höhere Gehirnleistungen.

1. Erziehung.

Da der Säugling zunächst noch nicht einsichtig zu handeln vermag, besteht seine Erziehung darin, daß bei ihm bedingte Reflexe ausgebildet werden. Diese sind schon frühe vorhanden, wie schließlich die einfache Beobachtung eines jeden Säuglings ergibt; doch haben uns erst die wichtigen Untersuchungen Krasnogorskis, die von den deutschen Kinderpsychologen bisher ganz unbeachtet blieben, näher damit bekannt gemacht.

Krasnogorski zeigte nämlich, daß die bedingten Reflexe, wie sie in den groß angelegten Tierversuchen Pawlows aufgefunden wurden, in grundsätzlich gleicher Weise beim Säugling auszubilden sind. Am einfachsten werden sie nach Pawlow beim Tier in folgender Weise hervorgerufen: Der Ausführungsgang der Speicheldrüse wird nach außen vernäht, so daß das Abtropfen des Speichels genau verfolgt werden kann. Jedesmal wenn das Tier Futter erhält, wird Speichel abgesondert, ein Vorgang, den Pawlow als unbedingten Reflex bezeichnet. Nun wird die Fütterung stets mit einem Sinnesreiz verbunden, z. B. wird jedesmal eine Glocke angeschlagen. Die Folge davon ist, daß schließlich der Glockenton allein, auch ohne Fütterung, genügt, um einen vermehrten Speichelfluß hervorzurufen. Dieser Grundversuch läßt sich vielfach verändern, indem man z. B. von mehreren einander ähnlichen Reizen nur einen bestimmten mit der Fütterung verbindet und nun feststellt, ob das Tier diesen Reiz von den andern zu unterscheiden vermag, oder indem man zeitliche Zusammenhänge zwischen Reiz und Fütterung einführt usw. In seiner Gesamtheit gewährt das Verfahren einen tiefen Einblick in die Hirntätigkeit des Tieres, wie er auf anderem Wege kaum zu gewinnen wäre. Die bedingten Reflexe unterscheiden sich von den einfachen Reflexen dadurch, daß bei ihnen der Reiz vom zentripetalen auf den zentrifugalen Weg durch höher gelegene Zentren des Nervensystems übertragen wird, und zwar ist nach Pawlows Versuchen die Hirnrinde selbst als Vermittler anzusehen.

Um die bedingten Reflexe beim Kinde nachzuweisen, mußte das beschriebene Verfahren Pawlows etwas verändert werden. Krasnogorski benutzte als Reaktion des Kindes einen Bewegungsreflex, nämlich das Öffnen des Mundes bei älteren Kindern und die Saugbewegungen beim Säugling. Vor kurzem gab er ein Verfahren an, den Speichelfluß unmittelbar mit Hilfe eines kleinen Auffanggerätes zu verfolgen, das sich über der Mündung des Ausführungsganges in der Wangenschleimhaut festsaugt.

Vorläufig ist es wohl am aussichtsvollsten, die Ausscheidung des Speichels zu verfolgen; entsprechende Versuche über den Magensaft stammen von Bogen, der ein $3^1/_2$jähriges Kind mit Magenfistel untersuchte, und von Nothmann, der im Säuglingsalter den Magensaft einfach durch Aushebern gewann. So ließ sich feststellen, daß nicht nur die Zufuhr von Nahrung, sondern auch eine Scheinfütterung, wie sie das Lutschen an einem Gummisauger darstellt, reflektorisch vom Munde aus zu einer vermehrten Absonderung von Magensaft führt.

Schon bei Neugeborenen wurde dieser Reflex nachgewiesen. Für einen Säugling von 9 Monaten reichte bereits der Anblick seiner Nahrung aus, um die Magendrüsen in Tätigkeit zu versetzen; dagegen reagiert der jüngere Säugling noch nicht in dieser Weise.

Wie Krasnogorski zeigte, bilden sich die bedingten Reflexe beim Kind in kurzer Zeit. Bei gesunden Kindern genügt es schon, den Reiz 2—10 mal mit der Öffnung des Mundes zusammenfallen zu lassen, damit der gleiche Reiz auch schon allein ein Öffnen des Mundes hervorruft. Die bedingten Reflexe bleiben beim Kinde lange bestehen, können aber jederzeit rasch zum Erlöschen und Neuauftreten gebracht werden. In den ersten Lebensmonaten werden überhaupt noch keine bedingten Zusammenhänge gebildet, wieder ein Zeichen dafür, daß die Hirnrinde in dieser Zeit noch nicht arbeitsfähig ist.

In der 2. Hälfte des 1. Lebensjahres lassen sich die bedingten Reflexe von allen aufnehmenden Oberflächen aus (Auge, Ohr, Nase, Haut) hervorrufen, wenn auch zunächst noch langsamer als im späteren Leben. Vom 2. Lebensjahre an sind die bedingten Reflexe voll entwickelt; nur wenn das Kind erkrankt oder schwachsinnig ist, wird ihre Bildung erschwert oder ganz unmöglich.

Bedingte Spurreflexe, bei denen nicht die Reize selbst, sondern ihre Spuren in einem festen zeitlichen Zusammenhang mit der Speichelabsonderung stehen, hat Krasnogorski im 1. Lebensjahr noch nicht gefunden, doch wurden sie später von Leonow im 5. Lebensmonat nachgewiesen.

Mit Hilfe der bedingten Reflexe hat Krasnogorski das Unterscheidungsvermögen des Kindes eingehend untersucht: Schlecht voneinander unterschieden werden verschiedene Töne, dagegen konnte das Kind bereits im 1. Lebensjahr Formen und Bewegungen von Gegenständen unterscheiden; ebenso werden bestimmte Gerüche von Säuglingen im 7.—8. Monat unterschieden. Wenn mechanische oder thermische Reize auf verschiedene Hautstellen einwirkten, so wurde eine Unterscheidung gegen Ende des 1. Lebensjahres möglich.

In ähnlicher Weise hat Watson in diesem Alter bedingte Affekte erzeugen können, indem er unangenehme Schreckreize mit anderen Reizen verband, die an und für sich gleichgültig waren. Es dauerte nicht lange, bis das Kind auch die gleichgültigen Reize mit lebhaften Schreckreaktionen beantwortete, selbst wenn sie ohne den eigentlichen Schreckreiz wirkten.

Daß nur ganz bestimmte Reize die bedingten Reflexe hervorrufen, während ähnliche erfolglos bleiben, ist auf eine innere Hemmung zurückzuführen, die sich allmählich ausbildet. Ebenso wie im Tierversuch läßt sich gegen Ende des 1. Lebensjahres eine bedingte Hemmung zustande bringen, indem ein zweiter Reiz einige Male mit dem bedingten Reiz zusammenwirkt, ohne daß daraufhin gefüttert wird (Krasnogorski). Diese bedingte Hemmung kann zum Ausgangspunkte weiterer Hemmungen in der Hirnrinde werden, indem sie, wie Pawlow zeigte, zum Schlafe des Versuchstieres führt. Das gleiche Verhalten fanden Krasnogorski und Leonow beim Kinde.

Die bedingten Reflexe spielen unter physiologischen und pathologischen Bedingungen eine große Rolle im Leben des Kindes, auch schon im Säuglingsalter; bilden sie doch ein wichtiges Hilfsmittel für die ersten Erziehungsversuche (Czerny). Soll das Kind z. B. an die regelmäßige Entleerung von Stuhl und Harn gewöhnt werden, so wird es während des Abhaltens an bestimmte Laute gewöhnt, mit denen es später selbst die Stuhl- und Harnentleerung zu bezeichnen pflegt. Auf diese Weise wird ein bedingter Reflex ausgebildet, so daß das Kind auf die entsprechenden Laute hin Stuhl und Harn entleert. Manchen Müttern gelingt schon bei Säuglingen von 4—5 Monaten ein regelmäßiges Abhalten, nachdem sie sich allerdings vorher sehr viel Mühe gegeben haben. Es ist dieselbe Zeit, zu der sich nach Krasnogorski die ersten bedingten Reflexe auslösen lassen. Wenn der bedingte Entleerungsreflex verloren geht oder nicht genügend ausgebildet ist, so ist das Kind unsauber; die Erziehung hat dann die Aufgabe, das Kind an Sauberkeit zu gewöhnen, indem sie einen neuen bedingten Reflex schafft.

Ähnlich werden Gegenstände und Handlungen, die dem Kinde verboten sind, mit bestimmten Worten belegt, und es genügt schließlich das Aussprechen des Wortes, um das verbotene Vorhaben des Kindes zu unterdrücken, ihm also die ersten Hemmungen anzuerziehen.

Bei neuropathischen Kindern können sich mancherlei pathologische Bedingungsreflexe bilden (Czerny, Ibrahim), wodurch verschiedene Krankheitsbilder zustande kommen. Es handelt sich um Reaktionen des Nervensystems, die bestehen bleiben, wenn der ursprünglich auslösende Reiz nicht mehr vorhanden ist. Hierher zu rechnen ist ein lange fortdauernder Keuchhusten, andere Formen des Reizhustens, Augenlidkrampf und respiratorische Affektkrämpfe. Ich beobachtete z. B. ein Kind von mehreren Jahren, das an Pavor nocturnus litt: Jede Nacht erwachte es um die gleiche Zeit unter lautem Schreien. Zum ersten Male war das Kind dadurch geweckt und erschreckt worden, daß Wasser aus einer undicht gewordenen Leitung im oberen Stockwerk auf sein Bett getropft war. Von dieser Nacht traten die Schreianfälle regelmäßig um dieselbe Zeit ein.

Ibrahim betonte bereits, daß der pathologische Bedingungsreflex rasch entsteht und nur schwer wieder zu beseitigen ist. Er bildet sich immer nur auf der Grundlage eines minderwertigen Nervensystems.

Die ersten Kunststücke, die das Kind erlernt, bestehen in nichts anderem als in bedingten Reflexen. Am Ende des ersten Lebensjahres kann es auf Wunsch nach Nase, Ohren und Augen deuten, die Hand geben, durch Erheben der Arme zeigen, wie groß es ist, usw. Ihm ist natürlich nicht klar, was die Worte im einzelnen bedeuten; die Kunststücke sind vielmehr für das Kind zunächst genau so sinnlos wie die meisten Dressurkunststücke des Tieres für dieses Tier selbst. Während aber das Tier auf der gleichen Stufe stehen bleibt, gewinnt das Kind im Laufe seiner Entwicklung allmählich ein besseres Verständnis für seine eigenen Leistungen.

Ebenso werden die ersten sinnvollen Worte des Kindes als bedingte Reflexe erworben, indem immer bestimmte Gegenstände, Personen oder Handlungen mit Worten belegt werden. Dabei geht das Wortverständnis der Fähigkeit, selbst sinnvolle Worte auszusprechen voraus. Der Zeitpunkt, an dem dies zum ersten Male gelingt, schwankt bei verschiedenen Kindern sehr; er liegt nach einer Zusammenstellung von Stern zwischen dem 9. und 16. Monat. Im allgemeinen kann man ihn wohl gegen Ende des ersten Lebensjahres ansetzen.

Gerade hier zeigt es sich, wie sehr das Zustandekommen neuer Fähigkeiten von der Anleitung abhängig ist, die das Kind von seiner Umgebung erhält. Wird die vorhandene Lernfähigkeit nicht ausgenutzt, so werden auch keine Fortschritte gemacht. Wie sehr überhaupt alle höheren geistigen Fähigkeiten zurückbleiben, wenn es an der nötigen Anregung fehlt, beweist der berühmte Fall Kaspar Hauser. Es handelte sich dabei um einen Knaben, der etwa bis zu seinem 16. Lebensjahr von verbrecherischer Hand in einem Kellerloch aufgezogen wurde, ohne einen Menschen zu sehen. Als er schließlich zum Vorschein gekommen war, konnte er nicht einmal gehen und nur einige für ihn sinnlose Worte stammeln. Er stand kaum auf der geistigen Entwicklungsstufe eines Kindes von einem Jahr. Dabei entwickelten sich seine Fähigkeiten sehr rasch, als er in eine bessere Umgebung versetzt war. So wird es an Kaspar Hauser recht deutlich, wie wenig das erworbene Können mit den vorhandenen Anlagen übereinzustimmen braucht. Gewiß kommen solche Ausnahmeverhältnisse für gewöhnlich nicht in Betracht; aber auch sonst wachsen die Kinder in den verschiedensten Umgebungen heran, wodurch zum mindesten der Zeitpunkt, an dem neue Fähigkeiten zum ersten Male erscheinen, stark beeinflußt wird.

Die Anregungen z. B., die der Säugling in der geschlossenen Anstalt oder zu Hause in der Familie empfängt, unterscheiden sich recht wesentlich voneinander. Oft bildet er in der Familie, sobald er erwacht, den Mittelpunkt, um den sich alles dreht. In der Anstalt dagegen ist er nur einer von vielen; hier besteht deshalb die Gefahr, daß er nicht in der gleichen Weise angeregt wird wie zu Hause. Meistens sind die Pflegerinnen durch ihren Dienst so sehr in Anspruch genommen, daß sie keine Zeit haben, mit jedem einzelnen Kinde immer wieder zu scherzen, ihm Neues zu zeigen oder ihm seine Wünsche zu erfüllen, wie es die Mutter zu Hause tut. Infolgedessen entwickeln sich die geistigen Fähigkeiten des Säuglings in der Anstalt langsamer als zu Hause (Eriksson, H. Müller). Ein derartiger Mangel wird sich desto weniger geltend machen, je geringer die Zahl der Säuglinge ist, die von der gleichen Pflegerin versorgt werden, und je besser diese auf deren Einzelwünsche einzugehen versteht.

Körperliche und geistige Entwicklung stehen miteinander in engem Zusammenhang und beeinflussen sich gegenseitig. Jeder gesunde Säugling verlangt nach Anregungen; wenn seinem Wunsche ungenügend Rechnung getragen wird, kann schließlich seine körperliche Entwicklung leiden. Schon Parrot hat betont, daß manche Mißerfolge in der Ernährung von Anstaltskindern darauf zurückzuführen sind. Czerny, Pfaundler, Feer u. a. haben ihm zugestimmt. Dort, wo die Pflege zu schematisch gehandhabt wird, wo über dem körperlichen Wohl das geistige vernachlässigt wird, kommt es zu einer „psychischen Inanition“, die die Ernährungserfolge beeinträchtigt.

Aus dem Vorstehenden geht hervor, wie hoch wir den Einfluß der Erziehung auf das geistige Wachstum des Kindes einschätzen, und doch erscheinen uns für die Leistungsfähigkeit im späteren Leben die angeborenen Anlagen wichtiger als die Erziehung. Dieser Satz wird von mancher Seite, zumal von pädagogischer, bestritten; man ist vielmehr der Ansicht, durch Erziehung im Kindesalter die Leistungen des späteren Erwachsenen bestimmen zu können. Indessen kann die Erziehung nur die vorhandenen Anlagen entwickeln, aber durchaus keine neuen Anlagen schaffen, ebensowenig wie sie dem Farbenblinden eine Farbenempfindlichkeit zu geben vermag. Daß der neugeborene Mensch nicht die Anlagen zu allen möglichen geistigen und körperlichen Fähigkeiten besitzt, geht aus den Ergebnissen der Erblichkeitslehre hervor.

Ein schwachsinniges Kind kann durch keine Erziehung, die an sich natürlich durchaus notwendig ist, vollwertig gemacht werden. Hier liegt der Fall besonders klar. Man versuche doch nur einmal ein unmusikalisches Kind zu einem guten Musiker zu erziehen oder aus einem schlechten Mathematiker einen guten zu machen.

Gewiß kann durch die Erziehung viel genutzt oder geschadet werden; nur daß sie letzten Endes ausschlaggebend sein soll, kann nicht anerkannt werden.

2. Intelligenz.

Erziehung und Intelligenz sind nahe miteinander verbunden; denn je größer die Lernfähigkeit ist, desto höher steht auch die Fähigkeit, einsichtig zu handeln. So sind die klügsten Tiere am leichtesten abzurichten. Umgekehrt lassen sich bei schwachsinnigen Kindern keine bedingten Reflexe ausbilden, was ihre Erziehung sehr erschwert.

Die Intelligenz junger Kinder zu prüfen, ist eine undankbare Aufgabe. Gewiß liegen viele zufällige Beobachtungen schon aus dem Säuglingsalter vor, aus denen die Intelligenz der Kinder hervorgehen soll; sie besitzen aber für unsere Frage nur geringen Wert. Es kann uns nichts nützen, wenn wir z. B. hören, daß einmal ein Kind von $^1/_2$ Jahr mit seinen Füßen die Flasche so gehalten hat, daß es bequem trinken konnte (Lindner). Alle anderen Kinder trinken nicht in dieser Weise und sind auch nicht dazu zu bringen. Wir brauchen deshalb eine Versuchsanordnung, die sich mehr oder weniger bei jedem Kinde anwenden läßt und uns damit von gelegentlichen Beobachtungen frei macht.

Eine solche Intelligenzprüfung stößt allerdings auf erhebliche Schwierigkeiten. Läßt sich doch die Notwendigkeit nicht umgehen, die Untersuchung zur bestimmten Zeit und an einem bestimmten Ort vorzunehmen, ohne Rücksicht darauf, ob das Kind damit einverstanden ist. In der Regel kennt das Kind den Versuchsleiter nicht und lehnt alle Fremden von vornherein ab. Ein solches Verhalten kann noch nicht als Zeichen verminderter Intelligenz angesehen werden; meistens ist es, wenn es in ausgeprägtem Maße vorhanden ist, nur der Ausdruck einer unzweckmäßigen Erziehung. Infolgedessen wird aber häufig genug jeder Versuch einer Intelligenzprüfung mit Schreien beantwortet, ohne daß sich das Kind überhaupt ernstlich um die Aufgabe bemühte. Der gute Wille, der bei jeder Intelligenzprüfung vorausgesetzt werden muß, ist oft nicht vorhanden. Ebenso werden ängstliche, eingeschüchterte Kinder leichter versagen, wenn sie nicht gleich beim ersten Male zum Ziele kommen. Weiter wird der Versuch dadurch beträchtlich erschwert, daß die Aufmerksamkeit des Kindes desto schlechter zu fesseln ist, je jünger es ist. Ihm wird eine länger dauernde Beschäftigung mit dem gleichen Gegenstande bald langweilig. Setzt man aber seine Bemühungen trotzdem fort, so wird es unruhig und fängt schließlich an zu schreien und macht so jeden weiteren Versuch unmöglich. Dadurch, daß die Aufmerksamkeit des Säuglings so rasch wechselt, kommt es leicht vor, daß ein Versuch beim erstenmal richtig gelöst wird, während der gleiche Versuch beim nächsten Male mißlingt und umgekehrt. So wird es dann schwer oder unmöglich zu entscheiden, ob das Kind seine Aufgabe nur zufällig richtig gelöst oder ob es wirklich einsichtsvoll gehandelt hat.

Alle diese Schwierigkeiten erklären es zur Genüge, warum so selten die Intelligenz des Säuglings untersucht wurde, während bereits eine umfangreiche Literatur über die Intelligenzprüfungen des älteren Kindes vorliegt. Da der

Säugling noch nichts sprechen kann, so scheiden alle Verfahren aus, die beim älteren Kinde gebräuchlich sind. Man befindet sich vielmehr dem Säugling gegenüber in der gleichen Lage wie gegenüber dem Tier, und es empfiehlt sich deshalb, ebenso vorzugehen wie in der Tierpsychologie, wo die gleichen Schwierigkeiten zu überwinden sind. Vor allem kommen die Situationsaufgaben in Betracht, wie sie W. Köhler in seinen bekannten Schimpansenversuchen angewandt hat. Sie wurden bereits von Peiser und Bühler auf das Säuglings- und Kleinkindesalter übertragen.

Das Vorgehen gestaltet sich dabei folgendermaßen: Ein Gegenstand, den der Prüfling gerne haben möchte, wird in seine Nähe gebracht, doch so, daß er ihn nicht unmittelbar ergreifen kann. Dazu ist vielmehr irgendein Umweg nötig, der durch die Gesamtlage klar gegeben ist. Es fragt sich nun, ob der Prüfling imstande ist, diesen Umweg zu erkennen und zu benutzen, um sich in den Besitz des begehrten Gegenstandes zu setzen.

Die geringsten Anforderungen an die Intelligenz stellt, wie ich fand, der nachstehende „Schnullerversuch". Er ist allerdings nur an einer bestimmten Gruppe von Säuglingen auszuführen, nämlich an solchen, die an den Schnuller gewöhnt sind und ihn sich selber in den Mund stecken können. Andere Kinder zu diesem Versuch heranzuziehen, ist zwecklos. Gibt man aber einem solchen Säugling den Schnuller falsch in die Hand, so daß zunächst das offene Ende in den Mund gesteckt wird, so bemerkt der Säugling auf der Stelle, daß etwas nicht in Ordnung ist. Er zieht den Schnuller wieder heraus, ergreift ihn wohl auch mit der anderen Hand, dreht ihn hin und her und schließlich herum, bis das richtige Ende im Munde steckt. Dann hört er mit seinen Bemühungen auf. Der ganze Vorgang dauert zumeist kaum $^1/_2$ Minute. Ich fand, daß Säuglinge manchmal schon vom 5.—6. Monat an zu dieser Leistung imstande waren. Der Versuch läßt sich etwas verändern, indem man den Schnuller durch eine kleine Klammer in der Mitte rechtwinklig biegt oder 2 Schnuller ineinander gesteckt dem Kinde in die Hand gibt. Auch so wird das Kind sofort unruhig, nimmt den Schnuller wieder heraus und sucht ihn, diesmal allerdings vergeblich, in die richtige Lage zu bringen. Man hat den Eindruck, als ob das Kind bemerkt hat, daß irgend etwas nicht stimmt; denn den richtigen Schnuller läßt es ruhig im Munde.

Gewiß läßt sich darüber streiten, ob der angeführte Versuch wirklich eine Intelligenzprüfung darstellt. Was im Bewußtsein des Kindes vor sich geht, ob es wirklich die Absicht hat, den Schnuller umzudrehen, läßt sich nicht mit Bestimmtheit sagen. Um die ersten Zeichen der erwachenden Intelligenz festzustellen, kann der Versuch aber gar nicht einfach genug gestaltet werden. Ein gewisses, allerdings recht geringes Maß von einsichtigem Handeln scheint mir doch notwendig zu sein, um die Aufgabe richtig zu lösen.

Etwa zu der gleichen Zeit (5. Monat) wie der „Schnullerversuch" wird der „Tuchversuch" richtig gelöst. Dabei liegt das Kind in Rückenlage in seinem Bette; während man nun mit ihm spricht, wird ihm plötzlich ein leichtes, aber undurchsichtiges Tuch über das Gesicht gebreitet. Natürlich will das Kind das Tuch entfernen, um die Person wieder zu sehen, die noch eben mit ihm gesprochen hat und jetzt auch weiter mit ihm spricht. Die Aufgabe gilt als gelöst, wenn das Tuch von dem Kinde mit der Hand ergriffen und zurückgezogen wird. Kopfbewegungen reichen nicht aus, wenn das Tuch groß genug gewählt wurde.

Die Freude des Kindes, wenn es sich befreit hat, ist gar nicht zu verkennen. Sie spricht dafür, daß mit der Handlung ein bestimmtes Ziel verfolgt wurde. Schwachsinnige oder rachitische Kinder sind nicht imstande diese Aufgabe zu lösen; bei ihnen fehlt überhaupt der Wunsch, sich mit jemand anderem zu unterhalten.

Die nachstehende Probe, die schon eine etwas höhere Intelligenz erfordert, hat Peiser angegeben: Während das Kind aufrecht im Bette sitzt, wird ihm ein begehrenswerter Gegenstand so nahe auf die Bettdecke gelegt, daß es ihn bequem erreichen kann. Dann wird das Ziel allmählich weiter entfernt, so daß es schließlich außer Reichweite auf dem Bette liegt. Wird das Kind nun daran verhindert, hinzukriechen, so muß es an der Bettdecke ziehen, bis es das Ziel selbst ergreifen kann. Richtige Lösungen sind schon im Beginn des 4. Vierteljahres möglich.

Wieder kann man in diesem wie in dem nachstehenden Versuch darüber im Zweifel sein, wieweit dem Kinde bei seiner Aufgabe der Zufall zu Hilfe kommt; denn es greift in der Richtung nach dem begehrten Gegenstand ohne Rücksicht und wohl ohne Kenntnis, ob er ihm erreichbar ist oder nicht. Dabei bekommt es das Tuch zwischen die Hände und zieht es nun mit dem Gegenstand zu sich heran. Es liegt eben im Wesen dieser einfachsten Intelligenzproben, daß sie am leichtesten durch Zufall gelöst werden können. Beobachtet man aber, wie das Kind, während es auf das Ziel blickt, nach der Decke greift, so wird man doch geneigt, ihm einsichtiges Handeln zuzuschreiben.

Eine andere Probe von Peiser und Bühler ist den entsprechenden Tierversuchen Köhlers nachgebildet: Das Ziel ist an eine Schnur gebunden und befindet sich außer Reichweite, während die Schnur geradewegs auf das Kind zuläuft. Das Kind muß also die Schnur ergreifen und an sich ziehen, um das Ziel zu gewinnen. Bühler beobachtete ein Kind, das am Ende des 10. Monats die Aufgabe regelmäßig und richtig löste. Ein so früher Zeitpunkt entspricht aber nicht den durchschnittlichen Leistungen. Von den Kindern, die ich am Ende ihres ersten Lebensjahres untersuchte, löste nur ein Teil die Aufgabe richtig, andere waren dazu noch nicht imstande.

Der Versuch läßt sich noch verwickelter gestalten, indem man eine zweite Schnur ohne Ziel verwendet, die gleichfalls in Reichweite des Kindes liegt und mehr oder weniger nahe an das Ziel heranführt; das Kind darf dabei nur mit einer Hand greifen. Einjährige Kinder lösten die Aufgabe nur selten, am leichtesten noch, wenn die beiden Schnüre wie in Abb. 21 B verliefen.

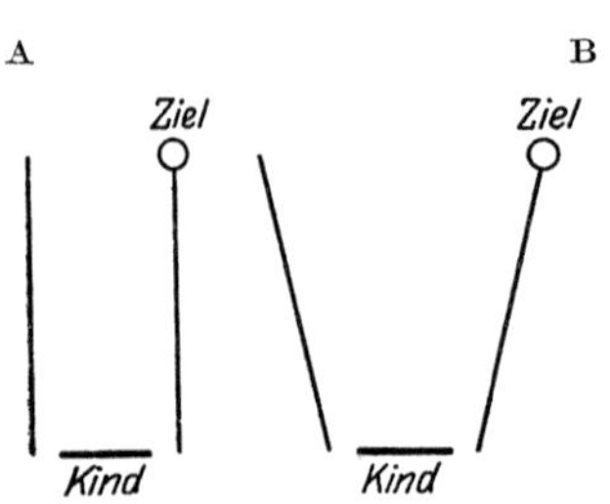

Abb. 21. Greifversuch.

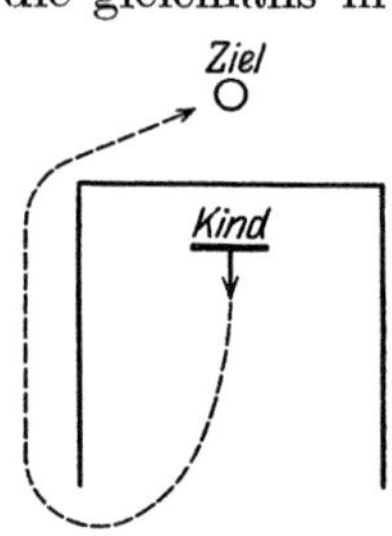

Abb. 22. Umwegversuch.

Bühler schaltete zwischen Kind und Ziel eine Glasplatte, um zu sehen, ob das Kind um die Platte herumgreifen würde; es erfolgten aber im 10. Monat nur Zufallslösungen. Ähnlich erging es mir, als ich bei einjährigen Kindern den Versuch machte, einen Ring von einem senkrecht stehenden Stock abnehmen zu lassen. Die Kinder mühten sich lange Zeit vergeblich, und wenn sie schließlich einmal die Aufgabe lösten, so verdankten sie es dem Zufall und nicht ihrer Einsicht.

Der von Köhler stammende „Umwegversuch“ wird in folgender Weise angestellt: Das Kind befindet sich in einem Laufrahmen, dessen hintere Wand fehlt. Das Ziel liegt auf der anderen Seite der Vorderwand. Um es zu erreichen muß das Kind um ein Seitenstück des Rahmens herumlaufen, sich also zunächst von dem Ziel entfernen (vgl. Abb. 22). Köhler sah ein Kind von $1^3/_{12}$ Jahren und Peiser eins von $1^6/_{12}$ Jahren die Aufgabe richtig lösen. Ich selbst beobachtete 2 mal am Ende des ersten Lebensjahres richtige Lösungen bei Kindern, die gerade erst das Laufen gelernt hatten. Die Mehrzahl der Kinder dieses Alters war dazu allerdings nicht imstande.

Die Fähigkeit, ein Werkzeug zu gebrauchen, also etwa mit einem Stock das gewünschte Ziel heranzuholen, ist im Säuglingsalter noch nicht vorhanden. Tracy berichtet von einem Knaben, der im Alter von 14 Monaten eine Wäscheklammer als Rechen benutzte, um sich ein entfallenes Spielzeug heranzuholen. Meist erregt der Gegenstand, der von dem Versuchsleiter als Werkzeug gedacht wurde, so sehr die Aufmerksamkeit des Säuglings, daß er mit ihm spielt und darüber das ursprüngliche Ziel vergißt. Zwei verschiedene Dinge auf diese Weise miteinander in Beziehung zu setzen, übersteigt noch sein Können. Ebensowenig gelang es mir, beim Säugling bedingte Reflexe mit Hilfe des Zweikastenverfahrens auszubilden, bei dem das Kind nach bestimmten Merkmalen einen von zwei Kasten zu wählen hat; seine Aufmerksamkeit war im ersten Lebensjahr nicht lange genug zu fesseln.

Die vorliegenden Mitteilungen über die ersten Gedankenverbindungen des Säuglings sind so wenig ertragreich, daß sie hier ganz übergangen werden sollen. Aus einer Zusammenstellung bei Tracy geht hervor, daß man sie bald mit 14 Tagen, bald mit 10 Monaten zum ersten Male gesehen haben will. Die individuellen Verschiedenheiten, die von Tracy zur Erklärung angenommen werden, dürften nicht so sehr in der Natur des Kindes, als in der des Beobachters begründet sein.

Aus den mitgeteilten Beobachtungen ergibt sich also, daß in den ersten fünf Monaten noch keine bedingten Reflexe und keine Intelligenzleistungen vorhanden sind. Bedingte Zusammenhänge lassen sich zum ersten Male um die Halbjahrswende (oder etwas früher) ausbilden, und um die gleiche Zeit treten die ersten Intelligenzleistungen (Schnullerversuch, Tuchversuch) auf. Im letzten Vierteljahr werden weitere Situationsaufgaben gelöst, allerdings noch keineswegs regelmäßig (an eine Schnur gebundenes Ziel, Umwegversuch). Die Fähigkeit, das Ziel mit einem Werkzeug zu erreichen, ist im Säuglingsalter noch nicht vorhanden.

Die erwachende Intelligenz spiegelt sich im Mienenspiel wieder. Über den Ausdruck guter und schlechter Stimmung wurde bereits an anderer Stelle (siehe S. 6) gesprochen. Die Aufmerksamkeit wird vom Säugling zunächst durch Mundspitzen ausgedrückt (Preyer), vielleicht, weil ihm der Mund noch das wichtigste Hilfsmittel ist, fremde Gegenstände zu prüfen. Der gleiche Gesichtsausdruck kann später noch, selbst beim Erwachsenen, die Aufmerksamkeit ausdrücken, doch pflegt der ältere Säugling, ebenso wie der Erwachsene, wenn er etwas genau beobachtet, Mund und Augen zu öffnen (s. Abb. 18). Erstaunen tritt ein, wenn die Aufmerksamkeit plötzlich und unerwartet geweckt wird. Das Kind unterbricht seine Beschäftigung, wird auf einmal bewegungslos und betrachtet den Gegenstand seines Staunens mit offenem Mund und offenen

Augen. Gleich darauf verzieht es sein Gesicht. Der nächste Augenblick entscheidet, ob es anfängt zu weinen oder zu lachen.

In der Ruhe hat der Neugeborene zunächst ein völlig ausdrucksloses Gesicht; die festen Züge, die das Gesicht eines jeden Erwachsenen mehr oder weniger kennzeichnen, bilden sich nämlich erst durch geistige oder körperliche Arbeit, Sorge usw. im Laufe des Lebens heraus. Das Mienenspiel, das auf äußeren oder inneren Anlaß häufig eintritt, hinterläßt schließlich im Laufe der Jahre dauernde Spuren. Zunächst kann der Säugling nur seinen angenehmen oder unangenehmen Sinnesempfindungen Ausdruck geben. Später werden die angenehmen oder unangenehmen Vorstellungen von dem gleichen Mienenspiel begleitet (Krukenberg), eine Entwicklung, die sich schon gegen Ende des ersten Lebensjahres anbahnt.

Daß sich die geschlechtlichen Unterschiede schon im Gesichtsausdruck des einzelnen Säuglings erkennen lassen, ist mir ganz unwahrscheinlich. Ich habe niemals gesehen, daß jemand imstande gewesen wäre, männliche und weibliche Säuglinge nur nach ihren Gesichtern voneinander zu unterscheiden.

Die Gebärde des Erwachsenen für das Bejahen und Verneinen, nämlich das Nicken und Schütteln des Kopfes, sollen in ihrer Entstehung auf das Säuglingsalter zurückgehen (Darwin). Das erste, was der Säugling ablehnen kann, ist seine Nahrung. Er weist sie zurück, indem er den Kopf zur Seite wendet. In andern Fällen wird der Kopf zurückgeworfen und der Mund fest geschlossen, Bewegungen, die später gleichfalls zur Verneinung dienen können.

Bei den Gebärden des Bejahens und Verneinens ist schwer zu unterscheiden, wie weit sie vererbt oder anerzogen sind. Sie treten zu einer Zeit auf, in der das Kind bereits seine Umgebung beobachtet, nämlich im zweiten Lebensjahr.

Wir verdanken Soltmann eine eingehende Darstellung des Mienenspiels kranker Kinder. An dieser Stelle erinnern wir nur an den leeren stumpfen Gesichtsausdruck bei Meningitis, die Depression oder Exzitation bei Toxikose und den Ausdruck der Angst bei Kehlkopfverengerung.

3. Gedächtnis.

Der einfachste Ausdruck eines Gedächtnisses liegt vor, wenn der Ablauf einer Reaktion durch eine vorangegangene Reaktion beeinflußt wird. Damit dieser Vorgang zustande kommt, muß von der ersten Reaktion eine Spur hinterlassen werden, die bei dem Eintritt der zweiten Reaktion noch vorhanden ist. Faßt man den Begriff des Gedächtnisses so weit, — und ich glaube, wir sind dazu berechtigt, — so ergibt sich, daß der Neugeborene und sogar schon das ungeborene Kind ein Gedächtnis besitzt.

Dies ist mit Hilfe der oben beschriebenen Schreckreaktion nachzuweisen. Auf plötzlichen starken Sinnesreiz beliebiger Art fährt der Säugling zusammen, wenn er sich vorher ruhig verhalten hatte. Wiederholt sich aber der Reiz mehrere Male kurz hintereinander, so wird die Reaktion immer schwächer und verschwindet schließlich ganz. Die Reaktionsfähigkeit ist durch die Spuren der vorangegangenen Reize vermindert worden und endlich erloschen. Der gleiche Vorgang läßt sich, wie ich gefunden habe, schon beim ungeborenen Kinde nachweisen, wenn man es mit sehr starkem Schallreiz (Kraftwagenhupe) untersucht. So muß die einfachste Form des Gedächtnisses schon dieser frühen Entwicklungsstufe zugeschrieben werden.

Allerdings haften die Spuren nicht lange. Genaue Messungen liegen zwar nicht vor, doch schätze ich, daß es nur Minuten dauert, bis die Reaktionsfähigkeit wieder hergestellt ist.

Diese Veränderungen der Reizbarkeit dürften zentral bedingt sein. Gewiß können sie in manchen Fällen auch von peripheren Vorgängen abhängen, am deutlichsten bei der Adaptation an Hell und Dunkel, doch spricht die Tatsache, daß ein Erschrecken von jedem Sinnesorgan aus hervorzurufen ist, für eine zentrale Auslösung.

Weitergehende Gedächtnisleistungen lassen sich zuerst von dem Geschmackssinn aus nachweisen. Wir haben bereits erwähnt, daß sich nicht selten ein Kind weigert, eine neue Nahrung zu nehmen, die einen anderen Geschmack besitzt. Vor allem ist es manchmal schwierig, an Stelle der gebräuchlichen Kuhmilchmischungen die weniger süße Frauenmilch (aus der Flasche) zu geben. Setzt man die Bemühungen längere Zeit fort, so gewöhnt sich das Kind an die weniger süße Nahrung. Es ist also bereits für den Unterschied empfindlich, wenn auch vielleicht nur in der Weise, daß die weniger süße Nahrung keine oder ungenügende Saugbewegungen auslöst, daß also einfach die Reizschwelle gestiegen ist. Die wiederholt von anderer Seite geäußerte Annahme, daß das Kind Vergleiche mit der sonst gewohnten Nahrung ziehe, erscheint mir nicht notwendig. Ich glaube im Gegenteil, daß man sich die ersten Leistungen gar nicht einfach genug vorstellen kann.

Derartige „Geschmackserinnerungen" kommen bereits im ersten Lebensmonat vor.

Ähnlich beschreibt Kroh einen Säugling von 14 Tagen, der von einer eingeübten Bewegung eine Spur zurückbehielt, die sich noch nach vier Stunden geltend machte. Das Kind wurde von der Brust abgesetzt. Es trank nun gut aus einer Flasche mit weitem Sauger, schlecht dagegen an der Brust und aus einer Flasche mit engem Sauger. Diese Störung fiel aber fort, wenn dem Brusttrinken eine Flasche mit engem Sauger voranging.

Auf einen derartigen Vorgang geht die bekannte Tatsache zurück, daß Säuglinge, die mit Zwiemilchernährung behandelt werden, sich leicht ganz von der Brust absetzen und nur noch aus der Flasche trinken, was für sie eine wesentlich geringere Arbeit bedeutet.

Die nächst höhere Stufe des Gedächtnisses, das Wiedererkennen von Personen und Gegenständen, wird erst wesentlich später erreicht. Es ist natürlich recht schwer zu sagen, ob ein Säugling wirklich seine Mutter wiedererkennt, wenn er ihr zulächelt. Eine größere Wahrscheinlichkeit besteht schon, wenn er sich allen fremden Menschen gegenüber mehr oder weniger abweisend verhält. Dabei braucht es durchaus nicht das Gesicht zu sein, das dem Kinde vertraut oder fremd ist. Die Kopfhaube, Kleiderfarbe usw. kann ebenso gut, vielleicht sogar noch besser, den Unterschied hervorrufen. Die Fähigkeit, fremde und bekannte Menschen voneinander zu unterscheiden, wird im allgemeinen während des dritten Monats erreicht.

Die Aufmerksamkeit des künstlich genährten Säuglings richtet sich natürlich ganz besonders auf seine Milchflasche. Sie wird gleichfalls im 3. Monat zum ersten Male erkannt, wie daraus hervorgeht, daß der schreiende Säugling sich schon bei ihrem Anblick beruhigt.

Wohl der stärkste Eindruck, den überhaupt der Säugling erhalten kann, ist ein völliger Wechsel seiner Umgebung, wie ihn z. B. die Aufnahme in eine Klinik mit sich bringt. Es ist gar keine Frage, daß die meisten Kinder, wenn sie auch nur einige Monate alt sind, diesen Wechsel aufs Deutlichste empfinden. Sie zeigen ihre Unzufriedenheit durch lang dauerndes Schreien, für das sonst kein greifbarer Grund vorliegt. Vor allem sind die verwöhnten Kinder, die zu Hause ständig herumgeschleppt wurden, sobald sie schrieen, mit der neuen Ordnung nicht einverstanden. Wenn aber ihr Geschrei keinen Erfolg hat, so gewöhnen sie sich rasch an die neue Lebensweise. Im allgemeinen dauert es höchstens 2—3 Tage, beim alten Säugling kaum länger als beim jungen, bis sie sich eingewöhnt haben. Im 3.—4 Vierteljahr sind die Säuglinge oft schon imstande, ihre Angehörigen wiederzuerkennen, wenn sie einige Tage, manchmal auch schon einige Wochen von ihnen getrennt in der Klinik gelegen haben.

Bekanntlich nimmt die Freudsche Lehre beim Neugeborenen ein Gedächtnis an, das imstande ist, sich die Geburtseindrücke dauernd zu bewahren. Die Untersuchung des Säuglings selber ergibt keinerlei Anhaltspunkte für solche Gedächtniskraft. Wir haben im Gegenteil oben gezeigt, daß das Gedächtnis des Neugeborenen, — im weitesten Sinne gefaßt, — die Eindrücke nur minutenlang zu bewahren vermag.

IV. Physiologische Veränderungen der Reizbarkeit.

Die Reizbarkeit des Säuglings in einem gegebenen Augenblick ist das Ergebnis verschiedener Einflüsse, die nur zum Teil näher bekannt sind. Im Laufe eines Tages wechselt sie wiederholt: Sie steigert sich im Hunger und sie sinkt im Schlafe.

1. Hunger.

Im Hunger zeigt sich der Säugling erregbarer als nach der Nahrungsaufnahme, nach der er meistens bald einschläft. Schon die Spontanbewegungen des hungernden Säuglings erfolgen kräftiger und häufiger; er gerät leicht in schlechte Stimmung und wirft sich unruhig hin und her, wenn sich die Stunde seiner Mahlzeit nähert oder gar ohne Mahlzeit verstrichen ist. Reflexe, die mit der Nahrungsaufnahme verbunden sind, erweisen sich als deutlich gesteigert. So sind der Saugreflex und der Hinwendungsreflex von Kopf und Lippen, wie sie oben (S. 31) näher beschrieben wurden, im Hunger leichter auszulösen. Im Alter von einigen Monaten genügt bereits der Anblick der Flasche, um Mundöffnen oder Schreien auszulösen. Der Saugreflex ist sehr lebhaft und tritt schon in Tätigkeit, ehe der Gummisauger richtig im Munde steckt. Wenn das Kind satt ist, ruft der gleiche Reiz gar keine oder nur geringere Saugbewegungen mehr hervor, es wird zufrieden und schläfrig. Anklänge an das Benehmen des hungernden Säuglings finden sich übrigens noch beim Erwachsenen.

Möglicherweise ist nicht nur der Saugreflex, sondern ganz allgemein die Reflexerregbarkeit im Hunger gesteigert, doch fehlt es bisher an näheren Untersuchungen darüber. Jedenfalls fand Zybell, daß die elektrische Erregbarkeit der peripheren motorischen Nerven in Zusammenhang mit der Nahrungsaufnahme während des Tages periodisch an- und abschwoll. Nach den Versuchen von Wolowik schließlich (s. S. 30) wird die Schmerzempfindlichkeit gegenüber dem elektrischen Strom durch die Nahrungsaufnahme gehemmt.

Aus alledem geht hervor, daß sich der Säugling im Hunger sehr zweckmäßig benimmt. Er „meldet sich", wenn die Zeit der Nahrungsaufnahme gekommen ist und macht so seine Umgebung auf sich aufmerksam. Sobald die mütterliche Brustwarze sein Gesicht berührt, wendet er sich ihr zu, erfaßt sie mit dem Munde und beginnt gierig an ihr zu saugen. Wenn er gesättigt ist, sinkt seine Reflexerregbarkeit, und er gibt die Brustwarze frei. Dabei kann er an der Brust, — also unter naturgemäßen Bedingungen, — gefahrlos selbst seine Trinkmengen bestimmen, wenn nur überhaupt Muttermilch genug vorhanden ist.

Nicht bei jedem hungernden Säugling ist der Saugreflex gesteigert. Frühgeburten, deren allgemeine Reflexerregbarkeit gering ist, sind nur schwer zur Nahrungsaufnahme zu bewegen und müssen oft mit der Sonde gefüttert werden. Weiter machen Krankheiten, unter denen das Allgemeinbefinden leidet, den Säugling zur Nahrungsaufnahme ebenso unlustig wie den Erwachsenen. Besonders schwer zu pflegen sind Neuropathen, wenn sie sich selbst nach länger dauerndem Hunger hartnäckig weigern, eine ungewohnte Nahrung zu sich zu nehmen oder unter ungewohnten äußeren Bedingungen zu trinken.

Im Magen des Erwachsenen treten während des Hungers Kontraktionen auf, wie Cannon und Washburn, Carlson und Taylor feststellten, indem sie Gummiblasen in den Magen einführten. Mit diesem Verfahren, das schon im Säuglingsalter anzuwenden ist, ließ sich zeigen, daß die Hungerkontraktionen desto stärker sind, je jünger das Kind ist; die kräftigsten Kontraktionen wurden bei Frühgeburten gefunden. Nahrungsaufnahme hemmt sie vorübergehend; im gefüllten Magen treten sie aber bald von neuem auf. Bei älteren Säuglingen verringern sie sich schon auf den Anblick der Nahrung hin. Sie können in völliger Ruhe des Kindes erscheinen, bilden also an sich noch keinen Grund zum Schreien. Besonders deutlich werden sie bei Pylorospasmus (Carlson und Ginsburg, Taylor), wo sie bekanntlich schon durch die Bauchdecken hindurch sichtbar sind, ohne daß Schmerzen geäußert werden. Natürlich ist der Hunger dem Säugling unangenehm, doch bilden die Magenkontraktionen selbst nicht die Ursache seiner Unlust.

Der Hunger ist wahrscheinlich keine einheitlich entstehende Empfindung, sondern aus mehreren Organempfindungen zusammengesetzt, die im Bewußtsein des gesunden Erwachsenen als Hunger empfunden werden (L. R. Müller). Die Begleiterscheinungen, nämlich der Speichelfluß und die Magenkontraktionen, sollen vom Paläencephalon ausgelöst werden, wenn das Blut an abbaufähigen Stoffen verarmt.

L. R. Müller und seine Schüler haben nachgewiesen, daß die Durstempfindung von Kontraktionen der Speiseröhre begleitet wird, und nehmen einen ursächlichen Zusammenhang zwischen beiden Erscheinungen an. Entsprechende Versuche am Säugling liegen bisher nicht vor. Da er seine Nahrung in flüssiger Form erhält, werden bei ihm meistens Hunger und Durst gemeinsam auftreten.

2. Schlaf.

Nur in wenigen Punkten unterscheidet sich der Schlaf des Säuglings von dem des Erwachsenen. Der schlafende Säugling ist gleichfalls durch äußere Reize aller Art schwerer zu erregen, er bewegt sich nicht mehr; seine Lider sind geschlossen, seine Augäpfel nach innen oder oben gerichtet, seine Pupillen verengert, seine Atmung verlangsamt und vertieft, seine Reaktionszeit verlängert.

Czerny untersuchte den Verlauf der Schlaftiefe im Säuglingsalter, indem er die Stärke der elektrischen Ströme maß, die gerade zum Wecken ausreichte. Er fand, daß gesunde Säuglinge in den ersten Lebenswochen drei Stunden lang hintereinander schliefen. Ältere Säuglinge hatten dagegen schon eine etwas längere Schlafdauer. Während eines solchen Zeitabschnittes stieg die Schlaffestigkeit zunächst rasch an und sank dann wieder in den nächsten Stunden langsam herab bis zum Erwachen. Bei älteren Kindern und Erwachsenen zeigt dagegen die Schlaftiefe in der etwa achtstündigen Schlafzeit zwei Gipfelpunkte: Den ersten höheren bald nach dem Einschlafen, den zweiten geringeren in den frühen Morgenstunden. In diesem Verlauf erblickt Czerny einen Beweis dafür, daß sich der Schlaf des Erwachsenen eigentlich aus zwei Abschnitten zusammensetzt, wie sie im Säuglingsalter noch einzeln vorkommen.

Die wichtigsten Begleiterscheinungen des Schlafes sind also schon im Säuglingsalter vorhanden. Abweichend ist jedoch die Haltung, die der schlafende Säugling einnimmt. Sie wurde bereits oben (s. S. 49) beschrieben, und es wurde bei dieser Gelegenheit darauf hingewiesen, daß es sich eigentlich nicht so sehr um einen Schlaf- wie um eine Ruhehaltung handelt, die auch sonst in der Ruhe bevorzugt wird. Zwar erschlaffen im allgemeinen die Muskeln des Schlafenden im Säuglingsalter ebenso wie beim Erwachsenen. Dadurch werden aber nicht tonische Erregungszustände ausgeschlossen; so setzt, wie Ebbeke hervorhebt, der Lidschluß im Schlafe nicht nur eine Entspannung des Augenlides voraus, sondern auch eine dauernde Orbiculariskontraktion. Ähnlich ist die Schlafhaltung des Säuglings auf eine tonische Erregung der Armmuskulatur zurückzuführen.

Einen weiteren wichtigen Unterschied im Vergleich zum Erwachsenen bildet die Schlafdauer des Säuglings. Pfaundler veranschlagt sie auf 20—16 Stunden, während er für das Kleinkind 16—12 und für das ältere 11—9 Stunden angibt. Natürlich ist die Schlafdauer des einzelnen Kindes in hohem Maße von seinem Gesundheitzustande, dem Vorhandensein oder Fehlen von Reizen, sowie von seinen Gewohnheiten abhängig.

Der Erwachsene macht im Laufe von 24 Stunden im allgemeinen nur einen Wechsel zwischen Schlaf und Wachen durch: Er ruht während der Nacht und ist am Tage in Tätigkeit. Szymanski hat diesen Rhythmus, der sich in gleicher Weise bei vielen Augentieren findet, als monophasisch bezeichnet und demgegenüber von einem polyphasischen Rhythmus gesprochen, wenn sich der Wechsel mehrfach am gleichen Tage vollzieht. Polyphasisch verhält sich neben vielen Tieren auch der menschliche Säugling, wie schon Szymanski hervorhob. Wenn die Säuglinge keine regelmäßigen Mahlzeiten erhielten, sondern erst angelegt wurden, nachdem sie schon mindestens 15 Minuten lang geschrieen hatten, so zeigten sie durchschnittlich 5—6 Aktivitäts- und Ruheperioden, die sich ziemlich gleichmäßig über 24 Stunden verteilten. Zusammengerechnet hatten die Kinder 10 Aktivitäts- und 14 Ruhestunden. Es muß indessen berücksichtigt werden, daß in diesen Versuchen keine physiologischen Verhältnisse mehr vorliegen, wie schon aus der viel zu langen Aktivitätszeit hervorgeht. Man läßt eben die Kinder nicht $^1/_4$ Stunde lang ununterbrochen schreien, sondern kümmert sich schon eher um sie. Als Zweckmäßigstes hat es sich bewährt, den Kindern fünfmal in vierstündigen Pausen die Nahrung zu geben und sie in der Nacht 8 Stunden lang ununterbrochen schlafen zu lassen. Selbst junge Kinder gewöhnen sich an diesen Rhythmus, trotzdem er infolge der größeren nächtlichen Pause etwas unregelmäßig verläuft, so daß sie in der Zwischenzeit durchschlafen.

Je jünger der Säugling ist, desto kürzer sind die Zeiten, die er im Wachen zubringt. So sind die frühgeborenen Kinder nur schwer aus ihrem Schlafe zu erwecken, und sie schlafen wieder ein, sobald man sie sich selbst überläßt. Dadurch wird aber keineswegs ausgeschlossen, daß sie von selbst aufwachen, sich kräftig bewegen und laut schreien. Die Fähigkeit wach zu sein, besteht also schon lange vor der Geburt des reifen Kindes. Selbst dem ungeborenen Kinde ist ein Wechsel zwischen Wachen und Schlafen zuzuschreiben, wenn man davon ausgeht, daß ihm kräftige aktive Bewegungen ebenso nur im Wachzustande möglich sind, wie dem frühgeborenen und ausgetragenen neugeborenen Kinde. Betrachtet man nämlich den Leib einer schwangeren Mutter, die bewegungslos auf dem Rücken liegt, so bemerkt man gar nicht selten heftige Bewegungen des Kindes, für die ein äußerer Anlaß nicht zu erkennen ist. Sie können so stark sein, daß sie die Mutter aus ihrem Schlafe erwecken. Außerdem läßt sich durch starke Schallreize gleichfalls eine länger dauernde Bewegungsunruhe des Kindes hervorrufen, wie ich oben (s. S. 23) beschrieben habe. Das Kind ist also vor seiner Geburt genau so aus dem Schlafe zu erwecken wie später.

Bernfeld will in dem Schlaf des Neugeborenen eine Rückkehr in den fetalen Zustand erblicken. Dem gegenüber muß festgestellt werden, daß das ungeborene Kind bereits zu wachen imstande ist. Daß die Frucht überhaupt eine Entwicklungsstufe durchläuft, in der sie nur schläft, ist ganz unbewiesen. Ebensowenig ist die Schlafhaltung des Säuglings, wie noch vielfach angegeben wird, eine Erinnerung an den Zustand vor der Geburt; denn der Druck der Gebärmutter zwingt die Kinder einen möglichst kleinen Raum einzunehmen, so daß sie in eine ganz andere Haltung geraten (vgl. die Abbildungen v. Bumm in seinem bekannten Grundriß zum Studium der Geburtshilfe).

Die Frage, warum das Schlafbedürfnis des Säuglings so unverhältnismäßig groß ist, läßt sich bis heute nicht befriedigend beantworten. Ist doch stammesgeschichtlich, gerade umgekehrt zu der Entwicklung des einzelnen Menschen, das Schlafbedürfnis um so geringer, je unentwickelter das Nervensystem ist. Die Annahme Preyers und Canestrinis, die das große Schlafbedürfnis des Säuglings auf die einseitige Milchernährung zurückführen, ist nicht zu halten. Sie ist leicht durch die Tatsache zu widerlegen, daß ein Säugling, der etwa nur Mehl erhält, deshalb nicht weniger schläft. Weiter haben Preyer, Bühler und Koffka die Soltmannschen Tierversuche zur Erklärung herangezogen, nach denen die Muskelzuckungskurve des neugeborenen Tieres sich ebenso verhält wie die des erwachsenen, ermüdeten Tieres. Da es sich aber bei dem Schlafe um einen zentralen und nicht um einen peripheren Vorgang handelt, können die Versuche am isolierten Tiermuskel nicht „unbedenklich“ (Koffka) auf das Zentralnervensystem des menschlichen Neugeborenen übertragen werden.

Economo führt die nervösen und psychischen Erscheinungen des Schlafes auf ein eigenes „Schlafsteuerungszentrum“ zurück, dessen Sitz er auf Grund anatomisch-pathologischer Untersuchungen im Übergangsteil des Zwischen- und Mittelhirns vermutet. Von dort aus soll das Bewußtsein im Großhirn ausgelöscht, die Erregungsleitung zum Zwischenhirn gesperrt und der Einfluß auf die vegetativen Zentren des Zwischenhirns ausgeübt werden. Diese Stelle müßte also schon beim Neugeborenen arbeitsfähig sein.

Damit stimmen die Befunde überein, die an großhirnlosen Mißgeburten erhoben wurden. Allerdings hat der Fall von Edinger und Fischer ständig geschlafen, so daß er zu jeder Nahrungsaufnahme geweckt werden mußte. Dagegen zeigte schon das von Heubner beschriebene Kind einen deutlichen spontanen Wechsel zwischen Schlafen und Wachen. Ebenso verhielt sich der Fall Gampers, über den nähere Angaben vorliegen. Dieses Kind, ein „Mittelhirnwesen", wurde im spontanen Schlafe bewegungslos. Dabei traten seine Augen in Schlafstellung. Sein Blutdruck verminderte sich und seine Erregbarkeit gegenüber äußeren Reizen sank. Alle wichtigen Erscheinungen, die den Hirnschlaf ausmachen, waren demnach bei ihm vorhanden und können auf das Schlafsteuerungszentrum Economos bezogen werden.

3. Immobilisation.

Bei vielen Tieren gibt es neben dem Schlafe noch einen zweiten Zustand der Bewegungslosigkeit, für den die Bezeichnungen tierische Hypnose (Mangold), Immobilisationsreflex (R. W. Hoffmann), Katalepsie u. a. gebräuchlich sind. Merkwürdigerweise sind ähnliche Zustände des Säuglings- und Kleinkindesalters hiermit bisher nicht in Zusammenhang gebracht worden.

Nach Mangold, dem wir eine eingehende Darstellung dieser Dinge verdanken, lassen sich Affen, Meerschweinchen, Frösche, Krebse, Heuschrecken usw. künstlich in einen vorübergehenden Zustand der Bewegungslosigkeit versetzen, der in einer Hemmung der Zentren für Ortsbewegung und Lageverbesserung besteht und häufig mit Veränderungen des Muskeltonus, der Reflexerregbarkeit und der Sinnestätigkeit verbunden ist. Als Unterschiede gegenüber der menschlichen Hypnose sind zu nennen: das Fehlen einer Suggestion als Ursache, das Fehlen eines Rapportverhältnisses mit dem Hypnotiseur und das Fehlen einer tieferen Einschläferung. Es mag zweifelhaft erscheinen, ob es zweckmäßig ist, überhaupt von einer tierischen „Hypnose" zu sprechen, wir werden deshalb lieber mit Hoffmann den Zustand als Immobilisation bezeichnen.

Eines der Hauptkennzeichen der tierischen Immobilisation ist die plötzliche Bewegungslosigkeit des vorher sehr beweglichen Tieres, die auf äußeren Reiz hin eintritt. So besteht der Hypnoseapparat von Mangold und Eckstein in einer Vorrichtung, mit deren Hilfe die Tiere plötzlich auf den Rücken zu drehen sind. Es gelingt nun durch einen ähnlichen Reiz, einen schreienden Säugling zu beruhigen, nämlich durch das allbekannte Wiegen. Das Kind beruhigt sich stets, wenn man es wagerecht hin und her wiegt, es in einer Wiege oder wie in einer Wiege schaukelt oder es auf und nieder bewegt, und zwar scheint das letzte Verfahren am raschesten einzuschläfern. Unterstützend kann auch das Wiegenlied wirken, das aus einer mehr oder weniger eintönigen Melodie zu bestehen pflegt. Die Bewegungsunruhe des Kindes verschwindet dabei rasch; es hört auf zu schreien und schläft schließlich ein.

Der Säugling wird also nicht plötzlich, sondern allmählich eingeschläfert, aber auch dafür gibt es Beispiele aus dem Gebiet der tierischen Immobilisation. So berichtet Fabre (nach Mangold), daß man Vögel (Puter) einschläfern kann, wenn man ihnen den Kopf unter die Flügel steckt und sie in dieser Stellung hin und her wiegt. Setzt man sie nun vorsichtig auf die Erde, so bleiben sie bewegungslos liegen. Es dürfte kaum möglich sein, einen wesentlichen Unterschied zwischen dem auf diese Weise eingeschläferten Vogel und dem Säugling anzugeben.

Der Versuch, einen Säugling durch einen plötzlichen Reiz bewegungslos zu machen, wie es beim Tiere gebräuchlich ist, gelingt nicht zu jeder Zeit und nicht bei jedem Kinde. Man hält dazu das schreiende Kind so, daß die eine Hand des Untersuchers den Rücken, die andere Brust und Bauch bedeckt. Dreht man es nun plötzlich aus der Rückenlage über den Kopf in die Bauchlage, so hört es auf zu schreien, wird allerdings nicht völlig bewegungslos. Bei Kindern, die darauf reagieren, kann man den gleichen Versuch viele Male hintereinander ausführen. Es sei aber noch einmal betont, daß sich nur ein Teil der Kinder so beeinflussen läßt. Ein ähnlicher Handgriff wird in der Säuglingspflege vielfach benutzt: Legt man einen schreienden Säugling auf den Bauch, so beruhigt er sich in der Regel nach kurzer Zeit. Empfehlenswert für die Säuglingspflege ist dieses Verfahren allerdings nicht, da schwache Kinder, die ihren Kopf noch nicht heben können, leicht in Erstickungsgefahr geraten.

Ein zweites, gleichfalls nicht ganz ungefährliches Verfahren, schreiende Säuglinge zu beruhigen, besteht darin, daß man ihr Gesicht mit einem Tuch bedeckt. Ob in diesem Falle das Ausschalten anderer Reize wirksam ist oder das Einführen des neuen Reizes, bleibe dahingestellt; jedenfalls gelingt es auf diesem Wege fast stets, das Schreien zu unterbrechen.

Wieder ein anderes Verfahren, das allerdings nicht bei jedem Kinde erfolgreich ist, besteht in kurzen, kräftigen Anrufen. Es dürfte sich um eine Schreckwirkung handeln, wie sie von Preyer für das Zustandekommen der tierischen Immobilisation in den Vordergrund gestellt wurde.

Weiter ist die Flexibilitas cerea hier zu stellen, die sich allerdings noch nicht im Säuglingsalter, sondern etwas später, nämlich beim Kleinkinde findet (Epstein, Thiemich, Lesage, E. Hermann): Bringt man einen Körperteil des Kindes in eine ungewöhnliche Stellung, hebt man ihm z. B. den einen Arm hoch, so verharrt das Glied lange Zeit in dieser Stellung, ohne daß Ermüdungserscheinungen eintreten. Ob es sich um einen physiologischen oder krankhaften Vorgang handelt, ist wohl noch nicht entschieden. Wir fanden jedenfalls die Erscheinung hauptsächlich bei Kindern, die auch sonst einen stumpfen Eindruck machten, z. B. bei cerebraler Rachitis. Es dürfte sich um eine Übergangsform zwischen der menschlichen Hypnose und der tierischen Immobilisation handeln, da ein Rapportverhältnis zwischen Kind und Untersucher zum mindesten angedeutet ist.

Im übrigen zeigen wohl die angeführten Beispiele, daß wir berechtigt sind, von einer Immobilisation bei dem menschlichen Säugling zu reden. Für ihr Zustandekommen ist, wie aus den Tierversuchen hervorgeht, eine Tätigkeit des Großhirns nicht erforderlich. Konnte doch z. B. Szymanski ein Kaninchen, dem er das Großhirn entfernt hatte, in gewohnter Weise immobilisieren.

V. Reizbarkeit besonderer Entwicklungsstufen.

1. Neugeborene (Geburtstrauma).

Zu den eingreifendsten Ereignissen im menschlichen Leben gehört die Geburt. Während das Kind im Mutterleib von den Einwirkungen der Außenwelt fast abgeschlossen ist, keine Nahrung aufzunehmen braucht und keinen Wärmeverlust auszugleichen hat, wird es plötzlich unter hohem Druck durch die engen Geburtswege gepreßt. Mit einem Male verändern sich Kreislauf, Atmung und Stoffwechsel. Ganz unvermittelt beginnt die Außenwelt auf das Kind einzuwirken.

Die Veränderungen, denen das Neugeborene unterliegt, lassen das Nervensystem nicht unberührt; doch stehen wir in der Frage, welche Erscheinungen als physiologisch und welche als pathologisch anzusehen sind, noch keineswegs auf sicherem Boden. Einigkeit herrscht eigentlich nur darüber, daß Blutungen, die sich in den Leichen Neugeborener oder bald nach der Geburt gestorbener Kinder finden, durch den Geburtsvorgang selbst hervorgerufen werden. In vielen Fällen sitzen sie im Gehirn und Rückenmark (Yllpö, Schwartz, Siegmund). Nach Schwartz werden 65% aller Neugeborenen während der Geburt an dem vorangehenden Teil traumatisch geschädigt. In der Schädelhöhle, können Blutungen in und unter die Hirnhäute, in die Ventrikel und in die Hirnsubstanz selbst erfolgen. Manchmal handelt es sich nur um kleine flohstichartige Blutungen, in anderen Fällen sind sie beträchtlich größer, ja sie können zur Einschmelzung großer Hirnteile führen. Bei Frühgeburten sind sie am häufigsten. Alle diese intrakraniellen Blutungen hängen nach Schwartz mit Blutkreislaufstörungen zusammen, die sich in dem ganzen Gebiet des Sinus longitudinalis oder der Vena magna Galeni abspielen; sie werden durch die Druckunterschiede hervorgerufen, die nach dem Blasensprung zwischen Uterusinhalt und äußerem Luftdruck entstehen. In ähnlicher Weise sind nach Berberich die Felsenbeinblutungen zu erklären, die Voß bei histologischen Untersuchungen Neugeborener fand.

Wird man bei diesen Befunden kaum im Zweifel sein, daß es sich um wirkliche Geburtstraumen handelt, so ist es doch bis heute nicht entschieden, wohin die zuerst von Virchow beschriebene Encephalitis interstitialis des Neugeborenen zu stellen ist. Sie besteht in der Anhäufung von Fettkörnchenzellen in der weißen Gehirnsubstanz neugeborener Kinder und junger Säuglinge. Die Ansicht der Pathologen über die Frage, ob es sich dabei um ein Geburtstrauma handelt, stehen sich noch heute ziemlich unvermittelt gegenüber (Schwartz, Siegmund, Gohrbandt, Wohlwill, Scheyer).

Es ist möglich, daß die Blutungen in das Nervensystem klinische Erscheinungen machen, und so werden darauf viele cerebrale Anomalien zurückgeführt, die im Laufe der weiteren Entwicklung erkennbar werden. Daneben gelten aber manche Erscheinungen beim Neugeborenen als Blutungsfolge. Zur Entscheidung fehlt uns leider ein sicherer Maßstab; denn es unterliegen ja alle Kinder dem Geburtstrauma, selbst die Kaiserschnittkinder sind nicht frei davon, besonders wenn die Operation erst nach dem Eintritt der Wehen ausgeführt wurde. Es ist deshalb unbekannt, wie sich die Neugeborenen verhalten würden, die gar keinem Geburtstrauma ausgesetzt waren.

Da das Zentralnervensystem des Neugeborenen in seinen proximalen Abschnitten zum großen Teil noch nicht arbeitsfähig ist, so müssen seine Verletzungen zu geringeren Ausfällen führen, als wenn sie später eingetreten wären. Berberich und Wiechers sowie Dollinger haben selbst zugegeben, daß es nicht möglich ist, aus den klinischen Erscheinungen beim Neugeborenen auf den Sitz oder die Größe der Hirnblutungen zu schließen. Diese Tatsache zeigt, auf welch unsicheren Füßen noch die ganzen Deutungsversuche stehen. Eine weitere Schwierigkeit ergibt sich daraus, daß die noch unvollkommene Tätigkeit des Gehirns nicht mit Sicherheit von den Ausfällen zu unterscheiden ist, die durch die geburtstraumatischen Verletzungen zustande kommen. Außerdem erlöschen die Reflexe bei sterbenden Kindern nicht gleichzeitig, sondern nacheinander. Wir haben diese Schwierigkeiten bereits (S. 37) besprochen. Keinesfalls ist es möglich, jede abweichende Erscheinung am Neugeborenen als geburtstraumatisch bedingt anzusehen. Daß geburtstraumatische Hirnblutungen spurlos verschwinden können, geht aus dem Verhalten der Netzhautblutungen hervor. Die Netzhaut ist entwicklungsgeschichtlich ein Hirnteil; aber obwohl sie so häufig durch die Geburt geschädigt wird (vgl. S. 11), ist sie später wieder ganz arbeitsfähig.

Nach Seitz führen die intrakraniellen Blutungen beim Neugeborenen zum Hirndruck und seinen Folgen: Der Blutdruck wird erhöht, der Puls verlangsamt, die Atmung vertieft, verlangsamt, aussetzend, manchmal dagegen rasch und oberflächlich; die Reflexe und die Sensibilität sind gesteigert, oft treten Bewußtlosigkeit, Krämpfe vom Charakter der Rindenkrämpfe und spastische Lähmungen auf; daneben werden noch als örtliche Symptome Nystagmus, Mydriasis, Miosis, Strabismus, Trismus, Facialislähmung, Hemiplegie und Paraplegie beobachtet. Die Kinder werden unruhig, schreien viel, wollen nicht trinken und haben keinen Saugreflex mehr. Ihr Hirndruck allerdings ist bisher nicht unmittelbar bestimmt worden.

Zurückhaltender ist Yllpö. Er kennt neben den asphyktischen Anfällen, die auch aus anderen Anlässen entstehen könnten, nur zwei ziemlich beständige Zeichen des Geburtstraumas: Das Unvermögen zu schlucken und das Hampelmannphänomen, das aus einem blitzartigen Hochheben von Armen und Beinen auf Beklopfen des Brustbeins besteht. Es soll bei Neugeborenen mit Blutungen in den ersten Lebenstagen besonders deutlich sein und später abflauen. Bei wiederholtem Klopfen verringert sich allmählich die Erregbarkeit. Yllpö läßt es dahingestellt, welche Beziehungen dieses Phänomen mit dem von Moro beschriebenen Umklammerungsreflex habe; nach meiner Ansicht handelt es sich genau um den gleichen Vorgang, nämlich um die ausführlich (S. 4) beschriebene Schreckreaktion des Säuglings. Da Isbert und ich sie stets bei schlafenden Neugeborenen fanden, erscheint mir ein Zusammenhang mit dem Geburtstrauma recht unwahrscheinlich.

Als Folge eines Geburtstraumas ist dagegen wohl der Spontannystagmus der Neugeborenen aufzufassen, der bereits oben (S. 18) beschrieben wurde. Ebenso erklärt sich der Tremor dieser Kinder, der bei Auslösung des Umklammerungsreflexes auftritt: Die Arme und etwas schwächer auch die Beine geraten in einen grobschlägigen Tremor, der so lange anhält, wie sie sich bewegen. Er findet sich fast bei allen gesunden Neugeborenen, gleichgültig ob es sich um ausgetragene oder frühgeborene Kinder handelt, und verschwindet allmählich im Laufe der ersten Lebenswoche. Selbst Kaiserschnittkinder, die vor dem Eintritt der Wehen operiert wurden, weisen ihn auf. Ob aber der Spontannystagmus und der Tremor der Neugeborenen auf Hirnblutungen zurückgehen oder ob es sich um anders entstehende Reaktionen des kindlichen Nervensystems auf den Geburtsvorgang handelt, ist noch ganz unbekannt. Die verringerte Reaktionsfähigkeit des Labyrinthes Neugeborener wurde auf S. 38 besprochen.

Noch viele andere Erscheinungen am Neugeborenen werden als Geburtstrauma gedeutet. Fischer, Berberich und Wiechers sowie Dollinger führen noch an: Schielen, Anfälle von Asphyxie und Cyanose, verfallenes Aussehen, Atrophie, Singultus, Gähnen, Aufschreien, Benommenheit und Neigung zu Untertemperaturen. Nach meiner Ansicht handelt es sich zum Teil um Begleiterscheinungen, wie sie jedesmal auftreten, wenn sich der Allgemeinzustand verschlechtert, zum Teil um physiologische Zustände (Gähnen, Singultus). Ebenso geht die athetotische Bewegungsform der Frühgeburten nicht auf ein Geburtstrauma zurück, sondern stellt einen physiologischen Vorgang dar. Die Frage des Babinskischen Phänomens wurde auf S. 33 besprochen.

Vielfach werden „Rinden"krämpfe der Neugeborenen als Folgen eines Geburtstraumas angesehen. Hat man sie doch geradezu als Beweis einer Rindentätigkeit angesehen. Ich habe bereits oben (S. 57) ausgeführt, warum eine Arbeitsfähigkeit der Hirnrinde beim Neugeborenen noch nicht in Frage kommt. Es dürfte sich hauptsächlich um die sog. terminalen Krämpfe handeln, die im Säuglingsalter häufig kurz vor dem Tode auftreten.

Als eine mildere Form von Krämpfen kann man die sog. „Stäupchen" auffassen, die bei Frühgeburten und jungen Säuglingen nicht selten sind (Zipperling). Es handelt sich dabei um kurz dauernde Zuckungen der Gesichtsmuskulatur während des Schlafes, die später restlos verschwinden. Zipperling nahm als auslösende Ursache Zirkulationsstörungen an, während sie von Yllpö und Dollinger auf Blutungen zurückgeführt werden.

Mit diesen pathologisch-anatomisch oder klinisch nachweisbaren Vorgängen ist aber die Frage des Geburtstraumas noch keineswegs erschöpft. Von Seiten der Psychoanalytiker (Freud, Garley, Rank, Ferenczi, Bernfeld u. a.) werden der Geburt vielmehr noch andere so schwer wiegende Folgen für später zugeschrieben, daß geradezu die Forderung [1] aufgestellt wurde, man solle ganz allgemein den Kaiserschnitt anwenden, um den Kindern die natürliche Geburt zu ersparen. Wer das verlangt, hätte doch wirklich allen Grund, greifbare Beweise für das Vorhandensein schwerster Geburtsschäden zu erbringen.

Nach Freud führt die Geburt zu einem psychischen Trauma. Zum ersten Male in seinem Leben werde das Kind, das bisher im Mutterleibe geborgen war, von Angst ergriffen, und dadurch werde die spätere Entwicklung so ungünstig beeinflußt, daß nun bei jedem Angstzustande die gleichen körperlichen Erscheinungen wie bei der Geburt einträten. Jeder Angstzustand wiederhole also psychisch und körperlich die Geburt. Vor allem sollen die Veränderungen in der Atmung und im Kreislauf, die sich während der Angst abspielen, denen entsprechen, die bei der Geburt auftreten. So sei denn die vielgestaltige Angst des Neurotikers letzten Endes in der Geburtsangst verankert; jede Lust strebe dagegen die intrauterine Urlust wiederherzustellen.

Mannigfache Erzeugnisse des Mythos und der Religion, der Kunst und der Philosophie werden auf diese Urangst zurückgeführt (Rank). Es bleibt der Zukunft überlassen, den richtigen Kern aus dem manchmal recht üppig wuchernden Beiwerk herauszulösen.

---

[1] Internat. Zeitschr. f. Psychoanalyse. Bd. 10, S. 138. 1924.

Die Grundfrage, ob denn der neugeborene Mensch überhaupt imstande ist, sich eine Erinnerung an die Geburt mit ihren unangenehmen Vorgängen zu bewahren, wird von Garley ohne weiteres bejaht. Wenn jemand z. B. von einem harmlosen Schlag zwischen die Schultern unangenehmer berührt wird, als man erwarten sollte, so sei daran eine Erinnerung an die Geburt schuld, bei der er ebenso geschlagen wurde, um die Atmung anzuregen. Die Richtigkeit dieser Annahme würde sich gar nicht schwer beweisen lassen; denn Kinder mit leichter und schwerer Geburt müßten sich danach im späteren Leben verschieden verhalten. Hier, wo die Psychoanalyse wirklich greifbare Beweise erbringen könnte, wurden bisher keine Untersuchungen angestellt. Mancher Säugling macht in seiner ersten Lebenszeit Ereignisse durch, die nicht weniger eingreifend sind als die Geburt, so z. B. eine Operation wegen eines Pylorospasmus oder eines eingeklemmten Bruches. Bei solchen Kindern müßten eigentlich die Affekte anders ablaufen; doch hat sich bisher niemand gefunden, der diesen Nachweis geführt hätte.

Überhaupt muß bezweifelt werden, daß sich das Nervensystem des Neugeborenen einen noch so starken Eindruck längere Zeit bewahren kann, da sein Großhirn noch nicht arbeitsfähig ist. Ein solch wunderbares Gedächtnis würde sich auch sonst nachweisen lassen; doch gibt die Beobachtung des Neugeborenen nicht den leisesten Anhalt dafür. Folgerichtig stützt sich Freud, der vorsichtiger und kritischer ist als seine Anhänger, auf die Lehre Lamarcks: Die Erfahrungen des Neugeborenen sollen auf dem Umwege über das Keimplasma die Nachkommenschaft beeinflussen. Die Vererbung besteht in dem Hinausschieben der geburtstraumatisch bedingten Unlusterledigungen auf die späteren Geschlechter. Ferenczi hat den Gedanken noch weiter durchgeführt: Er erblickt in der Geburt letzten Endes eine Erinnerung an die Zeit, da sich die Vorfahren aus Wassertieren zu Landtieren umbildeten.

Soweit in groben Umrissen die Lehre der Psychoanalyse auf diesem Gebiet. Ihre Gedankengänge sind kühn, oft überkühn. Woran es aber fehlt, das sind, wie Bernfeld selbst zugibt, nüchterne Beobachtungen am Säugling, nicht am Erwachsenen.

Es liegt nahe, die beiden Forschungsrichtungen, die in gleicher Weise die Frage des Geburtstraumas in Angriff genommen haben, miteinander zu vergleichen. Die pathologische Anatomie hat auf Grund mühsamer und ausgedehnter Einzeluntersuchungen eine Fülle von Tatsachen gefunden. Im Gegensatz dazu hat die Psychoanalyse ins einzelne gehende Forschungen am Säugling nicht angestellt, sondern sich mit dem Aufstellen von Theorien begnügt.

2. Unreife Früchte.

Das Verhalten unreifer Früchte wurde schon an verschiedenen anderen Stellen erwähnt. Es soll hier noch einmal kurz zusammengefaßt werden.

Nach Ansicht vieler Psychologen bildet die Hirntätigkeit des Menschen erst von seiner Geburt an den Gegenstand wissenschaftlicher Forschung. Indessen dürfen die vorangehenden 9 Monate, in denen sich ein wichtiger Teil der Entwicklung vollzieht, nicht unberücksichtigt bleiben. Läßt sich doch mit Hilfe verschiedener Verfahren ein gewisses, wenn auch vorläufig noch recht unvollkommenes Bild dieser Zeit gewinnen; sehr viel besser unterrichtet sind wir über die Physiologie der tierischen unreifen Früchte, vor allem durch die Arbeiten von Preyer.

Vorzeitige Entbindung durch Kaiserschnitt bietet manchmal die Möglichkeit, das Verhalten menschlicher Früchte zu beobachten. Die seltene Gelegenheit muß allerdings rasch ausgenützt werden, da die Früchte außerhalb des Mutterleibes nach ganz kurzer Zeit zugrunde gehen. Als erster hat Minkowski planmäßige Beobachtungen in dieser Richtung gesammelt.

Nach ihrer Herausnahme machen die Früchte Spontanbewegungen des Kopfes, Rumpfes und der Glieder, die sich in einem oder mehreren Gliedern zugleich oder nur in Teilen eines dieser Glieder abspielen.

Durch Berühren der Haut konnte Minkowski Bewegungen auslösen, die nicht nur den gereizten Körperteil ergriffen, sondern sich auf die ganze Körpermuskulatur ausbreiteten. Erst bei älteren Früchten pflegten sie sich mehr zu beschränken. Bei einer Frucht von 19 cm Länge war schon ein deutlicher Bauchdeckenreflex vorhanden. Berührung des noch geschlossenen Auges führte bei zwei Früchten von 16 und 21,5 cm zu einer Zusammenziehung des Schließmuskels, obwohl noch keine Lidspalte vorhanden war. Eine von mir untersuchte Frucht von 23 cm Länge, gleichfalls noch ohne Lidspalte, hatte noch keinen Augenreflex auf den Hals (dieser Reflex ist später auch bei geschlossenen Lidern auszulösen). Lichtempfindliche Pupillen fanden Magitot mit 5 Monaten, Bolaffio und Artom mit 7 Monaten.

Vom dritten Monat an sah Minkowski einen Saugreflex auf Berühren der Unterlippe und der Zunge, Bolaffio und Artom fanden ihn erst vom sechsten Monat an. Die von mir beobachtete Frucht von 23 cm Länge machte deutliche Saug- und Schluckbewegungen, als ich ihr etwas Flüssigkeit in den Mund brachte. Sie verzog aber nicht ihr Gesicht auf die Eingabe von Chinin. Nadelstiche riefen nur in der Gesichtsmuskulatur deutliche Kontraktionen hervor, am übrigen Körper blieben sie ganz ohne Erfolg.

Einen Hand-(Greif-)reflex fanden Minkowski mit 3—4 Monaten, Bolaffio und Artom mit 7 Monaten. Über das wechselvolle Verhalten des Babinskischen Phänomens wurde auf S. 33 berichtet.

Weiter wurden von Minkowski tonische Hals- und Labyrinthreflexe nachgewiesen, was ich für meinen Fall bestätigen kann. Die Labyrinthreflexe entsprachen dem Umklammerungsreflex. Ich konnte ihn mit großer Deutlichkeit durch eine Erschütterung des Kopfes hervorrufen. In einigen Fällen, bei denen Minkowski durch Reihenschnitte die Zentren der Reflexe bestimmte, waren die Rumpf-, Hals- und Gliederreflexe überwiegend spinaler Natur; sie blieben bestehen, wenn das Rückenmark vom verlängerten Mark abgetragen wurde. Dagegen waren die Labyrinthreflexe an das verlängerte Rückenmark gebunden und verschwanden deshalb erst nach einem Querschnitt zwischen Rückenmark und verlängertem Mark.

Nach Bolaffio und Artom sind die Großhirnrinde und die Pyramidenbahnen bis zum sechsten Monat elektrisch unerregbar, während Brücke, verlängertes Rückenmark und Rückenmark bereits reagieren.

Die Reize, die von der Peripherie her in das Rückenmark geleitet werden, treffen hier noch keine festen Leitungsbahnen, sondern strahlen mehr oder weniger nach allen Richtungen aus, so daß sehr verschiedene Reaktionen zustande kommen. Mit fortschreitender Entwicklung beschränken sich die

Reaktionen immer mehr auf die gereizten Körperteile und folgen bestimmten Leitungsgesetzen (Minkowski). Im Säuglingsalter ist diese Entwicklung noch keineswegs abgeschlossen, vielmehr schält sich erst allmählich die Einzelbewegung aus der allgemeinen Bewegungsunruhe heraus.

Nach Minkowski waren die Muskeln der Früchte durch mechanischen Reiz unmittelbar zu erregen. Es konnte sich dabei nicht um Reflexe handeln, da die Muskelkontraktionen nicht verschwanden, wenn das Rückenmark abgetrennt war.

Alle diese Bewegungen und Reaktionen gehen bei einem noch marklosen Nervensystem vor sich, dem also trotzdem schon eine gewisse allgemeine Leitungsfähigkeit zukommt.

Die lebensfähigen Frühgeburten, also Kinder mit einem Geburtsgewicht von mehr als etwa 1000 g, verhalten sich nur in wenigen Punkten anders als die ausgetragenen Kinder. Sie haben ein noch größeres Schlafbedürfnis, sind schwerer zu wecken und haben nach meinen Versuchen eine verlängerte Reaktionszeit. Athetotische Bewegungen, unsymmetrische tonische Halsreflexe und den Augenreflex auf den Hals fand ich bei ihnen häufiger als später. Natürlich entwickelt sich ihre ganze Hirntätigkeit in der Folgezeit wesentlich langsamer, doch holen sie schließlich den Vorsprung ihrer Altersgenossen ein.

Das ungeborene Kind wird nicht weniger reaktionsfähig sein als das gleichaltrige, das aus irgendeinem Grunde vorzeitig zur Welt kam. Vor dem Überstehen des Geburtstraumas wäre eher eine größere Reaktionsfähigkeit zu erwarten. Allerdings ist das Kind im Mutterleib von der Außenwelt so stark abgeschlossen, daß es nur unvollkommen beobachtet werden kann. Immerhin lassen sich kräftigere Bewegungen durch die mütterlichen Bauchdecken hindurch mit Deutlichkeit verfolgen.

Selbst wenn die Mutter sich längere Zeit hindurch ganz ruhig verhalten hat, treten gar nicht selten Bewegungen des Kindes auf. Wir haben bereits darauf hingewiesen, daß die Spontanbewegungen gegen die Annahme eines ständigen Schlafes vor der Geburt sprechen.

Reaktionen des ungeborenen Kindes auf äußeren Reiz sind nur unter bestimmten Bedingungen zu erhalten. Zwar kommt eine Reizung des Geruchs-, Geschmacks- und Gesichtssinnes von vorneherein nicht in Frage; doch besteht die Möglichkeit, die anderen Sinnesorgane auf dem einen oder anderen Wege zu reizen.

Wie ich gefunden habe, beantwortet das ungeborene Kind lauten, plötzlich einsetzenden Schallreiz mit deutlich erkennbaren Bewegungen, die von den Bewegungen und der Atmung der Mutter unabhängig sind. Es handelt sich um eine Schreckreaktion, wie aus ihrem Verschwinden nach wiederholter Reizung hervorgeht. Erst nach einer Pause stellt sich die Erregbarkeit des Kindes wieder her. Immerhin bleiben die Spuren der Reizung kurze Zeit haften, was als erster Beginn des Gedächtnisses aufgefaßt werden kann.

Eine Reizung des Lage- und Bewegungssinnes oder der Sinnesorgane der Haut ist mir nicht gelungen, obwohl man sie eigentlich für möglich halten sollte. Vor allem konnte ich nicht durch Druck oder Schlag sicher nachweisbare Bewegungen hervorrufen. Die von außen leicht zu erzeugende Kontraktion der Uterusmuskulatur führte ebensowenig zu einer Reaktion des Kindes. Bei der gebotenen Rücksichtnahme auf Mutter und Kind lassen sich diese Versuche allerdings nur in beschränktem Maße ausführen.

Atembewegungen finden sich schon bei künstlich gewonnenen Früchten von 18 cm Länge (Minkowski) und bei ungeborenen Kindern in den letzten Schwangerschaftswochen (Ahlfeld).

3. Großhirnlose Mißgeburten.

Einen Einblick in die Leistungen des Großhirns erhält man aus der Beobachtung großhirnloser Mißgeburten; denn alle Fähigkeiten, die sich bei ihnen feststellen lassen, müssen ohne den Einfluß des Großhirns zustande gekommen sein. Es ist bereits eine ganze Reihe derartiger Fälle veröffentlicht worden, die als anencephale, fälschlich wohl auch als hemicephale Mißgeburten bezeichnet wurden. Leider stammen die meisten Angaben von Pathologen, die den Hauptwert auf die pathologisch-anatomischen Veränderungen des Nervensystems legten und die Kinder überhaupt erst nach dem Tode zu sehen bekamen. So konnte in dem bekannten Fall von Edinger und Fischer nur die Mutter über das Verhalten des Kindes berichten. Immerhin reichen die vorhandenen Beobachtungen aus, um einige Fähigkeiten hervortreten zu lassen, die ohne Großhirn zustande kommen müssen. Wenn die einzelnen großhirnlosen Kinder sich untereinander nicht gleich verhielten, so erklärt sich dies daraus, daß nicht genau die gleichen Teile ihres Nervensystems mißbildet waren.

Alle Mißgeburten waren imstande zu saugen. So wurde z. B. in dem ersten Falle Wichuras der Saugreflex schon ausgelöst, wenn nur die Lippen berührt wurden. Das $3^3/_4$ jährige Kind von Edinger und Fischer, das ständig schlief, meldete sich niemals, wenn es Hunger oder Durst hatte, sondern mußte zu jeder Mahlzeit geweckt werden; dagegen berichtet Heubner, daß das Geschrei des von ihm beobachteten Kindes nach längerer Nahrungspause einen leidenschaftlichen Charakter annahm. Ein Verziehen des Gesichtes, wenn schlecht schmeckende Stoffe auf die Zunge gebracht wurden, war in den Fällen von W. Sternberg, M. Sternberg und Latzko, Heubner, Brouwer und Gamper zu beobachten.

Auf schmerzhafte Reize reagierten die Fälle von M. Sternberg und Latzko, Brouwer und Gamper. In Wichuras Fall traten bei mechanischen Reizen Abwehrbewegungen von Kopf und Gliedern auf; Heubners Fall verzog bei schmerzhaften Reizen das Gesicht und begann zu schreien. Einen Handreflex sahen M. Sternberg und Latzko sowie Watson. Dem Falle von M. Sternberg und Latzko waren weiter Aufdecken, Aufsetzen und Auflegen von Eis unangenehm. Über eine Reaktion auf Schallreize, und zwar ein Zusammenschrecken auf starke Geräusche, haben nur Edinger und Fischer sowie Gamper berichtet; alle anderen konnten auf diese Weise keine Reaktionen auslösen, vielleicht weil die Bedingungen, unter denen allgemeine Reaktionen auftreten, nicht genügend berücksichtigt wurden. Auf Lichteinfall verengerte sich die Pupille der Fälle von Wichura (nur einseitig) und von Heubner. In dem Falle von Edinger und Fischer wurde das Auge auf Lichteinfall gelegentlich krampfhaft geschlossen. Bei den anderen Kindern war keine Pupillenreaktion zu erzielen. Geruchsreize riefen niemals eine Reaktion hervor. Zu allen hier angeführten Reaktionen, die sich ebenso beim gesunden Neugeborenen finden, ist also das Großhirn nicht notwendig; im Gegenteil verschwinden einige von ihnen später, weil sie wahrscheinlich durch die Arbeitsaufnahme des Großhirns gehemmt werden.

Weiter werden noch einige Angaben über die Spontanbewegungen der großhirnlosen Kinder gemacht. Heubners Fall konnte wie ein normales Kind strampeln. Im ersten Falle Wichuras wurden alle Muskeln des Kopfes, Rumpfes und der Glieder aktiv bewegt; über das Auftreten von klonischen Krämpfen bei diesem Kinde wurde schon an anderer Stelle (S. 57) berichtet. Dagegen lag der Fall von Edinger und Fischer $3^3/_4$ Jahre fast bewegungslos da und machte niemals den Versuch zu greifen oder sich aufzurichten. Ganz ähnlich verhielt sich der Fall von Jakob, der ein Alter von 10 Monaten erreichte. Das Kind äußerte von selbst weder Lust noch Unlust, besaß kein Mienenspiel und bewegte sich weder willkürlich noch unwillkürlich; doch war es imstande mit tonloser Stimme zu schreien.

Im Thalamus opticus befindet sich nach L. R. Müller und Greving die tiefer gelegene Schaltstelle, wo ohne Beteiligung des Großhirns die einstrahlenden sensiblen und sensorischen Reize auf die vegetativen Zentren überspringen. Auf dem Umwege über das Pallidum sollen von dort aus die Abwehrbewegungen und ebenso die Ausdrucksbewegungen des Gesichtes hervorgerufen werden. Von dort aus sollen weiter die Allgemeinreaktionen wie das Zusammenfahren und örtliche Reaktionen, wie Lidschluß bei Lichteinfall und das Zucken eines gestochenen Gliedes vermittelt werden. Es scheint auf Grund des Falles von Gamper, als ob auch tiefer gelegene Zentren diese Reaktionen vermitteln können.

Die Mißgeburten, über die bisher berichtet wurde, sind nämlich klinisch oder pathologisch-anatomisch ungenügend untersucht, und es ist daher schwer, die nachgewiesenen Leistungen im Zusammenhang mit den vorhandenen Hirnteilen zu bringen. Diese Lücke wird auf das glücklichste durch Gamper ausgefüllt, der seinem Fall eine gründliche und aufschlußreiche Untersuchung gewidmet hat. Die Mißbildung besaß noch sämtliche Systeme des Rückenmarkes und verlängerten Rückenmarkes, der Brücke und des Mittelhirns, soweit sie Ursprung und Ende in diesen Abschnitten hatten. Die anderen Systeme dagegen, die zu den weiter proximal gelegenen Hirnteilen in Beziehung stehen, waren ganz mangelhaft entwickelt oder fehlten gänzlich; möglicherweise waren im Thalamus noch Reste von arbeitsfähigen Bahnen vorhanden. Nach den erhaltenen Nervenbahnen ist die Mißgeburt als Mittelhirnwesen zu bezeichnen.

Die klinische Beobachtung ergab, daß noch folgende Fähigkeiten vorhanden waren. Alle Hirnnerven mit Ausnahme des Riech- und des Sehnerven erwiesen sich als erregbar; leicht auszulösen war der Umklammerungsreflex auf Schmerz-, Kälte-, Hör-, Bewegungs- und Druckreize, also als Schreckreaktion, wie wir sie oben unter den allgemeinen Reaktionen beschrieben haben; selbst die Rückwärtsbewegung des Kopfes fehlte dem Kinde nicht.

Weiter zeigte sich ein deutlicher spontaner Wechsel zwischen Wachen und Schlafen. Das Kind gähnte häufig unter Streckung des ganzen Körpers wie der Erwachsene. Es konnte husten und niesen. Laut zu schreien war es nicht imstande. Wohl aber wimmerte es etwas; gelegentlich verzog es sogar das Gesicht zu einem Lächeln. Bei Verabreichung schlecht schmeckender Stoffe wurden ebenso Gesichter geschnitten, wie es vom Neugeborenen bekannt ist. Weiter war die Fähigkeit zu saugen und zu schlucken gut ausgebildet, ebenso der oben

(S. 31) beschriebene orale Einstellungsmechanismus, der das blinde Kind veranlaßte, einen Gegenstand reflektorisch mit dem Munde zu ergreifen.

Die zu erwartenden Lage- und Bewegungsreaktionen waren mit großer Deutlichkeit nachweisbar. Ein eigenartiger Reflex wird besonders hervorgehoben: Drückte man auf den Oberschenkel, so wurde erst der Kopf, dann der Oberkörper immer mehr angehoben, bis das Kind schließlich aufrecht saß. Merkwürdigerweise war der Handreflex kaum angedeutet.

Die spontanen Rekelbewegungen unterschieden sich, soweit man aus der Beschreibung ersehen kann, wohl nicht von denen des gesunden Neugeborenen.

Vergleichen wir überhaupt die Leistungsfähigkeit dieser Mißgeburt mit der eines gesunden Neugeborenen, so ergeben sich keine tiefgreifenden Unterschiede. Nur die Lage- und Bewegungsreflexe waren bei ihr deutlicher und zahlreicher. Jedenfalls aber sind höhere Abschnitte wie Thalamus oder Rinde für den Ablauf aller Reflexe nicht notwendig, die sich bei diesem Falle nachweisen ließen. Es genügt vielmehr vollkommen, wenn nur das Mittelhirn und die distal folgenden Abschnitte unversehrt sind. Das ist die wichtige Folge aus Gampers Untersuchung.

Bei großhirnlosen Mißgeburten können die übrigen nervösen Zentren leistungsfähig genug sein, um ein rein vegetatives Dasein längere Zeit hindurch zu ermöglichen. So hat der Fall von Edinger und Fischer fast vier Jahre lang gelebt. Dabei zeigte sich auch nicht die leiseste Verstandestätigkeit; das Kind war nicht imstande etwas zu erlernen und Menschen oder Gegenstände aus seiner Umgebung wieder zu erkennen. Es befand sich also auf einer niedrigeren Stufe als viele Tiere.

4. Idioten.

Unter der Bezeichnung Schwachsinn werden Krankheitsbilder zusammengefaßt, die in ihrer Entstehungsart und in ihrem klinischen Bilde stark voneinander abweichen. Gemeinsam ist allen der Stillstand oder die verzögerte Entwicklung ihrer Hirntätigkeit. Je nach der Schwere der Krankheit werden Idiotie, Imbecillität und Debilität voneinander unterschieden. Im Säuglingsalter lassen sich nur die schwersten Formen erkennen, und auch diese erst jenseits der Neugeborenenzeit, soweit sie nicht von körperlichen Mißbildungen (Mikrocephalie, Myxödem, Mongolismus usw.) begleitet werden.

Der Schwachsinn beruht auf einer mangelhaften Arbeitsfähigkeit der höheren Zentren, die an sich nicht lebensnotwendig sind. Nur die lebenswichtigen Zentren im Hirnstamm, von denen z. B. Puls und Atmung abhängen, müssen vorhanden sein, da sonst das Kind spätestens unmittelbar nach der Geburt zugrunde geht. Nicht selten verbindet sich der Schwachsinn mit Lähmungen oder Reizerscheinungen auf motorischem Gebiet, die gleichfalls durch die Hirnkrankheit entstehen.

Nicht jedes Kind, das sich langsamer entwickelt als seine Altersgenossen, leidet an dauerndem Schwachsinn. Alle langwierigen schweren Krankheiten, die den Säugling treffen, können ihn körperlich und geistig vorübergehend aufhalten, ohne daß es zum dauernden Stillstand käme. So kann z. B. die Verzögerung bei cerebraler Rachitis noch nach Jahren völlig wieder ausgeglichen werden. Von großem Einfluß ist weiter die Umwelt, in der das Kind heranwächst. Je mehr es nämlich von seiner Umgebung angeregt und angeleitet wird,

— allerdings kann dabei des Guten zuviel geschehen, — desto rascher entwickelt es sich geistig. Es muß also scharf zwischen bleibendem Schwachsinn und vorübergehender Entwicklungshemmung unterschieden werden.

Die wichtigste Eigenschaft des Idioten, auf die sich viele andere zurückführen lassen, ist sein Mangel an Aufmerksamkeit. Schon an und für sich ist diese im Säuglingsalter nur schwer zu fesseln; mit fortschreitender Entwicklung erlernt das Kind aber mehr und mehr, die Vorgänge in seiner Umgebung zu beachten und zu verfolgen. Ganz anders der schwachsinnige Säugling. Mag man sich noch so oft um ihn bemühen, — er fixiert nicht, greift nicht, lernt nichts, weil alles, was um ihn her vor sich geht, seine Aufmerksamkeit nicht zu fesseln vermag. Erst nach langer Zeit erwerben manche schwachsinnige Säuglinge schließlich doch noch einige Fähigkeiten, die bei dem gesunden Säugling ganz von selbst zu entstehen scheinen. Noch bei den leichteren Formen des Schwachsinnes, die erst im Schulalter bemerkt werden, bildet dieser Mangel an Aufmerksamkeit das wichtigste Kennzeichen.

Bei vielen schwachsinnigen Kindern ist die Sinnestätigkeit auf dem einen oder andern Gebiete gestört. So ist manchmal die Schmerzempfindlichkeit stark herabgesetzt oder ganz aufgehoben. Kräftige Nadelstiche führen entweder gar nicht oder auffallend spät zu einer Reaktion. Infolge einer verringerten Berührungsempfindlichkeit ist der Kratzreflex herabgesetzt oder ganz aufgehoben. Szymanski, der darüber eingehende Beobachtungen gesammelt hat, unterscheidet nach der Schwere des Schwachsinnes vier Gruppen: 1. vollkommene Reaktionslosigkeit, 2. unspezifische Allgemeinreaktionen, 3. unvollkommene und schließlich 4. vollkommene Reaktionen. Spontanes Kratzen fehlt den ersten drei Gruppen ganz. Es setzen also selbst so einfache, beim Erwachsenen meistens ganz unbewußt verlaufende Reaktionen, wie das Kratzen, eine normale Hirntätigkeit voraus, obwohl sich der Schlafende noch zur Zeit der größten Schlaftiefe zu kratzen vermag. Über Störungen des Wärme- und Kältesinnes, ebenso wie des Geruchsinnes beim Schwachsinn ist nichts bekannt. Dagegen sind schwere Geschmacksstörungen nicht selten; die Kinder schlucken bereitwillig und ohne die Miene zu verziehen die bittersten Chininlösungen, als ob sie Zuckerwasser zu sich nähmen.

Das erste Zeichen, das die Eltern auf den Schwachsinn aufmerksam macht, ist nicht selten die Unfähigkeit zu fixieren. Die Kinder blicken sinn- und planlos umher; sie werfen wohl auch gelegentlich einen Blick auf den ihnen vorgehaltenen Gegenstand, aber verlieren ihn gleich wieder aus ihrem Gesichtsfeld, um sich anderen Eindrücken hinzugeben, die sie eben so rasch wieder verlassen. Schon der gesunde Säugling vermag viel weniger als der Erwachsene seine Aufmerksamkeit längere Zeit hindurch einem bestimmten Gegenstande oder einer bestimmten Beschäftigung zuzuwenden; dem schwachsinnigen ist dieser Mangel in noch höherem Maße eigen.

Das Gehör des Säuglings ist schwer zu prüfen, weil die örtlichen Reaktionen auf Schallreiz nicht sehr deutlich sind und die Allgemeinreaktionen sich nicht ohne weiteres feststellen lassen. So können leicht schwachsinnige Kinder für taub gehalten werden und taube oder schwerhörige Kinder für schwachsinnig. Während etwas ältere Säuglinge versuchen, sich der Schallquelle zuzuwenden, fehlt den schwachsinnigen Kindern meist dieses Bestreben.

Viele Idioten besitzen die oben beschriebenen Lage- und Bewegungsreflexe, die Magnus bei enthirnten Tieren auffand und die bei jungen Säuglingen, deren Großhirn noch nicht arbeitet, gleichfalls oft nachzuweisen sind. Bei älteren Kindern sind sie ein Ausdruck dafür, daß die hemmende Tätigkeit höherer Zentren nicht vorhanden ist. Magnus hat in seiner Monographie die bisher bekannten Fälle zusammengestellt, in denen beim Menschen tonische Hals- und Labyrinthreflexe gefunden wurden. Im Kindesalter handelte es sich stets um Idioten. Es ist vorauszusehen, daß sich in Zukunft die Zahl der Fälle, in denen solche Reflexe nachgewiesen werden, noch sehr vermehren wird, sobald sie nur einmal allgemeiner bekannt geworden sind. Ich selbst konnte bereits bei einer Reihe von Idioten diese Reflexe, am häufigsten die unsymmetrischen tonischen Halsreflexe, auffinden.

Die wichtigste Labyrinthreaktion des Säuglings, der Umklammerungsreflex, verschwindet für gewöhnlich mit dem sechsten Monat. Nur die schwachsinnigen Kinder können ihn, wie Freudenberg feststellte, bis zum sechsten Lebensjahr behalten. Weiter haben Voß und seine Mitarbeiter die Erregbarkeit des Labyrinthes Schwachsinniger untersucht und es calorisch oft, rotatorisch seltener unerregbar gefunden. Spontannystagmus und Halsreflexe auf Glieder oder Augen waren oft nachzuweisen.

Die Schlafhaltung des Säuglings wird vom schwachsinnigen Kinde oft über das erste Lebensjahr hinaus beibehalten.

Ebenso wie im Ausfall der Sinnestätigkeit kann sich der Schwachsinn in den Bewegungen des Kindes verraten. Der Idiot, dessen Großhirn sich nicht genügend entwickelt, bleibt auf einer niederen Stufe stehen und zeigt infolgedessen in mancher Hinsicht einen Zustand, den der gesunde Säugling nur flüchtig durchläuft. Bei ihm finden sich dann noch die ganz unkoordinierten Bewegungen des Neugeborenen und dessen Bewegungsdrang, der noch nicht durch das Großhirn gehemmt wird. Dagegen fehlen die bewußten und beabsichtigten Bewegungen, zunächst das Greifen, entweder ganz oder sie treten verspätet und unvollkommen auf. So zeigen die „agilen Idioten" einen gesteigerten Bewegungsdrang, der sie im Wachen so gut wie gar nicht zur Ruhe kommen läßt, wobei aber alle Bewegungen ganz planlos vor sich gehen.

Ebenso ist auf den Mangel an Hemmungen die Schreckhaftigkeit mancher Idioten zurückzuführen. Sie fahren bei den leisesten Reizen (Schall-, Licht-, Berührungsreiz usw.) zusammen und brechen dann in lautes Geschrei aus.

Es gibt also in den ersten Monaten keine großen Unterschiede zwischen gesunden Säuglingen und solchen Idioten, die körperlich wohl gebildet sind. Je älter aber die Kinder werden, desto deutlicher bleibt ihre geistige Entwicklung zurück. Im zweiten Lebensjahre wird oft schon dem Laien die Diagnose klar durch den teilnahmslosen stumpfen Gesichtsausdruck, den offenen Mund, dessen Zunge zwischen den Lippen liegt und dessen Speichel nach außen fließt, durch den Mangel an Aufmerksamkeit, das sinnlose Geschrei und durch das Fehlen der statischen Fähigkeiten.

Wenn aber auch der Erwerb neuer Fähigkeiten nur langsam vor sich geht, so sind doch viele Idioten nicht ganz bildungsunfähig. Aufgabe der Erziehung ist es, sie so weit zu fördern, daß sie wenigstens für die Angehörigen erträglich werden, ein Ziel, das in vielen Fällen zu erreichen ist.

VI. Schluß und Zusammenfassung.

Da sich die Hirntätigkeit des Neugeborenen nicht von der eines Mittelhirnwesens unterscheidet, so brauchen die höher gelegenen Hirnteile bei der Geburt noch nicht arbeitsfähig zu sein. In der gleichen Richtung, in der sich das Gehirn stammes- und entwicklungsgeschichtlich gebildet hat, schreitet auch seine Arbeitsfähigkeit fort.

Der reife Neugeborene ist noch nicht imstande, die Außenwelt zu seinen Gunsten zu verändern, und doch ist er ihr durchaus nicht hilflos preisgegeben, wie es oft dargestellt wird. Bühler spricht z. B. von der „geradezu erbarmungswürdigen Hilflosigkeit des neugeborenen Menschen". Hilflos wäre der Neugeborene nur den Aufgaben des Erwachsenen gegenüber, die ihm von der Natur doch gar nicht gestellt sind. Wo ein Neugeborener ist, da gibt es auch Eltern, zum mindesten seine Mutter, die, vom mütterlichen Instinkt geleitet, die erste Sorge übernimmt. Nur diese Lage ist für ihn physiologisch, und ihr ist er geradezu erstaunlich gut angepaßt. Schädlichkeiten ist er keineswegs hilflos ausgeliefert, vielmehr kann er sich selber, natürlich in bestimmten Grenzen, seiner Umgebung anpassen. Der äußere Reiz ruft nämlich reflektorisch in ihm eine Reaktion hervor, durch die die Reizung, je nachdem sie nützlich oder schädlich ist, verstärkt oder abgeschwächt wird.

Dazu müssen seine Sinnesorgane und sein Nervensystem so weit arbeitsfähig sein, daß der äußere Reiz aufgenommen, zentralwärts geleitet und verarbeitet werden kann. So ließ sich dann auch zeigen, daß von allen Sinnesorganen aus Reaktionen hervorzurufen sind. Die Besonderheiten in der Reaktionsfähigkeit des Neugeborenen gehen nur auf die zentrale Verarbeitung der einströmenden Reize zurück, aber nicht auf eine zunächst noch unvollkommene Erregbarkeit der peripheren Sinnesorgane und -Nerven.

Die höhergelegenen Hirnteile sind den tieferen übergeordnet und imstande, deren Tätigkeit zu hemmen. Infolgedessen finden sich gleiche Reaktionen beim menschlichen Neugeborenen, bei Erwachsenen mit Hirnkrankheiten oder Entwicklungshemmungen und bei Tieren, die künstlich höherer Hirnteile beraubt sind. Die Reaktionen hängen von niederen Zentren ab, die bei dem Nichtvorhandensein höherer Zentren ungehindert zur Geltung kommen. Daher finden sich beim Neugeborenen Reflexe, die später nur unter pathologischen Bedingungen auftreten. Wenn die höheren Hirnteile ihre Tätigkeit allmählich aufnehmen, so wird das Kind immer selbständiger und immer besser an das extrauterine Leben angepaßt.

Die wichtigsten Neuerwerbungen der ersten drei Monate, das Fixieren und Greifen, bringen das Kind wesentlich weiter in der Beherrschung seiner Umgebung. Die fortschreitende Entwicklung seiner statischen Fähigkeiten zusammen mit den ersten bedingten Reflexen und dem Erwachen der Intelligenz machen das Kind immer unabhängiger, bis am Ende des ersten Lebensjahres mit dem aufrechten Gang, der Sprache und dem einsichtigen Handeln die wichtigsten Stufen erreicht sind, die den Menschen über das Tier hinausheben. Die nächsten Lebensjahre bringen dann einen weiteren Ausbau dieser Eigenschaften, zu denen der Grund im Säuglingsalter gelegt wurde.

Wir haben Anlaß zu der Annahme, daß das Großhirn in der Neugeborenenzeit noch nicht arbeitsfähig ist, sondern seine Tätigkeit erst nach einigen Monaten aufnimmt. Alles in allem wissen wir aber noch recht wenig darüber, wie die Fähigkeiten des Säuglings von der Arbeitsaufnahme bestimmter Hirnteile abhängen. So ist z. B. überhaupt nichts darüber bekannt, wann und in welcher Weise ein so wichtiger Hirnteil wie das Kleinhirn zu arbeiten beginnt, oder unter welchem nervösen Einfluß der Muskeltonus des Säuglings steht. So bietet sich denn der Forschung noch ein weites Arbeitsgebiet.

Im folgenden soll eine kurze Übersicht über die Entwicklung der Hirntätigkeit im Säuglingsalter gegeben werden. Dabei wird von den lebensunfähigen unreifen Früchten ganz abgesehen, weil unser Wissen in dieser Richtung noch zu unvollkommen ist.

Frühgeburt (von etwa 1000—2000 g).

Atmung	nicht selten aussetzend.
Athetotische Bewegungen	+
Reflexartige Spontanbewegungen	+
Unmittelbare elektrische Reizung von Muskeln und Nerven	nur mit starken Strömen möglich.
Wechsel zwischen Wachen und Schlafen	+
Schreien	+ (ohne Tränen).
Suchreflex	+
Handreflex	+
Pupillenreaktion auf Licht	+ (auch konsensuell).
Pupillenerweiterung auf äußeren Reiz	unregelmäßig.
Pupillenunruhe	
Augenbewegungen	unkoordiniert.
Augenreflex auf den Hals	+
Purkinjesches Phänomen	+
Schreckreaktion auf Schallreiz	+
Geschmacksreaktion	+
Geruchsreaktion	+
Umklammerungsreflex	+
Unsymmetrische tonische Halsreflexe	häufig.
Säuglingsschlafhaltung	+
Labyrinthstellung auf den Kopf in Bauchlage	sehr selten.
im Hängen, Kopf oben oder unten	meist +
Halsstellreflex auf den Körper und Körperstellreflex auf den Kopf	+
Patellarreflex	+ (auch gekreuzt auf die Adductoren der Gegenseite.
Achillessehnenreflex	+
Mitbeugen des anderen Beines	+
Mitstrecken des anderen Beines	selten.
Schreitbewegungen	selten
Kriechphänomen	angedeutet.

Ungeborenes Kind der letzten Schwangerschaftswochen.

Intrauterine Atembewegungen	+
(Reflexartige?) Spontanbewegungen	+
Schreckreaktion auf Schallreiz	+
Wechsel zwischen Wachen und Schlaf	+

Reifes neugeborenes Kind.

Atmung	meist regelmäßig.
Athetotische Bewegungen	im Verschwinden.
Reflexartige Spontanbewegungen	überwiegend.
Unsymmetrische tonische Halsreflexe	im Verschwinden.
Mitbeugen des anderen Beines	meist +.
Kriechphänomen	+
Augenbewegungen	unkoordiniert.
Augenreflex auf den Hals	im Verschwinden, oft schon –
Pupillenunruhe	–
Fixieren	unter günstigsten Bedingungen +, für gewöhnlich –
Kopfwenden zum Licht	+
Blinzelreflex	–
Schreien'	+, ohne Tränen.
Lächeln	–

3. und 4. Woche, 2. und 3. Monat.

Kriechphänomen	gegen Ende des Vierteljahres verschwindend.
Augenbewegungen	koordiniert.
Pupillenunruhe	meist –
Fixieren, Verfolgen eines bewegten Gegenstandes mit den Augen	+
Blinzelreflex	+
Kopfwenden zur Schallquelle	vom 3. Monat an.
Kopfheben	verbessert.
Lächeln, später lautes Lachen	+
Weinen	+ (unter Tränen).
Aufmerksamkeit auf die Umgebung	zunehmend.

2. Vierteljahr.

Pupillenunruhe	allmählich +
Schwebereflexe	zunehmend +
Sitzen und Aufsetzen	+
Beabsichtigte Bewegungen (besonders das Greifen)	+
Wiedererkennen von Flasche und Gesichtern	+
Bedingte Reflexe	–, gegen Ende des Vierteljahrs allmählich +

3. Vierteljahr.

Reflexartige Spontanbewegungen	allmählich verschwindend.
Beabsichtigte Bewegungen	immer häufiger.
Stehen mit Festhalten	+
Schwebereflexe	weiter ausgebildet.
Einsichtiges Handeln	beginnend. Lösung einfachster Situationsaufgaben (Tuch-, Schnullerversuch), manchmal schon im 5. Monat.
Wortverständnis	allmählich sich einstellend.

4. Vierteljahr.

Freier Gang	am Ende des Vierteljahres.
Weitere Ausbildung der vorhandenen Fähigkeiten (bedingte Reflexe, einsichtiges Handeln). Die ersten sinnvollen Worte.	

Literatur.

Ahlfeld, F.: Die intrauterine Tätigkeit der Thorax- und Zwerchfellmuskulatur. Monatsschrift f. Geburtsh. Bd. 21, S. 143. 1905.
Alexander, G.: Die Reflexerregbarkeit des Ohrlabyrinthes menschlicher Neugeborener. Zeitschr. f. Psychol. u. Physiol. d. Sinnesorg. Abt. 2. Bd. 45, S. 153. 1911.
— Ohrenkrankheiten in: Pfaundler-Schloßmanns Handbuch d. Kinderheilk. Bd. 6. Leipzig 1912.
Ambron, H. und H. Held: Über die Entwicklung und Bedeutung des Nervenmarks. Arch. f. Anat. u. Physiol. Bd. 203. 1896.
Aronovitch, G.: Über die Natur des Cremasterreflexes. Journ. of nerv. a. ment. diseases. Vol. 64, p. 235. 1926.
Aschenheim, E.: Über psychische Inanition bei Säuglingen. Jahrb. f. Kinderheilk. Bd. 101, S. 353. 1923.
Bach, L.: Pupillenlehre. Berlin 1908. S. 72.
Baldwin, I. M.: Die Entwicklung des Geistes. Übersetzg. Berlin 1898.
Banu, G., Bourgignon, G. und H. Langier: Die Chronaxie bei Neugeborenen. Referat i. d. Ber. f. d. ges. Physiol. Bd. 8, S. 535. 1921.
— — — Die Entwicklung der Chronaxie der Nerven und Muskeln der oberen Extremität Neugeborner. Ref. i. d. Ber. f. d. ges. Physiol. Bd. 3, S. 208. 1922.
Bárány, R.: Über einige Augen- und Halsmuskelreflexe bei Neugeborenen. Acta otolaryngol. Vol. 1, p. 97. 1918.
Bartels, M.: Pupillenverhältnisse bei Neugeborenen. Zeitschr. f. Augenheilk. Bd. 12, S. 638. 1904.
— Über Regulierung der Augenstellung durch den Ohrenapparat. Arch. f. Ophth. Bd. 76, S. 1. 1910.
Bary, A.: Über die Entwicklung der Rindenzentren. Arch. f. Anat. u. Physiol. 1898. S. 341.
Bauer, J.: Das Kriechphänomen der Neugeborenen. Klin. Wochenschr. 1926. S. 1468.
Bechterew, W.: Über die Erregbarkeit einzelner Faserbündel im Rückenmark neugeborener Tiere. Neurol. Zentralbl. 1888. S. 154.
— Über die Erregbarkeit verschiedener Hirnbezirke bei neugeborenen Tieren. Neurol. Zentralbl. 1889. S. 513.
— Über die Erregbarkeit der Großhirnrinde neugeborener Tiere. Neurol. Zentralbl. 1898. S. 148.
— Reflexologie des Menschen. Leipzig und Wien 1926.
Berberich, I.: Experimentelle Untersuchungen über das Geburtstrauma des Felsenbeins. Dtsch. med. Wochenschr. 1925. S. 1726.
— und A. Wiechers: Symptomatologie des Geburtstraumas. Zeitschr. f. Kinderheilk. Bd. 38, S. 59. 1924.
Bernfeld, S.: Psychologie des Säuglings. Wien 1925.
Bernheimer, St.: Über die Entwicklung und den Verlauf der Markfasern im Chiasma. Habilit.-Schrift Heidelberg 1889.
Bersot, H.: Développement réactionel et réflex plantaire du bébé né avant terme à celui de 2 ans. Schweiz. Arch. f. Neurol. u. Psychiatrie. Bd. 7, S. 212. 1920 und Bd. 8, S. 47. 1921.
Binet, A.: Perceptions d'enfants. Rev. philos. Tome 30, p. 582. 1890.
Birk, W.: Über den Einfluß psychischer Vorgänge auf den Ernährungserfolg bei Säuglingen. Monatsschr. f. Kinderheilk. Bd. 12, S. 1. 1914.
Blanton, M. G.: Das Verhalten des Säuglings während seiner ersten 30 Lebenstage. Psychol. review. Vol. 24, p. 456. 1917.
Bogen, H.: Experimentelle Untersuchungen über psychische und assoziative Magensaftsekretion. Jahrb. f. Kinderheilk. Bd. 65, S. 733. 1907 und Pflügers Arch. f. d. ges. Physiol. Bd. 117, S. 150. 1907.
Böhme, A.: Die koordinierten Gliederreflexe des menschlichen Rückenmarks. Ergebn. d. inn. Med. u. Kinderheilk. Bd. 17, S. 1. 1919.
Bolaffio, M. und G. Artom: Untersuchungen über die Physiologie des Nervensystems des menschlichen Fetus. Ref.: Zentralbl. f. d. ges. Neurol. u. Psychiatrie. Bd. 38, S. 418. 1924.
— — Zeitschr. f. d. ges. Neurol. u. Psychiatrie. Bd. 103, S. 320. 1926.

Brudzinski, J.: Über die kontralateralen Reflexe an den unteren Extremitäten bei Kindern. Wien. klin. Wochenschr. 1908. S. 255.
— Un signe nouveau sur les membres inférieures dans les méningites chez les enfants. Arch. de méd. des enfants. Tome 12, p. 745. 1909.
Brouwer, B.: Klinisch-anatomische Untersuchungen über partielle Anencephalie. Zeitschr. f. d. ges. Neurol. u. Psychiatrie. Bd. 32, S. 164. 1916.
Bühler, K.: Die geistige Entwicklung des Kindes. 3. Aufl. Jena 1922.
Bumke, C.: Die Pupillenstörungen. Jena 1904.
Burr, Ch.: Die Reflexe der frühen Kindheit. Americ. journ. of dis. of childr. Vol. 21, p. 529. 1921.
Büssem, H.: Über Geschmacksempfindungen rachitischer und nichtrachitischer Kinder. Jahrb. f. Kinderheilk. Bd. 39, S. 166. 1895.
Cabanis, P. I. G.: Über die Verbindung des Physischen und Moralischen in dem Menschen. Übersetzung. Halle und Leipzig 1804.
Canestrini, S.: Über das Seelenleben des Neugeborenen. Berlin 1913.
Carlson, A. I. und H. Ginsburg: Tonus und Hungerkontraktion des Neugeborenenmagens. Americ. journ. of physiol. Vol. 38, p. 28. 1915.
— — Tonus und Kontraktionen des leeren Säuglingsmagens bei Pylorospasmus. Americ. journ. of physiol. Vol. 39, p. 310. 1916.
Cattaneo: Über einige Reflexe im Kindesalter. Jahrb. f. Kinderheilk. Bd. 55, S. 458 1902.
Cemach, A. I.: Beiträge zur Kenntnis der kochlearen Reflexe. Beitr. z. Anat., Physiol., Pathol. u. Therapie des Ohres, d. Nase u. d. Halses. Bd. 14, S. 1. 1920.
Cuignet, L.: Über das Sehen ganz junger Kinder. Ann. d'oculist. Tome 66, p. 117. 1871.
Czerny, A.: Beobachtungen über den Schlaf im Kindesalter unter physiologischen Bedingungen. Jahrb. f. Kinderheilk. Bd. 33, S. 1. 1892.
— Die Ernährung des Säuglings auf Grundlage der physiologischen Funktionen seines Magens. Prag. med. Wochenschr. Bd. 18, S. 459. 1893.
— Zur Kenntnis des physiologischen Schlafes. Jahrb. f. Kinderheilk. Bd. 41, S. 337. 1896.
— Säugling, Arzt und Pflegerin. Festschrift z. Eröffnung d. Kaiserin Augusta Viktoria-Hauses. Berlin 1909. S. 57.
— Über Bedingungsreflexe im Kindesalter. Straßburg. med. Zeit. Bd. 7, S. 230. 1910.
— Rachitis im Handbuch von Kraus-Brugsch. Berlin und Wien 1921.
Darwin, Ch.: Der Ausdruck der Gemütsbewegungen bei Menschen und Tieren. Übersetzg. Stuttgart 1872.
— Biographische Skizze eines kleinen Kindes. Kleinere Schriften, herausgegeben von E. Krause. Bd. 2, S. 134. Leipzig 1886.
Demetriades, Th.: Der Kochlearpalpebralreflex bei Neugeborenen. Ref.: Zentralbl. f. Kinderheilk. Bd. 16, S. 282. 1924.
Dix, K. W.: Körperliche und geistige Entwicklung eines Kindes. Leipzig 1911—24. H. 1—4.
Dollinger, A.: Stäupchen (Zipperling), ein Symptom des intrakraniellen Geburtstraumas. Zeitschr. f. Kinderheilk. Bd. 41, S. 20. 1926.
— Geburtstrauma und Zentralnervensystem. Ergebn. d. inn. Med. u. Kinderheilk. Bd. 31, S. 373. 1927.
Doxiades, L.: Antagonistische Muskelverdickungskurven beim Kinde. Zeitschr. f. Kinderheilkunde. Bd. 40, S. 244. 1925.
Dumpert, V.: Wesen und physiologische Bedeutung des Gähnens. Journ. f. Psychol. u. Neurol. Bd. 27, S. 82. 1921.
Ebbeke, U.: Physiologie des Schlafes. Handbuch d. norm. u. pathol. Physiol. Bd. 17, S. 563. 1926.
Eckstein, A. und E. Rominger: Beiträge zur Physiologie und Pathologie der Atmung. Zeitschr. f. Kinderheilk. Bd. 28, S. 1. 1921.
Economo, C. v.: Die Pathologie des Schlafes. Handb. d. normal. u. pathol. Physiol. Bd. 17, S. 591. Berlin 1926.
Edinger, L. und B. Fischer: Kind mit fehlendem Großhirn. Neurol. Zentralbl. 1913, S. 876.
Engel, St. und E. Runge: Die körperliche und geistige Entwicklung des Kindes im 1. und 2. Lebensjahr. München 1923.
Engstler: Über den Fußsohlenreflex und das Babinskische Phänomen bei 1000 Kindern der ersten Lebensjahre. Wien. klin. Wochenschr. 1905. S. 567.

Erickson, Z.: Über Anstaltsschäden bei Kindern. Acta paediatr. Vol. 4. 1925. Supplement.
Escherich, Th.: Über die Saugbewegungen der Neugeborenen. Münch. med. Wochenschr. 1888. S. 687.
Eversbusch, O.: Die Augenerkrankungen im Kindesalter. In Pfaundler-Schloßmanns Handb. d. Kinderheilk. Bd. 6. Leipzig 1912.
Farago: Über das Verhalten einiger Reflexe der neugeborenen Kinder. Arch. f. Kinderheilk. Bd. 8, S. 385. 1887.
Feer, E.: Die Ernährungsstörungen im Säuglingsalter und ihre Behandlung. Beihefte z. Med. Klinik. 1909. H. 1, S. 25.
Feldman, W. A.: The principles of antenatal and postnatal child physiology. London 1920.
— Die Natur des kindlichen Plantarreflexes und die Ursachen seiner Abweichungen. Ref. i. d. Berichten f. Physiologie. Bd. 8, S. 771. 1921.
Ferenczi, S.: Versuch einer Genitaltheorie. Internat. Psychoanalyt. Bibliothek. Bd. 15. Leipzig 1924.
Fischer, B.: Das Geburtstrauma und seine Folgen für Gehirn und Säugling. Schweiz. med. Wochenschr. 1924. S. 905.
Flechsig, P.: Die Leitungsbahnen im Gehirn und Rückenmark des Menschen. Leipzig 1876.
Förster, O.: Das phylogenetische Moment in der spastischen Lähmung. Berlin. klin. Wochenschr. 1913. S. 1217 u. 1255.
— Zur Analyse und Pathophysiologie der striären Bewegungsstörungen. Zeitschr. f. d. ges. Neurol. u. Psychiatrie. Bd. 73, S. 1. 1921.
— Die Pathogenese des epileptischen Krampfanfalles. Dtsch. Zeitschr. f. Nervenheilk. Bd. 94, S. 15. 1926.
Freudenberg, E.: Der Morosche Umklammerungsreflex und das Brudzinskische Nackenzeichen als Reflex des Säuglingsalters. Münch. med. Wochenschr. 1921. S. 1646.
Fürnrohr: Studien über den Oppenheimschen Freßreflex. Zeitschr. f. d. ges. Neurol. u. Psychiatrie. Bd. 27. 1904.
Galant, S.: Der Rückgratreflex. Diss. Basel 1917.
Gamper, E. und Untersteiner: Über eine komplex gebaute postencephalitische Hyperkinese und ihre möglichen Beziehungen zu dem oralen Einstellungsmechanismus. Arch. f. Psychiatrie u. Nervenkrankh. Bd. 71, S. 282. 1924.
— Bau und Leistungen eines menschlichen Mittelhirnwesens, zugleich ein Beitrag zur Teratologie und Fasersystematik. I. u. II. Zeitschr. f. d. ges. Neurol. u. Psychiatrie. Bd. 102, S. 154. 1926 u. Bd. 104, S. 49. 1926.
Garbini, A.: Die Entwicklung des Farbensinnes beim Kinde. Arch. per l'Antropol. e la Etnol. Vol. 24, p. 71. 1894.
Garley, D.: Über den Shock des Geborenwerdens. Internat. Zeitschr. f. Psychoanalyse. Bd. 10, S. 134. 1924.
Genzmer, A.: Untersuchungen über die Sinneswahrnehmungen des neugeborenen Menschen. Diss. Halle 1873.
Gohrbandt, E.: Über Gehirnbefunde bei Neugeborenen und Säuglingen. Virchows Arch. f. pathol. Anat. u. Physiol. Bd. 247, S. 374. 1924.
Gudden: Verhalten der Pupille beim Neugeborenen. Münch. med. Wochenschr. 1910. S. 405.
Guillaume, P.: Fragen der Raumwahrnehmung und der Psychologie im Kindesalter. Journ. de psychol. norm. et pathol. Tome 21, p. 112. 1924.
Gundobin, A. P.: Besonderheiten des Kindesalters. Berlin 1912.
Gutmann, M. I.: Über Augenbewegungen des Neugeborenen und ihre theoretische Bedeutung. Arch. f. d. ges. Psychol. Bd. 47, S. 108. 1924.
Hegel, G. W. F.: Werke. Bd. 7, Abt. 3. Philosophie des Geistes. Berlin 1845. S. 93.
Held, H.: Die Entwicklung des Nervengewebes bei den Wirbeltieren. 1909.
— Über experimentelle Reifung des Nervenmarks. Arch. f. Anat. u. Physiol. 1896. S. 222.
Helmholtz, H.: Populär-wissenschaftliche Vorträge. Braunschweig 1871. H. 2.
Henoch, E.: Linksseitige Krämpfe infolge der Geburt. Heilung. Charité-Annalen. Bd. 17. S. 462. 1892.
Hering, E.: Die Lehre vom binokularen Sehen. Leipzig 1868.
Hermann, E.: Über die sog. Flexibilitas cerea im Kindesalter. Monatsschr. f. Kinderheilk. Bd. 15, S. 533. 1919.

Heubner, O.: Mißgeburt mit vollständigem Mangel des Großhirns. Charité-Annalen. Bd. 33. 1909.
— Über die Zeitfolge in der psychischen Entwicklung des Säuglings und jungen Kindes. Ergebn. d. inn. Med. u. Kinderheilk. Bd. 16, S. 1. 1919.
Hoffmann, R. W.: Die reflektorischen Immobilisationszustände im Tierreich. Handb. d. norm. u. pathol. Physiol. Bd. 17, S. 690. Berlin 1926.
Holden, W. A. und K. K. Bosse: Farbenwahrnehmung und Bevorzugung beim Kinde. Arch. of Ophth. Bd. 29, S. 261. 1900.
Hollis, W. A.: Facial crincles and emotional grimace. Lancet. 1913. I, 1. p. 23.
Ibrahim, J.: Pathologische Bedingungsreflexe als Grundlage neurologischer Krankheitsbilder. Neurol. Zentralbl. Bd. 30, S. 710. 1911.
Jastrow, nach E. Kahn.
Jaschke, R. Th. v.: Physiologie, Pflege und Ernährung des Neugeborenen. 2. Aufl. München 1927.
— Mechanik und klinische Bedeutung des Schädeltraumas unter der Geburt. Monatsschr. f. Kinderheilk. Bd. 34, S. 538. 1926.
Jakob, A.: Die extrapyramidalen Erkrankungen. Monographien a. d. Gesamtgebiet d. Neurol. u. Psychiatrie. Berlin 1923. H. 37.
Kahn, E.: Einige Beobachtungen über Farbenwahrnehmungen bei Kindern. Diss. München 1911.
Kant, I.: Anthropologie. 2. Aufl. Königsberg 1800. S. 230.
Kaus, G.: Die seelische Entwicklung des Kindes. In Wexbergs Handb. d. Individualpsychologie. München 1926.
Kehrer, F. A.: Versuch bei einem Kinde über den Sitz des Atemzentrums. Zeitschr. f. Biol. Bd. 28, S. 450. 1891.
Kiesow, F.: Zur Frage nach den Schmeckflächen des hinteren kindlichen Mundraumes. Zeitschr. f. Psychol. u. Physiol. d. Sinnesorgane. Bd. 36, S. 90. 1904.
Koffka, K.: Die Grundlagen der psychischen Entwicklung. 2. Aufl. Osterwieck 1925.
Köhler, W.: Aus der Anthropoidenstation auf Teneriffa. II.—IV. Abhandlungen der preuß. Akademie der Wissenschaften. Physikal.-mathem. Abteil. 1915—1918.
Köllreutter: Schwerhörigkeit der Neugeborenen. Zeitschr. f. Ohrenheilk. u. f. Krankh. d. Luftwege. Bd. 53, S. 123. 1907.
Krasnogorski, N.: Über die Bedingungsreflexe im Kindesalter. Jahrb. f. Kinderheilk. Bd. 69, S. 1. 1909.
Über die Grundmechanismen der Arbeit der Großhirnrinde bei Kindern. Jahrb. f. Kinderheilk. Bd. 78, S. 373. 1913.
Der Schlaf und die Hemmung. Monatsschr. f. Kinderheilk. Bd. 25, S. 372. 1923.
Die letzten Fortschritte in der Methodik der Erforschung bedingter Reflexe an Kindern. Jahrb. f. Kinderheilk. Bd. 114, S. 255. 1926.
Über Wirkung mechanischer und chemischer Reizung verschiedener Teile der Mundhöhle auf die Tätigkeit der Speicheldrüse. Jahrb. f. Kinderheilk. Bd. 114, S. 305. 1926.
Kroh, O.: Die Anfänge der psychischen Entwicklung. Zeitschr. f. Psychol. Bd. 100, S. 325. 1926.
Kroner, F.: Über Sinnesempfindungen bei Neugeborenen. Breslauer ärztl. Zeitschr. Bd. 4, S. 37. 1882.
Krukenberg, H.: Der Gesichtsausdruck des Menschen. 2. Aufl. Stuttgart 1920.
Kußmaul, A.: Untersuchungen über das Seelenleben des neugeborenen Menschen. Leipzig und Heidelberg 1895.
Kutvirt, O.: Über das Gehör der Neugeborenen und Säuglinge. Beitr. z. Anat., Physiol., Pathol. u. Therapie d. Ohres, d. Nase u. d. Halses. Bd. 4, S. 166. 1911 und Bd. 5, S. 247. 1912.
Landau, A.: Über einen tonischen Lagereflex beim älteren Säugling. Klin. Wochenschr. 1923. S. 1253.
— Über motorische Besonderheiten des 2. Lebenshalbjahres. Monatsschr. f. Kinderheilk. Bd. 29, S. 555. 1925.
Langstein, L.: Dystrophien und Durchfallskrankheiten im Säuglingsalter. Leipzig 1926.
Leonow, W. A.: Über die Bildung bedingter Spurreflexe bei Kindern. Pflügers Arch. f. d. ges. Physiol. Bd. 214, S. 305. 1926.
Lesage: Krankheiten des Säuglings. Übersetzung. Leipzig 1912. S. 87.

Lewy, F. H.: Die Lehre vom Tonus und von der Bewegung. Berlin 1923.
Lichtenstein, A.: Über die Geschmacksempfindungen gesunder und rachitischer Kinder. Jahrb. f. Kinderheilk. Bd. 34, S. 76. 1894.
Lindner, nach E. Kahn.
Magitot, A.: Das Auftreten des Lichtreflexes während der fetalen Entwicklung. Ann. d'oculist. Tome 141, p. 161. 1909.
Magnus, R.: Körperstellung. Berlin 1924.
— Über lokale und segmentale und statische Reaktionen. Dtsch. Zeitschr. f. Nervenheilk. Bd. 94, S. 141. 1926.
Mangold, E.: Hypnose und Katalepsie bei Tieren im Vergleich zur menschlichen Hypnose. Jena 1914.
— Die tierische Hypnose. Ergebn. d. Physiol. Bd. 18. 1920.
Metzger, E.: Über Tonusveränderungen auf optische Reize. Klin. Wochenschr. 1925. S. 853.
Meumann, E.: Vorlesungen zur Einführung in die experimentelle Pädagogik. 2. Aufl. Leipzig 1911.
Michelet, C. L.: Anthropologie und Psychologie. Berlin 1840. S. 151.
Minkowski, M.: Über frühzeitige Bewegungen, Reflexe und muskuläre Reaktionen bei menschlichen Feten. Schweiz. med. Wochenschr. 1922. S. 721.
— Zur Entwicklungsgeschichte, Lokalisation und Klinik des Fußsohlenreflexes. Schweiz. Arch. f. Neurol. Bd. 13, S. 475. 1923.
Moldenhauer: Zur Physiologie des Gehörorgans Neugeborener. Festschrift zu Crédés Jubiläum. Leipzig 1881.
Moro, E.: Über Gesichtsreflexe bei Neugeborenen. Wien. klin. Wochenschr. 1906. S. 377.
— Das erste Trimenon. Münch. med. Wochenschr. 1918. S. 1147.
— Zur Persistenz des Umklammerungsreflexes bei Kindern mit cerebralen Entwicklungshemmungen. Münch. med. Wochenschr. 1920. S. 360.
Müller, H.: Über Intelligenzprüfungen bei Anstaltskindern. Jahrb. f. Kinderheilk. Bd. 109, S. 345. 1925.
— K.: Über Reflexe im Säuglingsalter. Diss. München 1911.
— L. R.: Die Lebensnerven. 2. Aufl. Berlin 1924.
— und Greving: Über die Leistungen und den Aufbau des Zwischenhirns und über seine Erkrankungen. Med. Klinik. 1925. S. 569.
Myers: Einige Bemerkungen über die Entwicklung des Farbensinnes. Referat i. d. Jahresberichten über Ophth. Bd. 40, S. 49. 1909.
Narbutt, nach Gundobin.
Neumann, H.: Bemerkungen über die Geschmacksempfindungen bei kleinen Kindern. Jahrb. f. Kinderheilk. Bd. 41, S. 155. 1896.
Nothmann, H.: Zur Frage der „psychischen“ Magensaftsekretion beim Säugling. Arch. f. Kinderheilk. Bd. 51, S. 123. 1909.
Oltuszewski, W.: Die geistige und sprachliche Entwicklung des Kindes. Berlin 1897.
Paneth: Über die Erregbarkeit der Hirnrinde neugeborener Hunde. Pflügers Arch. f. d. ges. Physiol. Bd. 37, S. 202. 1885.
Parrot: Clinique des nouveau-nés. Paris 1877. p. 430.
Pawlow, J. P.: Die höchste Nerventätigkeit von Tieren. München 1926.
Perez, B.: Die Anfänge des kindlichen Seelenlebens. Übersetzung. Pädagogisches Magazin. Langensalza 1893. H. 36.
Peiper, A.: Beiträge zur Sinnesphysiologie der Frühgeburt. Jahrb. f. Kinderheilk. Bd. 104, S. 195. 1924.
— Untersuchungen über den galv. Hautreflex im Kindesalter. Jahrb. f. Kinderheilk. Bd. 107, S. 139. 1924.
— Über die Erregbarkeit des autonomen Nervensystems im Schlafe. Jahrb. f. Kinderheilk. Bd. 107, S. 191. 1924.
— Über die Reizbarkeit im Schlafe. Med. Klinik. 1924. Nr. 45.
— Sinnesempfindungen des Kindes vor seiner Geburt. Monatsschr. f. Kinderheilk. Bd. 29, S. 236. 1924.
— Über die Reaktionszeit im Säuglingsalter. I. u. II. Monatsschr. f. Kinderheilk. Bd. 31, S. 491. 1926 u. Bd. 32, S. 136. 1926.
— Die Hirntätigkeit des Neugeborenen. Jahrb. f. Kinderheilk. Bd. 111, S. 290. 1926.

Peiper, A.: Über das Pupillenspiel des Säuglings. Jahrb. f. Kinderheilk. Bd. 112, S. 179. 1926.
— Über einen Augenreflex auf den Hals im frühen Säuglingsalter. Jahrb. f. Kinderheilk. Bd. 113, S. 87. 1926.
— Über die Helligkeits- und Farbenempfindungen der Frühgeburten. Arch. f. Kinderheilk. Bd. 80, S. 1. 1926/27.
— Über die klinische Bedeutung des Geburtstraumas für die Neugeborenen. Dtsch. med. Wochenschr. 1927. Nr. 11.
— Über das Unterscheidungsvermögen des Kleinkindes. Erscheint i. Jahrb. f. Kinderheilk.
— und H. Isbert: Über die Körperstellung des Säuglings. Jahrb. f. Kinderheilk. Bd. 115, S. 142. 1927.
Peiser, J.: Prüfung höherer Gehirnfunktionen bei Kleinkindern. Jahrb. f. Kinderheilk. Bd. 91, S. 182. 1920.
Pfaundler, M. v.: Semiotik der Kinderkrankheiten. Handb. d. Kinderkrankheiten von Pfaundler-Schloßmann. Bd. 1, 1. Hälfte. Leipzig 1906.
— Über natürliche und über rationelle Säuglingsfürsorge. Süddeutsche Monatsh. 1909.
Popper, E.: Studien über Saugphänomene. Arch. f. Psychiatrie u. Nervenkrankh. Bd. 63, S. 231. 1921.
Poli, C.: Das Gehör des Neugeborenen. Ref.: Arch. f. Ohrenheilk. Bd. 41, S. 82. 1896.
Preyer, W.: Die Seele des Kindes. 5. Aufl. Leipzig 1900.
— Spezielle Physiologie des Embryo. Leipzig 1885.
Probst, O.: Gehirn und Seele des Kindes. Samml. von Abhandl. a. d. Geb. d. pädagog. Psychol. u. Physiol. Berlin 1904.
Rählmann, E.: Psychologisch-physiologische Studie über die Entwicklung der Gesichtswahrnehmungen bei Kindern und operierten Blindgeborenen. Zeitschr. f. Physiol. u. Psychol. d. Sinnesorgane. Bd. 2, S. 53. 1891.
— Über den Farbensinn des Kindes. Ophth. Klinik. Bd. 7, S. 321. 1903.
— und Witkowski: Über atypische Augenbewegungen. Arch. f. Anat. u. Physiol. 1877. S. 454.
Rank, O.: Das Trauma der Geburt. Internat. psychoanalyt. Bibliothek. Bd. 14. Leipzig 1924.
Reifferscheid, K.: Über intrauterine im Rhythmus der Atmung erfolgende Muskelbewegungen des Fetus (intrauterine Atmung). Pflügers Arch. f. d. ges. Physiol. Bd. 140, S. 1. 1911.
Ritter, C: Über das Verhältnis der Extremitätenbeuger zu Streckern beim Neugeborenen, Jahrb. f. Kinderheilk. Bd. 104, S. 293. 1924.
Römer, A.: Über psychische Minderwertigkeiten des Säuglingsalters. Med. Korresp.-Blatt d. Württemb. ärztl. Landesvereins. Bd. 61, S. 265. 1891.
Rothmann, M. und E. Teuber: Aus der Anthropoidenstation auf Teneriffa. I. Abhandl. d. preuß. Akad. d. Wiss. Physikal.-Mathemat. Abt. 1915.
Rudder, B. de: Beiträge zur Sinnesphysiologie des frühen Lebensalters. I. Zeitschr. f. Kinderheilk. Bd. 41, S. 555. 1926.
— Beiträge zur Sinnesphysiologie des frühen Lebensalters. II. Zum Farbensinn des Säuglings. Zeitschr. f. Kinderheilk. Bd. 43, S. 323. 1927.
Runge, W.: Die Erkrankungen des extrapyramidalen motorischen Systems. Ergebn. d. inn. Med. u. Kinderheilk. Bd. 26, S. 351. 1924.
Sachs, R.: Beobachtungen über das physiologische Verhalten des Gehörorgans Neugeborener. Arch. f. Ohrenheilk. Bd. 35, S. 28. 1893.
Schaltenbrand, G.: Normale Bewegungs- und Lagereaktionen bei Kindern. Dtsch. Zeitschr. f. Nervenheilk. Bd. 87, S. 23. 1925.
Scheyer, H. E.: Über Fettkörnchenzellbefunde im Rückenmark von Feten und Säuglingen. Zeitschr. f. d. ges. Neurol. u. Psychiatrie. Bd. 94, S. 185. 1924.
Schlesinger, J.: Zur Intelligenzbestimmung am jungen Kinde. Jahrb. f. Kinderbiner Bd. 111, S. 195. 1926.
Schön, R.: Beiträge zur Pharmakologie der Körperstellung. XXI.—XXIII. Arch. f. exp. Pathol. u. Pharmakol. Bd. 113, S. 246ff. 1926.
Schopenhauer, A.: Die Welt als Wille und Vorstellung.
Schur, E.: Studien über das statische Organ normaler Säuglinge und Kinder. Zeitschr. f. Kinderheilk. Bd. 32, S. 227. 1922.

Schwartz, Ph.: Die Ansaugungsblutungen im Gehirn Neugeborener. Zeitschr. f. Kinderheilk. Bd. 29, S. 102. 1921.
— Die traumatische Gehirnerweichung der Neugeborenen. Zeitschr. f. Kinderheilk. Bd. 31, S. 51. 1922.
— Erkrankungen des Zentralnervensystems nach traumatischer Geburtsschädigung. Zeitschr. f. d. ges. Neurol. u. Psychiatrie. Bd. 90, S. 263. 1924.
— Die geburtstraumatische Schädigung des Kopfes Neugeborener und ihre Bedeutung für die Pathologie. Monatsschr. f. Kinderheilk. Bd. 34, S. 502. 1926.
— Die traumatischen Schädigungen des Zentralnervensystems durch die Geburt. Ergebn. d. inn. Med. u. Kinderheilk. Bd. 31, S. 165. 1927.
— und L. Fink: Morphologie und Entstehung der geburtstraumatischen Blutungen in Gehirn und Schädel des Neugeborenen. Zeitschr. f. Kinderheilk. Bd. 40, S. 427. 1925.
Seitz, L.: Über Hirndrucksymptome bei Neugeborenen. Arch. f. Gynäkol. Bd. 82, S. 528. 1907.
Shinn, M. W.: Notes on the development of a child. University of California Publications. Education. Bd. 1. 1893—1899. (Auch in deutscher Übersetzung: Körperliche und geistige Entwicklung eines Kindes. Langensalza 1905.)
— The development of the senses in the first 3 years of the childhood. University of California Publications. Education. Vol. 4. 1907.
Sicheren, v.: Ophthalmoskopische Untersuchung Neugeborener. Dtsch. med. Wochenschr. 1907. S. 1564.
Siegmund, H.: Neue Untersuchungen über Encephalitis interstitialis Virchow. Klin. Wochenschr. 1922. S. 2274.
— Die Entstehung von Porencephalien und Sklerosen aus geburtstraumatischen Hirnschädigungen. Virchows Arch. f. pathol. Anat. u. Physiol. Bd. 241, S. 237. 1923.
Sikorski, I. A.: Die seelische Entwicklung des Kindes. 2. Aufl. Leipzig 1908.
Simons, A.: Kopfhaltung und Muskeltonus. Zeitschr. f. d. ges. Neurol. u. Psychiatrie. Bd. 80, S. 499. 1923.
— Kopfhaltung und Muskeltonus. Zentralbl. f. d. ges. Neurol. u. Psychiatrie. Bd. 40, S. 372. 1925.
Skramlik, E. v.: Handbuch der Physiologie der niederen Sinne. Leipzig 1926.
Soltmann, O.: Experimentelle Studien über die Funktionen des Großhirns der Neugeborenen. Jahrb. f. Kinderheilk. Bd. 9, S. 106. 1876.
— Über das Hemmungsnervensystem des Neugeborenen. Jahrb. f. Kinderheilk. Bd. 11, S. 101, 1877.
— Über einige physiologische Eigentümlichkeiten der Muskeln und Nerven des Neugeborenen. Jahrb. f. Kinderheilk. Bd. 12, S. 1. 1878.
— Die funktionellen Nervenkrankheiten. In Gerhardts Handb. d. Kinderheilk. Bd. 5, S. 1. Tübingen 1880.
— Über das Mienen- und Gebärdenspiel kranker Kinder. Jahrb. f. Kinderheilk. Bd. 26, S. 206. 1887.
Spitzy, H.: Die körperliche Entwicklung des Kindes. 2. Aufl. Wien 1926.
Stern, A. und Ph. Schwartz: Klinisches zum Geburtstrauma. Klin. Wochenschr. 1924. S. 931.
— W.: Psychologie der frühen Kindheit. 3. Aufl. Leipzig 1923.
Sternberg, M. und W. Latzko: Über einen Hemicephalus, mit Beiträgen zur Physiologie des menschlichen Zentralnervensystems. Zeitschr. f. Nervenheilk. Bd. 24, S. 209. 1903.
— W.: Geschmacksempfindungen eines Anencephalus. Zeitschr. f. Psychol. u. Physiol. d. Sinnesorgane. Bd. 27, S. 77. 1902.
Stolte, H.: Über das frühzeitige Sterben zahlreicher Kinder einer Familie. Jahrb. f. Kinderheilk. Bd. 73, S. 164. 1911.
Szulina, A. I.: Farbensinn bei Kindern. Referat i. Zentralbl. f. d. ges. Ophth. Bd. 13, S. 460. 1925.
Szymansky, I. S.: Über künstliche Veränderungen des sog. hypnotischen Zustandes bei Tieren. Pflügers Arch. f. d. ges. Physiol. Bd. 149, S. 111. 1912.
— Aktivität und Ruhe bei Tieren und Menschen. Zeitschr. f. allg. Physiol. Bd. 18, S. 105. 1920.
— Untersuchungen über eine einfache natürliche Reaktionstätigkeit. Psycholog. Forschg. Bd. 2, S. 298. 1922.

Taylor, R.: Hunger beim Kinde. Americ. journ. of dis. of childr. Vol. 14, p. 233. 1917.
— Hunger und Appetitsekretion des Magensaftes im Säuglingsmagen. Americ. journ. of dis. of childr. Vol. 14, p. 258. 1917.
Thiemich, M.: Über die Funktionsfähigkeit motorischer Rindenfelder beim Säugling. Zeitschr. f. klin. Med. Bd. 45, S. 226. 1902.
— Über die motorische Innervation beim Neugeborenen und jungen Säugling. Jahrb. f. Kinderheilk. Bd. 85, S. 395. 1917.
Thornval, A.: Die calorische Prüfung bei Neugeborenen. Acta oto-laryngol. Vol. 2, p. 451. 1920/21.
Tracy, F. und J. Stimpfl: Psychologie der Kindheit. 4. Aufl. Leipzig 1912.
Tumlirz, O.: Die neuere Jugendkunde, in der Einführung in die neuere Psychologie von E. Saupe. Osterwiek 1927.
Uffelmann: Hygiene des Kindes. Leipzig 1881.
Valentine, C. W.: Die Farbenempfindung und Bevorzugung bei einem Kinde während seines 4. und 8. Monats. Brit. journ. of psychol. Vol. 6, p. 363. 1913/14.
Voß, O.: Symptomatologie des Geburtstraumas. Klin. Wochenschr. 1923. S. 854.
— Geburtstrauma und Gehörorgan. Zeitschr. f. Hals-, Nasen- u. Ohrenkrankh. Bd. 6, S. 182. 1923.
— Klinische und pathologisch-anatomische Folgeerscheinungen geburtstraumatischer Schädigungen des Felsenbeins. Monatsschr. f. Kinderheilk. Bd. 34, S. 568. 1926.
Watson, J. B.: Psychologie from the standpoint of a behaviorist. Philadelphia und London. 2. Aufl. 1924.
Westphal, A.: Die elektrischen Erregbarkeitsverhältnisse des peripherischen Nervensystems des Menschen im jugendlichen Zustand und ihre Beziehungen zu dem anatomischen Bau. Arch. f. Psychiatrie u. Nervenkrankh. Bd. 26, S. 1. 1894.
— Über die Markscheidenbildung der Gehirnnerven des Menschen. Arch. f. Psychiatrie u. Nervenkrankh. Bd. 29, S. 474. 1897.
Westphal, C.: Die elektrische Erregbarkeit der Nerven und Muskeln Neugeborener. Neurol. Zentralbl. 1886. S. 361.
Wichura, M.: 2 Fälle von Anencephalie. Jahrb. f. Kinderheilk. Bd. 56, S. 131. 1902.
Winch, W. H.: Farbennamen englischer Schulkinder. Americ. journ. of psychol. Vol. 21. 1910.
Wohlwill, Fr.: Zur Frage der Encephalitis congenita. Zentralbl. f. allg. Pathol. u. pathol. Anat. Bd. 33, Erg.-H., S. 297. 1923.
— Zeitschr. f. d. ges. Neurol. u. Psychiatrie. Bd. 94, S. 208. 1924.
Woizechowski, nach Gundobin.
Wolowik, A. B.: Über die gegenseitige Wirkung der Schmerz- und Nahrungsreflexe bei Kindern. Jahrb. f. Kinderheilk. Bd. 115, S. 185. 1927.
Wooley, H. Th.: Farbenwahrnehmungen eines Säuglings. Psychol. review. Vol. 16, p. 963. 1909.
Wolpert, I.: Über den Fußsohlenreflex des Säuglings. Dtsch. Zeitschr. f. Nervenheilk. Bd. 89, S. 98. 1926.
Yllpö, A.: Pathologisch-anatomische Studien bei Frühgeburten. Zeitschr. f. Kinderheilk. Bd. 20, S. 212. 1919.
— Zur Physiologie, Klinik und zum Schicksal der Frühgeburten. Zeitschr. f. Kinderheilk. Bd. 24, S. 1. 1919.
— Über langandauernde Sensibilitäts- und Intelligenzstörungen nach Intoxikationsstadium bei ernährungsgestörten Säuglingen. Ergebn. d. inn. Med. u. Kinderheilk. Bd. 24, S. 179. 1923.
— Das Schädeltrauma bei der Geburt. Monatsschr. f. Kinderheilk. Bd. 34, S. 502. 1926.
Ziehen, Th.: Über die Krämpfe infolge elektrischer Reizung der Großhirnrinde. Arch. f. Psychiatrie u. Nervenkrankh. Bd. 17, S. 99. 1886.
Zipperling: Über eine besondere Form motorischer Reizzustände bei Säuglingen. Zeitschr. f. Kinderheilk. Bd. 5, S. 31. 1912.
Zybell, F.: Beiträge zur Behandlung der Spasmophilie. Verhandl. d. Ges. für Kinderheilk. 1911. S. 159.

Sachverzeichnis.

Psychosomatik in der Klinischen Medizin

Psychiatrisch-psychotherapeutische Erfahrungen bei schweren somatischen Krankheiten

Herausgegeben von
E. Bönisch und J.-E. Meyer

Springer-Verlag
Berlin Heidelberg New York 1983

Dr. Erhard Bönisch
Prof. Dr. Joachim-Ernst Meyer

Medizinische Einrichtungen der Universität Göttingen
Klinik für Psychiatrie, von Siebold-Straße 5
3400 Göttingen

ISBN-13: 978-3-540-12098-8 e-ISBN-13: 978-3-642-68882-9
DOI: 10.1007/978-3-642-68882-9

CIP-Kurztitelaufnahme der Deutschen Bibliothek. Psychosomatik in der Klinischen Medizin: psychiatr.-psychotherapeut. Erfahrungen bei schweren somat. Krankheiten/hrsg. von E. Bönisch u. J.-E. Meyer. – Berlin; Heidelberg; New York: Springer, 1983.
ISBN-13: 978-3-540-12098-8

NE: Bönisch, Erhard [Hrsg.]

Satz u. Bindearbeiten: G. Appl, Wemding, Druck: aprinta, Wemding
2125/3140-543210

Vorwort

Der vorliegende Band soll einen Überblick geben über die wichtigsten psychologischen Gegebenheiten, psycho-pathologischen Entwicklungen und Syndrome beim Kranken und seiner Umgebung. Er enthält keine systematische Darstellung unseres Wissens von den psychischen Begleit- und Folgeerscheinungen schwerer Körperkrankheiten.

Im klinischen Bereich werden paradigmatisch Herzinfarkt, chronische Nierenleiden, Krebserkrankungen und die multiple Sklerose behandelt, ferner Besonderheiten des Lebensalters am Beispiel von Kindheit und höherem Lebensalter. Im folgenden Abschnitt geht es um den psychotherapeutischen Zugang zum Schwerkranken, um neue Formen der Bearbeitung psychologischer Probleme im Krankenhaus und um Fragen der Aufklärung bei lebensbedrohlichen Erkrankungen. Dabei sollte erkennbar werden, welche Bedeutung in der modernen klinischen Medizin einer psychotherapeutisch orientierten Einstellung zum Kranken zukommt.

Entsprechend dem Ziel, die heute besonders aktuellen Probleme in diesem Bereich der psychosomatischen Medizin herauszustellen, ergab sich auch die Wahl der Autoren. Entscheidend war ihre praktische Erfahrung mit der speziellen Thematik, verbunden mit besonderem Interesse für die psychologischen Probleme des jeweiligen Fachgebietes.

Die beiden abschließenden Stellungnahmen (Freyberger/Meyer) beschäftigen sich mit der Frage der Weiterentwicklung der Psychosomatik in der klinischen Medizin und deren Eigenständigkeit. Dabei ist nicht kontrovers, daß Psychosomatik in diesem Sinne einen wichtigen, ja unabdingbaren Anteil in der Behandlung körperlich Schwerkranker besitzt, auch wenn die hier mitgeteilten Beobachtungen und Befunde erst teilweise systematisch untersucht sind. Hier ist, wie v. a. die klinischen Beispiele zeigen, ein ganz neues Gebiet zugänglich geworden, dessen Bedeutung für Therapie und Rehabilitation und für die psychotherapeutische Hilfe bei unheilbaren Krankheiten sich erst jetzt hinlänglich erkennen läßt.

Es ist unsere Absicht, mit dieser Publikation deutlich zu machen, daß psychosomatische Medizin dieser Art mehr und anderes ist als eine wissenschaftlich verbrämte Psychologisierung der Medizin der Gegenwart.

Göttingen, September 1982

E. Bönisch
J.-E. Meyer

Inhaltsverzeichnis

Autorenverzeichnis

Bastiaans, Jan, Prof. Dr.
Ordinarius für Psychiatrie, Reichsuniversität Leiden,
Jelgersmakliniek, P.O. Box 1251, NL-2340 BG Oegstgeest

Buchheim, Peter, Dr. med.
Oberarzt der Psychiatrischen Klinik und Poliklinik, Universität
München, Nußbaumstraße 7, 8000 München

Freyberger, Hellmuth, Prof. Dr. med.
Abteilung für Psychosomatik, Zentrum Psychologische Medizin,
Medizinische Hochschule, Konstanty-Gutschow-Straße,
3000 Hannover 61

Friedrich, Hannes, Prof. Dr. phil.
Abteilung für Medizinisch Soziologie der Universität,
Humboldtallee 1D, 3400 Göttingen

Gößling, Siegfried, Verwaltungsdirektor
Hufeland-Haus, Sektionsvorstand der Gesellschaft für
Gerontologie, Wilhelmshöher Straße 34, 6000 Frankfurt 60

Götze, Paul, Priv. Doz. Dr. med.
Psychiatrische Universitätsklinik, Martinistraße 52,
2000 Hamburg 20

Halhuber, Max J., Prof. Dr. med.
ehemal. ärztl. Direktor der Klinik Höhenried der LVA Oberbayern,
An der Gontardslust 17, 5920 Bad Berleburg

Köhle, Karl, Prof. Dr. med.
Abteilung Psychosomatik, Universität Ulm, Am Hochsträß 8,
7900 Ulm

Lauter, Hans, Prof. Dr. med.
Psychiatrische Klinik und Poliklinik rechts der Isar,
Technische Universität München, Möhlstraße 26, 8000 München 80

Lenard, Hans-Gerd, Prof. Dr. med.
Kinderklinik im Klinikum Mannheim, Universität Heidelberg,
Theodor-Kutzer-Ufer, 6800 Mannheim 1

Meerwein, Fritz, Prof. Dr. med.
Mühlebachstraße 82, CH-8008 Zürich

Meyer, Joachim-Ernst, Prof. Dr. med.
Psychiatrische Klinik der Universität, von-Siebold-Straße 5,
3400 Göttingen

Poser, Sigrid, Prof. Dr. med.
Neurologische Klinik der Universität, Robert-Koch-Straße 40,
3400 Göttingen

KLINISCHE UND PSYCHOSOZIALE ERGEBNISSE

Dialyse und Transplantation

H. Freyberger

Die psychologisch-medizinische Sicht der Polarität „Dialysepatient/Transplantationspatient"

Zur Erläuterung der psychosomatischen Aspekte beschäftigen wir uns zunächst mit den psychologisch-medizinischen Unterschieden des Dialysepatienten und des Transplantationspatienten. Wir gehen aus vom Begriff *Dialysestreß,* der sich anhand von folgenden 2 Stichworten verdeutlichen läßt (Freyberger 1973):

1. Abhängigkeit vom unerbittlich fortdauernden Therapieprogramm,
2. Konfrontation mit der kontinuierlichen Dialysenotwendigkeit.

Diese kontinuierliche Konfrontation manifestiert sich in Zeichen der emotionalen Verunsicherung, insbesondere labilem Selbstwertgefühl und Ängsten, ebenso in Ungewißheit hinsichtlich der Lebenserwartung sowie der potentiellen Möglichkeit von Zwischenfällen und Komplikationen. Ferner wird die Dialysekonfrontation signalisiert anhand der ungewöhnlich starken gedanklichen und gefühlhaften Präokkupation mit Dialyseproblemen, die im Kontakt mit dem Patienten schnell offenkundig werden (sekundäre Hypochondrie). Infolge dieser Psychopathologie wird das seelische Erlebnisfeld des Patienten emotional so stark „besetzt", daß differenzierte seelische Funktionen eine Einschränkung erfahren, v.a. die Introspektion im Hinblick auf nichtmedizinische Fakten. Hinzu tritt, daß es beim Patienten zur Abwehr von solchen aggressiven Triebwünschen kommt, die vorher bei ihm – im Sinne der Frustrationsaggression – aus 2 Gründen mobilisiert wurden:

1. Infolge des Krankheitseinbruchs entsprechend dem Leitsatz: „Warum gerade ich?"
2. Infolge jener ständigen Versagungen, die sich im medizinischen wie außermedizinischen Alltag des Dialysepatienten wegen seiner Abhängigkeit von verschiedenen persönlichen und sachlichen Fakten einfach nicht vermeiden lassen. Der nachfolgende kontraaggressive Abwehrprozeß zieht deutlichere depressive Gefühle (Erschöpfungsdepression) nach sich. Die Unterdrückung der Frustrationsaggression erfolgt deshalb, weil sich der Dialysepatient innerlich gehemmt fühlt, Groll, Unmut und Feindseligkeit gegenüber seiner Umgebung direkt kundzutun. Deshalb treten bei der Mehrzahl der Patienten auch Züge der Submissivität zutage.

Die *emotionale Bewältigung* des *Dialysestresses* wird durch folgende 4 Fakten wesentlich gefördert (Freyberger 1973):

1. *Somatische Situation vor Beginn der Dialyse.* Anläßlich der Konfrontation mit der Dialysenotwendigkeit ist es zur Beurteilung der psychologisch-medizinischen Situation des Patienten wesentlich, ob die Konfrontation für diesen plötzlich und unerwartet gekommen ist oder ob er darauf bereits vorbereitet war.
   Zur ersten Gruppe gehören jene Nierenkranken, die bisher von ihrem chronischen Leiden, das bis dahin symptomatologisch weitgehend unterschwellig verlief, noch nichts wußten und hiermit perakut konfrontiert werden, und zwar zumeist mit der Notwendigkeit, die Behandlung an der künstlichen Niere umgehend aufzunehmen. Es kommt also zu einem ganz abrupten Übergang vom Zustand des bisher subjektiven gesundheitlichen Wohlbefindens in jenen des chronischen, von einer Apparatur ständig abhängigen Kranken. Hier verläuft verständlicherweise die Auseinandersetzung des Patienten mit seinem Dialysestreß zunächst unverhältnismäßig problematischer als bei der zweiten Gruppe, nämlich jenen chronisch Nierenkranken, die sich schon seit längerem pathophysiologisch jenseits der vollen Kompensation befanden, so daß die konservative Langzeitführung notwendig wurde, die dann eines Tages – nach Monaten bis Jahrzehnten – in die unumgänglich angezeigte Dialysebehandlung mündete. Es ist einfühlbar, daß diese Patienten für gewöhnlich auf die bevorstehende Therapie mit der künstlichen Niere schon seit längerem so vorbereitet waren, daß sie sich hiermit laufend auseinandersetzen und schon mit Dialysepatienten zum Informationsaustausch Kontakt aufnehmen konnten. Hinzu kommt, daß sich bei einem Teil der Patienten im herannahenden Stadium der dialysepflichtigen terminalen Niereninsuffizienz das Befinden so verschlechtert, daß sie sich somatisch und psychisch deutlich beeinträchtigt fühlen. Nun erlebt der Patient die begonnene Dialysebehandlung als merkliche Besserung seines Allgemeinbefindens, also die therapeutische Effektivität viel intensiver als die erste Patientengruppe. Auch dadurch verläuft die Bewältigung des psychischen Dialysestresses optimaler.
2. *Unerbittlich fortdauernde Konfrontation mit der Alternative „Weiterleben oder Sterben“.* Dadurch erfährt das Durchhaltevermögen des Patienten eine Steigerung.
3. *Ständige Hoffnung auf die Nierentransplantation.*
4. *Psychisches Abwehrverhalten.* Das relevanteste psychische Abwehrverhalten ist die *Verleugnung*. Wir verstehen darunter die unbewußt motivierte Abschwächung oder gar Ausblendung von subjektiv quälenden intrapsychischen Wahrnehmungen und äußeren, widrigen Umweltfakten. Es handelt sich um eine Art episodischer, rezidivierender oder kontinuierlicher Skotomisierung des Bewußtseinsfeldes mit dem Ziel, massive Unlust zu vermeiden (Freyberger 1977). Die Verleugnungen betreffen bei Dialysepatienten den momentanen objektiven Schweregrad der Erkrankung, ebenso die zugehörigen Grade von labilem Selbstwertgefühl, Depression und Angst. Ferner betreffen die Verleugnungen die Intensität der therapeutischen Maßnahmen sowie das objektive Ausmaß der Abhängigkeit von den Angehörigen und der Ärzte-Schwestern-Pfleger-Gruppe. Diese Verleugnungen ziehen eine deutlichere Gefühlsrestriktion nach sich. Dementsprechend beobachten wir beim Patienten eine etwas verminderte psychische Empfindlichkeit im Hinblick auf vergangene wie zukünftig mögliche belastende

Ereignisse. Diese etwas verminderte seelische Empfindlichkeit, die wechselnd stark ausgeprägt sein kann, wurde mit dem Begriff „fatalistic wait-and-see-attitude" (Eisendraht 1976) umschrieben.

Für den Umgang mit den Patienten ist es wichtig, folgende *3 Intensitäten* der Verleugnungsarbeit genauer zu kennen (Freyberger 1977):

1. die *realitätsgerechte,*
2. die *zu schwach* ausgeprägte,
3. die *zu stark* ausgeprägte.

Beim Patienten verläuft die Verleugnungsarbeit nur dann realitätsgerecht, wenn sie eine nicht zu intensive Ausprägung hat, d.h. die Verleugnungen müssen dem Patienten immer noch so viel intrapsychisch-reflektorischen Spielraum lassen, daß er seine eigene körperliche Befindlichkeit optimal kontrollieren und die therapeutischen Anliegen der Ärzte-Schwestern-Pfleger-Gruppe genügend konturiert wahrnehmen kann. In einem solchen Falle handelt es sich um einen kooperativen und ausreichend rehabilitierten Patienten: Das subjektiv-befriedigende psychophysische Befinden korrespondiert weitgehend mit seiner objektiv stabilen medizinischen Situation.

Sofern – im Gegensatz zur realitätsgerechten Verlaufsform – die Verleugnungen *zu intensiv* sind, zeigt sich beim Patienten eine sehr stark ausgeprägte Gefühlsrestriktion. Der Patient neigt dazu, die Bedeutung seines Status als Patient zu unterschätzen sowie die Notwendigkeit einer laufenden therapeutischen Überwachung gering zu achten. Es ergeben sich folgende – fehladaptive – Verhaltensweisen: Der Patient nimmt das Behandlungsregime nicht ernst genug, kann zur Ärzte-Schwestern-Pfleger-Gruppe kein verbindliches Arbeitsbündnis aufbauen und akzeptiert nur ganz widerwillig und partiell therapeutische Direktiven. Diese Verhaltensweisen ziehen u.U. schwerwiegende somatische Gefährdungen nach sich. Ungeachtet ihrer manifesten Gefährdung erklären jedoch die meisten dieser Patienten, die nicht selten subeuphorisch wirken, „sich ausgezeichnet zu fühlen". Wir haben also einen weniger kooperativen und nicht ausreichend rehabilitierten Patienten vor uns, der eine Diskrepanz zwischen subjektiv überhöht wahrgenommenem psychophysischem Befinden und objektiv instabiler medizinischer Situation aufweist.

Im Falle der *zu wenig intensiven* Verleugnung neigt der Patient dazu, die Bedeutung seines Status als Patient zu überschätzen, und zwar in Richtung von ausgesprochenem Kranksein mit überstark wahrgenommenen somatischen Gefährdungen. Gleichzeitig zeigt der Patient ein ungenügendes Vertrauen in die laufende therapeutische Überwachung. Es dominieren psychogene Überlagerungen von organisch determinierten Beschwerden. Dazu kommen gehäuft funktionelle Störungen, also solche körperlichen Beschwerdebilder, deren pathophysiologische Abweichungen nicht auf anatomischen Struktureigentümlichkeiten beruhen. Es ergeben sich folgende – fehladaptive – Verhaltensweisen: Beim Patienten tritt ein überhöhter Anspruch nach gesteigerter emotionaler Zuwendung zutage, der das Ausmaß eines heftigeren klagsam-anklagenden Agierens erreicht und die Personen seiner Umgebung nicht unerheblich strapaziert. Infolge des gleichzeitigen Vorliegens von Zügen emotionaler Ohnmacht, die herabgesetzte seelische Kontrollfunktionen nach sich ziehen können, zeigt sich u.U. eine mangelhafte Aufgeschlossenheit gegenüber dem Behandlungsregime. Diese Patienten zeigen sich ebenfalls als weniger kooperativ und nicht ausreichend rehabilitiert. Die Wahrnehmung des psychophysischen Befindens korrespondiert ebenfalls nicht mit der objektiven somatischen Situation, jedoch in einem umgekehrten Sinne wie bei den Patienten mit zu intensiven Verleugnungen: Die zu wenig intensiv verleugnenden Patienten stellen nämlich nicht nur ihren subjektiven Status als Patient, sondern auch ihren somatischen Zustand beeinträchtigter dar, als es in objektiver Sicht der Fall ist. Es dominiert also die Diskrepanz zwischen subjektiv reduziert wahrgenommenem psychophysischem Befinden und objektiv weniger deutlich faßbarer somatischer Beeinträchtigung.

Erfahrungsgemäß ist bei der Mehrzahl der Patienten eine adaptiv-realitätsgerechte Verleugnungsarbeit nachweisbar, während die Patienten mit zu intensiver und zu wenig intensiver Verleugnung in der Minderzahl sind. Diese sehr bemerkenswerte Feststellung wird anhand jener 3 Determinanten verständlich, auf die sich die realitätsgerechte Verleugnungsarbeit stützt, bestimmte Grade an prämorbider seelischer Stabilität, eine gewisse Fähigkeit zur Introspektion sowie genügend Stütze und Ermutigung durch den Familienverband. Dabei kommt dem *Social support* von seiten des Familienverbandes, der offenbar den meisten Dialysepatienten zuteil wird, die wichtigste Bedeutung zu, zumal hierdurch auch die Introspektionsfähigkeit gefördert wird. Umgekehrt müssen wir im Falle eines ungenügenden familiären Rückhaltes und der davon ableitbaren Introspektionseinschränkung mit fehladaptiver Verleugnungsarbeit rechnen.

Ausgehend von der Qualität des Dialysestresses und den Möglichkeiten der emotionalen Streßbewältigung formulieren wir für den Dialysepatienten den Abhängigkeits-/Unabhängigkeitskonflikt als einen zentralen psychodynamischen Vorgang wie folgt: Der Patient erfährt eine kontinuierliche Konfrontation mit dem unerbittlich fortdauernden Therapieprogramm und muß sich diesem bedingungslos unterwerfen. Die resultierenden *Abhängigkeitswünsche* hinsichtlich des Dialysesettings und der Angehörigen interferieren mit jenen betonten Forderungen nach *Unabhängigkeit,* die von seiten der Umwelt (Ärzte, Pflegepersonen, Angehörige, berufliches Feld) im Rahmen des psychosozialen Rehabilitationsprozesses erwartet werden.

Breite klinisch-psychosomatische Erfahrungen lehren, daß beim Dialysepatienten nach einer geglückten Transplantation eine beträchtliche Besserung des seelischen Befindens und des körperlichen Leistungsvermögens auftritt (Freyberger 1981). Die Ursache dieser durchgreifenden psychophysischen Besserung liegt v.a. im totalen Fortfall des Dialysestresses und in der besseren somatischen Befindlichkeit. Damit vermindert sich auch die seelische Belastung der Angehörigen. Weiterhin kommt es zu einer ausgeprägten Reduktion des Abhängigkeits-/Unabhängigkeitskonflikts. Jedoch bleiben bei einem solchen Patienten diejenigen *Befürchtungen* stärker, welche die Möglichkeit der Abstoßung des Transplantats und damit die Möglichkeit einer Wiederaufnahme der Dialysebehandlung beinhalten. Gerade diese Befürchtungen stellen den beherrschenden Erlebnisinhalt des Transplantationspatienten dar (Freyberger 1981).

Spezialprobleme

Bei der Mehrzahl der Dialyse- und Transplantationspatienten, insbesondere bei den Männern, können *Sexualstörungen* auftreten, die bei beiden Geschlechtern hauptsächlich die Herabsetzung der sexuellen Triebwünsche betreffen; außerdem Erektionsschwäche beim Mann und Frigidität bei der Frau. Allerdings lassen sich bei Dialyse- und Transplantationspatienten bereits vor der Behandlung mit der künstlichen Niere etwas häufiger Sexualstörungen aufzeigen als im Durchschnitt der Bevölkerung. Im Gegensatz zu den Transplantationspatienten zeigt sich bei den Dialysepatienten unter der fortdauernden Dialysebehandlung eher eine weitere Zunahme der Sexualstörungen. Diese weisen eine gewisse Tendenz zur leichten Rückbildung nach geglückter Nierentransplantation auf. Für das Auftreten der Sexualstörungen sind nicht nur seelische Probleme aufgrund des psychischen Dialysestresses, sondern auch somatische Fakten verantwortlich. Dieser letztere Aspekt bedarf nachdrücklicher Berücksichtigung, wenn z. B. wegen der Impotenz eines Dialysepatienten und der nachfolgenden seelischen Belastung der Ehefrau Partnergespräche zur Diskussion stehen.

Im Hinblick auf die Frage der *psychologischen Eignung* des *Transplantationskandidaten* sind wir der Ansicht, daß das praktisch einzige psychologische Eignungskriterium, das die Aufnahme des Patienten in das Transplantationsprogramm ausschließen könnte, das sehr stark *eingeschränkte Kooperationsvermögen* ist. Es äußert sich während der Dialysebehandlung v. a. in deutlichen Verstößen gegen die Flüssigkeits- und Nahrungsrestriktion sowie in einer mangelhaften Akzeptation der Direktiven von seiten der Ärzte-Schwestern-Pfleger-Gruppe. Dies kann 4 Ursachen haben:

1. Rein reaktive Genese: Sekundäres kooperatives Unvermögen durch ausgeprägte reaktive Depression, die auf überhöhtes seelisches Reagieren des Patienten auf den Dialysestreß, zumeist wegen schwer lösbarer somatischer Komplikationen, zurückzuführen ist.
2. Neurotische Genese: Primäres kooperatives Unvermögen infolge originärer seelischer Probleme mit deutlich durchsichtigem Agieren entgegen den therapeutischen Notwendigkeiten.
3. Organische Genese: Sekundäres kooperatives Unvermögen infolge zerebraler Durchblutungsstörung mit nachfolgender mentaler Entdifferenzierung.
4. Stärker eingeschränkte Intelligenzkapazität: Primäres kooperatives Unvermögen infolge zerebraler Schädigung oder neurotischer Fehlentwicklung (inkurable „Pseudodebilität").

Im Falle der organischen Genese und der stärker eingeschränkten Intelligenzkapazität fehlt eigentlich stets die Eignung zur Transplantation, während sie bei Vorliegen der rein reaktiven Genese gegeben ist, da sich nach geglückter Transplantation – und damit nach der Rückbildung der dialysebedingten somatischen Komplikationen – die Einschränkung des Kooperationsvermögens erfahrungsgemäß weitestgehend zurückbildet. Dagegen ist bei der neurotischen Genese die Entscheidung hinsichtlich der Transplantationseignung u. U. sehr schwierig und letztlich nur vom Psychosomatiker zu fällen. Für den psychosomatischen Konsiliarius ist es v.a. wichtig zu wissen, daß hier „neurotisch“ nicht nur eine Beziehungsstörung meint, die auch Ärzte und Pflegepersonen einbezieht, sondern insbesondere – meist unbewußt und vorbewußt angesiedelt – selbstdestruktive Impulse. Sie können später nach gelungener Nierenverpflanzung eine mangelhafte Disziplin hinsichtlich der Notwendigkeit zur regelmäßigen Medikamenteneinnahme nach sich ziehen, ohne daß dies vorher während des Dialysestadiums deutlich zutage treten muß.

Die psychologisch-medizinische Führung

Spezielle Social-support-Funktionen

Die psychologisch-medizinische Führung des Dialyse- und des Transplantationspatienten beinhaltet in erster Linie das Prinzip des sog. *Social support:* Das sind gezielt dosierte zwischenmenschliche Zuwendungen zum Patienten, die spezifische psychologische Wirkungen nach sich ziehen. Die spezielle Qualität des Social support wird von folgenden 3 Faktoren bestimmt:

1. Intensität der tragenden Kontakte zu den *Mitpatienten,*
2. Intensität der Stützung und Ermutigung durch die *Angehörigen,*
3. Intensität der Beziehung zur Gruppe der *Therapeuten,* (Ärzte, Schwestern, Pfleger, Psychosomatiker, Seelsorger, Sozialarbeiter, Krankengymnasten, Ernährungsberater, Rehabilitationsfachleute, apparative Wartungstechniker).

Die Kontakte zu den *Mitpatienten,* die stationär, ambulant und in Selbsthilfegruppen erfolgen, können für Dialyse- und Transplantationspatienten ein deutlich supportives Element darstellen. Das supportive Element betrifft die medizinische Information innerhalb der Patientengruppe, die für den einzelnen Patienten stützende und ermutigende Fakten beinhalten kann. Ferner geht es bei den Patientenkontakten um die Verbalisierung der subjektiv beeinträchtigenden, sekundärhypochondrischen Inhalte und um das Sichaussprechenkönnen in bezug auf den eigenen Leidensdruck. Ausgehend von der Tatsache, daß für Kranke generell, also organisch wie psychisch Kranke, die *Familie* das wichtigste Beziehungssystem ist, kommt es zu nicht unerheblichen emotionalen Auswirkungen auch für die Angehörigen, wenn ein Familienmitglied erkrankt. In diesem Zusammenhang sind die hohen supportiven Effekte unbestritten, die sich bei der Mehrzahl der Patienten infolge der Zuwendung der Angehörigen zeigen. Die überwiegende Mehrzahl der Patienten rückt in den Mittelpunkt des Familienlebens und erfährt ein ungewöhnliches Maß an emotionaler Zuwendung. Deshalb bilden sich enge gegenseitige Bindungen aus, die für den Patienten einen außerordentlichen seelischen Schutz bedeuten. Der Angehörige kann zwar ebenfalls diese Bindungen zwischenmenschlich befriedigend wahrnehmen, fühlt sich aber gleichzeitig auch psychisch (erheblich) belastet. Wir sprechen von der emotional kontrastierenden Doppelrolle des Angehörigen. Denn er muß einerseits den Patienten stützen und ermutigen, andererseits muß er jenen Leidensdruck bewältigen, den der Patient an ihn sozusagen delegiert

(Speidel et al. 1978), und zwar durch „Mittrauern“ und Verleugnung. Außerdem nehmen die Angehörigen auf den Patienten mehr Rücksicht als umgekehrt; schließlich weichen die Angehörigen Konflikten mit dem Patienten aus und ziehen sich bei Streit zurück. Die Angehörigen müssen jedoch dieses altruistische Verhalten mit einem Stück Interessen- und Kontaktverlust gegenüber der Umwelt bezahlen (partnerbezogener sekundärer Krankheitsgewinn für den Patienten) (Balck et al. 1978). Dieser Krankheitsgewinn wird besonders deutlich faßbar beim Dialysepatienten. Darüber hinaus verschärft sich gerade hier die Problematik der Beziehung Patient-Angehöriger mit zunehmender Dialysedauer. Dies hat zur Folge, daß sowohl bei Patienten wie auch bei Angehörigen Depressivität und Selbstwerteinbußen zunehmen; ebenso kann jetzt der Abhängigkeits-/Unabhängigkeitskonflikt des Patienten situationsadäquate Zuspitzungen erfahren (Koch et al. 1979). Jetzt stellt ohne jeden Zweifel die Transplantation eine sehr realitätsgerechte Alternative dar.

Neben den Mitpatienten und Angehörigen hat auch von der Therapeutengruppe ein Social support auszugehen, der sich als „emotionale Präsenz“ definieren läßt. Die emotionale Präsenz umfaßt die kontinuierliche Aufmerksamkeit und ständige potentielle Verfügbarkeit der Therapeutengruppe für die psychischen Bedürfnisse des Patienten (Freyberger 1981). Der Therapeut sollte bei dieser speziellen Form der Aufmerksamkeit fähig sein, bei bestimmten, den Patienten belastenden Situationen psychologisch-medizinisch helfend zu intervenieren. Beispiele derartiger Situationen sind

1. die Sorge für realitätsgerechte seelische Verhaltensweisen des Patienten angesichts der Behandlungskonfrontationen,
2. die Aufrechterhaltung von ausreichender Kooperation und medizinischer Information mit dem Ziel, den Patienten zu einem „Experten“ zu machen. Dies führt beim Patienten zur Verminderung von labilisiertem Selbstwertgefühl, Depression, Angst und Submissivität),
3. das gezielte Eingreifen bei seelischen Krisensituationen des Patienten unter besonderer Berücksichtigung der innerfamiliären Beziehungen, sofern im Einzelfall diese Intervention keine Überforderung für den Arzt oder die Pflegepersonen darstellen.

Folgende 3 Interventionen durch die Therapeutengruppe erfordern einen nur geringen zeitlichen Aufwand und haben sich als sehr effektiv erwiesen (Klapp u. Freyberger 1981):

1. Die wiederholte Anregung des Patienten zur *Verbalisierung* seiner sekundär-hypochondrischen Gedanken und Gefühle, da er sich infolge dieser Katharsis seelisch merklich *entlastet* fühlt.
2. Die umgehende Ansprache erkennbar werdender unterdrückter Feindseligkeitsgefühle ermöglicht ebenfalls oft eine befreiende Katharsis.
3. Über die anregbaren kathartischen Entlastungen läßt sich die introspektive Einschränkung des Patienten vermindern, wodurch gemeinsame Überlegungen mit dem Patienten über seine medizinischen und persönlichen Probleme ermöglicht werden. Dieses relativ oberflächlich zu haltende Reflektieren steigert die für die Rehabilitation so bedeutsame Kooperationsfähigkeit vom frühestmöglichen Zeitpunkt an.

Im Hinblick auf den psychologisch-medizinischen Bedürfnisdruck des Patienten sollte zwischen den Ärzte-Schwestern-Pfleger-Gruppen und dem Psychosomatiker grundsätzlich vereinbart werden, daß der Umgang mit seelischen Problemen des Patienten zunächst Aufgabe der Ärzte und Pflegepersonen ist. Erst wenn diese sich durch die jeweils vorliegenden Probleme des Patienten überfordert fühlen, besteht eine Indikation zur Hinzuziehung des Psychosomatikers. Sofern von beiden Seiten diese Regel strikt eingehalten wird, ergibt sich ein ökonomischer Zeitaufwand, der ein relativ weitgefächertes Netz der psychologisch-medizinischen Versorgung des Patienten ermöglicht. Wir vertreten also entschieden den Standpunkt, daß auch bei psychologischen Problemen die Ärzte-Schwestern-Pfleger-Gruppe zunächst ausschließlich zuständig ist. Damit liegen die somatische und seelische Betreuung des Patienten in einer Hand. Diese Kombination ist das eigentlich erwünschte Endziel jeglicher klinischer und poliklinischer Krankenversorgung. Es läßt sich jedoch bedauerlicherweise nur selten verwirklichen, und zwar vornehmlich aus 2 Gründen:

1. Die ergänzende psychologisch-medizinische Schulung der Ärzte und Pflegepersonen ist ungenügend.
2. Die Ärzte und Pflegepersonen sind zeitlich überbeansprucht und finden deshalb kaum Zeit, außerhalb der eigentlichen Routineaufgaben den Patienten zusätzlich zu betreuen.

Die emotionale Präsenz läßt sich im Rahmen systematischer *Fortbildungsprogramme* erlernen, z. B. auf der Basis der Balint-Gruppe, der Supervisionsgruppenarbeit oder der gemeinsamen Diskussion von Patientenbefunden nach psychosomatischen Konsilien. Das hohe qualitative Niveau der dialysemedizinischen und transplantationsmedizinischen Maßnahmen sowie das zugehörige konsequente Training könnten entscheidende Ausweitungen erfahren, wenn in gleicher Weise auch ein psychologisch-medizinisches Training erfolgen würde. So ließe sich das relativ ungezielte Operieren mit dem sog. gesunden Menschenverstand zum Vorteil von Patienten und Behandlungsteam ersetzen.

Therapeutische Wirkungen

Dank der Social-support-Funktionen der Mitpatienten, Angehörigen und Therapeuten lassen sich folgende 2 Behandlungswirkungen realisieren:

1. Die Abschwächung der Intensität des Abhängigkeits-/Unabhängigkeitskonfliktes.
2. Die Stabilisierung der Verleugnungsarbeit im Sinne von realitätsgerechtem Verhalten. „Verfestigung der realitätsgerechten Verleugnungsarbeit" heißt nicht etwa, den Patienten zu möglichst globalen Verleugnungen seiner inneren wie äußeren seelischen Realität anzuregen. Vielmehr sollen sie in der psychologisch-medizinischen Arbeit mit dem Patienten nur soweit zugelassen und fundiert werden, daß gröberen seelischen Dekompensationen, z. B. hinsichtlich des Zustandes der Hilf- und Hoffnungslosigkeit, vorgebeugt wird.

Spezielle psychotherapeutische Interventionen

Breite Erfahrungen lehren, daß bei der Mehrzahl der Dialyse- und Transplantationspatienten die emotionale Präsenz der Ärzte und Pflegepersonen sowie die Stützung und Ermutigung durch die Angehörigen ausreichen, um die subjektive psychische Situation des Patienten erträglich zu gestalten. Wenn jedoch der Abhängigkeits-/Unabhängigkeitskonflikt an Intensität zunimmt und die Verleugnungsarbeit nicht mehr stabilisierend realitätsgerecht abläuft, werden *psychotherapeutische* Maßnahmen durch den Psychosomatiker unerläßlich. Diese Interventionen machen die Einbeziehung von Angehörigen oder zunächst auch Gespräche mit diesen allein wünschenswert, sofern die Probleme des Patienten – das ist häufig der Fall – betont partnerbezogen sind. Die entscheidende Voraussetzung für den Beginn einer Psychotherapie des Patienten wie des Angehörigen ist, daß bei diesen eine hinreichende innere Motivation existiert, insbesondere ein zumindest vages Konfliktbewußtsein und eine wenigstens minimal ausgebildete Fähigkeit zum (Selbst-)Reflektieren. Aufgrund unserer Erfahrung sind diese inneren Motivationen bei ⅔ der Dialyse- und Transplantationspatienten sowie bei deren Angehörigen gegeben; bei dem restlichen Drittel ist die Eröffnung einer psychotherapeutischen Arbeit wegen der zu eingeschränkten Introspektion des Patienten sowie wegen der Starrheit und Eingeengtheit der innerfamiliären Beziehungssysteme nicht möglich.

Die *supportive Psychotherapie* ist bei Patienten und Angehörigen die hauptsächliche psychologisch-medizinische Behandlungsart. Es handelt sich um eine Spezialform der seelischen Krankenbehandlung, die sich durch den Aufbau einer stabilen Objektbeziehung in Richtung auf Stützung und Ermutigung auszeichnet, aber auch durch eine ganz oberflächliche Konfrontations- und Deutungsarbeit charakterisiert sein kann (Freyberger u. Speidel 1976).

Den Ausgangspunkt der supportiven Psychotherapie stellt die oral-narzißtische Objektbeziehung dar, die der Patient, auf das Angebot des Therapeuten hin, aufbaut. Der Begriff „oral-narzißtisch" heißt für den Therapeuten, den Patienten seine unmittelbare Nähe fühlen zu lassen und betont auf dessen Bedürfnisdruck einzugehen.

In einem ersten psychotherapeutischen Schritt geht es darum, den Patienten seine sekundär-hypochondrischen Vorstellungen wiedergeben zu lassen. Diese sekundär-hypochondrischen Selbstbeschäftigungen stellen anfangs das vordergründige und eigentliche kommunikative Anliegen des Patienten dar und bedürfen deshalb einer besonderen Würdigung durch den Therapeuten. Bei diesen Verbalisierungen handelt es sich um eine zwar wenig differenzierte, jedoch kathartisch sehr wirksame Form des „Sprechens über sich". Seitens des Patienten dominieren nun eine Restriktion von differenzierten Gefühlen und eine deutliche introspektive Einschränkung; die psychotherapeutische Situation wirkt vordergründig oberflächlich, langweilig und scheinbar unergiebig. Tatsächlich nimmt jedoch der Patient angesichts der gewährenden Einstellung seines Therapeuten die Abreaktion der hypochondrischen Inhalte als sichtliche psychische Entlastung wahr. Hierdurch kommt es zur ersten Fundierung der Arzt-Patient-Beziehung, weil sich jetzt der Patient verstärkt angenommen fühlt. Nun wird insbesondere das labilisierte Selbstwertgefühl stabilisiert *(Stadium 1).*

In einem zweiten Schritt geht es darum, den Patienten zu gefühlhaft differenzierten Verbalisierungen anzuregen. Falls dies gelingt, der Patient also nicht im Psychotherapiestadium 1 stehenbleibt, werden die sekundär-hypochondrischen Selbstbeschäftigungen zugunsten der Selbstreflexionen weiter vermindert. Diese *Selbstreflexionen* bringen den Patienten zu einer weiteren befreienden Katharsis; der Kundgabe seines Leidensdruckes. Dieser Leidensdruck hat weniger hypochondrische Qualitäten, sondern besser identifizierbare psychische Inhalte: emotional konturiertere Aspekte des Dialysestresses, die allgemeine Zukunftsperspektive und, in allerersten Ansätzen, etwas plastischer wahrgenommene persönliche Probleme. Gelingt dem Patienten auch diese Verbalisierung, kommt es auf der Basis der sich immer mehr intensivierenden Arzt-Patient-Beziehung zum ersten Intensitätsrückgang der Verhaltensmerkmale 1 bis 3 und des Abhängigkeits-/Unabhängigkeitskonfliktes sowie zur realitätsgerechten Verfestigung der Verleugnungsarbeit und der partiellen infantilen Regression *(Stadium 2).*

Schließlich ist der Therapeut in einem dritten psychotherapeutischen Schritt bestrebt, solches vorläufige Konfliktmaterial einzubringen, das beim Patienten faßbar wird, mit dem Ziel, den Patienten zur wenigstens oberflächlichen gemeinsamen Reflexion und Durchsprache anzuregen, wenn dieser dazu emotional genügend tragfähig ist: Emotionale Tragfähigkeit des Patienten heißt hier, daß er auf die Konfrontation mit der Notwendigkeit, seine Verhaltens-und Beziehungsmuster zu ändern, nicht mit Abbruch der Gespräche reagiert. Falls der Patient sie jedoch abzubrechen droht, muß der Therapeut vom oberflächlich-konfliktbearbeitenden Vorgehen ablassen, sich, unter Fortführung der bisherigen supportiven Strategie, auf die Erhaltung des psychischen Status quo des Patienten konzentrieren sowie dessen derzeitiges Verhalten und Modalitäten, ungeachtet der offensichtlichen, jedoch (noch) nicht bearbeitbaren Konflikthaftigkeit, bestätigen (Wirsching et al., im Druck). Das heißt, der Therapeut bejaht und erkennt an, daß der Patient für seine aktuelle Lebenssituation seine – subjektiv – bestmögliche Lösung gefunden hat. Diese Kompromißlösung, die das Stehenbleiben des Patienten im Stadium 2 bedeutet, ermöglicht diesem ein subjektiv erträgliches Gleichgewicht, auch wenn diese psychische Homöostase mit grob gestörten psychodynamischen Prozessen erkauft wird.

Sofern der Patient aber durchhält, stehen bei der gemeinsamen Reflexion und Durchsprache mit dem Therapeuten bewußtseinsnahe Konflikte im Vordergrund. Bereits dann, wenn der Patient oberflächlich Konfliktuöses wahrnehmen und erste Lösungsmöglichkeiten akzeptieren kann, kommt es zu einer weiteren deutlichen psychischen Stabilisierung *(Stadium 3).* Nach Verwirklichung des Psychotherapiestadiums 3 herrscht eindeutig die *Konfliktbearbeitung* vor und der Bereich der supportiven Psychotherapie wird verlassen. Eine nachfolgende, lange hinziehende „aufdeckende“ Psychotherapie kommt jedoch bei Dialysepatienten nur selten in Frage, da die zugehörige notwendige hohe innere Motivation zumeist fehlt.

Spezielle supportiv-psychotherapeutische Indikationen in den Settings des Dialyse- und Transplantationspatienten

Hinsichtlich der Alternativen Einzeltherapie oder Paar- und Familientherapie ist die letztere um so sinnvoller, je mehr sich die wechselseitigen Abhängigkeiten bzw. die Verankerung der Symptome im Beziehungskontext erkennen lassen. Insbesondere sind intensive Abhängigkeitsbeziehungen zwischen Patienten und Angehörigen geeignet, die Einzelbehandlung zu blockieren. Gerade bei Dialysepatienten haben wir also bei der Indikationsstellung zur seelischen Krankenbehandlung sorgfältig abzuwägen, ob wir direkt mit der Paar- und Familientherapie beginnen oder aber erst nach einer kürzeren oder längeren Phase individueller Arbeit die Familie einbeziehen.

Im einzelnen ergeben sich im Setting der Dialyse- und Transplantationseinheit folgende 7 supportiv-psychotherapeutische Indikationen (Drees 1976; Freyberger 1973; 1981):

1. *Emotionale Schockreaktionen.* Die emotionalen Schockreaktionen beinhalten eine ausgeprägte Intensitätssteigerung des Abhängigkeits-/Unabhängigkeitskonfliktes und eine erhebliche Schwächung der realitätsgerechten Verleugnungsarbeit. Diese Schockreaktionen zeigen sich einerseits beim Patienten anläßlich der ersten Indikation zur Dialysepflichtigkeit, und zwar v.a. dann, wenn die terminale Niereninsuffizienz ganz unerwartet auftrat, also Patient wie Angehöriger sehr plötzlich mit der Dialysepflichtigkeit konfrontiert wurden. Andererseits kommt es zur Manifestation der emotionalen Schockreaktion, wenn beim Transplantationspatienten die *Entfernung* des *Transplantates* durchgeführt werden muß und deshalb der Wiederanschluß an die künstliche Niere bevorsteht. Auch hier zeigt sich eine erhebliche emotionale Mitreaktion der Angehörigen.
2. Starke *Einschränkung* des *Kooperationsvermögens* infolge zu schwach oder zu stark ausgeprägter Verleugnungsarbeit, häufig verbunden mit deutlich herabgesetzter Disziplin hinsichtlich der Nahrungs- und Flüssigkeitsrestriktion (u.U. im Sinne eines selbstdestruktiven Agierens).
3. *Konflikte* zwischen Angehörigen und Patient mit der Gefahr seiner *Entwurzelung.* Typische Beispiele für derartige Konfliktsituationen gehen von jenen Angehörigen aus, die nur teilweise die emotionale Konfrontation mit dem Patienten ertragen können. Hier kann der psychotherapeutische Umgang genauso schwierig sein wie mit jenen weiblichen Angehörigen, die nicht imstande sind, eine hartnäckige Impotenz des Patienten hinreichend zu sublimieren.
4. *Verlust des Angehörigen* (real, drohend oder imaginiert) mit nachfolgend überschießender oder unterdrückter Trauerarbeit des Patienten.
5. *Angehöriger im Stadium der inneren Entmutigung.* Dies tritt beispielsweise bei Angehörigen von Heimdialysepatienten auf. Es spricht vieles dafür, daß jenseits des 5.–6. Heimdialysejahres beim Angehörigen eine zunehmende depressiv-resignative Einstellung und Reduktion der physischen Belastbarkeit einsetzt.
   Sofern jetzt die Heimdialyse abgebrochen werden muß, bedeutet dies zwar für den Angehörigen und damit auch für den von der seelischen Verfassung seines Angehörigen mitabhängigen Patienten eine u.U. erhebliche subjektive Entla-

stung. Jedoch induziert die Wiederaufnahme in das Dialyseprogramm des Zentrums beim Patienten objektiv eine verstärkte Wahrnehmung des Dialysestresses. Damit kann möglicherweise das psychische Abwehrverhalten weniger effektiv funktionieren. Jene Dialysepatienten, die aufgrund ihres hinreichend seelisch stabilen Angehörigen gut angepaßt ihre Heimdialyse betreiben, streben aus einer solchen optimalen Therapiesituation praktisch niemals in das Zentrum zurück, zumal sie in ihrem Erleben das regelmäßig aber vorübergehende häusliche „Dialyseklima" eindeutig vom Familienleben und der häuslichen Atmosphäre abgrenzen können. Bei jenen Heimdialysepatienten, die eines Tages unbedingt wieder im Zentrum dialysiert werden möchten, liegen fast ausschließlich plötzlich zutage getretene persönliche Probleme und/oder seelische Instabilitäten von seiten des Angehörigen vor, die sich nicht auf die – auch in psychologisch-medizinischer Sicht – hohe objektive Wertigkeit der Heimdialyse beziehen (immer unter der Voraussetzung der genügenden Eignung von Patient und Angehörigen).

6. Bearbeitung von stärkeren *Ambivalenzen* bei Dialysepatienten mit *Transplantationswunsch* und bei potentiellen *Lebendspendern.*
7. Patienten mit ausgeprägter *neurotischer* Fehlentwicklung und *aktuell* zugespitzten *Konflikten.*

Ausblick

Dialyse- und Transplantationspatienten stellen eine Gruppe dar, die Nephrologen und Chirurgen im stationären wie ambulanten Bereich nachdrücklich dazu motivieren sollte, auch *psychologische* Aspekte einzubeziehen. Damit verknüpft ist ein relevantes *klinisch-interdisziplinäres* Problem, nämlich die Tatsache, daß im Vorfeld der Nierenverpflanzung nach wie vor die Kontroverse über die objektive therapeutische Wertigkeit von Dialyse und Transplantation andauert. Diese Kontroverse betrifft die Frage, ob die Transplantation eine mögliche Alternative zur Dialyse darstellt (zu dieser Meinung tendiert ein größerer Teil der Nephrologen), oder ob die Transplantation das eigentlich erwünschte Endziel bei terminaler Niereninsuffizienz ist (hierzu neigt die Mehrzahl der Chirurgen). Darüber hinaus betrifft die Kontroverse auch die objektive Wertigkeit der Organspende durch Verwandte, der ein Teil der Nephrologen eher ablehnend gegenübersteht. Ausgehend von diesen Kontroversen lehrt die tägliche Arbeitserfahrung des Psychosomatikers, daß diese interdisziplinäre, teilweise noch ungeklärte Problematik u. U. auf die Patienten abgewälzt wird, die hierdurch erhebliche, kaum lösbare Überforderungen erfahren.

Wir müssen also feststellen, daß der folgende kennzeichnende Satz des amerikanischen Psychosomatikers Eisendraht (1976) noch nicht generell akzeptiert ist, nämlich: „... daß – völlig unabhängig vom Vorliegen psychologischer Probleme – bei der weit überwiegenden Mehrzahl der Patienten mit terminaler Niereninsuffizienz eine Nierentransplantation die optimale Form der Psychotherapie darstellt."

Literatur

Balck F, Speidel H, Kniess J, Koch U (1978) Probleme in der Partnerbeziehung bei Dauerdialysepatienten. Verh Dtsch Ges Inn Med 84: 1552–1554

Drees A (1976) Möglichkeiten und Grenzen einer Psychotherapie bei der Rehabilitation chronisch-organisch Kranker am Beispiel des Dialysepatienten. Nieders Ärztebl 17: 564

Eisendraht AM (1976) Adaptation to renal transplantation. In: Howells JG (ed) Modern perspectives in the psychiatric aspects of surgery. Brunner Mazel, New York, pp376–389

Freyberger H (1973) Psychosomatik und Psychotherapie. In: Franz HE (Hrsg) Praxis der Dialysebehandlung. Thieme, Stuttgart, S285–307

Freyberger H, Speidel H (1976) Die supportive Psychotherapie in der klinischen Medizin. Bibl Psychiatr 152: 141–149

Freyberger H (1977) Psychosomatik des erwachsenen Patienten. In: Freyberger H (Hrsg) Psychosomatik des Kindesalters und des erwachsenen Patienten. Urban & Schwarzenberg, München (Klinik der Gegenwart, Bd XI, S694–698)

Freyberger H (1981) Psychosomatik in der Transplantationschirurgie. In: Pichlmayr R (Hrsg) Allgemeine und spezielle Operationslehre: Transplantationschirurgie. Springer, Berlin Heidelberg New York, S709–724

Klapp B, Freyberger H (1981) Psychosomatik der Intensivmedizin. Dtsch Med Wochenschr 106: 227–229

Koch U, Speidel H, Balck F (1979) Ängste und Probleme von Dialysepatienten und ihren Partnern – ein Vergleich verschiedener Dialysesettings. Verh Dtsch Ges Inn Med 85: 1365–1369

Speidel H, Balck F, Koch U (1978) Psychische und psychosoziale Probleme der chronischen Hämodialyse. Therapiewoche 43: 8262–8278

Wirsching M, Stierlin H, Haas B, Weber G, Wirsching B (im Druck) Familientherapie bei Krebsleiden. Familiendynamik

Zur Psychologie des Krebskranken

F. Meerwein

Mit der Diagnose Krebs ist für beinahe jeden Menschen, der von ihr betroffen wird, die Vorstellung eines meist unheilbaren, chronischen, unter Schmerzen letztlich zum Tode führenden Leidens verbunden. Sie leitet fast regelmäßig eine tiefe *Lebenskrise* ein (Zorn 1977). Angst vor den Folgen der physischen Bedrohung durch die Krankheit, Trauer um den Verlust der körperlichen Integrität und der Lebensfreude, Veränderungen vieler mitmenschlicher Beziehungen und der bisherigen Lebensziele, Angst vor sozialer Isolierung und Einsamkeit und schließlich Nötigung zur Bewältigung der mit der Krankheit verbundenen Todesangst stellen Schwerpunkte dieser Krise dar. Ohne Mitbeteiligung des sozialen Umfeldes des Kranken, seiner Familie, Freunde und Bekannten, aber auch der medizinischen Pflegepersonen, Ärzte, Krankenschwestern, Sozialarbeiter usw., ist ein gutes Bestehen der Krise, ob nun der Kranke geheilt wird, chronisch krank bleibt oder seiner Krankheit erliegt, nicht denkbar. Die Wahrnehmung dieser Aufgabe ist jedoch oft ihrerseits mit krisenhaften Reaktionen im Umfeld des Kranken verbunden. Sie kann auch dort Todesängste, Versagensängste, Wünsche nach Rückzug und Kontaktvermeidung oder aber heimliche Auflehnung gegen den als Belastung oder Bedrohung erlebten Kranken auslösen, Gefühle, die den Umgang mit ihm schwer behindern und in einen Teufelskreis einmünden können, der die vom Kranken gefürchtete soziale Isolierung verstärkt und den inneren, emotionalen Kontakt mit ihm letztlich unterbricht (Meerwein 1982).

Man hat lange Zeit geglaubt, der Entwicklung dieser Krise mit allen ihren Folgen für Patient und Umgebung sei dadurch am besten vorzubeugen, daß man den Kranken eine wahrheitsgemäße Aufklärung über ihren Zustand vorenthalte. Dadurch sollten sie vor allen Folgen solcher Aufklärung wie psychischem Schock, Verzweiflung und Depression geschützt werden. Hoffnung sollte auf diese Weise in ihnen wachgehalten und somit ein günstiger Einfluß auf den Krankheitsverlauf ausgeübt werden können. In manchen Kliniken gehörte es deshalb bis vor kurzem noch zur offiziellen Doktrin, Krebskranke grundsätzlich nicht über die Natur ihres Leidens zu informieren. Die ärztliche Lüge galt dabei aus ethisch-psychologischen Gründen als sanktioniert (Meerwein 1980). Heute weiß man, daß unwahrhaftiger Umgang mit dem Kranken die Entwicklung der Krise nicht nur nicht verhindern kann, sondern diese sogar oft noch intensiviert (Senn 1977). Ein ungünstiger Verlauf der Krankheit kann die Folge sein. Ein gutes Bestehen der Krise ist an eine wahrhaftige, sachgemäße, aber immer auch Hoffnung erschließende Information des Patienten durch seinen Arzt gebunden. Die Persönlichkeit des Kranken sowie die Strategien, die er und seine Umgebung zur Bewältigung der Krise anwenden, werden ihren Ausgang bestimmen. *Hürny* u. *Adler* (1981) kommen jedenfalls nach Durcharbeitung der hierzu vorliegenden Forschungsergebnisse und Verlaufsberichte zum Schluß, „daß der Krankheitsverlauf wahrscheinlich von dem Willen und der Hoffnung des Patienten zu überleben, günstig beeinflußt wird".

Die modernen radio- und chemotherapeutischen Behandlungsmethoden lassen einen unwahrhaftigen Umgang mit dem Krebspatienten schon aus behandlungstechnischen Gründen gar nicht mehr zu. Die mit ihnen verbundenen psychischen und körperlichen Belastungen sind oft so immens, daß sie dem Patienten nur zugemutet werden können, wenn ihm Sinn und Wirkungsweise der Behandlungsmethode sowie deren Nebenwirkungen erklärt worden sind. Hiermit wird eine Aufklärung über Diagnose und Prognose unerläßlich. Mit dieser Notwendigkeit sind aber die Schwierigkeiten, die sich dem Arzt im Hinblick auf diese Informationsvermittlung stellen, nicht aus dem Wege geräumt. An die Stelle von Unaufrichtigkeit oder Unterinformation ist deshalb heute oftmals eine den Patienten überfordernde Überinformation getreten, die den Kranken oft ebenso erschreckt und belastet wie die Lüge. Ärzte, mit der Notwendigkeit der Aufklärung des Kranken konfrontiert, wollen sich dieser unangenehmen Aufgabe dann dadurch entledigen, daß sie in einem einzigen Gespräch und ohne sich an den Patientenbedürfnissen, -ängsten und -verständnismöglichkeiten zu orientieren, sämtliche Informationen über Diagnose, Behandlung und Prognose vor dem Kranken ausbreiten und dessen Verarbeitungsmöglichkeiten damit hoffnungslos überfordern, d.h. damit also neue Wellen von Hoffnungslosigkeit auslösen. Motiv solchen ärztlichen Verhaltens sind dabei oft die sog. kontraphobische Abwehr der durch die Situation auch im Arzt entstandenen Angst oder aber die innere Auflehnung des Arztes gegen den Kranken, der ihm die Übernahme dieser schwierigen ärztlichen Aufgabe zumutet (Artiss u. Levine 1973; Meerwein et al. 1976).

Wie jede Lebenskrise, ist auch die Krise „Krebs" von psychischen Reaktionen begleitet, die, in Anlehnung an die Untersuchungen von Kübler-Ross (1971) als Schock, Verleugnung, Auflehnung und Depression beschrieben werden können.

Der *Eröffnung der Diagnose* Krebs folgt beim Patienten, auch wenn Vorahnungen ihn beunruhigt haben, meist ein psychischer *Schockzustand*. Dieser ist die Folge der unheilvollen Vorstellungen, die meist mit dieser Diagnose verbunden sind. Er kann durch ärztliche Lügen nicht verhindert werden, sondern muß durch geeignete Information, die eine begründbare Hoffnung auf Behandelbarkeit enthält, sowie durch innere und äußere Verfügbarkeit der Pflegepersonen aufgefangen werden. Totale Verlust-, Weltuntergangsgefühle und Isolation kennzeichnen diesen Schockzustand. Bei geeigneter ärztlicher und pflegerischer Führung klingt er jedoch in der Regel nach kürzerer oder längerer Zeit ab und wird von einer kooperativen, von Hoffnung getragenen Grundeinstellung des Kranken abgelöst.

Vielen Kranken gelingt es allerdings nur durch die Entwicklung einer als *Verleugnung* bezeichneten Einstellung ihre hoffnungsvolle Grundstimmung aufrecht zu erhalten. Als Verleugnung wird die Neigung bezeichnet, der Tatsache der Erkrankung nicht voll Rechnung zu tragen, sondern so zu fühlen, zu handeln und sich zu verhalten, als ob diese Tatsache nicht wahr oder doch nicht im zur Kenntnis gebrachten Ausmaß wahr sei. Vorstellungen, der Arzt habe sich in der Diagnose getäuscht, Labor- oder Röntgenbefunde seien verwechselt worden usw., können diese Verleugnungsneigung des Kranken unterstützen. Dadurch schützt sich der Kranke einerseits selber vor der angstvollen Erkenntnis seiner Krankheit, andererseits möchte er dadurch die Zuversicht der durch seine Krankheit seelisch mitbetroffenen Personen wie Familie, Ärzte, Krankenschwestern erhalten. Er fürchtet, als Krebskranker für alle diese Personen zur Belastung zu werden, und sucht durch seine Verleugnung diese Belastung zu verringern und damit seiner mitmenschlichen Isolation vorzubeugen. Da diese Art der Verleugnung die innere und äußere Anpassung des Kranken an seine Situation erleichtert, wird sie als *adaptiv* bezeichnet. In ihr kommt ein innerer Beitrag des Patienten zur Krankheitsverarbeitung zum Ausdruck, der durch die Kontaktpersonen respektiert und nicht (beispielsweise durch Warnungen vor allzugroßem Optimismus usw.) in seiner Entwicklung beeinträchtigt werden soll (Weisman 1972).

Schreitet die Krankheit trotz eingeleiteter Behandlung weiter fort und tritt sie in das *Stadium der Metastasierung* ein, kann die adaptive Verleugnung allerdings schwer erschüttert werden. Mit dem Schwinden der Hoffnung auf Heilung stellt sich Mißtrauen in die bis jetzt angewandten Behandlungsmethoden ein, und die Ängste des Patienten verstärken sich erneut. Die Beziehung zu den Kontaktpersonen wird erneut belastet, das Isolationsgefühl nimmt wieder zu. Die Angst, fallengelassen oder aufgegeben zu werden, kann sich einstellen. Fragen, die sich dem Kranken aufdrängen, werden nicht mehr gestellt, da befürchtet wird, durch solches Fragen zum unangenehmen Patienten zu werden, von dem sich Ärzte und Schwestern zurückziehen. „Ich weiß, wie sehr mein Arzt selber unter meinem Rückfall leidet. Ich möchte ihn jetzt nicht mit meinen Fragen belästigen, seine knapp bemessene Zeit in Anspruch nehmen oder als undankbarer und aufdringlicher Patient erscheinen". An die Stelle direkten Fragens tritt dann oft ein stilles, fortgesetztes Beobachten der pflegerischen Handlungen, aus denen der Patient Schlüsse über seinen Gesundheitszustand ziehen will. Das Gespräch mit den Pflegepersonen ist dabei jedoch weitgehend verstummt (Abrams 1966).

Die Verleugnungsneigung, die sich in diesem Krankheitsstadium zwischen dem Kranken und einzelnen oder allen seinen Kontaktpersonen einstellen kann, wird als *maladaptive* bezeichnet. Dies bringt zum Ausdruck, daß sowohl der Kranke wie seine Familienangehörigen oder Pflegepersonen ein offenes Gespräch über den Krankheitsverlauf und die nun zu ergreifenden Maßnahmen oder zu erwartenden Entwicklungen vermeiden, und sich dabei innerlich aus dem Wege gehen. Nicht nur der Kranke selber, auch seine Umgebung kann sich auf diese Weise vor unangenehmen, weil mit Angst und Insuffizienzgefühlen belasteten, Gesprächssituationen schützen wollen. Das mit der maladaptiven Verleugnung verbundene Isolations- und Leidensgefühl ist jedoch meist so stark, daß es zur ärztlichen Aufgabe wird, durch geeignetes, taktvolles, die innere Beteiligung zum Ausdruck bringendes und immer wieder Hoffnung auf Zuwendung und Behandlungs- oder Linderungsmöglichkeiten beinhaltendes Vorgehen das verstummte Gespräch wieder in Gang zu bringen (Meerwein 1982).

Wie läßt sich nun aber *Hoffnung* vermitteln, oder anders gesagt, was heißt Hoffnung angesichts einer Situation, die nach menschlichem Ermessen mit keiner Hoffnung auf Überleben verbunden sein kann? Selbstverständlich heißt Vermitteln von Hoffnung auf medizinischer Ebene in jedem Falle und in jedem Augenblick die eingehende und anschauliche Darstellung von Möglichkeiten, die Ausbreitung der Krankheit einzudämmen, die damit oft verbundenen Schmerzen wirksam zu bekämpfen und dabei doch gleichzeitig die bestmögliche Lebensqualität und Selbständigkeit des Patienten aufrechtzuerhalten. Hoffnung wird dem Kranken aber auch dadurch vermittelt, daß der Arzt an seiner Seite selbst dann noch verharrt, wenn die Behandlungsmöglichkeiten als lebensrettende Maßnahmen immer geringer werden oder schließlich ganz verschwinden. Auch dann noch nämlich ist das fürsorgende Ausharren des Arztes an der Seite des Kranken für diesen eine Quelle der Hoffnung, wenn sie auch anderer Art ist als diejenige, die sich aus der steten Bekundung der Möglichkeit zum Überleben ergibt. Hoffnung schöpfen heißt für den Kranken dann dieses: ich bin nicht allein, ich bin nicht verlassen, ich bin gehalten, versorgt und in meinen Nöten und Ängsten verstanden. Der Dialog mit der Umwelt und deren Bereitschaft zum Mittragen der Ängste, Schuldgefühle und Versöhnungswünsche des Kranken bleibt erhalten und gibt diesem neue Kraft. Wenn auf diese Weise im Kranken die Erfahrung des sog. Urvertrauens wieder geweckt werden kann, wird dieses zur Grundlage und zum Ursprung neuer Hoffnung. Die Vermittlung solchen Urvertrauens wird allerdings dort leichter sein, wo Keime dafür bereits vor der Krankheit vorhanden waren und die Lebensgeschichte des Kranken mitgestaltet haben (Meerwein 1971, 1981; Meerwein et al. 1976).

Im Stadium der Progredienz der Krankheit erhöht sich jedoch nicht nur die Gefahr der Entwicklung einer gegenseitigen maladaptiven Verleugnung bei Patient und Pflegeteam. Manche, wenn auch nicht alle Patienten, können in diesem Stadium zu *unzufriedenen, gereizten und innerlich wie äußerlich aufgebrachten, ja arroganten und herablassenden Menschen* werden. Einerseits stellen sie an die Pflegepersonen hohe Ansprüche bezüglich pflegerischer Leistungen und fortdauernder Präsenz und Verfügbarkeit, andererseits fühlen sie sich dennoch andauernd unbefriedigt und in vieler Hinsicht vernachläßigt. Oft machen sie unbewußt die Pflegepersonen für ihre Erkrankung verantwortlich und beneiden diese gleichzeitig ihrer Gesundheit wegen, ohne aber diesen Neid offen zum Ausdruck bringen zu können. In einer derartigen seelischen Verfassung sind die Patienten für ihre Umgebung oft schwer erträglich. Die Gefahr, daß die Gereiztheit und Unzufriedenheit auf die Pflegepersonen übergreift, und dadurch zu einer gespannten, ja oft geradezu haßerfüllten Beziehung Anlaß gibt, ist dabei außerordentlich groß. Denn diese Gefühle können ja meist nicht offen zum Ausdruck gebracht werden, sondern müssen unterdrückt und verheimlicht werden. Verständnis für Ursache und Anlaß des auflehnenden Verhaltens des Patienten, sowie die Möglichkeit, in gemeinsamen Gesprächen des Pflegeteams die gegen den Kranken aufgestauten negativen Gefühle zum Ausdruck zu bringen und auch dabei Verständnis zu finden, können Auswege sein aus dieser pflegerisch schwierigen Situation mit dem Kranken wieder herauszukommen. Während gereizte, schwierige, offen aggressive Patienten zur Auseinandersetzung direkt herausfordern, besteht andererseits die Gefahr, daß die viel häufiger auftretenden *depressiven Reaktionen* vieler Krebskranker von den Pflegepersonen nicht beachtet werden. Der depressive Patient verhält sich meist still und in sich zurückgezogen. Seine körperlichen und seelischen Ausdrucksmöglichkeiten sind gehemmt, seine Grundstimmung ist gedrückt, ja oft stumm verzweifelt. Pflegerische Maßnahmen läßt er meist passiv über sich ergehen und kann so, oberflächlich gesehen, als angenehmer, leicht zu pflegender und zu behandelnder Patient gelten. Oft wird er selber seine depressive Verfassung der ärztlichen Umwelt gegenüber zu verbergen suchen, da er sie sich als Schwäche ankreidet oder fürchtet, dafür kein Verständnis zu finden. Die Angst, die oft knappe, ihm von Ärzten und Pflegepersonen zur Verfügung gestellte Zeit durch die Erörterung seelischer Probleme aufzubrauchen und diese dadurch von körperlicher Untersuchung und Behandlung abzulenken, kann zur Tendenz, depressive Reaktionen zu verheimlichen, beitragen; sie können somit von den entsprechenden Personen nicht erkannt werden.

Sehr oft kann der *Schmerz* des Krebskranken ein Wegweiser zu dessen innerer seelischer Verfassung sein. Die Schmerztoleranz wird durch die Befindlichkeit des Kranken oft wesentlich beeinflußt, so daß der Schmerz des Kranken immer auch neben der körperlichen eine psychische Signalfunktion besitzt. Depressionen, Trennungsängste, masochistische Einstellungen als Ausdruck überwältigender Schuldgefühle oder Kommunikationsstörungen jeglicher Art können zu einer Verstärkung des Schmerzerlebens führen und müssen im Interesse einer wirksamen Schmerzbekämpfung beim Kranken erkannt, besprochen und behandelt werden. Aus diesem Grunde sind Antidepressiva in vielen Fällen geeignet, bei der Schmerzbehandlung die Analgetika zu unterstützen (Meerwein 1981).

Bei Krebskranken, v.a. in fortgeschrittenerem Krankheitsstadium, stellt sich häufig eine Art *innerseelischer Spaltung* ein, die für das Bestehen der Terminalphase von großer Bedeutung sein kann (Dreifuss 1981). Man versteht darunter das gleichzeitige Vorhandensein einer realen Erkenntnis von Todesnähe und eines Überlebensglaubens, der sich in oft sehr lebhaften Phantasien über die Gestaltung der näheren oder weiteren Zukunft niederschlägt. Die Wahrnehmung dieser Spaltung und der psychologische Umgang mit ihr ist für die Umgebung des Patienten aber oft außerordentlich schwierig, da ihr Nachvollzug, d.h. die Einfühlung in diese Spaltung, in einem krassen Gegensatz zum in der Umgebung meist vorherrschenden Realitätsprinzip steht. So kann beispielsweise ein an einem metastasierenden Hodenteratom erkrankter junger Mann wenige Tage vor seinem von ihm erwarteten Tode seine Lebensversicherungsangelegenheiten ordnen und gleichzeitig weitreichende Pläne über spätere gemeinsame Aktivitäten mit seinem 5 Monate alten Sohne schmieden. Die jede Realität scheinbar verleugnende Irrationalität dieser Spaltung kann von der Umgebung oft nicht nachvollzogen werden und es bleibt deshalb unverstanden, daß der Patient gerade durch diese Spaltung seine Todesangst bewältigt und die Kommunikation mit der Umgebung, deren Verlust ihn bedroht, aufrecht erhält. Wer den Patienten bis zum Ende begleiten will, also wirkliche psychologische Sterbehilfe leisten will, ist deshalb genötigt, dieser Spaltung Rechnung zu tragen und sie nicht durch eigene Spaltung, also z.B. durch Verweigerung des Eingehens auf die Phantasien des Kranken oder durch Verleugnung der Realität des nahenden Todes zu beantworten. Er muß vielmehr in der Lage sein, mit beiden Teilen des Kranken, mit dem Sterbenden und dem Überlebenden gleichzeitig umgehen zu können, denn nur dann ist Gewähr dafür geboten, daß der Kranke sich als ganzer Mensch gehalten und begleitet fühlt und daß er die sowohl dem überlebenden wie dem sterbenden Teil seiner Person zukommende Zuwendung und Pflege auch wirklich erhält.

Durch seine Überlebensphantasien bekundet der Kranke oft zweierlei: einerseits das Vorhandensein guter, innerer tragender Erfahrungen, andererseits aber auch den Wunsch, sein Überleben zur besseren Bewältigung der Vergangenheit zu nutzen. Sie sind also oft ein Notsignal dafür, daß die Trauerarbeit noch nicht vollständig geleistet ist. Sie vollständig zu leisten, ist aber wohl jedem Sterblichen ein Ding der Unmöglichkeit.

Der Krebskranke ist während des ganzen Verlaufs seiner Krankheit immer wieder durch innere oder äußere Isolierung bedroht. Diese Tatsache hängt häufig mit bestimmten Vorstellungen zusammen, die in dessen Umgebung über das sog. richtige Verhalten gegenüber Krebskranken bestehen. Krebs, und damit auch der Krebskranke, rufen in ihrer Umgebung, Ärzte miteingeschlossen, oft negative Reaktionen hervor, die aber meist stark abgewehrt werden. Trotz dieser negativen Reaktionen wird oft geglaubt, dem Krebskranken müsse jederzeit fröhlich und optimistisch begegnet werden, und zwar auch dann, wenn die eigenen Gefühle dieser Haltung durchaus nicht entsprechen.

Die Meinung, Reden über die Krankheit sei schädlich für den Kranken, verstärke sein Selbstmitleid und hindere ihn daran, gegen die Krankheit zu kämpfen, kann viele Gesunde veranlassen, entgegen ihren eigenen Bedürfnissen wie derjenigen des Kranken ein Verhalten einzunehmen, das gekünstelt wirkt. Obschon solches Verhalten für den Kranken eigentlich das Beste will, isoliert es ihn erneut und wird unwillkürlich zur Quelle von nicht zum Ausdruck kommender Feindseligkeit, die die Ambivalenz dem Kranken gegenüber wieder verstärkt. Familienangehörige können die Pflege der Kranken angesichts dieser Ambivalenz nicht immer durchhalten. Ärzte und Pflegepersonal sollen aber verstehen lernen, daß der Krebskranke sich gerade durch die Abwehr seiner negativen Affekte und Gefühle zurückgewiesen und abgelehnt vorkommen kann. Nur wer die Bereitschaft hat, auch die negativen Erlebnisreaktionen des Kranken in sich aufzunehmen, sie mit ihm zu teilen und ihm zu vermitteln, daß gerade diese Reaktionen *normale* Reaktionen auf die Krankheit darstellen, d. h. wer also in der Lage ist, seine eigene Angst zu überwinden und allen negativen Vorstellungen, die mit der Situation „Krebs" verbunden sind, Empathie entgegenzubringen und diese Empathie auch zu äußern, ermöglicht dem Kranken erst, seine Isolation zu überwinden und sich an die neue Lage anzupassen. Die Angst des Krebskranken, abnorm und nicht angemessen auf seine Situation zu reagieren und sich dadurch erneut zu schädigen, darf nicht unterschätzt werden. Erst die Anerkennung seiner negativen Reaktionen als angemessen und berechtigt erlaubt ihm, jenen Trauerprozeß in Angriff zu nehmen und zu bestehen, den die Krebserkrankung von jedem, der von ihr betroffen wird, fordert.

Literatur

Abrams RD (1966) The patient with cancer – his changing pattern of communication. N Engl J Med 274/6: 317–322
Artiss KL, Levine AS (1973) Doctor-patient relation in severe illness. N Engl J Med 288:1210–1214
Dreifuss E (1981) Die Bedeutung der Kunstpsychotherapie in der Behandlung Krebskranker. Schweiz Rundsch Med (Praxis) 70: 1095
Hürny C, Adler R (1981) Psychoonkologische Forschung. In: Meerwein F (Hrsg) Einführung in die Psycho-Onkologie. 2. Aufl. Huber, Bern, S 13–63
Kübler-Ross E (1971) Interviews mit Sterbenden. Kreuz, Stuttgart
Meerwein F (1971) Neuere Überlegungen zur psychoanalytischen Religionspsychologie. Psychosom Med Psychoanal 17: 363–380
Meerwein F (1978) Die Psychologie des Krebskranken. Folia Psychopract Roche 7
Meerwein F (ed) (1981) Einführung in die Psycho-Onkologie. Huber, Bern Stuttgart Wien
Meerwein F (1982) Die Psyche des Krebskranken. In: Claus A, Jung WF, Senn HJ (Hrsg) Onkologie für Krankenpflegeberufe. Thieme, Stuttgart
Meerwein F, Kauf S, Schneider G (1976) Bemerkungen zur Arzt-Patientenbeziehung bei Krebskranken. Z Psychosom Med Psychoanal 22: 278–300
Meerwein P (1980) Der Krebspatient und sein Arzt im 19. Jahrhundert. Juris, Zürich
Senn HJ (1977) Wahrhaftigkeit am Krankenbett. Schweiz Aerztez 7: 234–241
Weismann AD (1972) On dying and denying. A psychiatric study of terminality. Behavioral Publications, New York
Zorn F (1977) Mars. Kindler, München

Der Infarktpatient und seine Nachsorge: Internistisch-kardiologische Aspekte

M. J. Halhuber

Die Aufgabe meines Beitrags sehe ich darin, die überwiegend nicht internistisch-kardiologisch „beheimateten" Leser dieses Buches für den Beitrag des Psychiaters und Psychotherapeuten P. Buchheim vorzubereiten, indem ich verständlich zu machen suche, warum ein kardiologischer Rehabilitationskliniker psychiatrische Konsultations- und Liaisondienste in einer Rehabilitationsklinik für notwendig hält. Dazu werde ich

1. einige begriffliche Klarstellungen versuchen, um Mißverständnisse zu vermeiden,
2. die Aufgaben einer Rehabilitationsklinik darstellen,
3. einige Daten und Argumente aus Forschungsergebnissen vermitteln, welche für die Effizienz und Effektivität einer institutionalisierten kardiologischen Rehabilitation sprechen und schließlich
4. auch ganz kurz die Frage erörtern, wodurch die Skepsis vieler Kardiologen gegen die institutionalisierte Rehabilitation und auch gegen die Betrachtungsweise des Infarkts als psychosomatische Erkrankung erklärbar ist.

Begriffserklärungen

Der traditionelle Therapiebegriff, der medizinische Maßnahmen umfaßt, die zum Verschwinden einer Krankheit, eines Syndroms oder wenigstens eines Symptoms führen sollen, deckt die verschiedenen Aspekte des *chronisch* Herzkranken als eines Dauerbehinderten nicht. Die einfachste Definition der Rehabilitation: „Leben lernen mit einer chronischen Krankheit" verlangt schon einen interdisziplinären, ökologischen Ansatz, d.h. einen Ansatz, der alle Wechselbeziehungen zur unbelebten, belebten und sozialen Umwelt berücksichtigt. Außer der oft unterschätzten Angst-, Verleugnungs- und Übermotivationsproblematik muß er u.a. auch die gesamten Fragen zur Gesundheitserziehung im Sinne von Information und Motivation für einen neuen Lebensstil und die Complianceproblematik (tragfähiges Bündnis der Kooperation von Arzt und Patient auf lange Zeit) mitberücksichtigen. Bewährt hat sich für mich auch die folgende Definition, die sich interdisziplinär an entsprechende Begriffe der Freizeitpädagogik anlehnt: „Rehabilitation ist die bestmögliche Personalisation (Menschwerdung) und Resozialisation (Mitmenschwerdung) von Behinderten". Sie ist auch in der Kardiologie als ökologischer Ansatz gut brauchbar. Ihr Ziel ist die bestmögliche quantitative und qualitative Lebenserwartung. Jede kardiologische Rehabilitation, die den 3 Prinzipien der WHO entspricht (so früh wie möglich, so lange wie möglich, so umfassend wie möglich) hat 3 Aspekte zu berücksichtigen:

1. Einen physiologischen gegenwartsbezogenen Aspekt: Kompensation irreparabler Infarktfolgen durch noch vorhandene Funktionsmöglichkeiten des Organismus,
2. einen epidemiologischen zukunftsbezogenen Aspekt: Verhinderung oder Verzögerung des Fortschreitens einer chronischen Erkrankung (Zweitprävention),
3. einen sozialpsychologischen vergangenheitsbezogenen Aspekt: Wiederherstellung der Leistungsehre und des Prestiges.

In diesem Zusammenhang scheint es mir aber auch von besonderem Interesse, die 5 Ziele zu nennen, die der amerikanische Kardiologe Eliot für die Rehabilitation eines jeden Infarktkranken und für seine Angehörigen proklamiert hat:

1. *Annahme der Krankheit* („acceptance of the disease"). In jeder Phase, besonders aber wenn der Patient unter alltagsnahen Bedingungen zu leben lernen muß, ist dieses Ziel für alle Beteiligten primär. Eine befriedigende Lebensqualität setzt die Annahme der Krankheit, den Friedensschluß mit dem Schicksal voraus. In Gruppengesprächen mit anderen Patienten und dem Lebenspartner kommt der Patient diesem Ziel m. E. leichter nahe, als in der Einzelberatung.
2. *Kenntnis der Krankheit, die dem Patienten erlaubt, bessere Entscheidungen für seine Zukunft zu treffen* („knowledge of the disease, thereby permitting the patient to make better decisions for his future"). Ausreichende Information ist Voraussetzung und Teil der Motivation für einen neuen adäquaten Lebensstil. Die klare Abgrenzung einer individuellen Informationsvermittlung, die eine ebenso individuelle Zukunftsgestaltung nicht aus den Augen verliert, von einem vagen Halbwissen des Laien über Morphologie und Physiologie des Infarktgeschehens scheint uns besonders wichtig. Es geht nicht darum, aus dem Infarktkranken einen Schmalspurmediziner zu machen. Sowohl das Buch von C. und M. Halhuber *Sprechstunde Herzinfarkt* wie der für Patienten gemachte Film *Die koronare Herzkrankheit* sind unter der Zielvorstellung entstanden, den Patienten zum Spezialisten für die eigene Krankheit zu erziehen und ihn gleichzeitig zu entängstigen. Besonders in der Frührehabilitation, aber auch in den ambulanten Koronargruppen können solche Bücher und Filme Stichworte für das Gruppengespräch liefern. Aber auch die Lektüre der auf dem Büchermarkt immer häufiger anzutreffenden Selbsterfahrungsberichte von Betroffenen können nach unserer Erfahrung eine gute Hilfe zur Information, Motivation und Identifikation sein. Die „Patientenseminare" mit mehr als 2000 Teilnehmern in Hamburg und München beweisen das Bedürfnis nach solcher Information (Halhuber u. Schmid-Neuhaus 1982).
3. *Emotionale, seelische Unterstützung* („emotional support"). Auch dieses Ziel wird u. E. in jeder Phase der Rehabilitation besonders zu beachten sein, v. a. seit wir Gründe haben, anzunehmen, daß soziale Unterstützung als Schutzfaktor in der

Entwicklung der koronaren Herzkrankheit zu vermuten ist. Ein Gefühl der Geborgenheit kann unter optimalen Bedingungen auf der Intensivstation beginnen und wird in den ambulanten Koronargruppen nicht aufhören. Dieses Ziel der seelischen Unterstützung wird in einer möglichst geschlossenen Gesprächsgruppe leichter und eher erreicht als in der Einzelberatung. An der Klinik Höhenried wurden und werden deshalb seit Jahren Infarktpatienten für die Anschlußheilbehandlung unmittelbar nach der Entlassung aus dem Akutkrankenhaus in geschlossenen Gruppen zu 20 einberufen, damit in diesen Stationsgruppen, die ein- bis zweimal pro Woche zusammenkommen, Vertrautheit und Geborgenheit entstehen können.

4. *Therapietreue und dauerhafte Verhaltensdisziplin* („sustained adherence"). Diese Umschreibung meint die neudeutsche Bezeichnung Compliance, die wir noch lieber als „tragfähiges Bündnis zwischen Arzt und Patient" kennzeichnen, weil es sich wirklich um eine Interaktion zwischen beiden handelt (es gibt ja auch eine „non-compliance" des Arztes). Schon in dieser Begriffsbildung sollen falsche Ansätze in der Gesundheitserziehung, nämlich eine einseitige Manipulation und primitive Gebots- und Verbotssituationen, immer wieder bewußt gemacht werden. Vor allem in der Aufbauphase während der stationären und ambulanten Frührehabilitation wird die Basis für eine jahrzehntelang notwendige Einnahmedisziplin und Gewohnheit gelegt, die ja nicht nur die Medikamente (z. B. Nitrokörper und β-Blocker), sondern auch die Eß- und Trinkgewohnheiten betrifft.
5. *Erreichen des bestmöglichen Niveaus aller Funktionen* („reaching the optimal functional level"). Es erscheint beachtenswert, daß Eliot dieses Ziel erst zuletzt nennt, augenscheinlich deshalb, weil seine Realisierung die Erfüllung der vorgenannten 4 Ziele und Aufgaben voraussetzt.

Die bestmögliche Belastbarkeit und Leistungsfähigkeit im Rahmen eines Ausdauertrainings und umfassenden Rehabilitationsprogramms wird erst dann erreicht, wenn vom Patienten die Realität einer Dauerbehinderung akzeptiert wurde, wenn er sowohl seine Grenzen wie seine Möglichkeiten durch entsprechende Information und Motivation erkennt und versteht, und wenn er in der Partnerschaft und im Gruppenerlebnis wirklich Geborgenheit findet und diszipliniert neue gesundheitsfördernde Verhaltensmuster einübt (Eliot 1979).

Wege und Aufgaben der institutionalisierten Rehabilitation

Von den 4 möglichen Wegen der kardiologischen Rehabilitation
1. nur Anweisungen im Akutkrankenhaus und durch den Hausarzt („advised"),
2. nur institutionalisiert stationär in einer Rehabilitationsklinik oder Rehabilitationseinheit eines Akutkrankenhauses,
3. nur ambulant institutionalisiert in Koronargruppen und überwacht („supervised"),
4. institutionalisiert stationär und anschließend ambulant überwacht,

halten wir die letztgenannte für die ergiebigste Form der kardiologischen Rehabilitation.

Spezielle Aufgaben der stationären Rehabilitation

Spezielle Funktionsdiagnostik und Verlaufsbeobachtung unter möglichst alltagsnahen Bedingungen:
- Fahrradergometrie und Ergometertraining,
- Langzeit-EKG-Überwachung hinsichtlich der Rhythmusstörungen,
- Einschwemmkatheteruntersuchungen zum Ausschluß oder zur Kontrolle einer Belastungsherzinsuffizienz,
- Integration der Koronarangiographie und sonstiger invasiver Diagnostik bei problematischen klinischen Befunden, die besondere therapeutische Konsequenzen nahelegen.

Alle diese Maßnahmen sind in einer Rehabilitationsklinik leichter möglich als ambulant oder im Akutkrankenhaus.

Einstellung, Einübung und Überwachung eines individuellen medikamentösen Langzeitbehandlungsplanes sind unter kontrollierten alltagsnahen Bedingungen effizienter und effektiver als ambulant (ein Erziehungsproblem: Nur etwa 58% aller Infarktkranken nehmen regelmäßig ihre Medikamente ein).

Festlegung und Erlebnis eines individuellen Bewegungstherapieplanes zur Anpassung an die Alltagsbelastungen und zur Entlastung des Herzens durch bessere Ökonomisierung des peripheren Kreislaufs. Jede Bewegungstherapie muß wie andere Therapien indiziert, dosiert, kontrolliert werden (Hüllemann 1982).

Aber wie bei der Complianceproblematik kommt auch im Zusammenhang mit der Bewegungstherapie schon ein psychotherapeutisches Moment zum Tragen: Der Aufbau jedes individuellen Bewegungstherapieplanes ist erfahrungsgemäß mit Angst verbunden. Der Patient muß unter ärztlicher Aufsicht seine körperlichen Möglichkeiten und Grenzen erfahren. Er lernt, Symptome richtig einzuschätzen und die Konsequenzen daraus zu ziehen, und dies durch die dauernde Arztnähe in einem Rehabilitationszentrum mit einem Minimum an Angst. In entsprechenden Gesprächsgruppen müssen die Probleme der Angst, der Verleugnung und v.a. der Übermotivation, die sich in einem Zuviel an Mitarbeit bei der Bewegungstherapie äußern kann, aufgearbeitet werden.

Psycho-, Sozialtherapie und Gesundheitserziehung sind wegen der schon eingangs erwähnten und im Beitrag von Buchheim im Detail erläuterten psychotherapeutischen Probleme des Infarktpatienten, der als „Kontrollambitionierter" nach der Entlassung aus dem Akutkrankenhaus nicht sich selbst überlassen bleiben darf, besonders wichtig. In folgenden Lebensbereichen entstehen nach einem Herzinfarkt häufig Konflikte und Probleme, die auch stationär leichter zu lösen sind als ambulant, weil sie in Gesprächsgruppen und bei wiederholten Einzelberatungen am ehesten aufgearbeitet werden können: Lebensbereich Familie und Partnerschaft (Diätberatung und Lehrküchenveranstaltungen, Beratung zur Freizeitgestaltung, Gespräche mit Ehepartner bezüglich der weiteren Lebensgestaltung, Sexualberatung) und Lebensbereich Beruf (Berufsberatung wegen einer Umsetzung im selben Betrieb oder einer Umschulung bzw. Berentung, Gewinnung einer besseren Distanz zu beruflichen Belastungen).

Effizienz und Effektivität der institutionalisierten Rehabilitation

In diesem Zusammenhang soll auf die *Mortalität* und *Reinfarktmorbidität* nicht näher eingegangen werden. Die Zwischenergebnisse der Höhenrieder Langzeitstudie an über 1000 Infarktpatienten ergaben eine durchschnittliche Sterberate pro Jahr von 2,12% und eine Reinfarkthäufigkeit von 1,23% pro Jahr. Diese Zahlen sind günstig, besonders wenn Vergleiche mit anderen Studien herangezogen werden (Stabl et al. 1979).

Tabelle 1. Risikofaktoren unmittelbar zu Beginn des stationären Aufenthaltes an der Klinik Höhenried und Mittelwert aus 8–10 halbjährlichen Nachuntersuchungen (über 4–5 Jahre). (Nach Angster u. Glonner 1979)

	Bei Aufnahme in die Klinik Höhenried [%]	Mittelwert aus 8–10 Nachuntersuchungen [%]
Hochdruck	23,3	5,8
Übergewicht	79,5	67,0
(Übergewicht von über 10%)	(50,5)	(34,9)
Zigarettenrauchen	69,5	25,3
Starke Raucher (15–30 Zigaretten)	(50,9)	(6,4)
Cholesterin		
Hypercholesterinämie (über 280–300 mg%)	42,6	16,8
Triglyzeride		
Hypertriglyzeridämie (180–200 mg%)	53,5	37,9
Harnsäure		
Hyperurikämie (8–12 mg%)	5,0	9,8

Es soll auch nicht die *Wiederaufnahme der Arbeit* im Detail dargestellt werden, obwohl diese Frage schon eher mit Erfolgen der Psychotherapie und Sozialtherapie zu tun hat. Mehr als 86% der Patienten nach Herzinfarkt und anschließenden Heilverfahren kehren nach der Entlassung aus der Klinik Höhenried an einen Arbeitsplatz zurück (Angster u. Glonner 1979). Hier soll nur auf Änderungen von verhaltensbedingten Risikofaktoren, nämlich Bluthochdruck, Cholesterin- und Triglyzeridwerte, Zigarettenrauchen sowie Übergewicht hingewiesen werden, weil diese Risikofaktoren und ihre Änderung sicher mit einer Beeinflussung der Lebensweise durch gesundheitserzieherische und psychotherapeutische Maßnahmen zu tun haben. Tabelle 1 und Abb. 1 zeigen einerseits, daß die wichtigsten *Änderungen der Risikofaktoren* während des Aufenthaltes an der Klinik erreicht wurden, daß andrerseits aber die erreichte Verminderung dieser Risikofaktoren aufgrund von halbjährlichen Nachuntersuchungen bis zu 5 Jahren aufrechterhalten werden konnte. Die Beeinflussung dieser Standardrisikofaktoren darf wohl unter der Rubrik „Änderung der Lebensqualität" miterfaßt werden. In Zukunft wird es allerdings notwendig sein, Lebensqualität auch anders zu quantifizieren und eine Veränderung von koronargefährdenden Verhaltensweisen im Sinne des Typs A, auch Änderungen des Angstpegels, der Depression, der Verleugnungstendenz und der Übermotivation quantitativ zu erfassen. Derzeit sind psychologische Meßmethoden in Bearbeitung. Sie sind auch im Zusammenhang mit der Frage der Effizienz und Effektivität von rehabilitativen Maßnahmen nicht nur nach Herzinfarkt, sondern auch nach Herzoperationen von großer Bedeutung.

Kardiologische Rehabilitation als umfassende stationäre und nachfolgende ambulante Dauerbetreuung ist heute durch substantielle, wenn auch noch unvollstän-

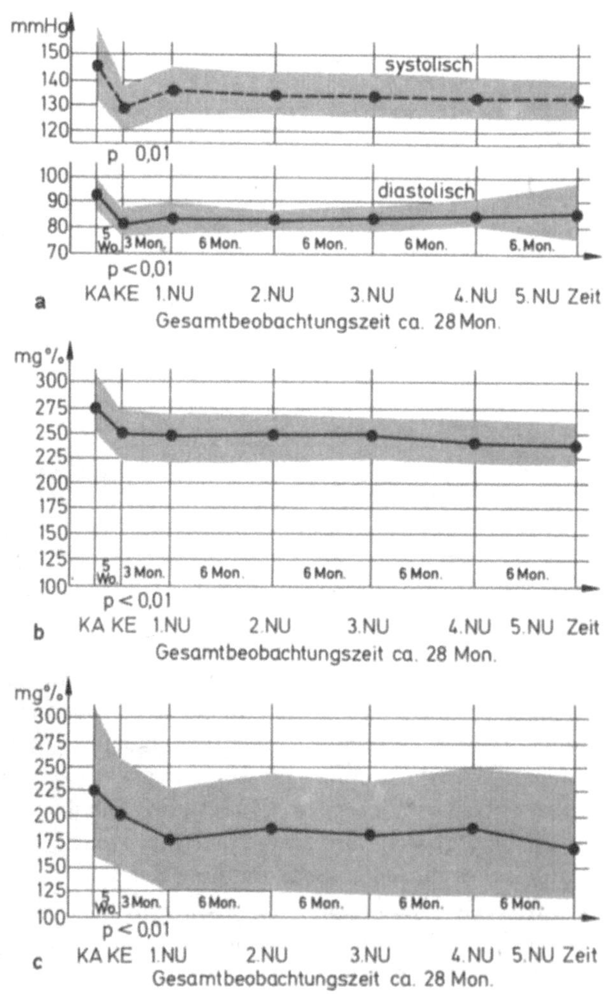

Abb. 1 a–c. Entwicklung von Risikofaktoren bei Infarktpatienten der Klinik Höhenried. (a) Systolischer und diastolischer Blutdruck (n = 293), (b) Cholesterinwerte (n = 293), (c) Triglyzeridwerte (n = 282). *KA*, Krankenhausaufnahme; *KE*, Krankenhausentlassung; *NU*, Nachuntersuchung

dige Daten gerechtfertigt. Ambulante Koronargruppen und regelmäßige Nachuntersuchungen nach einem standardisierten Erhebungsbogen bieten für den Patienten bei der Anpassung seiner Lebensweise hilfreiche Verstärkermechanismen. Auf die Bedeutung der ambulanten Koronargruppen und auch der Patientenseminare als gesundheitserzieherische und verhaltenstherapeutische Chancen kann hier nicht eingegangen werden. Diesbezüglich wird auf die Literatur verwiesen (Halhuber 1980).

Ich hoffe, daß schon durch diese skizzenhafte Darstellung der Aufgaben und Rahmenbedingungen der Rehabilitation von Infarktkranken verständlich geworden ist, weshalb auch aus der Sicht des kardiologischen Rehabilitationsklinikers die konsequente Integration eines psychotherapeutischen Konsultations- und Liaisondienstes in Kliniken eine notwendige Konsequenz ist.

Skeptische Haltung vieler Kardiologen

Wodurch ist die Skepsis vieler Kardiologen zumindest gegen eine stationäre Rehabilitation (überflüssig, gefährlich und zu teuer) erklärbar? Vermutlich handelt es sich dabei um Vorurteile aus mangelnder Kenntnis und Praxis der Rehabilitation, um emotionale Abwehr gegen Neues und Unbekanntes, gegen ein „Dazu- und Umlernenmüssen“ (z. B. eine ökologische, interdisziplinäre, psycho- und soziosomatische Betrachtungsweise) und um einen edukatorisch-therapeutischen Nihilismus, der durch die derzeitige medizinische Ausbildung mitbedingt ist.

Literatur

Angster H, Glonner R (1979) Medizinische und berufliche Rehabilitation Herzinfarktkranker durch umfassende Nachbetreuung. Landesversicherungsanstalt Oberbayern, München

Eliot RS (1979) Stress and the major cardiovascular disorders. Futura, Mount Kisco

Halhuber C (1980) Rehabilitation in ambulanten Koronargruppen. Springer, Berlin Heidelberg New York

Halhuber C, Halhuber M (1982) Sprechstunde Herzinfarkt, 4. Aufl. Graefe & Unzer, München

Halhuber M, Schmid-Neuhaus A (1982) Patientenseminar: Erfahrungen und Fragen nach dem Herzinfarkt, Medizin und Information, München

Halhuber MJ (1982) Die Rehabilitation des Koronarkranken. Perimed, Erlangen

Hüllemann KD (1976, 1982) Frühmobilisation und Rehabilitation nach Herzinfarkt. In: Hüllemann KD (Hrsg) Sportmedizin – Leistungsmedizin für Klinik und Praxis, 2. Aufl. Thieme, Stuttgart, S 241–335

Stabl M, Stocksmeier N, Natus N (im Druck) Mortalitätsstatistik der Patienten einer Herzinfarkt-Langzeitstudie

Psychosomatische Ansätze bei der stationären Rehabilitation von Herzinfarktpatienten*

P. Buchheim

Einleitung

Die koronare Herzkrankheit und ihre gefährlichsten Komplikationen, der akute Herzinfarkt und der plötzliche Herztod, zählen zu den schweren körperlichen Erkrankungen, bei denen es in den Nachkriegsjahren in allen industrialisierten Ländern zu einer erschreckenden Zunahme der *Morbidität und Mortalität* gekommen ist. In Deutschland erkranken jährlich etwa 500000 Menschen an koronarer Herzkrankheit, von denen ungefähr die Hälfte einen Herzinfarkt erleidet, dem etwa 100000 Menschen erliegen. Aus einer Übersicht des Schrifttums von Bolte (1980) liegt die *Überlebensquote* der Myokardinfarktkranken 4 Wochen nach dem akuten Ereignis bei 67%. Von den Patienten, die die ersten 4 Wochen nach dem Infarkt überstanden haben, sind nach 5 Jahren 50–75%, nach 10 Jahren 33–50% und nach 20 Jahren nur noch 12% am Leben. Die wachsende Bedrohung der zivilisierten Menschheit durch diese prognostisch sehr ungünstig verlaufende Erkrankung und die vielen ungeklärten Fragen bezüglich Entstehung und Prophylaxe haben in der gesamten Medizin unter Einschluß der sozialwissenschaftlichen und psychosomatischen Arbeitsrichtungen umfangreiche Forschungen und die Weiterentwicklung therapeutischer Maßnahmen in Gang gesetzt. In der *Somatotherapie* sind durch medikamentöse Behandlung mit Nitropräparaten, β-Blockern, Antikoagulanzien, Antiarrhythmika und Digitalis sowie durch die zunehmend breitere Anwendung koronarchirurgischer Eingriffe wie die Bypass-Operationen beträchtliche Fortschritte gemacht worden. Ihr Erfolg soll durch *stationäre Rehabilitation* (Anschlußheilverfahren) und verschiedenste Formen *ambulanter Nachbetreuung* (z. B. ambulante Koronargruppen) weiter gesichert werden. Da bei der *sekundären Prävention* auch die Verbesserung des Krankheitsverhaltens (Compliance) angestrebt wird, kommt in der Rehabilitation der Beziehung zwischen Arzt und Patient eine entscheidende Bedeutung zu, v. a. wenn es um die Veränderung von Risikoverhaltens-

* Die beschriebenen „Psychotherapeutischen Ansätze in der Phase der Frührehabilitation" (s. S. 33) beziehen sich u. a. auf eine Mitarbeit des Autors in der Klinik Höhenried für Herz- und Kreislaufkrankheiten in 8131 Bernried/Obb.
In den Jahren 1978–1980 erfolgte im Rahmen eines intraklinischen psychiatrisch-psychosomatischen Konsultations- und Liaisondienstes eine Zusammenarbeit mit den klinischen Abteilungen III (Chefarzt Dr. med. habil. H. Hofmann) und IV (Chefarzt Prof. Dr. P. Mathes)

weisen geht. Die *klinische Psychosomatik* war an der Entwicklung der Infarktforschung schon lange mit unterschiedlichen methodischen Schwerpunkten beteiligt. Sie hat für die Charakterisierung von Verhalten und Persönlichkeit des Infarktpatienten wichtige Beiträge geliefert und im Rahmen der Streßforschung theoretische Modelle und experimentelle Befunde über verschiedenste psychophysiologische Korrelate erarbeitet. Durch die Untersuchung der Interaktionsprobleme mit Infarktkranken haben sich Hinweise für den Umgang mit diesen Patienten ergeben, wobei nicht nur der Beziehung zum Arzt, sondern auch zu den anderen Mitarbeitern medizinischer Institutionen besondere Beachtung geschenkt wurde (z. B. teamzentrierte Beratung durch den Psychosomatiker).

Die *Funktion der klinischen Psychiatrie* konzentrierte sich vorwiegend auf die Versorgung des Infarktpatienten durch Konsiliardienste während der Intensivbehandlung in der Akutphase beim Auftreten von Angstzuständen und depressiven Verstimmungen.

Die Integration psychosomatischer Arbeitsansätze in die klinische Medizin hat sich in den USA im Zusammenhang mit der zunehmenden Angliederung psychiatrischer Abteilungen an Allgemeinkrankenhäuser schon seit den 30er und 40er Jahren entwickelt. Es entstand eine Kooperationsform, die als *Konsultation – Liaison* bezeichnet wird. Sie findet jetzt auch bei uns Verbreitung und eignet sich als Modell für die Einbeziehung eines psychosomatischen Arbeitsansatzes in die stationäre Rehabilitation von Herzinfarktkranken.

Grundlagen eines psychosomatischen Verständnisses der Herzinfarkterkrankung

Erweiterung des theoretischen Konzeptes der psychosomatischen Medizin

Die psychosomatischen Dienste haben sich auch mit den Problemen schwerer körperlicher Erkrankungen wie dem Herzinfarkt beschäftigt. Aus der Weiterentwicklung der klinischen Psychosomatik in sog. psychiatrischen Konsultations- und Liaisondiensten an Allgemeinkrankenhäusern (Lipowsky (1977) resultierte auch im theoretischen Bezugsrahmen eine konzeptuelle Schwerpunktverlagerung. Der unbewußte pathogene Konflikt und seine Psychodynamik wurde nurmehr als eine Determinante in einem *multifaktoriellen System von somatischen, psychischen und sozialen Einflußfaktoren* gesehen. Im Rahmen einer Auseinandersetzung mit den gegenwärtigen theoretischen Konzepten der Psychosomatik definiert von Rad (1981) entsprechend einem Vorschlag von McDougall (1974) eine Erkrankung als psychosomatisch, „wenn

1. eine körperliche Schädigung mit nachweisbarer physiologischer Funktionsstörung vorliegt,
2. die Symptomatik trotz des Fehlens eines offensichtlichen symbolischen Ausdrucksgehaltes dennoch mit der Persönlichkeitsstruktur und Vorgeschichte sowie den Lebensumständen des Patienten verklammert ist und wenn diese

3. unter belastenden (Streß-)-Situationen sich manifestiert – sei es auf Grund innerer (intrapsychischer) oder äußerer (umweltbedingter) Konfliktsituationen".

Diese weitgefaßte Definition bietet auch für einen psychosomatischen Verständnisansatz des Herzinfarkts einen geeigneten Bezugsrahmen, gerade unter Berücksichtigung der pathogenetischen Bedeutung bestimmter Persönlichkeitsfaktoren, Risikoverhaltensweisen und psychosozialer Streßsituationen.

Schwerpunkte und klinisch relevante Ergebnisse der Herzinfarktforschung

Nach Hahn (1971, 1980) lassen sich in der psychosomatischen Infarktforschung verschiedene methodische Schwerpunkte und Entwicklungslinien aufzeigen. Sie reichen von der psychoanalytischen Interpretation des Verhaltens und der Persönlichkeit über die psychologische Operationalisierung von Persönlichkeitsmerkmalen und die Analyse pathogener Verhaltensmuster bis zur Durchführung prospektiver epidemiologischer Studien und zur Ermittlung psychosozialer Belastungssituationen und psychophysiologischer Korrelate in der Streßforschung.

In einer „Pionierphase" wurde die Grundlage einer *tiefenpsychologisch ausgerichteten Persönlichkeitsforschung* erarbeitet. Die in einem psychiatrischen „Liaisondepartment" im Columbia University Medical Center tätige Psychoanalytikerin Dunbar (1943) beschrieb das typische Profil des Koronarkranken, das auch den meisten späteren Untersuchungen auf diesem Gebiet als Grundlage diente. Sie charakterisierte den Koronarkranken mit folgenden Verhaltensmerkmalen und Persönlichkeitszügen: ständige Aktivität, zähes Festhalten an der Arbeit, Bemühungen, sich im Beruf an die Spitze zu arbeiten, Streben nach sozialer Geltung, starker Leistungsanspruch an sich und andere sowie zwanghaft-depressive Eigenschaften. Schon Dunbar meinte, daß primordial-neurotische Züge bei den Infarktkranken nur wenig festzustellen seien. Groen et al. (1965) beschrieben die Persönlichkeitszüge von Koronarkranken als eine quantitative Steigerung von an sich normalen Verhaltensmustern der Menschen in der westlichen Gesellschaft mit starker Betonung des Leistungsbereiches und Vermeidung offener Auseinandersetzung in Konfliktsituationen. Während Bräutigam u. Christian (1981) auch darauf hinwiesen, daß der Koronarkranke nicht dem typischen Bild des neurotischen Menschen im engeren Sinn entspreche, obwohl man ihn auch nicht als seelisch ausgeglichen bezeichnen könne, haben Moersch et al. (1980) in einer psychoanalytischen Studie an 100 Herzinfarktpatienten wieder mehr die neurosenpsychologischen Aspekte des Infarktes als Antwort auf eine lebensgeschichtliche Krise herausgearbeitet. Es wurde von diesen Autoren angenommen, daß die Angst vor dem Objektverlust im Zentrum des *psychodynamischen Geschehens* steht. Die untersuchten Patienten, die in ihren Objektbeziehungen einen oralen Anklammerungsmodus erkennen ließen, verleugneten nicht nur die Angst vor der Abhängigkeit, sondern auch die Anzeichen körperlicher Bedrohung, die dem Herzinfarkt vorausgingen. Als die *typischen Abwehrmechanismen* bei Herzinfarktkranken werden Verleugnung, Verdrängung und Projektion angesehen sowie Mechanismen wie Reaktionsbildung, Verschiebung, Idealisierung und Rationalisierung, die für zwanghafte Abwehr typisch sind. Die Verleugnung richtet sich gegen die Wahrnehmung der Abhängigkeit von anderen Menschen im Berufs- und Familienleben sowie gegen die Wahrnehmung von Signalen aus dem eigenen Körper. Hahn (1971, 1980) beschrieb einen *Schutzfaktor* des Infarktpatienten, der als *Soziabilität* bezeichnet wird und der wohl für die Regulierung von Emotionen und Angst zuständig ist. Durch die Unterdrückung aggressiver und triebhafter Tendenzen und die Anpassungsbereitschaft an die Forderungen der Umwelt erscheint der Infarktpatient in seinem Verhalten eher als sozial angepaßt. Diese Ansätze führten in der Heidelberger Arbeitsgruppe zu einer *klinisch-empirischen Gruppeneinteilung von Herzinfarktpatienten* (Petzold u. Reindell 1980) in angepaßt-soziale und impulsiv-regressive Patienten. Psychodynamisch wird angenommen, daß die *angepaßt-sozialen Patienten* über eine intakte Abwehr verfügen und durch sozial-zwanghaftes Verhalten die Angst unter Kontrolle halten. Bei den *impulsiv-regressiven Patienten* herrscht mehr Angst vor, die entweder zu einem aggressiv dominierenden Verhalten mit Flucht nach vorn führt oder aber einen ängstlich-depressiven Rückzug zur Folge hat. Hahn (1971) nahm an, daß Zwangsmechanismen der Abwehr eines früherliegenden, depressiven Ambivalenzkonfliktes dienen und daß bei Dekompensation dieser Abwehrform durch das Ereignis des Herzinfarktes die zugrundeliegenden Ängste wieder deutlicher zum Ausdruck kommen und das Bild einer depressiven Konfliktverarbeitung verstärken. Appels (1980) konnte in zwei retrospektiven und einer prospektiven Studie zeigen, daß Depression und vitale Erschöpfung auch als Vorboten dem Herzinfarkt vorausgehen können.

Durch die *prospektiven epidemiologischen Untersuchungen* von Rosenman et al. (1964, 1966) wurde eine neue Entwicklung eingeleitet. Aufgrund klinischer Beobachtungen und Hypothesen im Zusammenhang mit den bis dahin bekannten psychosomatischen Forschungsergebnissen wurde ein sog. Verhaltenstyp A beschrieben, dem als Antipode ein Typ B gegenüber gestellt wurde. *Das Typ-A-Verhalten* wurde durch folgende Merkmale charakterisiert: Ungeduld, das Gefühl von ständigem Zeitdruck, Konkurrenz- und Wettbewerbsverhalten, ehrgeiziges Leistungsstreben, aggressive und auch feindselige Tendenzen. Es wird angenommen, daß im Typ-A-Verhalten teilweise Folgeerscheinungen der für den Koronarkranken typischen Abwehrmechanismen (z. B. Verleugnung) zum Ausdruck kommen. Die Hypothese, daß Männer vom Typ A häufiger an koronarer Herzerkrankung leiden als diejenigen vom Typ B, die als gelassener und ausgeglichener gelten, konnte in prospektiven Studien an großen Kollektiven mit mehreren tausend Probanden bestätigt werden.

Bei der Erforschung *psychosozialer Stressoren* wurde verändernden Lebensereignissen („life-change-units“, Rahe et al. 1971), wie Tod oder Trennung von Angehörigen, Verlust der Arbeitsstelle und Umzug, zunehmende Beachtung, auch für die *Auslösesituation* des Infarktes, geschenkt.

Da, abgesehen von den epidemiologischen Studien, die meisten Untersuchungsergebnisse retrospektiv erhoben wurden, ist die Beurteilung und Gewichtung pathogenetischer Faktoren immer noch schwierig. Ereignis und Verlauf der Krankheit beeinflussen nicht nur die biologischen Parameter, sondern auch das

Krankheitsverhalten und die Krankheitsverarbeitung. Hahn (1971) grenzte daher eine *Risikopersönlichkeit*, der nicht nur pathogene Persönlichkeitsmerkmale, sondern auch die verschiedensten somatischen und psychosozialen Risikofaktoren zugeordnet sind, von einer *„Infarktpersönlichkeit"* ab, mit der die Entwicklung nach dem Myokardinfarkt beschrieben wird.

Psychotherapeutische Behandlungsansätze in den verschiedenen Therapiephasen des Herzinfarktes

Da die psychosomatischen Arbeitsrichtungen und Verständnisansätze in enger Beziehung zum Krankheitsverlauf und zu den einzelnen Behandlungsphasen nach dem Herzinfarkt zu sehen sind, ergeben sich daraus wiederum Schwerpunkte für die verschiedenen psychotherapeutischen Behandlungsansätze. In der *Akutphase* haben entlastende, psychotherapeutisch orientierte Einzelgespräche bei der Verarbeitung der akuten Bedrohung Vorrang. In der Phase der *Frührehabilitation und Wiedereingliederung* bekommen Gruppengespräche, in denen neben der Information über die Krankheit und ihre Behandlung auch den Risikoverhaltensweisen und den allgemeinen und individuellen psychosozialen Belastungen Beachtung geschenkt wird, einen besonderen Wert für die sekundäre Prävention.

Die Aufgabenstellungen bezüglich einer Psychosomatik des Herzinfarktes orientieren sich, wie man aus einer systematischen Übersicht von Köhle u. Joraschky (1979) entnehmen kann, an der Pathogenese, der Krankheitsverarbeitung („coping") und dem Krankheitsverhalten („compliance-"). Bei der *Pathogenese* geht es u. a. um spezifische Risikoverhaltensweisen (z. B. Rauchen, Überernährung) im Zusammenhang mit bestimmten Persönlichkeitsfaktoren (z. B. Typ A-Verhalten) sowie um äußere Lebensbelastungen (z. B. psychosozialer Streß). Die *Krankheitsverarbeitung* geschieht intrapsychisch durch die Auseinandersetzung mit der akuten Bedrohung (z. B. Auftreten von Angst und Depression nach dem Infarkt). Auf der sozialen Ebene steht die Verarbeitung der Rollenveränderungen in der Familie und die Wiedereingliederung in den Beruf im Vordergrund. Das *Krankheitsverhalten* wird durch das Arbeitsbündnis zwischen dem Arzt und dem Patienten beeinflußt.

Psychotherapeutische Ansätze in der Akutphase

In den USA haben sich v. a. Cassem u. Hackett (1971) und Froese et al. (1974) mit den *emotionalen Reaktionen in Form von Angst und Depression* und dem *Abwehrmechanismus der Verleugnung* in den ersten Tagen nach dem Herzinfarkt beschäftigt. Köhle u. Gaus (1979) haben in einer ausführlichen Darstellung der Psychotherapie von Herzinfarktpatienten die wichtigsten Ergebnisse der umfangreichen Untersuchungen in den USA zusammengefaßt. Diese wurden zum großen Teil im Rahmen psychosomatischer Konsiliardienste durchgeführt, die nach einer Studie von Cassem u. Hackett (1971) in Boston bei 32% der Herzinfarktpatienten in Anspruch genommen wurden. Die Konsultationen erfolgten wegen schwerer Angstzustände (32,4%) am 2. Tag des stationären Aufenthalts, wegen Depressionen (30,4%) am 4. Tag und wegen Interaktionsproblemen der Patienten mit Ärzten und Schwestern (20,6%) am 3. Tag des Aufenthalts. Petzold u. Reindell (1980) vertreten, wie viele andere Autoren, die Ansicht, daß es nach der Labilisierungsphase durch das akute Infarktgeschehen sehr bald wieder zur Strukturierung der prämorbiden Persönlichkeit und zur Restitution der Abwehrmechanismen kommt, wodurch nicht Leidensdruck, sondern erneut Leistungsdruck entsteht.

Angstzustände lassen sich auf der Basis einer festen *Arzt-Patient-Beziehung* am besten bewältigen. Diese bietet die Möglichkeit, den Verlust an Selbstwertgefühl und an vertrauten Objektbeziehungen zu kompensieren, emotionale Reaktionen zuzulassen und wichtige Informationen über Krankheit sowie diagnostische und therapeutische Maßnahmen ohne Überforderung zu vermitteln. Bei den Gesprächen mit dem ängstlichen Patienten kommt es darauf an, daß sich der Arzt weder von der Angst anstecken läßt, noch dem Patienten die Angst ausreden will. Eine die *Ich-Funktion stützende Therapie* orientiert sich an aktuellen Problemen und bewußten Konflikten und berücksichtigt die verfügbaren Adaptationsmechanismen und die Tendenz der ablaufenden Abwehrprozesse. Wenn z. B. durch die Abwehr von Abhängigkeitswünschen die notwendige Schonung und medikamentöse Ruhigstellung zum Problem wird, ist es wichtig, durch gründliche Information Verständnis und Zustimmung des Patienten für diese Maßnahmen zu bekommen. Bei den *depressiven Reaktionen* ist zu berücksichtigen, daß durch den Infarkt und seine Folgen das Vertrauen in den eigenen Körper erschüttert ist und daß die damit häufig verbundene narzißtische Kränkung eine konstruktive *Trauerarbeit* erschwert. Das Annehmen der meist schamvoll unterdrückten depressiven Gefühle und das Aufzeigen positiver Verlaufsgesichtspunkte durch den Arzt können dem Patienten helfen, seine Krankheit zu verarbeiten. Die auf einer *Selbstwertkrise* beruhenden Gefühle von Schwäche, Versagen, Ohnmacht und Hoffnungslosigkeit sind oft schwer zu bewältigen, aber sie lassen sich im Gespräch u. U. durch das Reflektieren von Übertragung und Gegenübertragung angehen. Wenn kein Psychotherapeut für eine regelmäßige *patientenzentrierte Einzelberatung oder Kurzpsychotherapie* zur Verfügung steht, ist an eine *arzt- oder teamzentrierte Supervision* durch einen erfahrenen Psychotherapeuten zu denken. Auf diese Weise können auch Interaktionsprobleme mit den Patienten und im Team, die häufig Folge von gemeinsamen Verleugnungsmechanismen sind, geklärt werden. Der arzt- und teamzentrierte Arbeitsansatz eignet sich auf Grund zahlreicher vorliegender Untersuchungen (Köhle u. Kubanek 1981) für die Zusammenarbeit von psychosomatischen Diensten mit Allgemeinkrankenhäusern sowie mit internistischen Intensivstationen.

Psychotherapie in der Phase der stationären Frührehabilitation

Nach der Intensivbehandlung in der Akutphase mit weitgehender körperlicher Schonung und nach einem kurzen Aufenthalt bei seiner Familie, kommt der Infarktpatient in der Regel zwischen der 3. und 12. Woche nach dem Infarktgeschehen zur *Anschlußheilbehandlung* in eine Rehabilitationsklinik. Unter Bedingungen, die dem Alltag bereits etwas mehr entsprechen, können dort die Möglichkeiten und Grenzen der körperlichen und psychischen Belastbarkeit erfahren werden. Es werden Pläne für die *individuelle Langzeittherapie* festgelegt unter Einbeziehung von Diätvorschriften und Ernährungsberatungen. Durch vorsichtig dosiertes *körperliches Training in Übungsgruppen* wird das Vertrauen in den eigenen Körper wieder gefestigt, aber auch durch Belastungsuntersuchungen die noch vertretbare Leistungsgrenze ermittelt. Bei ungünstigem Verlauf stellt sich häufig die Frage nach weiterführender *invasiver Diagnostik* (Koronarangiographie) und nach der Indikation zu koronar-chirurgischen Eingriffen. Genauere Kenntnisse über Schweregrad und Prognose der Erkrankung führen zu wichtigen *sozialtherapeutischen Interventionen,* die von der Beratung bei Arbeitsplatzfragen, über Umschulung bis zur Berentung reichen. Der Informationsaustausch über die vielfältigen somatischen und psychosozialen Probleme und über die daraus resultierenden Verhaltensweisen erfolgt in den meisten Rehabilitationskliniken im Rahmen von *Infarktgesprächsgruppen,* in denen nicht nur den klassischen Risikofaktoren, sondern auch den Risikoverhaltensweisen immer mehr Beachtung geschenkt wird. Ergänzt werden diese Gruppengespräche häufig durch Nichtrauchertraining sowie verschiedene Entspannungsübungen. Bei der stationären Rehabilitation wird versucht, die schwerwiegenden Folgen des Herzinfarktes im somatischen, psychischen und sozialen Bereich mit den Patienten im Team zu bearbeiten. Die bisherigen Erfahrungen deuten darauf hin, daß systematische Programme, die von *multiprofessionell zusammengesetzten Teams* durchgeführt werden, in denen sich Kardiologen, Psychiater, Psychotherapeuten, Psychologen, Bewegungstherapeuten und Sozialarbeiter gegenseitig ergänzend mit dem Patienten beschäftigen, günstige Auswirkungen auf die Wiederaufnahme der Arbeit und die Bewältigung familiärer und beruflicher Probleme nach dem Infarkt haben (Köhle u. Gaus 1979). Die Einbeziehung psychotherapeutischer Verfahren in einen Gesamtbehandlungsplan kann auf Grund zahlreicher bisher vorliegender Untersuchungen den Rehabilitationsverlauf erleichtern und möglicherweise auch beschleunigen. Diese Zusammenarbeit des Psychotherapeuten bzw. Psychiaters mit der Rehabilitationsklinik, in der die Beratung eine vorrangige Rolle spielt, kann unterschiedliche Akzente und Schwerpunkte haben (Joraschky u. Köhle 1979). Man spricht von einer *patientenorientierten Beratung,* wenn ein Konsiliarius einen Patienten selbst untersucht, evtl. auch behandelt und anschließend den das Konsil anfordernden Kollegen schriftlich oder mündlich informiert. Eine *arztorientierte Beratung* liegt vor, wenn der Psychiater oder Psychosomatiker von einem Kollegen wegen eines Problemfalls konsultiert wird, auch ohne den Patienten selbst gesehen zu haben. Werden Probleme mit dem gesamten therapeutischen Team, also mit Ärzten, Schwestern, Sozialarbeitern, Beschäftigungs- und Bewegungstherapeuten besprochen, so handelt es sich um eine *teamorientierte Beratung.* Für diese Kooperationsform eines psychosomatischen Dienstes wird auch bei uns mehr und mehr der in den USA schon lange gebräuchliche Begriff des *Konsultations- und Liaisondienstes* übernommen. In dem Begriff „Liaison" kommt v. a. der teamzentrierte Ansatz der Zusammenarbeit des Psychosomatikers mit der Station zum Ausdruck, der neben der Krankenversorgung auch eine kontinuierliche psychosomatisch-psychotherapeutische Fortbildung der ärztlichen und nichtärztlichen Mitarbeiter des Teams einschließt. Für die Integration eines psychosomatischen Ansatzes in das Gesamtbehandlungskonzept einer Rehabilitationsklinik kann intraklinischer Konsultations- und Liaisondienst mit folgenden Schwerpunkten eingerichtet werden:

1. Teamzentrierte Zusammenarbeit mit Ärzten, Schwestern, Sozialarbeitern und Bewegungstherapeuten im Rahmen von Stationskonferenzen und psychosomatischen Visiten,
2. Beratung oder Supervision von Herzinfarktgesprächsgruppen unter gruppenpsychotherapeutischen Gesichtspunkten,
3. psychotherapeutisch-psychosomatische Fortbildung für die ärztlichen und nichtärztlichen Mitarbeiter in Form von kasuistischen Seminaren,
4. Gruppenarbeit mit Patienten (z. B. autogenes Training, Gesprächsgruppen),
5. tiefenpsychologisch orientierte Erstinterviews und psychotherapeutische, konfliktzentrierte Einzelberatungen von Patienten.

In den *Stationskonferenzen* geht es darum, die durch „Problempatienten" induzierten Spannungen und Konflikte, die sich in bestimmten Störungen und Interaktionsprozessen auf der Station widerspiegeln, als eine für den Patienten charakteristische Neuinszenierung von Konflikten zu erkennen. Auf diese Weise kann der „Problempatient" von den Mitarbeitern der Station in veränderter, mehr psychologischer Weise wahrgenommen und verstanden werden, und es können ihm neue Möglichkeiten zur Änderung seines Verhaltens aufgezeigt werden. Durch diese Form des regelmäßigen und strukturierten Kontaktes mit dem Stationsteam reduzieren sich die arztzentrierten Kontakte auf wenige spezifische, diagnostische und therapeutische Fragestellungen. Das Stationsteam gewinnt zunehmend an Eigenständigkeit im Umgang mit den sog. Problempatienten. Meist haben die Schwestern der Stationen ein großes Bedürfnis über ihre Schwierigkeiten im Umgang mit depressiven, aggressiven oder ängstlichen Patienten zu sprechen. Von den anwesenden Stationsärzten werden oft Fälle eingebracht, bei denen eine Diskrepanz zwischen den somatischen Befunden und den subjektiven Beschwerden der Patienten besteht. Hierzu können auch die Bewegungstherapeuten oft von wichtigen Beobachtungen berichten. In vielen Fällen lassen sich ängstlich-depressive Schonhaltungen oder die für Herzinfarktpatienten typischen Verleugnungs- und Vermeidungstendenzen auf dem Hintergrund der Lebensgeschichte, der Persönlichkeitsstruktur und im Zusammenhang mit aktuellen psychosozialen Belastungssituationen verständlich machen. Bei der Beschäftigung mit besonders hilflosen oder stark aggressiven Patienten ist es möglich, entsprechende Übertragungs- und Gegenübertragungsreaktionen im Stationsteam herauszuarbeiten. Im Rahmen der Stationskonferenzen können dann auch die Patienten für eine gemeinsame psychosomatische Visite und für Einzelberatungen beim Psychotherapeuten ausgewählt werden. Die *Fortbildung* erfolgt in der Regel in Form eines wöchentlichen einstündigen kasuistischen Seminars, an dem alle Mitarbeiter teilnehmen können. Gemeinsam werden Problemfälle unter den verschiedensten Gesichtspunkten diskutiert, wobei aus psychosomatischer Sicht auf der Grundlage eines vorausgegangenen Interviews wiederum das Erleben und Verhalten des Patienten auf dem Hintergrund seiner Lebensgeschichte und Persönlichkeitsstruktur und im Zusammenhang mit der Auslösesituation der Erkrankung betrachtet werden können.

Zur Frage der *Gruppenpsychotherapie* von Herzinfarktpatienten gibt es zahlreiche Erfahrungswerte. In seiner Monographie *Der Herzinfarkt aus psychosomatischer Sicht* hat Hahn (1971) auf Grund der eigenen Ergebnisse einer 2-jährigen, ambulanten Gruppenpsychotherapie von Infarktpatienten und anderer vorliegender Untersuchungsergebnisse darauf hingewiesen, daß rein analytische Methoden der Einzel- und Gruppenpsychotherapie nach dem Vorbild der Neurosenbehandlung nicht durchführbar waren. Hahn kam auch zu dem Ergebnis, daß sich günstigere Erfahrungen in der Gruppentherapie von Herzinfarktpatienten machen ließen, wenn die Besprechung der Risikoverhaltensweisen sowie die Krankheitsverarbeitung und das Problem der körperlichen Erkrankung einbezogen wurden und v. a. wenn die Gruppengespräche mit übenden Verfahren, wie z. B. dem autogenen Training und der Bewegungstherapie, kombiniert wurden.

In der Heidelberger Arbeitsgruppe beschäftigten sich dann Petzold u. Reindell (1980) mit der Frage, wie Herzinfarktpatienten auf Grund klinisch-empirischer Eindrücke sowie testpsychologischer und psychophysiologischer Untersuchungen in Gruppen aufgegliedert werden können und wie diese einzelnen Patientengruppen einer differenzierteren psychosomatisch-psychotherapeutischen Behandlung zugeführt werden können. Sie unterschieden eine Gruppe von angepaßt-sozialen Patienten von einer Gruppe, in der sowohl impulsiv-dynamische als auch regressiv-ängstliche Patienten anzutreffen waren. Die sozial-angepaßten Patienten wurden als gesellig, gepflegt und im Gespräch gelassen reagierend charakterisiert, während in der inhomogenen zweiten Gruppe einerseits Merkmale wie Aggressivität und Dominanz im Gespräch und andererseits depressiv-ängstliche Verhaltensmerkmale zu finden waren.

Auf Grund der bisherigen Erfahrungen geht man in der Heidelberger Arbeitsgruppe von 3 Behandlungsmöglichkeiten aus:

1. Der individuellen Beratung und auch Information in Form des „einfachen Ratschlages",
2. den übenden Verfahren, die sich am Symptom orientieren und Widerstandsarbeit vermeiden,
3. der Psychotherapie, insbesondere Gruppenpsychotherapie, im eigentlichen Sinn.

Für die sozial-angepaßten Patienten scheint eine kombinierte Therapieform am günstigsten zu sein, die autogenes Training mit Gesprächen verbindet, in denen Problembewußtsein entwickelt und Kräfte zur Selbsthilfe im Schutze der Gruppe freigesetzt werden können.

Für die ängstlich-regressiven Patienten, die am deutlichsten einen Leidensdruck und anklammerndes Verhalten zeigen, kommt noch am ehesten eine tiefenpsychologisch orientierte Einzel- oder Gruppentherapie in Frage.

Für die impulsiv-dynamischen Patienten, bei denen wohl die Motorik schon primär eine führende Rolle spielt, bietet ein bewegungstherapeutisches Gruppentraining die Möglichkeit, psychische Spannungen durch körperliche Aktivität abzuführen, wobei es allerdings wieder zu einem konkurrierenden Leistungsverhalten kommen kann.

In der Rehabilitationsklinik Höhenried hat man bereits längere Erfahrungen mit *stationären Infarktgruppengesprächen* (Halhuber 1980), die in der Regel Informationen über die Ursachen und die Folgen des Herzinfarktes als körperliche Erkrankung, über Risikofaktoren sowie über diagnostische, therapeutische und gesundheitserzieherische Maßnahmen vermitteln. Diese Gruppen werden im Normalfall von einem Arzt geleitet. Durch eine teamorientierte Zusammenarbeit des Psychotherapeuten mit den Stationen kommt mit der Zeit eine neue Strukturierung des Teams in Gang, so daß sich neben dem Arzt auch die Schwester, der zuständige Sozialarbeiter und der Bewegungstherapeut an den Gruppensitzungen beteiligen und sich während des Gruppengespräches nicht nur informativ, sondern auch emotional einbringen kann. Nach der Gruppensitzung werden mit dem Team der Ablauf des Gruppengespräches unter didaktischen und interaktionellen Gesichtspunkten reflektiert und gelegentlich auch die gemeinsamen Abwehrstrategien beim Aufkommen von Angst, Depression und Aggression besprochen.

Bei den autogenen Trainings- und Gesprächsgruppen beteiligen sich meistens die Patienten regelmäßig, die nach der Heidelberger Gruppeneinteilung zu den sozial-angepaßten oder zu den ängstlich-regressiven gerechnet werden können. Die impulsiv-dynamischen Patienten bevorzugen eindeutig die bewegungstherapeutischen und sportlichen Therapieangebote, wobei hier ein konkurrierender Leistungsdruck immer wieder festzustellen ist.

In den tiefenpsychologisch fundierten Einzelgesprächen mit besonders depressiven oder ängstlichen Patienten gelingt es gelegentlich, eine auslösende Konfliktsituation unmittelbar vor dem Infarktgeschehen zu erarbeiten, die in vielen Fällen durch einen Objektverlust bedingt ist.

Literatur

Appels A (1980) Vitale Erschöpfung und Depression als Vorboten des Herzinfarktes. In: Langosch W (Hrsg) Psychotherapeutische Interventionsmöglichkeiten bei Herzinfarktpatienten. Minerva, München, S 33–45

Bolte HD (1980) Die Prognose des Herzinfarktes. Internist (Berlin) 21: 685–690

Bräutigam W, Christian P (1981) Psychosomatische Medizin, 3. Aufl. Thieme, Stuttgart New York

Cassem WA, Hackett TP (1971) Psychiatric consultation in a coronary care unit. Ann Intern Med 75: 9

Dunbar F (1943) Psychosomatic diagnosis. Hoeber, New York London

Froese AP, Hackett TP, Cassem NH, Silverberg EL (1974) Trajektories of anxiety and depression in denying and non-denying acute myocardial infarction patients during hospitalization. J Psychosom Res 18: 413–420

Groen J, van der Valk JM, Treurniert H, Kits van Higningen H., Pesler HE, Wilde JS (1965) Der akute Myokardinfarkt. Eine psychosomatische Studie (in Holländisch). Bohn de Erven, Haarlem

Hahn P (1971) Der Herzinfarkt in psychosomatischer Sicht. Vandenhoeck & Ruprecht, Göttingen

Hahn P (1980) Herz-Kreislauf-Erkrankungen. In: Hahn P (Hrsg) Die Psychologie des 20. Jahrhunderts, Bd IX. Kindler, Zürich, S 337–373

Halhuber MJ (1980) Der Herzinfarkt-Patient als psychosomatisch Kranker in der Rehabilitation. In: Fassbender CF, Mahler E (Hrsg) Der Herzinfarkt als psychosomatische Erkrankung in der Rehabilitation. Mannheimer Morgen, Mannheim (Forum Cardiologicum, Bd 16)

Joraschky P, Köhle K (1979) Psychosomatische Konsultations- und Liaisondienste. In: Uexküll T von (Hrsg) Lehrbuch der psychosomatischen Medizin. Urban & Schwarzenberg, München Wien Baltimore, S 281–297

Köhle K, Gaus E (1979) Psychotherapie von Herzinfarkt-Patienten während der stationären und poststationären Behandlungsphase. In: Uexküll T von (Hrsg) Lehrbuch der psychosomatischen Medizin. Urban & Schwarzenberg, München Wien Baltimore, S 571–594

Köhle K, Joraschky P (1979) Die Institutionalisierung der psychosomatischen Medizin im klinischen Bereich. Ziele, Voraussetzungen, Bedarf und Konzept. In: Uexküll T von (Hrsg) Lehrbuch der psychosomatischen Medizin. Urban & Schwarzenberg, München Wien Baltimore S 263–298

Köhle K, Kubanek B (1981) Die Zusammenarbeit von Psychosomatikern und Internisten. In: Uexküll T von (Hrsg) Integrierte psychosomatische Medizin. Schattauer, Stuttgart New York, S 17–54

Lipowski ZJ (1977) Psychosomatic medicine in the seventies: An overview. Am J Psychiatry 134: 233–244

McDougall J (1974) The psychosomatic and the psychoanalytic process. Int Rev Psychoanal 1: 437–459

Moersch E, Kerz-Rühling J, Drews S (1980) Zur Psychopathologie von Herzinfarkt-Patienten. Psyche 6: 494–588

Ohlmeier D (1980) Gruppenpsychotherapie bei Herzinfarkt-Patienten. In: Fassbender CF, Mahler E (Hrsg) Der Herzinfarkt als psychosomatische Erkrankung in der Rehabilitation. Mannheimer Morgen, Mannheim (Forum cardiologicum, Bd 16, S 169–179

Petzold E, Reindell A (1980) Klinische Psychosomatik. Quelle & Meyer, Heidelberg

Rad M von (1981) Zur Theorie und Therapie psychosomatisch Kranker. Z Psychosom Med 27: 1–20

Rahe R, Rubin RT, Gunderson EK, Arthur CR (1971) Psychological correlates of serum cholesterol in man. A longitudinal study. Psychosom Med 33: 399

Rosenman RH, Friedman MF, Straus R et al. (1964) A predictive study of coronary heart disease. JAMA 189: 103–110

Rosenman RH, Friedman M, Straus R, Wurm M, Jenkins JD, Messinger HB (1966) Coronary heart disease in the western collaborative group study. JAMA 195: 130–136

Psychiatrisch-psychotherapeutische Erfahrungen bei der multiplen Sklerose

S. Poser und H. Friedrich

Allgemeines

Schwere neurologische Erkrankungen lassen sich je nach Erkrankungsalter, Krankheitssymptomatik und -dynamik in verschiedene Gruppen einteilen. Für die psychiatrisch-psychotherapeutisch relevanten Probleme sind Entwicklung des Krankheitsprozesses und Verlauf besonders wichtig. Dabei ergeben sich Gemeinsamkeiten unter neurologischen Akuterkrankungen, die mit oder ohne Defekt ausheilen, wie z. B. Poliomyelitis, Querschnittslähmung, Polyradikuloneuritis, Meningoenzephalitis, apoplektischer Insult. Bei den vollständig reversiblen akuten Erkrankungen ist eine psychische Betreuung während des Krankenhausaufenthaltes besonders in den Fällen erforderlich, die auf einer Intensivstation behandelt werden müssen und bei solchen mit sehr langsamer Rückbildung der Störungen. Die Probleme dieser Patienten unterscheiden sich i. allg. wenig von denen ähnlich schwer und lang Erkrankter anderer medizinischer Bereiche. Bei Defektheilung müssen die Patienten lernen, mit der bleibenden Behinderung, meist in Form einer Gangstörung, umzugehen. Dieser Prozeß sollte schon in der Akutklinik eingeleitet werden, einerseits durch Krankengymnastik und orthopädische Versorgung, andererseits durch Hilfestellung bei der psychischen Verarbeitung. Die kritische Phase beginnt meist nach der Akutbehandlung, wenn die Patienten realisieren, was ihnen durch die Erkrankung nicht mehr möglich ist. Wenn sie sich dann einmal auf die neuen, konstant bleibenden Bedingungen eingestellt haben, so sind sie psychisch oft erstaunlich stabil und beteiligen sich aktiv an allen Rehabilitationsmaßnahmen (Weimann 1979). Ihre Wiedereingliederung gelingt um so besser, je jünger sie bei Erkrankungsbeginn waren.

Während sich die psychische Problematik bei den genannten Krankheitsbildern vorwiegend im Akut- und Rehabilitationsstadium stellt, begleitet sie bei der Gruppe der chronisch progredienten Krankheitsbilder den gesamten Verlauf. Bei langsam fortschreitenden Prozessen, wie z. B. den Muskeldystrophien, der Myasthenie, der multiplen Sklerose und dem M. Parkinson, stehen Probleme der Langzeitbetreuung im Vordergrund. Bei einer kleineren Gruppe mit rascher Progredienz (amyotrophe Lateralsklerose, bösartige Hirntumoren) erweist sich die Todesproblematik als vorrangig.

Da die Patienten mit langsam fortschreitenden Erkrankungen oft über viele Jahre bzw. Jahrzehnte betreut werden müssen, ist der Versorgungsaufwand in der nervenärztlichen Praxis trotz relativ niedriger Erkrankungsrate beträchtlich.

Die multiple Sklerose wird hier als exemplarisch für solche Krankheiten dargestellt, bei denen ein chronisch progredienter Verlauf vorherrscht.

Unberücksichtigt bleibt die psychische Symptomatik bei Anfallskranken, die geprägt ist durch die Angst vor dem nächsten Anfall und das Angewiesensein auf die oft lebenslange Therapie. (Für eine Übersicht der umfangreichen Literatur s. Lamprecht 1979; Kütemeyer 1981). Patienten mit chronischen Schmerzsyndromen, z. B. nach Bandscheibenoperationen, sind häufig psychisch auffällig und weisen ähnliche Züge auf wie sie bei Kranken mit Rückenschmerzen anderer Genese (degenerative Wirbelsäulenschäden oder Weichteilrheumatismus) beschrieben sind. Sie erweisen sich als besonders therapieresistent (Weimann 1979).

Schlüsselprobleme beim Leben mit der multiplen Sklerose

Patienten mit multipler Sklerose sind außer durch die vielfältigen Symptome besonders belastet durch die mannigfaltigen Unsicherheitsfaktoren, die sich während der Erstellung der Diagnose, bei der Voraussage des Verlaufs und der Prognose und schließlich bei den therapeutischen Bemühungen ergeben. Auch die unbekannte Ätiologie und Pathogenese stellt eine Verunsicherung dar und führt häufig zu eigenen Vorstellungen über die Entstehung der Krankheit, mit denen sich der Arzt auseinandersetzen muß.

Das Erkennen der Symptome und der Umgang mit diagnostischen Problemen

Nach einer Untersuchung von Käppeli u. Wüthrich (1972) vergingen vom Auftreten der ersten Symptome bis zum Festlegen der Diagnose im Mittelwert 3,6 Jahre. Nur bei 28% der Fälle wurde im Verlauf des ersten Schubes die korrekte Diagnose gestellt. Bei 27% hingegen wurden Fehldiagnosen gestellt, die restlichen Fälle konnten ärztlicherseits zu Beginn nicht eingeordnet werden. Je nach dem vorherrschenden Krankheitssymptom werden die verschiedensten Spezialisten gleichzeitig oder nacheinander, oft ohne Kenntnis voneinander, konsultiert. Störungen, die sich an verschiedenen funktionellen Systemen manifestieren, werden auf diese Weise nicht im Zusammenhang gesehen oder zu einer vorher bestehenden Krankheit gerechnet. Selbst wenn schließlich der Verdacht auf eine multiple Sklerose im Raum steht, schwankt der Gewißheitsgrad, mit dem diese Diagnose gestellt werden kann. Fehlt von den wesentlichen Kriterien, nämlich dem schubförmigen Verlauf, der Dissemination der Symptome und den typischen Liquorveränderungen, eines, so kann sie höchstens als wahrscheinlich, fehlen zwei, nur als möglich gelten. Erst im weiteren Verlauf, und das kann Jahre dauern, zeigt sich dann, inwieweit der ursprüngliche

Verdacht berechtigt gewesen ist. In diesen Jahren ist der Patient oft in höchstem Grade verunsichert, zumal die Symptome für ihn selbst häufig nicht „aufgehen“. Er erlebt u. U. Störungen der verschiedensten Körperfunktionen gleichzeitig oder nacheinander; sie treten in unterschiedlicher Geschwindigkeit und Stärke auf und bleiben über nicht vorberechenbare Zeit bestehen. Neben Ausfallserscheinungen, die auch für die Umgebung klar als Krankheitssymptome erkennbar sind, wie z. B. spastische Paresen, liefern sich die Patienten durch den ataktischen Gang häufig dem Spott der Umgebung aus, etwa in dem Sinn: „Der hat schon wieder einen über den Durst getrunken“. Auch zahlreiche subjektive Phänomene, wie Mißempfindungen, können den Patienten erheblich belästigen, sind jedoch weder bei der neurologischen Untersuchung noch funktionell faßbar. Leichte Ermüdbarkeit und verminderte Leistungsfähigkeit bleiben oft lange nach Abklingen eines Schubes bestehen, häufig sogar als Dauersymptom und werden vom Patienten selbst und seiner Umgebung nicht als krankheitsbedingt verstanden, zumal sie in ihrer Intensität wechseln können. Die Körperwahrnehmung ist durch den fluktuierenden Verlauf der sensorischen, motorischen und vegetativen Funktionsveränderungen nicht verläßlich (Seidler 1978). Weiterhin leidet der Patient u. U. unter Symptomen im Bereich der Blase, des Darms oder der Sexualität, die er bewußt verschweigt, weil sie für ihn mit Scham und Angstgefühlen verbunden sind. Störungen des Antriebs, der Stimmung und der hirnorganischen Leistungsfähigkeit werden in vielen Fällen nicht als solche registriert, verschwiegen oder bagatellisiert. Für manche Patienten ist eine aufklärende Diagnose, die den Symptomen einen Sinn gibt und die körperlichen Störungen verständlich erscheinen läßt, eine Entlastung. Besonders die Patienten, die vorher mit bedrohlichen Differentialdiagnosen konfrontiert wurden oder unter den sozialen Konsequenzen ihrer Symptome zu leiden hatten, reagieren zunächst erleichtert auf die Diagnose.

Probleme mit der Einschätzung des Krankheitsverlaufs, der Prognose und der damit verknüpften Lebensplanung

Alle Untersuchungen, die sich mit den verschiedenen Stadien der Krankheitsverarbeitung beschäftigen, zeigen, daß es sich um einen langfristigen Prozeß der Auseinandersetzung mit den Veränderungen der psychosozialen Identität und den sozialen Lebensformen des Kranken und seiner Umwelt handelt, der durch den wechselhaften Verlauf und die unsichere Prognose erschwert wird. Im günstigsten Fall gelingt es, das Leben nach einer Day-to-day-Philosophie (Bolding 1960) neu zu gestalten und den Tagesablauf den Symptomen anzupassen. Entwickeln sich hingegen Resignation und Hoffnungslosigkeit im Sinne der Giving-up/given-up-Reaktion von Engel (1968), so führt dies zu erheblichen psychosozialen Belastungen.

Auch der Umgang mit Leugnung, Trotz und Abwehr bereitet Schwierigkeiten.

Ein 34jähriger, selbständiger Tischlermeister litt an einer primär chronisch-progredienten multiplen Sklerose, die sich v. a. durch eine spastische Gangstörung, Parästhesien an den Beinen und Harnverhaltung äußerte. Trotz dieser recht ausgeprägten Symptome hatte er in den letzten Monaten schwierige Klettertouren mitgemacht und wollte auf diese auch nicht verzichten, da er ja nicht wisse, wie lange er sie noch bewältigen könne. Dabei gelangte er mehrmals bis an die Grenze seiner physischen Belastbarkeit und brachte sich selbst und seine Bergkameraden in gefährliche Situationen. Auch beruflich nahm er keinerlei Rücksicht auf seine Behinderung, glaubte vielmehr, sein Geschäft noch vergrößern und modernisieren zu müssen.

Da das Erkrankungsalter der MS mit durchschnittlich 30 Jahren in die Zeit der persönlichen und beruflichen Fortentwicklung fällt, treten fast zwangsläufig Familienkonflikte und Schwierigkeiten am Arbeitsplatz auf. Ist der Krankheitsprozeß dann einige Jahre in Gang gewesen und eher kalkulierbar, so sind häufig wichtige Entscheidungen schon gefallen und nicht mehr zu revidieren. So werden z. B. Patienten oft unmittelbar nach Bekanntwerden der Diagnose berentet, obwohl dies weder von den derzeitigen Symptomen her gerechtfertigt erscheint, noch von ihnen selbst beabsichtigt wird. In neueren Untersuchungen hat sich herausgestellt, daß die nach 5 Jahren Krankheitsdauer bestehenden Symptome, v. a. im pyramidalen und zerebellären System, eine recht gute Vorhersage für den weiteren Krankheitsverlauf erlauben. Bestehen spastische Paresen und Glied- oder Gangataxie als Dauersymptom, so werden diese sich progredient verschlechtern und auch später im Vordergrund des Krankheitsbildes stehen. Hingegen hat die Zahl der Krankheitsschübe keinen Einfluß auf den späteren Verlauf und die Prognose (Literaturübersicht bei Poser u. Ritter 1980).

Probleme mit Krankheitstheorien und Therapieformen

Die Tatsache, daß Ätiologie und Pathogenese der MS heute noch weitgehend unbekannt sind, ist für den Patienten ein weiterer belastender Faktor. Die Gefahr, daß er sich seine eigene Krankheitstheorie bildet und dabei auch magische Vorstellungen entwickelt, ist groß und führt häufig zu Mißverständnissen. Zum Beispiel befürchteten in einer eigenen Untersuchung etwa 20% der MS-kranken Patientinnen, daß sie die Krankheit an ihr Kind weitergegeben haben könnten. Hier kann eine sachliche Aufklärung Ängste abbauen. Viele Patienten glauben, sich wegen der Krankheit überhaupt nicht belasten zu dürfen, meiden jegliche körperliche Betätigung und fördern auf diese Weise eine Atrophie der Muskulatur. Häufig wird von den Patienten ein Zusammenhang zwischen der Lumbalpunktion und dem Auftreten bzw. der Verschlechterung ihrer Symptome gesehen. Angst und Verspannung entstehen, die dann auch zu vermehrten postpunktionellen Beschwerden führen (Lange 1978).

Das Fehlen einer ursächlichen Therapie wird häufig entweder gleichgesetzt mit einem therapeutischen Nihilismus, der für einzelne Symptome wie Spastik und Blasenstörungen unberechtigt ist, oder es bringt die Patienten in die Hände von Außenseitern. In der Laienpresse wird oft über spektakuläre Erfolgsergebnisse berichtet, die neue Hoffnungen wecken. Hat sich die Therapie dann als nutzlos erwiesen, ist häufig viel Geld, Kraft und Zeit verlorengegangen.

Aber selbst innerhalb der Schulmedizin wirken die sehr unterschiedlichen therapeutischen Ansätze auf den Patienten verwirrend und z. T. widersprüchlich. Zum Beispiel werden vielerorts unter der Vorstellung einer pathologischen Immunreaktion Patienten von Krankheitsbeginn an mit Zytostatika behandelt. Da der Therapeut die gravierenden Nebenwirkungen schildern muß, wird er die zu erwartende Wirkung eher etwas zu günstig darstellen. Der nachbehandelnde Arzt, der dieser Therapie vielleicht kritischer gegenübersteht, wird u. U. die Medikamente absetzen und den Patienten dadurch sehr verunsichern. Jeder Arzt wird von MS-Patienten häufig zu therapeutischen Schritten veranlaßt, die keiner wissenschaftlichen Überprüfung standhalten. Ob es berechtigt ist, über längere Zeit auf Placeboeffekte zu hoffen oder aber besser ist, den Patienten klar mitzuteilen, daß es für dieses spezielle Symptom kein Medikament gibt, ist eine Entscheidung im Einzelfall. Sie wird wesentlich von der Arzt-Patient-Beziehung abhängen.

Querschnittsuntersuchungen zeigen, daß das Arzt-Patient-Verhältnis bei den meisten Kranken stabil ist: Die meisten untersuchten Patienten wechseln ihren Arzt nicht häufig und sie konsultieren auch nicht gleichzeitig mehrere Ärzte, wie das öfter vermutet wird. In der Regel haben die Kranken eine konstante Beziehung zum Hausarzt oder einem niedergelassenen Neurologen und konsultieren in bestimmten Abständen eine Fachklinik. In ihrer Einschätzung erfolgt die Behandlung so, daß eine Therapie meist in der Klinik durchgeführt wird, während der niedergelassene Arzt eher als Betreuer und als Spezialist für das Management der Krankheit betrachtet wird. Ihm kommt eine wichtige Rolle für die Routinisierung im Umgang mit der Krankheit und ihren Folgen zu. Bedeutsam für die Einstellung zur Behandlung ist die Frage der Heilbarkeit: Ein knappes Fünftel hegt die Hoffnung auf Heilung, die durch weitere Fortschritte in der Forschung erzielt werden könnte, über die Hälfte der befragten Patienten weiß, daß z. Z. eine Heilung nicht möglich ist, aber sie haben ein erhebliches Maß an Hoffnung, das durchsetzt ist mit Skepsis und Resignation, aber grundsätzlich zu einer Kooperationsbereitschaft mit dem behandelnden Arzt führt, während ein Fünftel keinerlei Hoffnung hegt und eher resigniert erscheint.

Das Problem der Aufklärung

Aus einer retrospektiven Untersuchung von Friedrich et al. (unveröffentlicht) geht hervor, daß nur 8 von 91 Befragten ihre Diagnose sofort nach Auftreten der Erstsymptome erfuhren. Ein knappes Drittel ging noch zum Zeitpunkt der Befragung (nach einer mittleren Erkrankungsdauer von 18 Jahren) von einer „anderen Diagnose“ aus, wie z. B. Nervenentzündung, Encephalomyelitis disseminata, „Nervensache“, obwohl es sich bei den Patienten um eine seit Jahren regelmäßig betreute Gruppe aus einem epidemiologischen Areal handelte. Über die Hälfte derer, die ihre Diagnose wußten, waren dafür, daß einem „reiner Wein eingeschenkt werde“, und meinten, der Patient könne „bare Münze verlangen“, und zwar so früh wie möglich. Die Patienten beklagten sich häufig über die Art, in der sie ihre Diagnose erfahren haben und über das Fehlen eines aufklärenden Gesprächs im Anschluß an die Mitteilung der Diagnose. Nur ein Drittel konnte sich an ein solches Gespräch erinnern. Ein Viertel dieser Patienten, bei Seidler (1978) sogar fast die Hälfte, gab an, ihre Diagnose per Zufall erfahren zu haben. In ihrer Erinnerung war es auch nie der Arzt, der sie von sich aus über ihre Diagnose informiert habe, sondern dieses sei erst nach eigenem, langen Drängen geschehen.

Andererseits ergibt sich aus beiden Untersuchungen, daß bei vielen Patienten zunächst eine starke Abwehr der Diagnose stattgefunden hat bzw. bei denen, die von einer umschreibenden Diagnose ausgehen, noch stattfindet.

Patienten, die noch im Anfangsstadium der Erkrankung sind, denken oft anders über dieses unbedingte Klaren-Wein-Einschenken.

Eine jetzt 31jährige MTA erkrankte erstmalig 1976. Nach dem zweiten Schub 1978 teilte ich (S. P.) ihr auf direktes Befragen („Habe ich MS?") die Diagnose mit. In vielen Gesprächen verlangte sie ausführliche Informationen über Ätiologie, Pathogenese, Verlauf, Prognose und mögliche Therapieformen. In den letzten 3 Jahren sah ich sie ambulant monatlich, wobei sie in ihrer Befindlichkeit starke Schwankungen aufwies. Zuweilen war sie äußerst aggressiv und verbalisierte dann auch ihren Vorwurf, daß ich ihr die Diagnose so klar mitgeteilt habe. Sie könne und wolle mit dieser Belastung nicht leben. Beim Auftreten von Bagatellbeschwerden gerät sie in Panik, konsultiert die verschiedensten Ärzte und verlangt eine Unzahl von Medikamenten. Erstaunlicherweise bleibt sie bei gravierenden, klar MS-bedingten Störungen, die bisher nur zweimal aufgetreten sind, sachlicher.

Die unmittelbare Reaktion auf die Mitteilung der Krankheit war bei der Untersuchung von Friedrich et al. bei einem Drittel der Patienten „Schock, Angst und Niedergeschlagenheit", wobei sich die Ängste in erster Linie auf den antizipierten Krankheitsverlauf bezogen, in zweiter Linie darauf, vom Partner verlassen oder in ein Heim abgeschoben zu werden. Keiner der Patienten berichtete in dieser Untersuchung über einen Suizidversuch. Hingegen fanden sich in der Studie von Seidler bei mindestens 4 von 24 Patienten unmittelbar im Anschluß an die Mitteilung der Diagnose Suizidgedanken.

Wir selbst haben in der Klinik einen Suizid bei einer Patientin erlebt, der die Diagnose offiziell noch nicht mitgeteilt worden war, da der Verlauf atypisch war. Sie muß aber auf einem anderen Wege von dieser Möglichkeit erfahren haben und stürzte sich aus dem 7. Stock des Großklinikums.

Welche praktischen Konsequenzen für die Aufklärung ergeben sich nun aus den genannten Untersuchungsergebnissen? Die Mehrzahl der Patienten will und soll aufgeklärt werden, und zwar dann, wenn die Diagnose hinreichend sicher erscheint.

Seidler berechnete bei seinen Patienten, daß im Mittel 2,4 Jahre vom Zeitpunkt der ärztlich festgestellten bis zur vom Patient wahrgenommenen Diagnose vergingen. Mit zunehmendem Einsatz risikoreicher Therapieformen, z. B. Immunsuppressiva vom Zytostatikatyp, auch im Frühstadium, ist der Arzt sogar verpflichtet, voll aufzuklären. Der scheinbar naheliegende Kompromiß, zunächst nur den Partner aufzuklären, führt meist zu vermehrter Belastung der Familie und damit auch wieder des Patienten.

In einem Fall von Seidler hatte ein Arzt die Diagnose nur der Frau eines damals 35jährigen Großhandelskaufmanns mitgeteilt und ihr empfohlen, den Patienten selbst nicht einzuweihen, um ihn nicht zu beunruhigen. Der Patient seinerseits hatte die Diagnose nach langem Drängen von einer ihn pflegenden Krankenschwester erfahren, wobei diese ihm ebenfalls den Rat gegeben hatte, den Namen der Erkrankung seiner Ehefrau vorzuenthalten, um sie nicht zu beunruhigen. Nach seiner Krankenhausentlassung verheimlichten die Partner 4 Monate lang ihr Wissen voreinander, wobei mit jedem Versuch, sich nicht mitzuteilen, beim anderen um so mehr Einsamkeitsgefühle und Orientierungslosigkeit hervorgerufen wurden. Die Ehefrau berichtete später im Interview: „Irgendwann konnte ich nicht mehr. Ich hielt dieses Theaterspielen nicht mehr aus. Dann ist es endlich zu diesem erlösenden Sprechen gekommen." (Seidler 1978).

Eine Aufklärung beim Erstkontakt – auch wenn sie manchmal nahezuliegen scheint – halten wir für problematisch, weil dann die möglichen Reaktionen nicht vorausgesehen und bearbeitet werden können. Ein Gespräch im abklingenden Schub in der Klinik hat bessere Voraussetzungen, da einerseits der Patient gesehen hat, daß auch u.U. schwere Symptome gut zurückgehen und er andererseits noch einige Zeit in stationärer Beobachtung bleibt, in der weitere Gespräche – auch mit Partner und Familie – stattfinden können. Schon die Mitteilung, daß in einem epidemiologischen Krankengut 36% der Patienten über Jahre und Jahrzehnte einen gutartigen Verlauf aufwiesen, kann bei entsprechend patientengerechter Formulierung Angst abbauen und berechtigte Hoffnung wecken. In einer Untersuchung von Power u. Sax (1978) zeigte sich, daß eine sorgfältige und rechtzeitige Aufklärung zu einer besseren Krankheitsbewältigung führte.

In den Fällen, in denen die Diagnose in der Klinik nicht mitgeteilt wurde oder bei denen keine Klinikeinweisung erfolgte, wird der betreuende Haus- oder Nervenarzt die Aufklärung übernehmen müssen. Auf dem Boden einer stabilen Arzt-Patient-Beziehung kann er u.U. die Angst besser abbauen und den Prozeß der Verarbeitung begleiten. Er kennt die psychische Stabilität des Kranken und die auftauchenden interpersonellen Probleme. Wiederholte Gespräche und Beratungen ermöglichen nicht nur die Aufnahme der medizinischen Information über kognitive Prozesse. Vielmehr setzen sie einen längerfristigen Lernprozeß in Gang, der zum emotionalen Begreifen und zur sukzessiven Verarbeitung der krankheitsbedingten Probleme führt.

Schließlich gehört zur Aufklärung auch noch die Diskussion mit dem Patienten darüber, ob und an wen die Diagnose mitgeteilt werden darf. Bei erforderlichen sozialen Maßnahmen (Schwerbehindertenausweis, Arbeitsplatzwechsel) muß die Diagnose preisgegeben werden, bei anderen Patienten hingegen ist es günstiger, zunächst mit einer verschlüsselten Diagnose zu arbeiten. Bei ärztlichen Untersuchungen im Rahmen von Neueinstellungen oder bei Übernahme in das Beamtenverhältnis, beim Eintritt in eine neue Krankenversicherung oder beim Abschluß einer Lebensversicherung besteht nach den rechtlichen Vorschriften die Pflicht zur Mitteilung, obwohl dies zu einer vorzeitigen Stigmatisierung und Benachteiligung führen kann.

Günstig sind protokollarische Krankenblattnotizen und Angaben im Entlassungsbrief über derartige Gespräche, damit nachbehandelnde Ärzte informiert sind und die eingeschlagene Linie weiterverfolgen können. In unserer epidemiologischen Studie berichteten mehrere Kranke den Interviewern, die nichts mit der Neurologischen Klinik zu tun hatten, sie seien nie vom Arzt aufgeklärt worden. In diesen Fällen erwiesen sich die Protokolle, in denen die Aufklärungsgespräche niedergelegt waren, als nützlich und zeigten uns, daß massive Verdrängungsreaktionen stattgefunden hatten oder daß eine Zweitmeinung provoziert werden sollte im Sinne von „mal sehen, was der sagt".

Spezifische Konflikte

Einige typische Reaktionen und Konflikte kommen im Verlauf der MS bei fast allen Patienten vor; ihre Kenntnis erleichtert den Umgang und hat u. U. auch therapeutische Konsequenzen.

Depression und Euphorie

Tabelle 1 gibt einen Überblick über die psychischen Symptome, die bei der MS in einer Querschnittsuntersuchung aufgetreten sind. Depression und/oder emotionale Labilität sind häufig, wobei im Einzelfall kaum je zu entscheiden ist, ob sie Krankheitssymptome im engeren Sinne oder eine Reaktion auf erkrankungsbedingte Störungen und Probleme darstellen. In seltenen Fällen gehen depressive Symptome der organischen Manifestation voraus oder zeigen eine so auffallende Korrelation zu diesen, daß eine organische Genese naheliegt. Die Tatsache, daß die Häufigkeit depressiver Symptome nicht mit der Schwere und Dauer der Krankheit zunimmt (Übersicht bei Poser u. Ritter 1980) spricht dafür, daß reaktive Momente eine größere Rolle spielen. Nicht selten tragen auch therapeutische Maßnahmen, wie z. B. eine hochdosierte Kortisontherapie, zu Stimmungsschwankungen, und zwar auffallend häufig zu Depressionen, bei.

Tabelle 1. Psychische Störungen bei Patienten mit multipler Sklerose (n = 1572)

	%
Unauffällig	62
Euphorie	11
Depression	8
Emotionale Labilität	18
Intelligenzstörung/Demenz	9
Psychotisch	0,1
Epileptische Anfälle	0,4
Hirnwerkzeugstörung	0,4
Eintrübung/Koma	0,3

Für die Therapie gelten dieselben Grundsätze wie für andere depressive Syndrome, wobei die überwiegend hirnorganisch bedingten Depressionen sich als äußerst therapieresistent erweisen.

Eine Bäckersfrau erkrankte, 31jährig, während eines Jugoslawienurlaubs an einer Retrobulbärneuritis. Etwa 10 Tage nach Beginn der Augensymptomatik trat eine Depression auf, die eine psychiatrische stationäre Therapie erforderlich machte. Die Depression sprach erstaunlich schlecht auf die üblichen Antidepressiva an, klang dann jedoch einige Wochen später, unabhängig von jeder Therapie, wieder ab. Etwa 10 Jahre später kam es zu einem Schub mit Sensibilitätsstörungen und Paresen. Auch jetzt stellte sich – wieder zeitlich etwas nachhinkend – eine depressive Verstimmung ein, die sich zusammen mit den neurologischen Symptomen wieder zurückbildete. In den folgenden 5 Jahren liefen mehrere Schübe mit überwiegend sensibler neurologischer Symptomatik ab; jedesmal verschlechterte sich die inzwischen chronifizierte Depression dabei wesentlich. Antidepressiva der verschiedensten Arten brachten keine Besserung. Bei der letzten schubförmigen Verschlechterung stand die schwere Depression ganz im Vordergrund, die neurologische Symptomatik bestand aus einer leichten Gangstörung. Der Liquor war akut entzündlich verändert. Trotz intensiver Infusionstherapie mit Antidepressiva blieb der Zustand über viele Wochen sehr quälend. Die Patientin stürzte sich noch während des stationären Aufenthaltes aus dem 8. Stock eines Hochhauses und erlag ihren Verletzungen.

Baretz u. Stephenson (1981) unterscheiden die maskierte Depression, die zu Erkrankungsbeginn die häufigste psychische Störung darstellen soll und die offen zutagetretende Depression, die mit längerer Krankheitsdauer häufiger wird. In Übereinstimmung mit der neueren Literatur, fanden diese Autoren die früher als MS-typisch geltende Euphorie selten. Sie wird mit zunehmender Schwere und Dauer der Krankheit allerdings häufiger und ist im Einzelfall meist mit rasch chronisch-progredienter Symptomatik gekoppelt, was eine überwiegend organische Genese nahelegt. Die Erstbeschreiber der Krankheit kannten zunächst nur die schwersten Formen und hielten die Euphorie deshalb für krankheitstypisch. Seit auch Frühfälle und leicht Behinderte diagnostiziert werden können, hat sich das Spektrum der psychischen Symptome wesentlich erweitert, so daß die Euphorie nur als eine von vielen Möglichkeiten betrachtet werden kann.

Während bei Depressivität überwiegend der Patient behandlungsbedürftig ist und durch eine adäquate Therapie auch die Familie entlastet werden kann, muß bei ausgeprägter euphorischer Wesensänderung, die beim Patienten meist keinen Leidensdruck erzeugt, das Schwergewicht der therapeutischen und beratenden Maßnahmen bei der Familie liegen. Zur Frage der Suizidalität – Motive und Häufigkeit – ist bisher wenig systematisches Wissen vorhanden. Dem klinischen Eindruck nach besteht keine Beziehung zwischen Suizid und Schwere der körperlichen Symptome.

Leistungseinbußen

Über die Häufigkeit, mit der hirnorganische Ausfallerscheinungen auftreten, finden sich in der Literatur – abhängig von der Selektion der Patienten und der Untersuchungstechnik – sehr unterschiedliche Angaben. In der klinischen Literatur werden Intelligenz- und Gedächtnisstörungen fast nur bei fortgeschrittenen Krankheitsfällen beschrieben, während testpsychologisch häufig schon hirnorganische Beeinträchtigungen im Frühstadium nachgewiesen werden können, die sich mit längerer Krankheitsdauer verstärken (Übersicht bei Oberhoff-Looden 1978). Allerdings ist in einigen Studien nicht berücksichtigt, daß viele psychologische Tests komplexe motorische und sensorische Fähigkeiten erforderlich machen, und damit neurologisch behinderte Patienten auch ohne hirnorganische Ausfälle schlechter abschneiden. Die Patienten selbst klagen häufig über verminderte geistige Leistungsfähigkeit. In den Fällen, in denen wir dieser Beschwerde testpsychologisch nachgegangen sind, lagen keine objektivierbaren Beeinträchtigungen vor. Wahrscheinlich bestehen hier Parallelen zur raschen körperlichen Erschöpfbarkeit und unvermittelt auftretenden Müdigkeit – Phänomene, die oft nach akuten Schüben lange persistieren, u. U. sogar in wechselnder Ausprägung über Jahre bestehen bleiben können. Viele Patienten versuchen, diese Leistungseinbußen vor ihrer Umgebung zu verbergen, aus Angst, mit diesen Beschwerden nicht ernstgenommen zu werden oder den Eindruck zu erwecken, sie ließen sich gehen. Die Bewertung als Krankheitssymptom erleichtert den Patienten und schafft Verständnis in seiner Umgebung. Ein möglichst gemeinsam mit der Familie ausgearbeiteter Tagesplan, in den Ruhepausen und Ausweichmöglichkeiten bei Überlastungsgefühl eingebaut sind, kann bei den überwiegend betroffenen Frauen nützlich sein. Die mangelnde Belastbarkeit ist oft sogar ein Frühsymptom – man spricht vom pseudoneurasthenischen Vorstadium – und führt nicht selten zu Fehldiagnosen. Erst wenn dann objektive neurologische Symptome auftreten, können rückblickend die unspezifischen Störungen richtig interpretiert werden.

Hysterische Symptome

Allerdings können sich auch psychisch bedingte und organische Symptome im Verlauf kombinieren und durchmischen, was unserer Erfahrung nach kein seltenes Phänomen ist, jedoch bisher nicht systematisch untersucht wurde.

Ein Patient erkrankte im Alter von 31 Jahren an einer Retrobulbärneuritis. 10 Jahre später trat eine akute Gangstörung auf, die vom Nervenarzt wegen starker psychischer Auffälligkeiten als Konversionssymptom gedeutet wurde. Während einer 2jährigen psychotherapeutischen Behandlung verschwand die Gangstörung. Als sich einige Jahre später wiederum spastische Paresen einstellten, bestand der Patient selbst auf einer erneuten psychotherapeutischen Behandlung, obwohl der jetzt betreuende Neurologe die MS diagnostizierte und dem Patienten diese Diagnose auch mitteilte. Aber erst als die Psychotherapie keine Besserung der jetzt chronisch progredient verlaufenden Krankheit erbrachte, begab sich der Patient in neurologische Behandlung. Der Umgang mit ihm gestaltete sich extrem schwierig, da sein körperliches Befinden stark von seiner psychischen Verfassung abhing und zusätzlich ein Tranquilizerabusus bestand.

Testpsychologisch ließ sich in der neuesten Literatur nur bei 3 von 55 Patienten eine hysterische Persönlichkeitsstruktur nachweisen (Peyser et al. 1980).

Zahlreiche retrospektive Arbeiten befassen sich mit der Primärpersönlichkeit von MS-Kranken, die als infantil bzw. emotional unreif geschildert wird (Übersicht bei Seidler 1978). Falls sich dieser bisher noch als Hypothese aufzufassende Befund in prospektiven Untersuchungen bestätigen sollte, so würde die geschilderte Kombination verständlich, und es müßten psychotherapeutische Überlegungen angestellt werden, ob und in welcher Form die Störungen behandelbar sind.

Sexualität und Familienplanung

Im Vergleich zu einer Kontrollgruppe von querschnittsgelähmten Männern gaben männliche MS-Patienten auffallend häufig an, unter ihren sexuellen Störungen (vorhanden bei 96%) subjektiv nicht zu leiden, und sie waren schnell bereit, bei Potenzstörungen jeglichen Intimverkehr einzustellen (Seidler 1978). Die tägliche Erfahrung im Umgang mit MS-Patienten ergibt jedoch, daß sexuelle Störungen im Einzelfall einen erheblichen Leidensdruck erzeugen können und daß zahlreiche Patienten erfolglose Hormon- und Vitaminkuren hinter sich haben. In den letzten Jahren sind verschiedene Patienten mit dem Wunsch einer Penisprothese an uns herangetreten, wobei zwei inzwischen implantiert worden sind – mit recht zufriedenstellendem Ergebnis.

Auf die Sexualität bei MS-kranken Frauen wird in der Literatur kaum eingegangen; spontan berichten die Patientinnen selten darüber. Bei gezielter Befragung kommen erstaunlich oft konkrete Angaben, und das offensichtliche Informations- und Gesprächsbedürfnis zeigt, daß auch für sie hier Probleme liegen. Fast regelmäßig schließen sich Diskussionen um Konzeptionsverhütung und Familienplanung an. Das Konzeptionsverhalten von MS-kranken Frauen unterscheidet sich von dem der Normalbevölkerung dadurch, daß weniger häufig orale Ovulationshemmer eingenommen werden aus Angst, daß sich die Krankheit dadurch verschlechtert. Daß diese auch durch den Beipackzettel der entsprechenden Firmen genährte Befürchtung unberechtigt ist, ergab eine eigene, noch unveröffentlichte Studie an 512 Frauen: Es ließ sich kein Unterschied in der Prognose zwischen Patientinnen mit und ohne Ovulationshemmereinnahme nachweisen.

Besteht Kinderwunsch, so sprechen häufig eher soziale als medizinische Gründe gegen eine Schwangerschaft. Ist eine Frau bereit, eine im Wochenbett häufig, aber vorübergehend auftretende Verschlechterung in Kauf zu nehmen, und ist die Versorgung des Kindes sichergestellt, so braucht von einer Schwangerschaft nicht abgeraten zu werden. Die Gesamtprognose wird durch sie nicht ungünstig beeinflußt.

Wie die Schubauslösung in der Wochenbettphase zustande kommt, ist ebenso ungeklärt wie der Zusammenhang zwischen emotionalen Belastungen und Schub. Zu diesem Problem gibt es in der Literatur die verschiedensten Angaben – von der psychischen Genese der organischen Symptome überhaupt bis hin zur völligen Ablehnung eines Zusammenhanges. Die Patienten selbst berichten häufig über dem Krankheitsbeginn bzw. den Schüben vorausgehende psychische Belastungen bzw. Streßfaktoren. Prospektive Studien sind erforderlich, um zu klären, ob dies nur dem Kausalitätsbedürfnis vieler Patienten entspricht, ob es sich teilweise um Schwankungen der Befindlichkeit im Sinne von nicht schubbedingten Verschlechterungen handelt oder ob tatsächlich pathophysiologisch erklärbare Korrelationen bestehen.

Psychotische Symptome

Psychosen sind bei MS-Patienten nicht häufiger als in der Normalbevölkerung. Gelegentlich ist jedoch ein auffälliger Zusammenhang zwischen psychotischer und neurologischer Symptomatik zu beobachten, der nahelegt, daß schizophrenieforme und manische Episoden auch auf dem Boden von Plaquebildungen auftreten können.

Eine 23jährige Patientin mußte wegen einer paranoid-halluzinatorischen Psychose in einem Landeskrankenhaus aufgenommen werden. Die wahnhafte Symptomatik bezog sich auf Verzaube-rungsvorstellungen durch einen irrealen Mann, den sie vor Jahren kennengelernt haben wollte. Sie fühlte sich beeinträchtigt durch das Böse, der Teufel in leibhaftiger Person erschien ihr, um sie zu beeinflussen. Neben dieser psychotischen Symptomatik bestand eine Gangstörung, die zunächst als psychogen gedeutet wurde. Während des stationären Aufenthalts in unserer Klinik trat ein buntes neurologisches Bild auf mit unsystematischem Wechsel von pyramidalen, zerebellären und extrapyramidalen Symptomen. Die psychotische Symptomatik war zurückgetreten, die Patientin war jetzt affektiv gespannt und ängstlich. Erst postmortal wurde die Diagnose einer akuten multiplen Sklerose gestellt.

Individuelle Bewältigungsmuster (coping)

Matson u. Brooks (1977) unterscheiden als Bewältigungsformen solche der Leugnung, der Auflehnung, der Anerkennung und der Integration. Je nachdem, welcher Phase der Patient verhaftet bleibt, kommt es zu unterschiedlich erfolgreichen Bewältigungsmustern im Umgang mit der MS. Hierbei scheint bei den Befunden von Matson u. Brooks die Religiosität eine besondere Rolle zu spielen. Auch die in der Diskussion häufig als Euphorie und Depression bezeichnete Verhaltensweise ist, obwohl sie sicher eine organische Komponente besitzt, häufig das Produkt der Auseinandersetzung mit den körperlichen, psychischen und sozialen Veränderungen, wie sie durch die Krankheit erzwungen werden.

Unterscheidet man die Auseinandersetzung mit der Krankheit und ihren Folgen nach dem Grad der Beteiligung am Umweltgeschehen bzw. nach dem Grad der sozialen Isolation, so kann man 4 Formen von Bewältigungsmustern finden (Friedrich et al., unveröffentlicht; Beland et al., unveröffentlicht; Friedrich et al. 1981):

1. *Als-Ob-Verhalten:* In dieser Form wird von den Kranken der Versuch unternommen, sich vor der Umwelt als nicht behindert darzustellen und eine normale, unauffällige Situation zu schaffen. Das gelingt natürlich v. a. in den Fällen, in denen der Verlauf sehr leicht ist bzw. sehr wenig Schübe aufgetreten sind und eine Stabilisierung erfolgt ist. Freilich findet man auch hier Patienten, die stark durch Symptome stigmatisiert sind und dennoch ihre Erkrankung nach dem Maßstab der Gesunden organisiert haben. Im wesentlichen will man durch die Reaktion der Umwelt nicht ständig an seine Erkrankung erinnert werden und bringt auch nicht selbst das Thema auf die Krankheit, sondern es wird der Versuch unternommen, so normal wie möglich in seinem Lebensvollzug zu sein. Auffällig ist hierbei, daß durchgängig der Versuch unternommen wird, eine relative Stabilität sowohl in bezug auf das Selbstwertproblem als auch auf die familialen und sozialen Aktivitätsmuster herzustellen und aufrechtzuerhalten. Das schließt nicht aus, daß einige Folgen der Krankheit, auch die unvorhersehbare Krankheitsentwicklung, in ihrer Bedeutung geleugnet werden.
2. *Beschwichtigung:* Hierbei wird die soziale Bedeutung der krankheitsbedingten Beeinträchtigungen zurückgewiesen. Zwar werden die Beschwerden offen gezeigt, doch der Erkrankte ist ständig bemüht, die Bedeutung in der sozialen Interaktion abzuschwächen. Ähnlich wie beim Als-ob-Verhalten liegt das Schwergewicht darauf, eine „normale“ Situation herzustellen. Diese Bewältigungsform korreliert nicht mit einer bestimmten Verlaufsform oder dem Schweregrad.

3. *Betonung:* Im Gegensatz zum Als-ob-Verhalten wird bei der Betonung alles getan, um die Bedeutung der Symptome und ihre psychosozialen Implikationen zu unterstreichen. Es ist zu einer starken Veränderung der Lebensvollzüge gekommen, die Krankheit ist das alles beherrschende Alltagsthema geworden. Die Kranken erwarten von ihrer Umwelt eine Bestätigung dafür, wie tapfer sie ihr schweres Los ertragen, und können daraus ein Stück ihrer Selbstwertstabilisierung beziehen. Das gilt nicht nur für Patienten, die eine sichtbare Stigmatisierung haben, sondern in dieser Gruppe finden sich auch Kranke, die nach dem klinischen Befund nahezu oder völlig symptomfrei und äußerlich nicht stigmatisiert sind.
4. *Rückzug:* Bei dieser Form der Bewältigung handelt es sich um einen Weg in die psychische und soziale Isolation, es dominiert ein passives, sich selbst aufgebendes Moment. Häufig ist dieses Verhalten auch geprägt von einer vollständigen Gleichgültigkeit gegenüber allen bedeutsamen Angelegenheiten. Der Erkrankte hat sich völlig zurückgezogen und gibt sich den Anschein, nichts wahrzunehmen und keinerlei eigene Meinung zu haben, er ist völlig abhängig von seiner Umwelt geworden. Diese Form der Bewältigung, bei welcher der Erkrankte sowohl von der Symptomatik als auch vom Verhalten her im Extremfall den Eindruck eines Kleinkindes vermittelt, erscheint als die gefährlichste Verhaltensweise, gefährlich gegenüber der Krankheit und besonders schwierig für die Bezugsperson, da auch die Versorgung sehr schwierig und belastend wird. Es sieht so aus, als ob diese Form im Extremfall der Position der Giving-up/given-up-Reaktion entspricht, wie sie von Engel beschrieben worden ist.

Man kann die Verarbeitung auch unter dem Gesichtspunkt der Bedeutung der MS als einschneidendes Ereignis für die eigene Lebensidentität analysieren, wie es von Diebel (1981) in einer Untersuchung v.a. an schwerkranken MS-Patienten durchgeführt wurde. Sie unterscheidet 3 grundlegende Verarbeitungsweisen, die mit den oben beschriebenen Copingformen vergleichbar sind:

1. *Resignation und Passivität als zentrales Problem:* Hier steht v.a. das Erleben von Ohnmacht im Vordergrund, wobei die MS als Schicksal hingenommen wird, das als unabwendbar und nicht annehmbar erlebt wird. Es besteht wenig Hoffnung auf Besserung, insgesamt herrschen depressive Veränderungen mit Hemmung von Initiative und Desinteresse an der Umwelt vor, was der *Copingform des Rückzugs* entspricht. Gravierend sind hier v.a. Selbstwertprobleme, weil man sich als Gesunden nicht mehr erleben, aber keine Identität als chronisch Kranker entwickeln kann.
2. *Die MS-Erkrankung als kontrollierbares Ereignis:* Es herrscht eine optimistischere Beurteilung des Krankheitsverlaufs und der zukünftigen Entwicklung vor. Es wird auch weniger Leugnung vorgenommen, die potentielle Gefährlichkeit der Krankheit und die mögliche Progredienz wird wahrgenommen, aber mit der Hoffnung gekoppelt, in Zukunft weniger stark betroffen zu werden als andere Kranke. Es gibt eine gewisse Zuversicht, den Krankheitszustand auch in Zukunft ausreichend kontrollieren zu können, so daß die Selbstdefinition nicht als grundlegend von den Gesunden verschieden vorgenommen wird. Vor allem versucht

man, sich von den stärker Behinderten abzugrenzen, auch wenn man einen partiellen Rückzug aus sozialen Aktivitäten vornehmen mußte. Diese Verarbeitungsweise entspricht dem *Als-ob-Verhalten* und der *Beschwichtigung*.

3. *Die MS-Erkrankung als zu bewältigende Lebensveränderung:* Die 3. Gruppe erlebt die Krankheit als eine zu bewältigende Lebensveränderung, in der Krisen und Konflikte offen wahrgenommen und erlebt werden. Es kommt zu einer intensiven Auseinandersetzung mit dem kranken Körper und zur Entwicklung von Aktivität, indem es weitgehend gelingt, behinderungsgerechte Umstrukturierungen des Alltags und der Beziehungen mit den Angehörigen vorzunehmen. Auch die Bedrohlichkeit in der Zukunft wird nicht geleugnet, sondern als eine notwendige Krise in Kauf genommen, in der Hoffnung, auch hierfür Lösungsformen zu finden. Freilich ist auch diese Form sehr stark abhängig von der Reaktion der Umwelt, was zur familialen Verarbeitung führt. In dieser Form sind *verschiedene Kombinationen der Copingformen* vorhanden.

Familiale Bewältigung

Die Reaktion der Umwelt auf die multiple Sklerose ist bislang wenig untersucht worden. In einer eigenen Untersuchung haben wir verschiedene Verarbeitungsweisen finden können. Grundsätzlich gibt es hierbei 2 Hauptformen:

1. Akzeptierung der Betroffenheit durch die multiple Sklerose als ein gemeinsames Problem bzw. als eine Aufgabe, die nicht nur den Kranken, sondern auch den Partner betrifft.
2. Distanzierung und Abwehr der Krankheit, die das eigene Leben zu sehr stört.

Bei der ersten Form wird die Krankheit als Bestandteil des menschlichen Lebens an sich akzeptiert, die möglicherweise auch jeden anderen treffen kann. Die Krankheit ist somit nicht alleinige Aufgabe und Angelegenheit des Patienten, sondern auch seiner Bezugsgruppe. Darin ist auch die Notwendigkeit impliziert, die eigenen Bedürfnisse und Lebensgewohnheiten in dem für das Management und die Bewältigung der MS in der Familie erforderlichen Maße zu verändern. Insofern wird hier die Krankheit als gemeinsame Aufgabe akzeptiert und in dem Maße, wie der Kranke durch den Krankheitsverlauf immer abhängiger von der Versorgung durch den Partner wird, häufig sogar als Hauptaufgabe des Partners begriffen. Es werden dann eine ganze Reihe der Aufgaben beim Management der Krankheit vom Partner übernommen, aber genügend Spielraum hergestellt, in dem Initiative und Aktivität des Kranken so weit beachtet und auch aufrechterhalten werden wie dieser in seinem Krankheitsstadium aufbringen kann. Es wird darauf geachtet, daß seine Beziehungen und bisherigen Funktionen im Leben der Familie soweit wie möglich aufrechterhalten werden, und v. a. darauf, daß die Isolation und der Ausschluß des Kranken vom Alltagsleben vermieden werden.

Bei der zweiten Form, der Distanzierung und Abwehr, wird die Krankheit als Störung des eigenen Lebens und der eigenen Bedürfnisse erlebt. Damit wird sie weitgehend dem Kranken zur Bewältigung zugewiesen und eine Abschottung gegenüber den Ansprüchen des Kranken vorgenommen, indem eigene Bedürfnisse und Lebensgewohnheiten nach Möglichkeit nicht oder nur widerstrebend verändert werden. Während bei der ersten Form der Bewältigung Konflikte offen ausgetragen werden, ist in der zweiten Form ein Herunterspielen der Krankheit und ein konflikthafter Umgang mit den Symptomen und Beeinträchtigungen zu beobachten, wobei in den Vorstellungen sehr häufig Trennungswünsche und -absichten existieren und ein erhebliches Ausmaß an Distanz in der Beziehung zwischen den Partnern eingetreten ist bis hin zum Extremfall, daß der Kranke in Pflegeinstitutionen abgeschoben oder eine Scheidung erwirkt wird. Dabei besteht ein geschlechtsspezifischer Unterschied in dem Sinne, daß die Ehen von lang und schwer erkrankten Frauen häufiger geschieden sind als die der entsprechend kranken Männer. Auch sind mehr erkrankte Frauen im Pflegeheim untergebracht, z.T. schon bei leichterer Behinderung und im jüngeren Alter. MS-kranke Männer werden hingegen entsprechend der traditionellen Rolle der Frau länger zu Hause gepflegt, oft unter Einbeziehung aller Familienmitglieder.

Psychotherapie bei MS?

Je nachdem, welche ätiologischen und pathogenetischen Vorstellungen der MS zugrunde gelegt werden, finden sich in der Literatur verschiedene Auffassungen vom Wert oder Unwert psychotherapeutischer Behandlungsmethoden. Ausgehend von der unbewiesenen Hypothese, daß die Symptome der MS rein psychogen sind, wird z.B. von Paulley (1976/77) eine ausschließliche Psychotherapie empfohlen und auch praktiziert. Die Zahl der behandelten Patienten blieb naturgemäß klein. Erfolge sind nur für Einzelfälle beschrieben.

Andere Autoren konnten bei größeren Untersuchungen keinen Zusammenhang zwischen psychischer Grundstruktur, emotionalen Belastungen und Auftreten oder Verschlechterungen der MS finden (Poser 1979) und halten einen psychotherapeutischen Ansatz für nutzlos. Beide Standpunkte sind unserer Meinung nach zu extrem. Obwohl an der organischen Genese der Krankheit nicht gezweifelt werden kann, fällt doch häufig eine deutliche Abhängigkeit der Befindlichkeit und der Ausprägung der Symptome von der psychischen Verfassung auf. Für die emotionale Stabilisierung kommt die Mehrzahl der Patienten unserer Erfahrung nach mit einer kontinuierlichen psychischen Betreuung durch Haus- und Nervenarzt, evtl. auch durch medizinische Hilfspersonen (Sozialarbeiterin, Krankengymnastin) aus. Lokker geführte Selbsterfahrungsgruppen (Hartings et al. 1976) und Selbsthilfegruppen (Busse u. Kronsbein 1981) können zusätzlich hilfreich sein.

Für die Rolle der Fachpsychotherapie können 3 Aspekte unterschieden werden:

1. Die Psychotherapie kann speziell für die Bearbeitung von Konflikten bei der Bewältigung der MS und ihrer Folgen von Nutzen sein.
2. Sie kann indiziert sein bei schweren neurotischen Konflikten, die mit der MS verbunden sind.
3. In bezug auf die Rolle psychodynamischer Faktoren bei Entstehung und Verlauf der MS kann im Moment nur die Forderung nach systematischen Untersuchun-

gen mit Kontrollgruppen aufgestellt werden, bevor eine Indikation für eine Psychotherapie möglich ist.

Literatur

Baretz RM, Stephenson G (1981) Emotional responses to multiple sclerosis. Psychosomatics 22: 117–127

Bolding H (1960) Psychotherapeutic aspects in the management of patients with multiple sclerosis. Dis Nerv Syst 21: 24–26

Busse O, Kronsbein HJ (1981) Somatische und psychosoziale Therapiekonzepte bei der Multiplen Sklerose. Med Welt 32/19: 721–725

Diebel E (1981) Identität unter dem Einfluß chronischer Krankheit am Beispiel der Multiplen Sklerose. Dissertation, Göttingen

Engel G (1968) The giving-up-given-up complex. Ann Intern Med 69: 293–300

Friedrich H, Beland H, Denecke P, Ziegeler G (1981) Mit einer chronischen Krankheit leben. Med Klin 76/21: 574–581

Hartings M, Pavlon MM, Davis FA (1976) Group counseling of ms patients in a program of comprehensive care. J Chronic Dis 29: 65–73

Käppeli F, Wüthrich R (1972) Untersuchungen über den Erstschub bei Multipler Sklerose und dessen Bedeutung für die Diagnosestellung. Schweiz Rundsch Med (Praxis) 61: 1226–1231

Kütemeyer M (1981) Versuch der Integration psychosomatischer Medizin in eine neurologische Universitätsklinik. In: Uexküll T (Hrsg) Integrierte psychosomatische Medizin. Schattauer, Stuttgart New York, S 187–226

Lamprecht F (1979) Neurologie. In: Hahn P (Hrsg) Die Psychologie des 20. Jahrhunderts, Bd 9. Kindler, Zürich, S 533–578

Lange HU (1978) Angst und Neurotizismus in der Genese von postpunktionellen Kopfschmerzen. Nervenarzt 49: 47–49

Matson R, Brooks N (1977) Adjusting to multiple sclerosis: An exploratory study. Soc Sci Med 11: 245–250

Oberhoff-Looden I (1978) Psychopathologie der Multiplen Sklerose. Müller, Salzburg

Paulley JW (1976/1977) Psychological management of multiple sclerosis. Psychother Psychosom 27: 26–40

Peyser JM, Edwards KR, Poser CM (1980) Psychological profiles in patients with multiple sclerosis. Arch Neurol 37: 437–440

Poser CM (1979) Trauma, stress and multiple sclerosis. Bull Am Acad Psychiatry Law 7: 209–218

Poser S, Ritter G (1980) Multiple Sklerose in Forschung, Klinik und Praxis. Schattauer, Stuttgart New York

Power W, Sax DS (1978) The communication of information to the neurological patient: Some implications for family coping. J Chronic Dis 31: 57–65

Seidler GH (1978) Die psychosoziale Verarbeitung chronischer Krankheit bei Multiple Sklerose-Kranken und Querschnittsgelähmten. Dissertation, Göttingen

Weimann G (1979) Psychosomatische Aspekte in der Rehabilitation Kranker mit Bewegungsbehinderungen verschiedener Genese. Verh Dtsch Ges Inn Med 85: 1375–1378

Psychoorganische Syndrome bei einigen Organerkrankungen im Zusammenhang mit deren modernen Therapieformen

P. Götze

Psychoorganische Syndrome als Begleiterscheinungen somatischer Erkrankungen sind seit langem bekannt. Die modernen Therapieformen modifizieren diese Psychosyndrome jedoch oder rufen (scheinbar) neue hervor. Gehäuft auftretende, z.T. schwere psychische Störungen lassen sich sowohl in der Intensivmedizin als auch während der Zytostatikabehandlung onkologischer Patienten, während der Hämodialyse chronisch Nierenkranker oder nach Herzoperationen nachweisen. Auf die 3 zuletzt genannten modernen Therapieformen möchten wir hier im Zusammenhang mit psychischen Störungen näher eingehen.

Psychoorganische Syndrome bei zytostatikabehandelten onkologischen Patienten

Im Bereich der Onkologie sind v.a. im letzten Jahrzehnt recht gute Behandlungserfolge erzielt worden. Das liegt zum einen daran, daß in vielen Fällen eine Monotherapie zugunsten von Kombinationstherapien (Operation, Bestrahlung, ein oder mehrere Zytostatika, Kortikosteroide) aufgegeben wurde, zum anderen ist die Entwicklung von immer wirksameren Zytostatika weit fortgeschritten. Diese „aggressiven" Therapien mit hohen Zytostatikadosen auch in Kombination führen jedoch nicht selten zu neuropsychiatrischen Komplikationen, die von paraneoplastischen Syndromen nicht leicht abzugrenzen sind.

Der neurotoxische Effekt verschiedener Zytostatika ist unterschiedlich ausgeprägt und von vielen Faktoren abhängig. Die Literatur hierüber ist unübersichtlich und häufig auf Kasuistiken begrenzt. Es ist Strian u. Maurach zu verdanken, daß jetzt (1981) eine entsprechende Übersicht publiziert worden ist. Die Autoren berücksichtigen dabei 11 verschiedene Zytostatika, von denen hier einige aufgrund ihrer psychiatrisch relevanten Nebenwirkungen erwähnt werden sollen.

Demnach kommt es zu Psychosen mit Verwirrtheit und paranoid-halluzinatorischer Symptomatik bei Anwendung von *Procarbazin* in Kombination mit Operation und Bestrahlung.

Die ausgeprägte Symptomatik der *Asparaginasepsychose* ähnelt amentiell-deliranten Bildern bis hin zum Korsakow-Syndrom bei älteren Patienten.

Cytarabin kann nach intrathekaler Applikation in Kombination mit Methotrexat und Hydrokortison sowie gleichzeitiger Bestrahlung eine progressive und irreversible, disseminierte, nekrotisierende Leukoenzephalopathie mit u.a. psychomotorischer Erregung und Verwirrtheit hervorrufen.

Fluorouracil bewirkt in seltenen Fällen delirante Zustände.

Eine *Methotrexatenzephalopathie* kann sich bei hochdosierter intrathekaler Applikation und gleichzeitiger Bestrahlung bis hin zum dementiellen Prozeß entwickeln bei gleichzeitigem Auftreten von neurologischen Herdsymptomen. Der Verlauf soll häufig progredient sein.

Unsere eigenen psychiatrischen Erfahrungen beruhen in erster Linie auf der Betreuung von Patienten einer onkologischen Station. In der Regel handelt es sich daher um Patienten mit Komplikationen, die durch das Grundleiden und seine aggressiven Therapieformen hervorgerufen werden, um Patienten mit foudroyantem Krankheitsverlauf oder mit einem stark ausgeprägten, von der Grundkrankheit weitgehend unabhängigen Beschwerdebild. Ambulant behandelte Patienten sehen wir selten.

Ein Beispiel sei vorangestellt:

Der in der Vorgeschichte psychisch unauffällige 38jährige Patient litt unter einem Plasmozytom im fortgeschrittenen Stadium und wurde seit 10 Wochen hochdosiert mit Zytostatika in Kombination mit Kortikosteroiden behandelt. Über seine Krankheit zeigte er sich voll informiert. Wir wurden hinzugebeten, weil der Patient innerhalb von 3 Tagen psychisch auffällig wurde: Er zeigte sich psychomotorisch unruhig, mit erheblicher Beeinträchtigung des Kurzzeitgedächtnisses, der Aufmerksamkeit und Konzentration. Er wirkte umständlich, weitschweifig und konfabulierte zeitweilig, war sonst aber hellwach und euphorisch gestimmt mit dysphorisch bis aggressiv gefärbten Durchbrüchen.

3 Tage später entwickelte sich ein ausgeprägter Vergiftungswahn. Der Patient lehnte alle Medikamente ab, aß nur, wenn Angehörige vorher probiert hatten, zeigte sich stets mißtrauisch-dysphorisch bis gereizt, beschimpfte Ärzte und Schwestern als Mörder, in stärkergradiger Verwirrtheit urinierte er frei ins Zimmer und setzte seinen Kot im Papierkorb ab. Ohne jede Medikation klang die Psychose innerhalb von 4 Wochen vollständig ab. Die wieder aufgenommene, jetzt deutlich in der Dosis reduzierte Zytostatikabehandlung wurde vom Patienten akzeptiert. Eindeutig faßbare psychische Störungen traten nicht mehr auf.

Eine so eindrucksvolle Psychose sehen wir auf der onkologischen Station nicht oft, aber doch nicht selten Patienten mit bemerkenswerter psychopathologischer Symptomatik. Bei den meisten dieser Patienten zeigt sich ein relativ gleichförmig ausgeprägtes psychoorganisches Syndrom mit mnestischen Störungen, einer Verlangsamung in der Auffassung und im Denkablauf bei deutlich reduziertem psychischen Tempo. Nur zeitweilig erscheinen diese Patienten verwirrt und äußern flüchtige optische und akustische illusionäre Verkennungen und Halluzinationen, auch kommt es nur selten zu ängstlich ausgestalteten sensitiven Beziehungsideen und paranoiden Umdeutungen oder zu psychosenahen Angstzuständen mit Gefühl der Todesbedrohung.

Häufiger als eine Angst- oder Produktivsymptomatik sind hingegen leichte bis schwerste depressive Verstimmungen, die das psychoorganische Syndrom der mit Zytostatika behandelten onkologischen Patienten nicht selten überlagern und modifizieren, wodurch Schwestern und Ärzte sich veranlaßt sehen, den Psychiater hinzuzuziehen. Periphere und zentrale neurologische Störungen sind in diesem Zusammenhang nicht selten und entsprechen den eingangs erwähnten neuropsychiatrischen Krankheitsbildern.

Warum aber werden die mit Zytostatika behandelten Patienten psychopathologisch und neurologisch auffällig?

Es ist kaum möglich, bei den psychoorganischen Syndromen der Patienten mit z. T. nach Art und Progredienz sehr verschiedenen malignen Neoplasien und entsprechenden Behandlungsmethoden die somatisch verursachten von den mehr psychosozialen und psychoreaktiven Symptomen zu trennen. Die genannten Faktoren überlagern oder durchdringen sich und geben dem Psychosyndrom seine individuelle Ausformung. Wenn wir v. a. die Polychemotherapie mit Zytostatika, kombiniert mit Kortikosteroiden und stark wirkenden Analgetika und/oder in Kombination mit Operation und/oder Bestrahlung unter diesem pathogenetischen Aspekt betrachten, so können derzeit schon allein über die medikamentösen Wechselbeziehungen und ihre zentralnervösen und damit auch psychoorganischen Auswirkungen keine verläßlichen Aussagen gemacht werden. Das bisherige Wissen ist noch weitgehend hypothetisch, wie z. B. die vereinzelten Angaben in der Literatur über die direkte zerebrale Neurotoxizität einiger Zytostatika (wie eingangs erwähnt) oder über die indirekten zerebrovaskulären Komplikationen, die durch eine gestörte Hämatopoese mit z. B. nachfolgenden thrombopenischen Blutungen oder Hyperviskositätssyndromen bedingt sind. Auch Vorschädigungen des Zentralnervensystems sind zu diskutieren.

Die Pathogenese der Psychosyndrome bei onkologischen Patienten wirft also noch in mehrfacher Hinsicht viele Fragen auf, was auch für den geschilderten Fall zutrifft. Hier eröffnen sich aber doch unter Hinzuziehung eines sog. Liaisonpsychiaters interdisziplinäre Forschungsansätze.

Die *Therapie* der neuropsychiatrischen Krankheitsbilder ist symptomatisch und abhängig vom Grundleiden. Bei schweren psychischen Störungen wird die Zytostatikatherapie ausgesetzt, die Dosis erniedrigt (eine Dosisabhängigkeit der neuropsychiatrischen Störungen ist häufig!) oder ein Wechsel der Zytostatika vorgenommen. Der eingangs geschilderte Fall kann auch hierfür ein Beispiel sein. Darüber hinaus erfolgt neben supportiver Psychotherapie in den schweren Fällen eine medikamentöse antidepressive oder neuroleptische Therapie in üblicher Weise entsprechend der psychopathologischen Symptomatik.

Psychoorganische Syndrome bei Hämodialysepatienten

Die chronische Niereninsuffizienz führt u. a. zu einer (vaskulär-)toxisch-metabolischen Enzephalopathie mit psychopathologischer Symptomatik. Leichtere Formen weisen nur eine Minderung komplexer Wahrnehmungsleistungen und abstrakter Denkvollzüge auf. Im fortgeschrittenen Stadium ist regelmäßig ein unspezifisches psychoorganisches Syndrom unterschiedlicher Ausprägung und Intensität anzutreffen: Bei einer allgemeinen Verlangsamung der geistig-seelischen Abläufe liegt v. a. eine Abnahme der Konzentrations- und Merkfähigkeit, eine Störung der Aufmerksamkeit, der Gedächtnisleistungen und nicht selten auch der Orientierung vor (Minussymptomatik); eine depressive Grundstimmung unterschiedlicher Ausprägung und psychoreaktive Überlagerungen sind dabei häufig zu beobachten (Bron et al. 1976). Die Ergebnisse hirnorganischer Testungen stimmen mit den klinischen Beobachtungen überein (Abram 1969). Vor allem bei progredienter Niereninsuffizienz werden ausgeprägte psychoorganische Syndrome mit psychotischer Symptomatik beobachtet. So erwähnen z. B. Baker u. Knutson (1946) delirante, schizophreniforme (mit kataton-negativistischer Ausprägung), manische, paranoide und depressive Formen.

Durch den Einsatz der Hämodialyse wird aus einer chronisch-fortschreitenden eine leichtere und intermittierend auftretende renale Insuffizienz. Es liegt daher nahe anzunehmen, daß auch psychische Störungen unter der Hämodialyse in ihrer Häufigkeit und Intensität abnehmen. Dies ist jedoch nur bedingt der Fall. Die mehr oder weniger gleichförmigen und unspezifischen Ausprägungen der psychoorganischen Symptomatik bis hin zu Psychosen bei Urämie erfahren durch den Einsatz der Hämodialyse v.a. eine symptomatische und offensichtlich auch pathogenetische Modifizierung. Darüber hinaus bedeutet die Langzeithämodialyse für den chronisch niereninsuffizienten Patienten eine psychische und somatische Dauerbelastung mit Komplikationen unterschiedlicher Art und Intensität. Bei der Untersuchung der psychischen Befindlichkeit der Hämodialysepatienten müssen daher somatische und psychische Bedingungen und Komplikationen als pathogenetisch wirksame Faktoren mitberücksichtigt werden.

Einige *somatische* Komplikationen während der Hämodialysebehandlung sind:
- Zerebrale und koronare hypertoniebedingte Kreislaufstörungen bis zum zerebralen Insult und Myokardinfarkt,
- Shuntinfektionen bis zur Sepsis,
- Störungen im Wasser- und Elektrolythaushalt mit Anschoppung harnpflichtiger Substanzen.

Einige *psychische* Belastungen und Komplikationen sind:
- Die latente Todesbedrohung bei erheblich verkürzter Lebenserwartung,
- die Ungewißheit über eine mögliche Transplantation,
- die psychische Verarbeitung somatischer Beeinträchtigungen und Komplikationen sowie technisch-apparativer Störungen und diätetischer Verordnungen,
- die räumlich-zeitliche Abhängigkeit von Apparaten und das notwendige Bündnis mit Ärzten und Pflegekräften,
- die psychosoziale Einengung v.a. in Beruf und Familie.

Hämodialysepatienten geben regelmäßig in testpsychologischen Untersuchungen deutliche Hinweise auf erhöhte Depressivität, Nervosität, Hypochondrie und psychosomatische Gestörtheit. Ob diese Normabweichungen in der prämorbiden Persönlichkeit liegen, durch die notwendige Adaptation an die Dialysensituation oder durch den chronischen Krankheitsverlauf selbst bedingt sind, konnte durch testpsychologische Untersuchungen bisher nicht entschieden werden (Balck et al. 1981). Im folgenden wird weniger auf die psychische Gestörtheit des Hämodialysepatienten im allgemeinen eingegangen, sondern mehr auf die phänomenologisch-deskriptiv erfaßbaren psychopathologischen Syndrome.

Verstimmungssyndrome

Reversibel ängstliche und depressiv gefärbte Verstimmungssyndrome sind die häufigsten psychischen Störungen während der Dialyse und überlagern meist die psychoorganische Symptomatik. Ausgeprägte *Angstsyndrome* treten sowohl nach klinischem Eindruck als auch nach psychometrischen Testergebnissen häufig zu Beginn der Dialyse auf, seltener im weiteren Verlauf (Cazzullo et al. 1973). So fanden Czaczkes u. Kaplan de-Nour (1978) auch nur bei einem Viertel der Patienten ängstliche Verstimmungen. Die Autoren räumen aber methodische Schwierigkeiten in der Erfassung abgewehrter Ängste ein.

Depressive Syndrome werden als häufigste psychiatrische Komplikationen genannt (Lefebvre et al. 1972). Ihre Inzidenz für den gesamten Hämodialyseverlauf wird in der Literatur mit 20–90% angegeben. Dabei ist für die einzelnen Untersuchungen allerdings anzumerken: je länger die Beobachtungszeit, desto höher auch die Inzidenz. Die depressiven Verstimmungen sind häufig mit Suizidalität verbunden. Fast jeder zweite Hämodialysepatient äußert im Verlauf seiner Behandlung Suizidgedanken, etwa 3,5% unternehmen einen Versuch und 1% sterben durch Suizid (Abram et al. 1971).

Hinsichtlich der Differenzierung der überwiegend depressiven Verstimmungen sollen hier die Untersuchungen von Pach et al. (1978) an 83 chronisch hämodialysierten Patienten eines Dialyse-Transplantations-Programms mittels verschiedener psychopathometrischer Selbsteinschätzverfahren zur emotionalen und somatischen Befindlichkeit hervorgehoben werden. Die Ergebnisse entsprechen am ehesten den eigenen Erfahrungen als Psychiater im Konsiliardienst.

Pach unterscheidet 4 Gruppen:
- Ängstlich-gehemmt Depressive mit „psychosomatischen Beschwerden",
- gereizt-dysphorisch Depressive mit „psychosomatischen Beschwerden",
- leicht euphorische Patienten mit reduzierter Selbstwahrnehmung,
- Patienten mit ausschließlich „psychosomatischem" Beschwerdebild.

In bezug auf die Depressionssymptome stehen nach Pach v. a. Schlafstörungen, schnelle Ermüdbarkeit, vermehrte Reizbarkeit, Arbeitsstörungen, verminderte Libido und eine hypochondrisch gestörte Befindlichkeit im Vordergrund; hinsichtlich der mehr „psychosomatischen Beschwerden" werden Übelkeit, Kopfschmerzen, Schindel u. a. genannt.

Nur selten wird in der Literatur die psychische Befindlichkeit unter dem Aspekt des Krankheitsverlaufs betrachtet. Die empirischen Ergebnisse hierüber sind je nach Schwerpunkt und Methodik der Untersucher jedoch sehr unterschiedlich. Als Beispiel möchten wir hier die Untersuchungsergebnisse von Abram (1969) anführen: Abram beschreibt 3 Verlaufsstadien: Im Stadium I, den ersten 2 Wochen nach Aufnahme der Dialyse, prägen Apathie, Euphorie oder Angst das psychopathologische Bild. Im Stadium II, von der 3. Woche bis zum 3. Monat, beobachtet Abram ein Übergehen in eine mehr reaktive Depression: Der Patient wirkt ängstlich-dysphorisch und setzt sich zu dieser Zeit besonders intensiv mit dem Konflikt Abhängigkeit/Unabhängigkeit auseinander. Im Stadium III, zwischen dem 3. und

12. Monat, erscheint der Patient weitgehend an die Hämodialyse adaptiert, ohne jedoch erkennbar seine Konflikte dauerhaft gelöst zu haben. Es scheint, daß natürliche Reaktionen, wie Trauer, Ängste, Wut und Aggressionen, auf die Krankheit und deren Behandlungsform in dieser Zeit nicht mehr wahrgenommen und geäußert, sondern durch psychische Mechanismen, hauptsächlich durch Verleugnung, Verdrängung und Regression, abgewehrt werden. Lefebvre et al. (1972) sprechen hier vom „giving-up-syndrome". Nur bei Auftreten von ungewöhnlichen Situationen, wie z. B. bei psychosozialen Schwierigkeiten in Beruf und Familie oder bei somatischen Komplikationen, würde die Abwehr im Sinne einer ängstlich-agitiert depressiven Verstimmung durchbrochen.

Psychosen

Mit der Verbesserung der Hämodialysetechnik, der Überwachung, der psychosozialen Bedingungen und der psychischen Betreuung der Patienten sind Psychosen während der chronischen Hämodialyse seltener geworden (Czaczkes u. Kaplan de-Nour 1978). Es wurden v. a. paranoide (Gonzales et al. 1963), paranoid-halluzinatorische, hypomanische und schizophrenieähnliche Psychosen sowie paranoid-gefärbte Depressionen (Shea et al. 1965) erwähnt. Über die Häufigkeit von Psychosen gibt es kaum Angaben. Czaczkes u. Kaplan de-Nour (1978) geben für einen Beobachtungszeitraum von 5 Jahren 18% an.

Aufgrund eigener Erfahrungen unterscheiden wir vorwiegend 3 Psychoseformen:
- Ängstlich-agitiert, depressiv gefärbte paranoide Psychosen,
- gehemmt depressiv gefärbte paranoide Psychosen („stille Psychosen", die meist erst in einem längeren diagnostischen Gespräch erfaßt werden),
- einfache Verwirrtheit im Sinne gestörter mnestischer Funktionen und gestörter Orientiertheit bis hin zur amentiell-paranoid ausgestalteten Psychose.

Halluzinatorische Phänomene haben wir selten beobachtet, hypomanische und schizophrenieähnliche Psychosen, wie in der Literatur erwähnt, in keinem Fall. Offenbar spielen hier aber unterschiedliche diagnostische Auffassungen und Zuordnungen der psychopathologischen Störungen ebenso eine Rolle wie die Besonderheit der klinisch-wissenschaftlichen Ausrichtung der jeweiligen Untersucher.

Eine seltene psychiatrisch-neurologische Komplikation ist die erstmals 1972 von Alfrey et al. beschriebene sog. Dialyse-Demenz (Pach u. Schäfer 1978), die wir selbst in 2 Fällen beobachten konnten. Es handelt sich bei diesem Krankheitsbild um ein progressiv verlaufendes, meist nach 3–9 Monaten tödlich ausgehendes schweres psychoorganisches Syndrom mit psychotischer und neurologischer Symptomatik bei einer toxisch-metabolischen Enzephalopathie. Das psychische Bild wird geprägt von zunehmenden mnestischen Störungen mit Verwirrtheit, die Stimmung ist indifferent bis ängstlich-depressiv, wiederholt treten paranoid-halluzinatorische Episoden auf.

Die wichtigsten neurologischen Symptome sind Sprachstörungen, Dystaxien, Myoklonien und generalisierte epileptische Anfälle.

Der Plasmaaluminiumspiegel ist gegenüber anderen Hämodialysepatienten um ein mehrfaches erhöht, ebenso die postmortale Anreicherung im Hirngewebe. Das EEG ist deutlich pathologisch verändert und zeigt dabei auch eine signifikante Korrelation mit dem Serumaluminiumspiegel. Das kraniale Computertomogramm gibt regelmäßig Hinweise für eine innere und äußere Atrophie (Ladurner et al. 1981).

In erster Linie wird das zur Phosphatbindung oral verabreichte Aluminiumhydroxyd dafür verantwortlich gemacht. Eine Prophylaxe der Dialysedemenz ist damit durch eine Umstellung der Aluminiumhydroxydtherapie möglich, wenn dabei Erkenntnissen über die enterale Aluminiumresorption Rechnung getragen wird. Einzelbeobachtungen weisen jedoch darauf hin, daß der Verlauf der Erkrankung trotz Aluminiumspiegelsenkung in der Endphase nicht beeinflußt werden konnte (Ladurner et al. 1981).

In der Literatur wird ein kausaler Zusammenhang zwischen psychopathologischer Symptomatik und zerebral wirksamen Faktoren im Sinne (vaskulär-)toxischmetabolischer Psychosen bei chronisch hämodialysierten Patienten überwiegend bejaht (Czaczkes u. Kaplan de-Nour 1978). So wurde z. B. ein statistisch gesicherter Zusammenhang zwischen psychopathometrischen Auffälligkeiten und der Höhe des Harnstoffspiegels (Foster et al. 1973) bzw. eine Korrelation von Störungen des Elektrolyt- und Wasserhaushaltes mit emotionalen Störungen (Cramond et al. 1967) nachgewiesen. Es liegen jedoch auch Untersuchungsergebnisse vor, die offenbar belegen, daß eine mäßige Anschoppung harnpflichtiger Substanzen im Körper, wie sie unmittelbar vor der Dialyse nachweisbar ist, keine nennenswerte Minderung der psychischen Leistungsfähigkeit herbeiführt, während der Dialysevorgang selbst sich eher ungünstig auf die Hirnfunktionen auswirken kann und zuweilen sogar psychotische Erscheinungen hervorruft (Wendland u. Loock 1977).

Nach unseren Erfahrungen sind bei relevanten psychopathologischen Auffälligkeiten, v. a. im Sinne einer allgemeinen Hirnleistungsschwäche zerebral wirksame Faktoren immer nachweisbar, so z. B. eine deutliche Erhöhung harnpflichtiger Substanzen durch Diätfehler oder durch unregelmäßig durchgeführte Hämodialysen, hypertone Krisen oder auch sekundäre Organschäden (z. B. der Gonaden), die mit anderen somatischen Folgen der chronisch intermittierenden Urämie in Wechselwirkung stehen. Bemerkenswert erscheint in diesem Zusammenhang, daß nach Waniek et al. (1977) in 50% der Fälle auch nach erfolgreich verlaufener Transplantation entsprechende Hirnleistungsstörungen persistierten, so daß eine bleibende urämische Schädigung des Hirngewebes zu vermuten ist.

Therapie

Neben der entsprechenden internistischen Therapie richtet sich die Behandlung durch den Psychiater nach der psychopathologischen Leitsymptomatik. Während psycho- und soziotherapeutische Gespräche bei überwiegend reaktiv, neurotisch oder psychosozial verursachten Verstimmungssyndromen im Zusammenhang mit der Hämodialyse angezeigt sind, darf nach unseren Erfahrungen bei vital depressiven Verstimmungen oder bei psychotischer Symptomatik nicht zu lange mit der Gabe von z. B. trizyklischen Antidepressiva bzw. Neuroleptika gewartet werden, da sonst die für den Behandlungsverlauf so entscheidende Kooperation des Hämodialysepatienten empfindlich beeinträchtigt oder gar aufgehoben wird. Dabei richtet sich die Höhe der Dosierung in üblicher Weise nach Art und Intensität der depressiven bzw. psychotischen Symptomatik. Die Dauer der medikamentösen Behandlung ist im Vergleich zu primär psychiatrisch kranken Patienten nach unseren Erfahrungen jedoch sehr unterschiedlich, v. a. bei Vorliegen einer psychotischen Symptomatik.

Letztere tritt, wie bereits erwähnt, bevorzugt in Abhängigkeit von somatischen und psychischen Komplikationen auf und ist von daher häufig nur für Stunden, meist nur für Tage, selten länger nachweisbar. Dies macht zwar eine tägliche Visite des Psychiaters erforderlich, die medikamentöse Behandlungsdauer ist jedoch relativ kurz.

Psychoorganische Syndrome nach Herzoperationen

Psychische Störungen bis hin zu ausgeprägten Psychosen wurden bei Patienten mit fortgeschrittenen Herzerkrankungen schon im vorigen Jahrhundert beschrieben. Jakob (1909/1910) bezeichnete sie später als „Kreislaufpsychosen", Bonhoeffer (1910) reihte sie als unspezifische symptomatische Psychosen in die exogenen Reaktionstypen ein.

Die moderne Herzchirurgie aktualisierte die Diskussion über den Zusammenhang zwischen Herzkrankheit und Psychose, da die ungewöhnlich hohe Inzidenz von durchschnittlich 40–50% postoperativen psychopathologischen Auffälligkeiten v. a. in Form von Psychosen ätiopathogenetische und therapeutische Fragen aufwarf. Die bisherigen Forschungsergebnisse sind sehr unterschiedlich. Das liegt u. a. an dem nach verschiedenen Richtungen hin selektierten, teils unselektierten Krankengut wie auch den unterschiedlichen Bedingungen und Methoden in der Erhebung der psychopathologischen Auffälligkeiten. Hierzu gehört hauptsächlich die sehr uneinheitliche Nomenklatur und Klassifizierung, so daß ein Vergleich der Ergebnisse nur eingeschränkt möglich ist. Aus diesem Grunde sollen hier eigene Ergebnisse dargestellt werden:

Seit 1974 führen wir in Hamburg im Rahmen eines interdisziplinären Projektes der Deutschen Forschungsgemeinschaft Untersuchungen zur Auffindung von Bedingungsfaktoren psychopathologischer und neurologischer Auffälligkeiten nach Herzoperationen durch. Die umfangreichsten Untersuchungen erfolgten an einer Kerngruppe von 100 am offenen Herzen operierten Patienten beiderlei Geschlechts im Alter von 20–59 Jahren und mit verschiedenen Diagnosen. Die psychopathologischen Befunde wurden mittels AMDP-System dokumentiert. Mit Hilfe eines multivariaten empirisch-statistischen Verfahrens, einer bestimmten Form von Clusteranalyse, wurden diejenigen Patienten zu Gruppen (Clustern) zusammengefaßt, die nach Ausprägung und Verlauf aller 11 psychopathologischen Merkmalsbereiche des AMDP-Systems sich ähnlich verhielten (Götze 1980).

Präoperativ ließen sich so 4 gut voneinander abgrenzbare clusteranalytische Syndrome bilden:

1. unauffällig (n = 69),
   affektiv-emotionales Syndrom mit Kontaktstörungen (n = 7),
2. leichtes psychoorganisches Syndrom mit affektiv-emotionalen und psychomotorischen Störungen (n = 19),
3. phobisches Verstimmungssyndrom (n = 5).

Die gleichzeitig durchgeführten Hirnleistungstests bestätigten den klinischen Eindruck, daß v.a. die Patienten im Cluster „leichtes psychoorganisches Syndrom mit affektiv-emotionalen und psychomotorischen Störungen" hier deutliche Defizite aufwiesen.

Im entscheidenden *frühen postoperativen* Verlauf, d.h. in den ersten 4 postoperativen Tagen, fanden wir 5 charakteristische, clusteranalytische Syndrome (n = 99, 1 Patient verstarb unmittelbar postoperativ), auf die näher eingegangen werden soll:

Das 1. Cluster (n = 49) bezeichneten wir als „unauffällig". Die hier aufgeführten Patienten verhielten sich situationsadäquat.

Das 2. Cluster (n = 33) bezeichneten wir als „leichtes psychoorganisches Syndrom mit affektiv-emotionalen Verstimmungen und psychomotorischen Störungen". Die hierzu gehörigen Patienten erschienen deutlicher erschöpft und schläfrig als die der ersten Gruppe und wiesen an den ersten beiden Tagen leichte Aufmerksamkeits-, Gedächtnis- und formale Denkstörungen auf, am 2. und 3. Tag traten dann jedoch ängstlich-depressive und gespannt-dysphorische Verstimmungen bei allgemein leichter psychomotorischer Unruhe deutlicher hervor. Nicht selten wurde offenbar, daß sich hinter den vordergründigen Verstimmungen psychodynamisch faßbar eine unvollständige Abwehr des vital bedrohten Selbst durch Verleugnung und infantil-regressives bzw. oral-narzißtisches Verhalten verbarg.

Die psychotherapeutischen Bemühungen lagen in der Stabilisierung der Abwehrstruktur. Dadurch konnte in vielen Fällen erkennbar eine psychophysische Entspannung erreicht werden.

Bei den Patienten des 3. Clusters (n = 4), des „schweren psychoorganischen Syndroms mit Sinnestäuschungen und psychomotorischen Störungen", war das Leitsymptom v.a. die situative Desorientierung. Ohne ein sog. freies Intervall erschienen die Patienten ängstlich-ratlos und verwirrt, z.T. affektstarr und leicht irritierbar, so daß bei überwiegend averbal-motorischer Unruhe der Eindruck einer erwarteten oder erlebten Bedrohung bestand. Wahnideen wurden nicht sicher faßbar, jedoch herrschten zeitweilig amnestisch-konfabulatorische Erscheinungsbilder mit flüchtigen Sinnestäuschungen vor. Für die ersten Tage bestand eine vollständige anterograde Amnesie.

Diese Patientengruppe war auf Dauer nur in geringem Maße psychotherapeutisch zu erreichen, zumal auch deutlich wurde, daß diese Patienten ihre sichtbare Angst verleugneten. Am nachhaltigsten half eine immer wieder erneuerte Klarifikation, v.a. hinsichtlich der situativen Orientierung sowie die Stabilisierung der Verleugnungsarbeit bei sonst ermutigender therapeutischer Haltung.

Die Patienten des 4. Clusters (n = 9), „des paranoid-halluzinatorischen Syndroms mit affektiv-emotionalen und psychomotorischen Störungen", waren nur an den ersten beiden postoperativen Tagen auffällig. Sie zeigten sich meist „hellwach", reizoffen und mißtrauisch, hochgradig ängstlich und häufig hypochondrisch eingeengt. Schon am 1., deutlicher am 2. Tag empfanden einige der Patienten die Umgebung als „fremdartig", „unwirklich", sich selbst häufig als „schwebend", „merkwürdig", „irgendwie anders", „so fremd". Bei diesen zunehmenden Entfremdungserlebnissen (Derealisationen/Depersonalisationen) kamen flüchtige paranoide Beziehungsideen auf. Über optische und akustische illusionäre Verkennungen und Halluzinationen berichteten alle Patienten.

Die Produktivsymptome traten wiederholt, aber flüchtig auf und waren häufig durch stetigen verbalen Zuspruch in fast suggestiver Weise korrigierbar oder letztlich durch Diazepam und Haloperidol schnell – und nicht selten endgültig – zu unterbinden.

Auffallend war bei allen Patienten dieser Gruppe der starke Wunsch nach ständiger vertrauensvoller, klärender Zuwendung. Nur so konnten die vorherrschenden Entfremdungserlebnisse zumindest bedingt überwunden oder günstig beeinflußt werden. Die Entfremdungserlebnisse schienen geradezu die Quelle der affektiven und hypochondrischen Verstimmungen wie auch der allgemeinen psychomotorischen Auffälligkeiten und insbesondere der Produktivsymptome zu sein. Die merkliche psychische Entlastung durch eine anhaltende vertrauensvolle klärende Zuwendung brachte nicht nur die Lösung von Angst und agitierter Depression, sondern auch die Korrektur von sekundär-hypochondrischen Vorstellungen.

Die Patienten des 5. und letzten Clusters (n = 4), des „deliranten Syndroms", wiesen vom 1. bis maximal 8. Tag erhebliche Störungen auf: sowohl eine allgemeine Verwirrtheit mit teils erheblicher psychomotorischer Unruhe als auch eine ausgeprägte paranoid-halluzinatorische Symptomatik. Diese Patienten konnten nur durch Neuroleptika (Haloperidol) in individueller Dosierung in ihrer psychopathologischen Symptomatik günstig beeinflußt werden.

Die hier herausgestellten clusteranalytischen Syndrombildungen und Benennungen stellen den Versuch dar, empirisch-statistisch gewonnene psychopathologische Erscheinungsbilder und Verläufe aufgrund besonders hervorstechender Symptommerkmalsbereiche phänomenologisch-deskriptiv zu kennzeichnen und sind von daher auch etwas umständlicher zu handhaben; sie erheben jedoch nicht den Anspruch auf nosologische Entitäten und sind auch nicht ohne weiteres auf den Einzelfall zu übertragen. Dennoch gelingt es nach unseren bisherigen Erfahrungen bereits an den ersten beiden postoperativen Tagen, die Patienten weitgehend den genannten Gruppen zuzuordnen und die therapeutischen Bemühungen auf die sowohl gruppenspezifischen als auch individuellen Bedürfnisse hin auszurichten.

In diesem Rahmen kann nicht näher auf Fragen des psychophysischen Zusammenhangs (Götze 1980; Huse-Kleinstoll et al. im Druck) und auf Gewichtungen von somatischen und psychologischen Faktoren (Meffert et al. im Druck) eingegangen werden. Einige mehr persönlichkeitsorientierte, testpsychologische sowie mehr psychosozial determinierte Ergebnisse möchten wir im Zusammenhang mit den psychopathologischen Syndromen jedoch erwähnen:

Bei Patienten mit präoperativ ausgeprägter Nervosität oder Passivität verstärkten sich diese Merkmale postoperativ derart, daß von postoperativen Störungen gesprochen werden kann. Die Patienten mit postoperativ leichten psychoorganischen Symptomen (2. Cluster) zeigten im psychologischen Bereich präoperativ weniger Gelassenheit, geringere Dominanz und mehr Depressivität. Eingehend wurden die Rolle der Angst vor der Operation und die persönlichkeitsbedingten Formen des Umgangs mit ihr, d. h. die Form der psychischen Angstabwehr untersucht. In einem Extremgruppenvergleich ergab sich, daß die Patienten mit dem höchsten und dem niedrigsten präoperativen Angstniveau sich hinsichtlich der Häufigkeit der postoperativen psychopathologischen Störungen nicht unterschieden. Patienten mit einem hohen präoperativen Angstniveau wiesen aber einen höheren Schweregrad der psychopathologischen Störungen auf (Flemming et al. im Druck). Dieses Ergebnis bestätigt die Beobachtungen von Hackett et al. (1968), daß eine Angstabwehr durch Verleugnung oder Verdrängung für die spezielle Situation auf der Intensivstation eine relativ effektive Form des Umgangs mit der Angst darstellt.

Bezüglich situativer Bedingungen postoperativer psychopathologischer Störungen ließen sich folgende Risikofaktoren identifizieren: berufliche Probleme, wie z. B. Arbeit unter Zeitdruck, die Angst, den Anforderungen der Arbeit nicht zu genügen, die Unzufriedenheit mit der Berufswahl sowie ein angespanntes Verhältnis zu Vorgesetzten; ferner die Dauer der Wartezeit auf die Operation, die Anzahl der Operationsverschiebungen, das mangelnde Vertrauen in Ärzte und Pflegepersonal sowie auch die Belastung durch Mitpatienten und deren Bericht über die Operationserlebnisse; darüber hinaus auch Krankheiten in der Familie sowie Herztodfälle in der Umgebung und Kriegserlebnisse (Meffert et al. im Druck).

Abschließende Bemerkungen

Die in den Bereichen Onkologie, Hämodialyse und Herzchirurgie auftretenden psychopathologischen Syndrome und psychologischen Probleme bedürfen weiterer interdisziplinärer Untersuchungen.

Zugleich werfen die psychischen Störungen in den beispielhaft genannten Bereichen therapeutische Fragen auf, die nicht mehr vom Psychiater, Psychosomatiker oder Psychologen als Konsiliarius allein gelöst werden können, sondern eine kontinuierliche Präsenz auf der Station erforderlich machen, wie es in den USA im Sinne einer „consultation-liaison-psychiatry“ entwickelt wurde und bei uns bisher nur vereinzelt praktiziert wird.

Literatur

Abram HS (1969) The psychiatrist, the treatment of chronic renal failure, and the prolongation of life: II. Am J Psychiatry 126: 157–167

Abram HS, Moore GL, Westerwelt FB (1971) Suicidal behavior in chronic dialysis patients. Am J Psychiatry 127: 1209

Alfrey AC, Mishell JM, Burks J, Contiguglia SR, Rudolph H, Lewin E, Holmes JH (1972) Syndrome of depraxia and multifocal seizures associated with chronic hemodialysis. Trans Am Soc Artif Intern Organs 18: 257–261
Baker AB, Knutson J (1946) Psychiatric aspects of uremia. Am J Psychiatry 102: 683
Balck FB, Aronow B, Bredehöft J, Dvŏrák M, Meins W, Speidel H (1981) Betrachtungen zur Psychopathologie der chronischen Niereninsuffizienz. Therapiewoche 31: 1001–1005
Bonhoeffer K (1910) Die Psychosen im Gefolge von akuten Infektionen und inneren Erkrankungen. Deuticke, Leipzig Wien
Bron B, Petzoldt J, Siedek M, Figge H (1976) Psychopathologische Auffälligkeiten und sozialpsychiatrische Probleme bei nierentransplantierten Patienten. Confin Psychiatr 19: 207–221
Cazzullo CL, Invernizzi R, Ventura R, Sastero M (1973) Psychosomatic implications in chronic haemodialysis. Psychother Psychosom 22: 341–346
Cramond WA, Knight PR, Lawrence JR (1967) The psychiatric contribution to a renal unit undertaking chronic haemodialysis and renal homotransplantation. Br J Psychiatry 113: 1201–1212
Czaczkes JW, Kaplan de-Nour A (1978) Chronic hemodialysis as a way of life. Brunner Mazel, New York
Flemming B, Dahme B, Götze P et al. (im Druck) Patients' fear of cardiosurgery and its significance for the pre- and post-operative state. In: Becker R, Katz J, Polonius M-J, Speidel H (eds) Second International Symposium on Psychopathological and Neurological Dysfunctions following Open Heart Surgery. Springer, Berlin Heidelberg New York
Foster FG, Cohn GL, McKegney FP (1973) Psychobiological factors and individual survival on chronic renal hemodialysis. A two year follow-up. Int Psychosom Med 35: 65
Götze P (1980) Psychopathologie der Herzoperierten. Enke, Stuttgart
Gonzales FM, Pabico RC, Brown WH, Maher JF, Schreiner GE (1963) Further experience with the use of routine intermittent hemodialysis in chronic renal failure. Trans Am Soc Artif Intern Organs 9: 11
Hackett TP, Cassem NH, Wishner A (1968) The coronary care unit. An appraisal of its psychological hazards. N Engl J Med 279: 1365–1370
Huse-Kleinstoll G, Flemming B, Götze P et al. (im Druck) Early psychic disturbances after open heart surgery and their relationship to the postoperative clinical course. In: Becker R, Katz J, Polonius M-J, Speidel H (eds) Second International Symposium on Psychopathological and Neurological Dysfunctions following Open Heart Surgery. Springer, Berlin Heidelberg New York
Jakob A (1909/1910) Zur Symptomatologie, Pathogenese und Pathologischen Anatomie der „Kreislaufpsychosen". J Psychiatr Neurol 14:209–248, 15: 99–132
Ladurner G, Holzer H, Wawschinek O, Pogglitsch H, Petek W (1981) Die Bedeutung von Aluminium bei Dialyseenzephalopathie. Fortschr Neurol Psychiatr 49: 211–213
Lefebvre P, Nobert A, Crombez JC (1972) Psychological and psychopathological reactions in relation to chronic hemodialysis. Can Psychiatr Assoc J 17: 9–13
Meffert H-J, Flemming B, Götze P, Huse-Kleinstoll G, Reimer C, Speidel H (im Druck) On the relative importance of psychic and somatic riskfactors for the post-operative dysfunctions after open heart surgery. In: Becker R, Katz J, Polonius M-J, Speidel H (eds) Second International Symposium on Psychopathological and Neurological Dysfunctions following Open Heart Surgery. Springer, Berlin Heidelberg New York
Pach J, Schäfer R (1978) Zur sogenannten Dialysedemenz. Med Klin 73: 1697–1699
Pach J, Waniek W, Hartmann HG, Jakubowski D (1978) Häufigkeit und syndromatische Ausgestaltung depressiver Zustände unter chronischer Hämodialyse. Med Klin 73: 1691–1696
Shea EJ, Bogdan DF, Freeman RB, Schreiner GF (1965) Hemodialysis for chronic failure. IV Psychological consederations. Ann Intern Med 62: 558–563
Strian F, Maurach R (1981) Neurotoxische Nebenwirkungen der zytostatischen Therapie. Fortschr Neurol Psychiatr 49: 152–163
Waniek W, Pach J, Hartmann HG, Beersiek F (1977) Hirnleistungsstörungen bei Patienten eines Dialyse-Transplantations-Programms. Schweiz Med Wochenschr 107: 832–835
Wendland K-L, Loock W (1977) Psychodiagnostische Leistungsprüfungen bei Dialysepatienten. Klin Wochenschr 55: 43–44

Erfahrungen mit schwerkranken Kindern

H. G. Lenard

Die Störung des erwünschten Normalzustandes „Gesundheit" hat drei grundsätzlich verschiedene Aspekte, die in der deutschen Sprache nicht so präzise zu bezeichnen sind, wie sie Taylor (1979) im Englischen formuliert und definiert hat: „disease, illness, predicament".

Disease, die Krankheit, ist eine naturwissenschaftliche Realität, definiert durch spezifische Veränderungen der Struktur oder Funktion von Organen, für die ärztlich geschulten Sinne objektiv wahrnehmbar. Erkennung und Definition von Krankheiten bilden die Grundlagen für dauerhafte Klassifikationen, gezielte Prognosen und eine rationale Therapie.

Illness, nur ungenau mit Erkrankung zu übersetzen, bezeichnet Erfahrungen, Prozesse und individuelle Manifestationen, die meist in Beziehung zu einer Krankheit stehen, die jedoch auch ohne erkennbare oder bekannte Krankheit von Bedeutung sein können, ebenso wie es umgekehrt „disease" ohne „illness", Krankheiten ohne Krankheitswert, gibt.

Predicament schließlich beschreibt die Situation des kranken Menschen, seine psychosozialen Beziehungen und deren Bedeutung für ihn. „Predicament" ist nicht einfach eine Umwelt, die man sich als „Mauer um den Patienten herum vorstellt, von der aus mysteriöse Zwerge, die sog. sozioökonomischen Faktoren, harte Gegenstände auf den Patienten werfen" (Van den Hoofdakker 1970), vielmehr sollen damit die Position und die Schwierigkeiten des Betroffenen in einer Umwelt beschrieben werden, die er als seine Realität sieht, die er selbst mitgestaltet und die auf ihn zurückwirkt. Ebenso wie Gesellschaft, Milieu und Familie gehören dazu Krankenhaus, Ärzte und medizinisches Personal.

Die folgenden Ausführungen handeln vom „predicament", von Aspekten zur krankheitsbedingten und -bedingenden Situation von Kindern. „Predicament", schreibt Taylor, hat die Struktur eines Romans, nicht die eines Textbuches. Der gegebene Rahmen erlaubt nur die episodische Darstellung einzelner eigener Erfahrungen aus der klinisch-pädiatrischen Tätigkeit, einzelner Gedanken und Konzepte zu Romanen, die über Situationen und Schicksale zu schreiben wären.

Psychosoziale Aspekte in der Pädiatrie

Ihre großen Erfolge und damit ihre Anerkennung als Spezialgebiet hat die Pädiatrie mit der Erforschung und erfolgreichen Behandlung oder gar Beseitigung von Krankheiten gewonnen. Auch heute noch ist die ätiologische und pathophysiologische Aufklärung von Krankheiten mit biochemischen oder molekularbiologischen Methoden eine zentrale Aufgabe wissenschaftlich-pädiatrischer Arbeit. Wissenschaftliche Arbeit an Detailfragen bestimmter Krankheiten muß nicht immer zu praktisch relevanten Resultaten führen; sie lehrt jedoch methodisches Arbeiten und schult das kritische Urteilsvermögen, vermittelt dadurch also Fähigkeiten, deren Wert für die klinisch-ärztliche Tätigkeit nicht hoch genug eingeschätzt werden kann. Das „predicament" jedoch hat in der akademischen Pädiatrie noch immer nicht den Stellenwert, der ihm zukommt. Es besteht eine gewisse Neigung, diese Probleme externen Fachleuten der psychologisch-psychiatrischen Fachgebiete zu übertragen. Auch die Sozialpädiatrie, im Sinne von Gesundheitsstatistik und „community pediatrics" ein wichtiges Gebiet, unternimmt in unserem Land Versuche, diesen Aspekt der Kinderheilkunde als Spezialgebiet in eigenen Institutionen zu etablieren. Es wäre sicher eine unglückliche Entwicklung, wenn sich die Kinderärzte bei ihren Patienten auf die somatischen Aspekte beschränken würden oder ließen, denn es gibt kaum noch ein Teilgebiet der Kinderheilkunde, in dem psychosoziale Aspekte nicht eine wesentliche Rolle spielten. Die Zusammenarbeit des Klinikers mit dem klinischen Psychologen ist erprobt, nützlich und wichtig. Sie ist notwendig, wenn Fragen wissenschaftlich zu bearbeiten sind, die Erfahrungen mit psychologisch-psychiatrischer Methodologie voraussetzen. Sie ist notwendig bei pathologischen Reaktionen sowie bei psychiatrischen Komplikationen. Sie kann aber nicht ärztliches Einfühlungsvermögen ersetzen und den Arzt nicht der Verantwortung für den Patienten als ganzen entheben, für den er zuständig ist und sich so lang wie möglich zuständig fühlen sollte.

Für bestimmte Detailprobleme bei pädiatrischen Patienten braucht man den Rat von Spezialisten anderer Fachgebiete, wie der Dermatologie, der Ophthalmologie, chirurgischer Teilbereiche usw. Die psychosoziale Situation des schwer und chronisch kranken Kindes ist jedoch kein Spezialproblem, das durch eine konsiliarische Untersuchung und Beratung gelöst werden kann, sondern sie ist ein integraler Bestandteil des pädiatrischen Patienten und seines Leidens, den man auch nicht an eine andere Stelle delegieren kann, ohne die Qualität der ärztlichen Fürsorge zu vermindern.

Kleinkinder

Nicht nur in der Onkologie, sondern in fast allen pädiatrischen Spezialgebieten sind Kinder mit chronischen, mehr oder weniger progredienten Erkrankungen zu betreuen: die Mukoviszidosen in der Pulmonologie, der Diabetes in der Endokrinologie, die Nephrosen und obstruktiven Nephropathien in der Nephrologie, die neuromuskulären Systemerkrankungen und Spina bifida in der Neurologie seien nur als besonders häufige Beispiele genannt. Alle haben ihre spezifischen Probleme, aber auch alterstypische Schwierigkeiten, die ihnen gemeinsam sind (Korsch 1978).

Als wichtigstes psychologisches Problem bei der stationären Behandlung des jungen Kindes wird immer wieder die Trennungsangst bezeichnet. Zu ihrer Minderung oder Beseitigung ist es unerläßlich, den Eltern nicht nur Besuche rund um die Uhr zu erlauben – das tun heute fast alle Kinderkliniken, aus Überzeugung oder auf sanften Druck der Öffentlichkeit –, sondern sie dazu anzuhalten. Es wird jedoch immer einige Eltern geben, die nicht kommen können und wenige, die nicht kommen wollen. Die emotionale Betreuung deren Kinder ist eine besonders wichtige Aufgabe der Kinderkrankenschwester geworden. Die individuelle Zuordnung eines solchen Kindes zu einer bestimmten Schwester ist gelegentlich schwierig, wenn das Pflegesystem eine Einteilung der Arbeit in der Reihenfolge ihres Anfalls bevorzugt (Funktionspflege); sie ist aber so notwendig, daß man trotzdem versuchen muß, den Arbeitsablauf entsprechend zu modifizieren oder zumindest das Gefühl der persönlichen Verantwortlichkeit einer Schwester für bestimmte Kinder auszulösen und zu fördern. Alleingelassene Kinder, die einer Infektion wegen in Einzelzimmern isoliert oder aus pflegerischen Gründen im Bett fixiert werden müssen, sind heute ein seltener, aber um so bedrückenderer Anblick. Besonders schwer betroffen von einer solchen Situation sind ausländische Kleinkinder, die nicht verstanden werden und denen die einfachsten tröstlichen Worte nicht zu vermitteln sind. Krankenschwestern mit einer dem jeweiligen Bedarf entsprechenden Muttersprache wären dringend notwendig, sind aber nur schwer zu finden und in bestehende Hierarchien zu integrieren. Für einen Arzt auf einer leistungsdruckgeminderten Dauerstelle wäre das Studium der türkischen oder einer anderen erforderlichen Sprache kein Luxus. In wenigen Monaten kann man ein Sprachniveau erreichen, das genügt, um ein kleines Kind zu trösten.

Schulkinder

In der nächsten Altersstufe, beim Kind kurz vor der Einschulung oder im Schulalter, macht das reifende Verständnis für zeitliche und organisatorische Zusammenhänge die akute Trennung von Mutter oder Vater weniger unerträglich. Das Kind weiß jetzt, daß es von seinen Eltern nicht verlassen ist, es kann Fragen stellen und Antworten verstehen. Dafür verstärkt sich jetzt die Angst vor unangenehmen körperlichen Erfahrungen und die Unsicherheit, was passieren wird, wenn der Doktor das Zimmer betritt. Auch die krankheitsbedingten Veränderungen in der Wahrnehmung des eigenen Körpers und die Angst davor, daß der Zustand sich nicht mehr ändern wird, beginnen eine wesentliche Rolle zu spielen. Es sollte also eine Selbstverständlichkeit sein, daß man bereits im Vorschulalter beginnt, ehrlich, ernsthaft, so einfach wie nötig und so genau wie möglich, mit dem Kind über seine Erkrankung zu sprechen und daß man keine Handgriffe oder Eingriffe vornimmt, die ihm nicht vorher angekündigt und erläutert wurden. Dabei kann die Neugier und Lernbegier dieser Altersstufe hilfreich sein und genutzt werden. Wenn das Klinikpersonal diesem Interesse positiv gegenübersteht, dem Kind die bestmöglichen Informationen über seine Krankheit und deren Behandlung gibt, so kann das hilfreiche und positive Erfahrungen für das kranke Kind bringen. Es kann verstehen, wie gewisse Dinge in seinem Körper funktionieren, welchen Einfluß die Krankheit darauf hat, wie sich therapeutische Maßnahmen bei ihm auswirken und wie die technischen Einrichtungen und der organisatorische Ablauf der Klinik funktionieren. Mit solchen Erfahrungen wächst die Selbstsicherheit und die Angst nimmt ab.

Ein großes Problem für chronisch kranke Kinder ergibt sich natürlich aus der beschränkten Möglichkeit des Umgangs mit Gleichaltrigen, aus dem häufigen Fehlen in der Schule, aus der Behinderung in sportlichen und körperlichen Aktivitäten. Andererseits kann der Kontakt mit und der Zuspruch von Freunden und Geschwistern eine erhebliche Stütze geben. Man kann in der Klinik durch die Auswahl der Zimmergenossen, durch gelegentliches aktives Einbeziehen des Bettnachbarn in die Betreuung des immobilen Kindes kleine Hilfestellungen geben. Das Besuchsverbot für Kinder in Kinderkliniken ist ein nötiges Übel, das grundsätzlich wohl nicht zu beheben ist. Die höheren Chargen im ärztlichen und pflegerischen Dienst sollten sich jedoch dafür zuständig fühlen, gelegentliche Übertretungen dieser Regel zu organisieren und dafür die Verantwortung zu übernehmen. Manchmal haben Geschwister die Fähigkeit oder Möglichkeit, eine Freude zu bereiten oder eine Hilfe zu geben, die niemand anders haben kann.

Ein 4jähriges Mädchen, das an einem Ponstumor erkrankt war, entwickelte ein Locked-in-Syndrom. Es war völlig bewegungsunfähig, gab jedoch durch Unruhe, Unwohlsein oder einen Wunsch zu erkennen und konnte Zustimmung durch eine vertikale Augenbewegung anzeigen. Die Schwierigkeit bestand im Erfassen oder Erraten, was das Kind haben oder getan haben wollte. Bei einer Gelegenheit gelang es der Mutter trotz intensiver Bemühungen in Form von Aufzählen einer schier endlosen Liste von Möglichkeiten nicht, einen Wunsch des Kindes zu erraten und so eine zustimmende Augenbewegung auszulösen. Es war schließlich die Zwillingsschwester, die ganz rasch die richtige Lösung fand: eine bestimmte Eissorte, die die Kinder Monate vorher einmal mit großer Begeisterung gemeinsam gegessen hatten.

Adoleszente

Die letzte Gruppe in dieser groben Einteilung stellen die Adoleszenten dar, für die äußere Erscheinung und physische Funktionen von besonderer Bedeutung sind. Störungen im Wachstum und in der Entwicklung, insbesondere der sexuellen Entwicklung, wie sie im Rahmen vieler chronischer Erkrankungen vorkommen, lassen sie von der Norm ihrer Altersgenossen abweichend erscheinen und können zu erheblichen Identitäts- und Selbstwertkrisen führen. Adoleszente haben das Bedürfnis nach einer ausgeprägten Privatsphäre, deren Störung durch medizinische Maßnahmen auch bei größtem Einfühlungsvermögen nicht immer zu vermeiden ist. Daraus entstehende Schwierigkeiten werden durch die Tatsache verstärkt, daß in dieser Altersgruppe ohnehin eine Tendenz zur Konfrontation mit den Erwachsenen und deren Welt, mit dem „Establishment" besteht. Rebellion kann bei chronisch kranken Jugendlichen auf die medizinische Behandlung übergreifen, besonders auf den Teil der Therapie, der unter der Leitung und Überwachung der Eltern steht, wie

z. B. die Diät beim Diabetiker oder Rheumatismus. Auch die altersspezifische Inkonsistenz mit Neigung zu Stimmungsschwankungen kann die Durchführung von therapeutischen Programmen erschweren, die fortlaufende regelmäßige Maßnahmen erfordern. Es ist ebenso notwendig wie schwierig, Patienten dieser Altersgruppe davon zu überzeugen, daß sie selbst für ihre Gesundheit, im angesprochenen Fall für die optimale Kontrolle ihrer Krankheit, verantwortlich sind.

Die Feststellung, daß eine chronische Erkrankung oder Behinderung, die den Umgang mit Gleichaltrigen, v. a. des anderen Geschlechts, erschwert, sich in dieser Altersgruppe besonders fatal auswirkt, ist schon wieder so banal, daß man sich scheut, sie schriftlich festzuhalten. Kinderärzte jedoch, die vorwiegend mit jüngeren Patienten zu tun haben, müssen sich dies immer wieder bewußt machen, wenn sie mit zunächst unverständlichen Reaktionen des Patienten konfrontiert werden. Als Aufenthaltsort für Adoleszente wird eine Kinderklinik im besonderen Maße zu einem belastenden Aspekt ihrer Situation, denn es ist oft schwer, die Klinikroutine so flexibel zu gestalten, daß sie den Jugendlichen gelegentlich nicht unerträglich kindisch und restriktiv erscheint. Man muß den Adoleszenten auch in der Klinik die Privilegien ihrer altersbedingten Ausnahmesituation deutlich zu erkennen geben.

Natürlich spielen der psychosoziale Hintergrund und damit die Persönlichkeit des Jugendlichen eine erhebliche Rolle. Grundvertrauen und Selbstsicherheit helfen das eigene Schicksal besser zu meistern. Patienten mit fehlender Unterstützung durch eine intakte Familie oder mit mangelhaftem Selbstvertrauen, können in eine erhebliche Abhängigkeit von fremder Hilfe gelangen; sie neigen zu Angst und depressiver Haltung. Selbstsicherheit, Intelligenz und Kommunikationsfähigkeit helfen bei der Bewältigung schwieriger Situationen, ermöglichen andererseits aber auch eher das Ausbrechen aus der vorgeschriebenen Routine.

Eine 16jährige Gymnasiastin, seit ihrem 8. Lebensjahr an Diabetes erkrankt und zunächst ohne Schwierigkeiten medikamentös und diätetisch gut einzustellen, entwickelte rasch und heftig eine Aversion gegen jede Einschränkung und Behandlung. Wiederholt kam sie unangemeldet zur Blutzuckeruntersuchung in die Klinik. Die Werte waren gewöhnlich kritisch erhöht. Der Anlaß für diese Konsultationen wurde jedoch erst klar, als das Mädchen seinen sehr bemühten und besorgten Eltern eine Tabelle überreichte, mit deren Hilfe es nachweisen wollte und sogar nahezu signifikant konnte, daß die besten der ohnehin sehr guten Noten mit einem besonders hohen Blutzuckerspiegel korrelierten. Sie war nämlich jeweils nach Klassenarbeiten in die Klinik gekommen. Trotz unserer Bemühungen und psychologischer Hilfe spitzte sich die Situation zu, es entwickelten sich rasch fortschreitende Netzhautveränderungen. Eine Lösung schien sich anzubahnen, als sich die Patientin bei einem Ferienaufenthalt für Diabetiker in einen Jungen verliebte, der nicht nur gut aussehend und wohlerzogen war, sondern der auch seine Erkrankung unter optimaler Kontrolle hatte. Wenige Wochen später kam sie jedoch wieder im Präkoma in die Klinik. Unser Angebot, sich in einem ungestörten Einzelzimmer mit ihrem Freund zu treffen, lehnte sie ab: Der Kerl ginge ihr mit seiner ständigen Spritzerei und seinem Diätfimmel auf die Nerven; er sei ja genauso pingelig wie ihre Eltern. Sie aber wolle die paar Jahre genießen, bevor sie blind oder tot sei.

Es gibt eine Reihe von Studien, in denen Verhalten und psychologischer Status von Adoleszenten mit chronischen Erkrankungen untersucht werden (Steinhausen u. Börner 1979; Kellermann et al. 1980; Zeltzer et al. 1980; Castree u. Walker 1981; Bywater 1981; Zaunbrecher 1981). Solche Daten sind notwendig als theoretischer Rahmen, der bei der Betreuung des Einzelfalls eine spezifischere Beobachtung ermöglicht und der Risikofaktoren aufzeigt. Der Einzelfall richtet sich aber nur im begrenzten Maße nach der Statistik und wird immer mehr oder weniger ausgeprägte individuelle Varianten bieten, die in keiner Systematik erfaßbar sind.

Psychosoziale Situation und Diagnose

Die Erkennung der umweltbedingten Situation des einzelnen Patienten wird auch bei Kenntnis der theoretischen Grundlagen immer ein besonderes diagnostisches Problem bleiben. Um bei der eingangs skizzierten Systematik zu bleiben: Die Diagnose einer Krankheit ist das Ergebnis objektiver Untersuchungen. Die Diagnose einer Erkrankung ist die Beschreibung eines von der erwünschten Norm abweichenden Zustandes in medizinischer Terminologie. Die Diagnose der krankheitsbedingten Situation eines Patienten erfolgt vorwiegend durch kritisches Erfassen, durch intuitive Trennung des Echten vom Unechten, des Wesentlichen vom Trivialen. Entsprechend wächst die Kenntnis über Krankheiten mit der Präzision der angewandten Untersuchungen, die über Erkrankungen mit der Genauigkeit von Beobachtung, Beschreibung und Einordnung. Der Erfassung der Situation des einzelnen Patienten liegen v. a. Verstehen und Verständnis zugrunde.

Nun wird in der Routine der Klinik die Diagnose der dritten Kategorie nicht unbedingt erforderlich. Man kann eine sog. „gute Klinik" schulmedizinisch und sachlich korrekt betreiben, indem man sich auf Krankheit und Krankheitszustand, auf die Beschreibung der Befunde und Interpretation der Untersuchungsergebnisse beschränkt, solange auch die Behandlung solide und kritisch erfolgt. Die Notwendigkeit einer Beschäftigung mit der Gesamtsituation des Patienten wird zwar immer wieder betont, aber sie ist wohl nur beschränkt erlernbar. Taylor (1979) schreibt: „Diagnosis of predicament is discernment", also Erfassung. Diese Art der Diagnostik ist einem sog. guten Arzt bis zu einem gewissen Grade gegeben, d. h. er spürt und begreift die Situation und bezieht sie fast selbstverständlich in seine diagnostischen Überlegungen und therapeutischen Bemühungen ein. Vieles kann er durch Erfahrung und Lektüre zusätzlich lernen. Aber auch der beste Arzt wird sich gelegentlich Situationen gegenübersehen, in denen Fingerspitzengefühl, gesunder Menschenverstand und Erfahrung auftretende Probleme nicht mehr lösen können, seien es Probleme des Patienten oder solche des Arztes selbst in der gegebenen Situation. In diesen Bereichen erscheint mir die Kooperation mit dem Spezialisten aus dem psychologischen oder psychiatrischen Fachgebiet wichtig und verbesserungsfähig. Wenn ich oben gesagt habe, daß der Arzt die psychosozialen Aspekte in der Betreuung seines Patienten nicht aus der Hand geben soll, so wollte ich damit nicht für eine hausgemachte Psychosomatik plädieren, sondern vor einer allzu naturwissenschaftlich orientierten Form der Pädiatrie warnen, die nur „cure" als ihre Aufgabe ansieht und „care" als die Aufgabe von Psychologen und Pastoren betrachtet. Ebenso notwendig ist es jedoch, den Punkt zu erkennen, wo beim einzelnen Patienten und seiner Familie, bei Gruppen von Patienten mit bestimmten Erkrankungen oder in organisatorischen Strukturen Fragen auftreten, deren Lösung psychosomatische Fachkenntnis erfordert. In welchen Fällen diese Hilfe in Anspruch genommen werden kann oder muß, wird von Kinderärzten möglicherweise nicht immer richtig gesehen. Eine Zusammenarbeit beider Fachdisziplinen im gleichen Haus wäre ideal, ist jedoch nur an wenigen Orten institutionalisiert. Um so notwendiger ist der Informationsaustausch, in dem die Pädiatrie ihre Bedürfnisse und die Psychosomatik ihre Möglichkeiten deutlich macht. Im folgenden seien einige Beispiele aus der klinischen Pädiatrie dargestellt, die die Schwierigkeiten und vielleicht auch eine gewisse Hilflosigkeit des Pädiaters illustrieren und Ansatzpunkte für eine Zusammenarbeit mit Psychosomatikern und Psychiatern auf praktischem und wissenschaftlichem Gebiet zeigen.

Betreuung schwer und chronisch kranker Kinder

Auf die Bedeutung der Teamarbeit in der Betreuung schwerkranker und chronisch kranker Kinder muß man nicht mehr speziell hinweisen. Kinder und ihre Eltern suchen sich ihre Vertrauensperson nicht immer nach deren Bedeutung in der Klinikhierarchie aus und nicht selten ist es eine junge Schwester mit noch frischer Begeisterung, eine Physiotherapeutin mit praktischem Verstand oder eine Putzfrau, die die Sprache des Patienten spricht, die wesentliche Mitteilungen vom Patienten oder seiner Familie bekommt und die notwendigen Informationen besonders gut weitergeben kann. Zum anderen ist die emotionelle Anteilnahme und Belastung, die der Umgang mit schwerkranken Kindern mit sich bringt, potentiell für alle in diesem Rahmen Tätigen gleich, und jeder sollte die Möglichkeit haben, seine Erfahrungen und Sorgen zu formulieren, sollte genügend Information bekommen, um zu einer koordinierten Mitarbeit in der Lage zu sein. Die emotionelle Belastung kann bei einzelnen Mitgliedern des Teams zu Erschöpfungserscheinungen physischer und emotionaler Art mit der Folge eines negativen Selbstkonzepts, einer negativen Arbeitseinstellung und v.a. des Verlustes von Mitgefühl für den Patienten führen. Maslach und Pines (1975) haben für diesen Zustand den Begriff des Burn-out-Syndroms geprägt, und dieses als die Hauptursache der Klagen über Gleichgültigkeit und mangelnde Gesprächsbereitschaft beim Klinikpersonal angesehen. In einer Studie über die psychologische Situation des medizinischen Personals in der Betreuung von Patienten mit Mukoviszidose haben Lewiston et al. (1981) einen vermehrten Grad emotionaler Erschöpfung gefunden, verbunden jedoch mit einer verminderten Tendenz, die Patienten zu depersonalisieren, d.h. als unpersönliche Einheiten und nicht als Personen mit individuellen Bedürfnissen und Nöten zu sehen. Die Autoren betrachten die verstärkte persönliche Zuwendung als einen Mechanismus, der die emotionelle Erschöpfung kompensiert. Ich halte eine Erklärung für naheliegender, die die emotionelle Erschöpfung nicht als Ursache, sondern als die natürliche Folge bei denjenigen ansieht, die sich bei ihrer Arbeit für den Patienten auch emotionell engagieren können. Die Möglichkeit eines emotionellen Engagements ist ein wesentlicher Faktor bei der persönlichen Befriedigung, die man aus der Arbeit mit letztlich unheilbaren Kindern zieht und die sie manchmal sinnvoller erscheinen läßt als die Tätigkeit am Schreibtisch oder im Labor. Ich kann emotionelle Erschöpfung, solange sie in verstärkter Zuwendung für den Patienten resultiert, nicht als negatives Symptom sehen, sondern würde sie eher positiv beurteilen und sie etwas feuilletonistisch mit einem Muskelkater nach körperlicher Anstrengung vergleichen. Das „Ausbrennen“ ist wohl seltener die Folge einer sinnvollen Tätigkeit als vielmehr der ständigen Frustration durch organisatorische Unzulänglichkeiten und mangelnder Kommunikation und Rückkoppelung.

Problematisch ist die Zusammenarbeit im Team nur mit solchen Personen, die aufgrund ihrer Biographie schon aufgebraucht und ausgebrannt sind, wegen ihrer tarifrechtlichen Stellung aber in leitender Funktion hingenommen werden müssen. Vor allem deswegen hat es zur Einführung der unbeschränkten Besuchsmöglichkeiten und zur Mitaufnahme von Eltern in Kinderkliniken vor nicht allzulanger Zeit noch kleiner Revolutionen bedurft, und gelegentlich war bedauerlicherweise sogar Druck von Seiten der Öffentlichkeit, z. B. in Form der Aktion „Kinder im Krankenhaus“, nötig, leitende Ärzte und Schwestern, die aufgrund ihrer Ausbildung und Aufgabe am besten wissen sollten, wie man mit Kindern umgeht, von den essentiellen Bedürfnissen der Kinder und ihrer Familien zu überzeugen. Ich halte die Erkenntnis, daß Kinder in der Klinik sehr leiden und psychischen Schaden nehmen können und daß man darüber hinaus ganz entscheidende Dinge über die Person des Kindes und seine Krankheit lernen kann, wenn man in ständigem Gespräch mit den Eltern steht und deren Umgang mit dem Kind beobachten kann für einen der großen Fortschritte in der Kinderheilkunde, vergleichbar etwa mit den Erfolgen der Vitamin-D-Prophylaxe. Trotzdem kann man doch immer Schwestern und auch Ärzte beobachten, denen die Einsicht Mühe macht, daß auch das Kind in der Klinik seinen Eltern gehört, daß diese oft am besten wissen was für das Kind gut ist, daß diese prinzipiell, wenn auch cum grano salis, für die Behandlung des Kindes und die damit verbundenen Entscheidungen zuständig sind und daß unsere Aufgabe grundsätzlich nur darin besteht, den Eltern dabei zu helfen, indem wir ihnen die richtigen Entscheidungen ermöglichen und ihnen Behandlung und Versorgung dort abnehmen, wo es ihre Fähigkeiten oder Möglichkeiten überschreitet. Natürlich gibt es nicht ganz selten die Situation, in der die Eltern ein Faktor in der Ätiologie der Erkrankung ihrer Kinder sind. Dies mag so eindeutig sein, daß eine Trennung von Eltern und Kind für eine gewisse Zeit sinnvoll ist. Häufig wird man jedoch die Diagnose erst dadurch korrekt stellen, daß man die Eltern in der Klinik genauer kennenlernt und beobachtet. Von schweren psychopathologischen Situationen abgesehen, werden sie spätestens von dem Zeitpunkt an benötigt, an dem man sie in ein Behandlungskonzept einschließen muß. Dem Argument, daß es schwierige Eltern gäbe, ist immer hinzuzufügen, daß es auch schwierige Ärzte und Schwestern gibt, die in gleichem Maße, sei es aus Inkompetenz oder Gedankenlosigkeit in bester Absicht, zu einem krankmachenden Faktor werden können.

Kinder mit zerebralen Funktionsstörungen

Prophylaxe ist ein essentieller Bestandteil der Pädiatrie, ein Grund ihrer erfolgreichen Entwicklung. Früherkennung und Frühbehandlung von Krankheiten sind ein prophylaktisches Konzept, das in der Bundesrepublik mit den Vorsorgeuntersuchungen in vorbildlicher Weise institutionalisiert ist. In diesem Rahmen hat die

Früherkennung zerebraler Funktionsstörungen eine zentrale Stellung, die zunächst berechtigt ist, wenn man die fatalen Folgen einer zu spät erkannten Sinnes- oder Bewegungsstörung für die Entwicklung des jungen Kindes in Rechnung stellt. Aufgrund der bis heute unbewiesenen Vorstellung, daß bestimmte zerebrale Bewegungsstörungen durch eine frühzeitige Behandlung zu heilen seien – wobei nicht in Frage gestellt wird, daß durch die Behandlung Folgezustände vermeidbar sind – wird die oft schwierige und nur durch kontinuierliche Beobachtung zu sichernde Diagnose einer zerebralen Bewegungsstörung nicht selten aufgrund ebenso einfacher wie unzuverlässiger Schnelltests gestellt (bei bis zu 7% der Vorsorgeuntersuchungen, während die zu erwartende Inzidenz von echten zerebralen Bewegungsstörungen 0,3–0,4% beträgt). Würde dies nur als Anlaß zu erhöhter Aufmerksamkeit und zuverlässiger Diagnostik genommen, wäre nichts dagegen einzuwenden. Auch eine Anleitung der Eltern zum Umgang mit dem Kind und zu gezielter Beschäftigung mit ihm kann nur nützen (Ohrt 1981). Unglücklicherweise werden zu den Schnelldiagnosen auch noch therapeutische Verfahren angeboten, die einfach zu erlernen und daher weit verbreitet, in einer mechanischen, für das Kind häufig offensichtlich unangenehmen Form der Physiotherapie bestehen, welche mehrmals täglich von der Mutter durchzuführen ist. Das Kind wehrt sich gegen diese Form der Behandlung, um so deutlicher je älter es wird. Viele Mütter müssen sich überwinden, die Behandlung vorzunehmen, und werden nicht selten von Ärzten oder Physiotherapeuten nur dadurch motiviert, daß ihnen die schrecklichen Folgen ausgemalt werden, die angeblich zu erwarten sind, wenn sie ihrem Gefühl nachgeben. Die Situation einer verängstigten Mutter, die sich mehrmals täglich zur Behandlung zwingt, obwohl das Kind zu schreien beginnt, wenn es ausgezogen wird, ist in unserem Lande eine leider nicht ungewöhnliche pädiatrische Notlage geworden. Weber (1981) hat dieses Problem an eindrucksvollen Beobachtungen in einer mutigen Publikation dargestellt, deren Einfluß auf ein Phänomen, das in unserer Fortschrittsideologie von der machbaren Gesundheit ihre Wurzeln hat, leider gering bleiben wird. Ansätze zu Veränderungen sind eher von Seiten kritischer Eltern zu erwarten, die nun stellenweise beginnen, sich gegen das „Bollwerk der Besserwisser" (Van den Hoofdakker 1970) zur Wehr zu setzen, gegen ein medizinisches Establishment, das allein zu wissen vorgibt, was für das Kind gut ist, und das den Eltern von behinderten oder auch nur als behindert klassifizierten Kindern einen therapeutischen Tagesablauf vorschreibt, in dem für die Manifestation von natürlichen Gefühlen der Eltern gegenüber ihrem Kind kaum noch Raum bleibt (Steinberg 1981; Aly et al. 1981).

Ausländische Kinder

Ich habe auf die Notwendigkeit hingewiesen, so vage Instrumente wie Einfühlungsvermögen, persönliches Interesse und gesunden Menschenverstand einzusetzen, um die Lage eines Patienten und seiner Familie zu begreifen. Diese Instrumente versagen oft plötzlich, wenn man mit Patienten aus anderen Kulturkreisen, in unserer derzeitigen Praxis häufig Patienten aus dem türkischen Osten, zu tun hat, deren

Erwartungen an uns und deren Vorstellungen von Krankheit und Gesundheit nicht immer leicht voraus- und einsehbar sind. Die Unmöglichkeit einer differenzierten sprachlichen Kommunikation ist natürlich ein zusätzliches Hindernis.

Die starke Abneigung gegen aus unserer Sicht notwendige oder sinnvolle Autopsien ist noch einfach aus der religiösen Motivation verständlich. Der Wunsch, ein Kind in der Heimat zu begraben in Verbindung mit der Angst vor den hohen Kosten eines Leichentransportes, führt gelegentlich dazu, daß Eltern ihr schwerkrankes Kind aus der Klinik nehmen und mit ihm in ihre Heimat reisen, wenn man ihnen mit Wahrscheinlichkeit oder Sicherheit sagen muß, daß das Kind sterben wird. Bei allem Vertrauen, das einfache Türken in unser Gesundheitssystem haben, ist es gelegentlich schwer, sie zu einer langjährigen Therapie bei chronischen unheilbaren Erkrankungen zu motivieren. Ihre Vorstellung von einer ärztlichen Behandlung ist offenbar häufig die, daß man zum Arzt geht, der das Kind entweder gesund macht oder nicht. Im letzteren Fall ist die ärztliche Seite des Problems erledigt; das Kind wird dann entweder von selbst gesund oder stirbt. Langfristige Behandlung ohne Heilung ist für manche dieser Eltern kein übliches Verfahren. Hier ein sicher extremes Beispiel für das angesprochene Problem:

Ein 6jähriges Mädchen mit einer Thalassaemia major soll in das therapeutische Langzeitprogramm integriert werden, das aus regelmäßigen Transfusionen, Splenektomie und täglich durchzuführender Eisenelimination mit subkutanen Infusionen von Deferoxamine besteht. Vorher fuhren die Eltern noch mit dem Kind zum Urlaub in die Heimat. Sie kamen mit der Information zurück, daß das Kind zu Hause gestorben sie. Die Oma habe es „totgemacht", da es ja unheilbar krank gewesen sei.

Kinder auf der Intensivstation

Die Intensivmedizin ist zu einem neuen Schwerpunkt in der klinischen Pädiatrie geworden. Unreife Frühgeborene und schwerkranke Neugeborene werden heute nur noch unter intensivmedizinischen Bedingungen behandelt, und nicht zuletzt aufgrund der dabei gewonnenen Erfahrungen können oft auch ältere Kinder, größtenteils mit primär chirurgischen Erkrankungen wie Schädel-Hirn-Traumen oder Verbrennungen, aber auch mit Vergiftungen und schweren Infektionen, in Kinderkliniken betreut werden.

Daß die Intensivmedizin mit großen psychologischen und menschlichen Problemen verbunden ist, ist mittlerweile so bekannt, daß es ein Thema der öffentlichen Diskussion geworden ist. Trotz der verständlichen technischen und medizinischen Notwendigkeiten und trotz der bekannten organisatorischen und personellen Schwierigkeiten bemüht man sich daher auf allen Intensivstationen, nicht intensiver als nötig und so rücksichtsvoll wie möglich zu verfahren. Allerdings gilt auch hier die Einschränkung, daß man Dinge meistens nur dann sieht, wenn man sie schon kennt. Es gibt immer wieder Details, die dem Personal belanglos erscheinen, die für den Patienten in seiner Situation aber eine ganz andere Wertigkeit haben können. Wenn bei einer Visite festgestellt wird, daß eine Infusion nicht mehr nötig ist, läßt man häufig die Flasche noch leerlaufen oder man macht zunächst die Visite zu

Ende und entfernt die Infusion, wenn Zeit ist, ohne darüber Gedanken zu verlieren, wie lang eine Stunde oder zwei für ein Kind werden können, das endlich wieder seinen Arm bewegen, sich umdrehen will, und wie einfach es andererseits ist, eine Nadel herauszuziehen. Für das Personal, das die Routine einer Intensivstation gewöhnt ist, mag es gleichgültig erscheinen, ob ein Patient noch am gleichen Abend oder erst am nächsten Morgen auf eine Allgemeinstation verlegt wird. Für den Patienten mag daraus der erhebliche Unterschied zwischen einer Nacht ungestörter Ruhe und endloser Stunden einer durch unvermeidliche Betriebsamkeit bedingten Schlaflosigkeit resultieren.

Schwierigkeiten sind früher oder später erkennbar und meist lösbar, wenn die Patienten sich äußern können. Bei sehr jungen oder in ihrem Bewußtsein eingeschränkten Kindern ist das Erkennen unserer mehr oder weniger notwendigen Rücksichtslosigkeiten viel schwieriger. In der besten Absicht, Infektionen zu vermeiden, waren Frühgeborene über lange Zeit in strenger Isolation behandelt und aufgezogen worden. Als der amerikanische Pädiater Klaus, der zunächst wesentliche Arbeiten über Atemstörungen des Frühgeborenen publizierte, sein Interesse von „disease“ ab- und „predicament“ zuwandte, konnte er durch mittlerweile klassische Untersuchungen zeigen, welche fatalen Folgen die Isolation der Kinder in einer kritischen Phase der Entwicklung der normalen Eltern-Kind-Bindung haben konnte. Wenn bestimmte psychologische oder sozioökonomische Risikofaktoren bei den Eltern bereits vorliegen, wenn zusätzlich vielleicht noch das Verhalten des Kindes durch die zerebralen Folgen einer perinatalen Schädigung abnorm ist, kann die iatrogene Unterbrechung der Bindung, die normalerweise in den ersten Tagen nach der Geburt erfolgt, eine dauerhafte Störung bis zur extremen Konsequenz der Kindesmißhandlung zur Folge haben (Klaus u. Kennell 1976).

Heute haben Eltern deswegen fast überall freien Zutritt zu den Frühgeborenenstationen und es werden solche Familien als Risikofamilien besonders beobachtet, die ohne ersichtlichen Grund zu wenig zu ihrem Kind kommen.

Die äußeren Bedingungen auf Frühgeborenenstationen sind den kardiopulmonalen und metabolischen Bedürfnissen der Kinder optimal angepaßt. Die sensorische Umwelt der Kinder ist sicher weitgehend unphysiologisch. Beleuchtung, Geräusche sowie die propriozeptiven und extrozeptiven Wahrnehmungen sind mit denen in utero oder auch mit denen eines normalen Kinderzimmers nicht vergleichbar. Daß bisher der Nachweis dadurch bedingter, bleibender Störungen der neuropsychologischen Entwicklung nicht gelungen ist, heißt noch nicht, daß solche Störungen nicht vorkommen können. Es ist methodologisch schwierig, die meist ernsthafteren Folgen der somatischen Störungen, aufgrund derer die Intensivmaßnahmen notwendig waren, von möglichen diskreten Konsequenzen der äußeren Bedingungen zu trennen. Somit bleibt es notwendig, nach vermeidbaren Belastungen für die Kinder aufmerksam zu suchen. Neuere Möglichkeiten der automatischen Überwachung, wie transkutane Sauerstoffmessung oder extrakranielle Registrierung des Hirndrucks, haben erkennen lassen, wie erheblich die Veränderungen im kindlichen Organismus sind, die durch „ganz normale“ Pflegemaßnahmen ausgelöst werden. Gabriel et al. (1981) haben zeigen können, daß eine einfache zeitliche Koordinierung von Pflege- und Überwachungsmaßnahmen das Schlafverhalten der Kinder deutlich positiv beeinflußt. Wir wissen noch nicht, ob dies für die Entwicklung der Kinder wirklich relevant ist. Zieht man aber in Betracht, wie unangenehm Erwachsene die ständige Störung des Schlafes auf Intensivstationen erfahren, so kann Rücksichtsnahme auf diesen Aspekt bei jungen Säuglingen nicht falsch sein.

Kinder mit Schädel-Hirn-Traumen

Wenn man mit einem Patienten nicht sprechen kann, weil er in seinem Bewußtsein erheblich eingeschränkt, vielleicht zusätzlich noch relaxiert ist, neigt man dazu, seine Wahrnehmungsfähigkeit falsch einzuschätzen, gewöhnlich zu unterschätzen. Als Neurochirurg mit psychiatrisch geschulter Sensibilität hat Todorow (1978) unter der Bezeichnung des „Dornröschenschlafsyndroms" das Phänomen beschrieben, daß Kinder, die aus dem Koma nach einem Schädel-Hirn-Trauma zu erwachen beginnen, ein der Bewußtlosigkeit entsprechendes Verhalten fortsetzen. Sie reagieren mit einer Art Totstellreflex durch völlige Passivität auf die für sie unbegreifliche Situation, sich plötzlich in einer Umgebung zu befinden, die ihnen bisher höchstens aus Science-fiction-Geschichten oder aus Erzählungen von der Hölle bekannt war. Daß durch die retrograde Amnesie auch ihre Erinnerung an die reale Welt vor dem Unfall lückenhaft sein kann, erschwert diesen Kindern die Orientierung und das Begreifen zusätzlich. Todorow hat damit auch denjenigen, die es nicht schon gefühlsmäßig richtig gemacht haben, deutlich die Notwendigkeit vor Augen geführt, mit mehr oder weniger bewußtlosen Kindern geduldig so zu verfahren und zu sprechen, als wären sie ganz wach.

Zur Behandlung eines schweren Schädel-Hirn-Traumas gehört heute die antiödematöse Therapie mit Hyperventilation in Relaxation und der Gabe hoher Barbituratdosen. Der Bewußtseinszustand eines Patienten unter einer solchen Behandlung ist nicht mehr beurteilbar und wir haben noch keine Vorstellung darüber, was vielleicht noch von ihm wahrgenommen wird. Die psychologischen Mechanismen und Vorgänge, die in sog. Durchgangssyndromen nach Schädel-Hirn-Traumen auftreten, erscheinen manchmal noch geheimnisvoll und würden sicher ein lohnendes Arbeitsgebiet für eine Kooperation zwischen Pädiater und Neurochirurgen einerseits und Psychologen und Psychiatern andererseits darstellen.

Eine 12jährige Gymnasiastin erlitt bei einem Verkehrsunfall eine Stammhirnkontusion, wurde 8 Tage unter Intensivbedingungen behandelt und nach Stabilisierung der vitalen Funktionen und Abklingen des Hirnödems mit geöffneten Augen, aber reaktionslos, in unsere Klinik verlegt. Sie war motorisch sehr unruhig, bewegte sich während der Wachphasen stereotyp, schien durch Personen hindurchzublicken. Ihre ersten verbalen Äußerungen erfolgten in Englisch, obwohl sie nur in der Schule Kontakt mit dieser Sprache gehabt hatte. Etwa 4 Wochen noch dem Unfall sprach sie mit völlig ausdruckslosem Gesicht recht differenziert, konnte sich an zahlreiche Dinge ihres Lebens genau erinnern, behauptete aber gelegentlich, gestorben zu sein und redete phasenweise ihre Mutter mit „Sie" an. Sie meinte, vaginal zu bluten, obwohl sie noch deutlich präpubertär war, verlangte bis zu 20 mal in der Stunde auf den Topf zu gehen, bezeichnete sich selbst mit erfundenen Namen. Die für mich als nachbehandelnder Kinderarzt eindrucksvollste Erfahrung war die grobe und seiner Erziehung ganz unangemessenen Unhöflichkeit, mit der das Mädchen bis zur Entlassung etwa 6 Wochen nach dem Unfall auf mein Erscheinen reagierte. „Der blöde Hund soll abhauen", sagte sie recht häufig, und der Mutter war das etwas peinlich. Diese hat Wochen später das Geheimnis dieses Verhalten ergründet:

„Das war der Dr. Ignaratz“, sagte das Mädchen. Den Namen habe ich mir ausgedacht, weil er so häßlich klingt, denn der Kerl hat immer den Arbeitern mit den blauen Kitteln befohlen, mich zu quälen“. Die „blauen Kittel“ waren aber vor meinem Auftritt in der Anästhesiologischen Abteilung aktiv und von einem anderen Kollegen „befehligt“ gewesen. Ich habe mich mit diesem Kollegen daraufhin gemeinsam zur Identifikation gestellt und die Patientin erkannte, indem sie mich wohlerzogen um Entschuldigung bat, daß sie ihre Erfahrungen aus der Phase der „Bewußtlosigkeit“ einem Falschen zur Last gelegt hatte.

Unheilbar kranke und sterbende Kinder

Was ich zum Thema Sterben und Tod bei Kindern zu sagen habe, wurde bereits in ein früheres Übersichtsreferat eingebracht (Lenard 1976). Seither haben Publikationen zu diesem Problemkreis einen Boom erfahren und sind kaum noch zu überblikken. Es gibt gute aktuelle Zusammenfassungen (Cook 1974; Sahler 1978; Bürgin 1981), allerdings nur wenig wirklich neue Daten aufgrund systematischer Untersuchungen. Erwähnen möchte ich hier nur positive Erfahrungsberichte über das Sterben von Kindern in häuslicher Umgebung (Martinson et al. 1978; Lauer u. Camitta 1980), Betrachtungen über die Entwicklung des Todeskonzeptes bei Kindern (Bürgin 1977; Raimbault 1981) und Gedanken zu einer positiven Bewertung von Verdrängungsmechanismen („denial“) im Leben todkranker Kinder (Mulhern et al. 1981); Detwiler 1981).

Die Beschäftigung mit unheilbar kranken und sterbenden Kindern verhilft zu vielen menschlichen Erfahrungen. Dem Sinn des Sterbens eines Kindes kommt man dadurch nicht näher. In dem Bericht einer krebskranken Patientin (Trillin 1981) steht das Zitat aus König Lear: *„ripeness is all“*, mit dem Kommentar, Reifung gehe mit der Erkenntnis einher, daß es auf keine der wirklich wichtigen Fragen eine Antwort gibt. So bleibt nur der Rat, den Shakespeare an anderer Stelle, im Hamlet, gibt: „There's a special providence in the fall of a sparrow. If it be now, 'tis not to come; if it be not to come, it will be now; if it be not now, yet it will come: *the readiness is all.*“

Literatur

Aly M, Aly G, Tumler M (1981) Kopfkorrektur oder der Zwang, gesund zu sein. Rotbuch, Berlin

Bürgin D (1977) Was denkt das Kind über den Tod? Schweiz Med Wochenschr 107: 221–225

Bürgin D (1981) Das Kind, die lebensbedrohende Krankheit und der Tod. Huber, Bern

Bywater EM (1981) Adolescents with cystic fibrosis: Psychosocial adjustment. Arch Dis Child 56: 538–543

Castree BJ, Walter JH (1981) The young adult with spine bifida. Br Med J 283: 1040–1042

Cook SS (ed) (1974) Children and dying. An exploration and selective bibliographies, 2nd edn. Health Sciences, New York

Detwiler DA (1981) The positive function of denial. J Pediatr 99: 401–402

Gabriel M, Grote B, Jonas M (1981) Slup-wake pathern in preterm infants under two different eare schedules during four-day polygraphic recordings. Neuropediatrics 12: 366–373

Kellerman J, Zeltzer L, Ellenberg L et al. (1980) Psychologic effects of illness in adolescence. I. Serious illness and psychologic functioning. J Pediatr 97: 126–131
Klaus MH, Kennell JH (1976) Maternal infant bonding. The impact of early separation or loss on family development. Mosby, St. Louis
Korsch BM (1978) Psychosocial complications of renal disease in childhood. In: Edelmann CM (eds) Pediatric kidney disease. Little Brown, Boston, pp 342–347.
Lauer ME, Camitta BM (1980) Home care for dying children: A nursing model. J Pediatr 97: 1032–1035
Lenard HG (1976) Sterben und Tod bei Kindern. In: Meyer JE (Hrsg) Die Situation des chronisch Kranken und Sterbenden. – Eine neue Aufgabe für die Psychiatrie? Tropon, Köln, S 49–57
Lewiston NJ, Conley J, Blessing-Moore J (1981) Measurement of hypothetical burnout in cystic fibrosis caregivers. Acta Paediatr Scand 70: 935–939
Martinson IM, Armstrong GD, Geis DP et al. (1978) Home care for dying children. Pediatrics 62: 106–113
Maslach C, Pines A (1977) The burn-out syndrome in the day care setting. Child Care 6: 100–113
Mulhern RK, Crisco JJ, Camitta BM (1981) Patterns of communication among pediatric patients with leukemia, parents, and physicians: Prognostic disagreements and misunderstandings. J Pediatr 99: 490–483
Ohrt B (1981) Therapie der Cerebralparesen. In: Hanefeld F, Rating D (Hrsg) Aktuelle Neuropädiatrie II. Hippokrates, Stuttgart, S 174–186
Raimbault G (1981) Children talk about death. Acta Paediatr Scand 70: 179–182
Sahler OJZ (ed) (1978) The child and death. Mosby, St. Louis
Steinberg M (1981) Caring for the disabled child: Mothers voice their needs. Med J Aust 1: 400–402
Steinhausen HC, Börner S (1979) Psychologische Korrelate des klinischen Verlaufs beim juvenilen Diabetes mellitus. Monatsschr Kinderheilkd 127: 139–143
Taylor DC (1979) The components of sickness: Diseases, illnesses, and predicaments. Lancet II: 1008–1010
Todorow S (1978) Hirntrauma und Erlebnis. Huber, Bern
Trillin AS (1981) Of dragons and garden peas. A cancer patient talks to doctors. N Engl J Med 304: 699–701
Van den Hoofdakker RH (1970) Het bolwerk van de beterweters. Over de medische ethiek en de status quo. Van Gennep, Amsterdam
Weber S (1981) Psychodynamische Aspekte der Mutter-Kind-Beziehung bei der krankengymnastischen Frühterapie zur Prophylaxe infantiler Zerebralparesen. Klin Paediatr 193: 457–460
Zaunbrecher DH (1981) Die Reaktionen juveniler Diabetiker auf soziale Belastungen. Paediatr Prax 25: 611–618
Zeltzer L, Kellerman J, Ellenberg L et al. (1980) Psychologic effects of illness in adolescence. II. Impact of illness in adolescents – crucial issues and coping styles. J Pediatr 97: 132–139

Psychologische Probleme im Alter

H. Lauter

Die Normen menschlichen Erlebens und Verhaltens wurden lange Zeit ausschließlich aus Beobachtungen bei Jugendlichen und jüngeren Erwachsenen abgeleitet. Aufgrund eines solchen Blickwinkels mußten psychologische Probleme der letzten Lebenshälfte als pathologische Varianten des Normalen oder als defizitäre Umkehrung einer Entwicklung erscheinen, die als eine Entfaltung von Anlagen oder als Prägung durch Erlebnisse der frühen Kindheit angesehen wurden und mit dem Ende der Adoleszenz im wesentlichen als abgeschlossen galt. Erst allmählich setzte sich die Überzeugung durch, daß auch spätere Lebensabschnitte jeweils phasentypische Aufgaben und Probleme mit sich bringen die von dem biologischen Entwicklungs- und Gesundheitszustand, den individuellen Erwartungen und Wertvorstellungen sowie den sozialen Gegebenheiten und Normen der jeweiligen Gesellschaft abhängen (Birren 1958, 1964; Hall 1922; Havighurst 1963; Thomae 1959). Erikson (1971) sah die besondere Aufgabe der zweiten Lebenshälfte in dem Erreichen eines seelischen Zustandes, den er mit dem Begriff der „Integrität" beschrieb. Sie wird, wie in jeder anderen Entwicklungsperiode durch Probleme und Schwierigkeiten erschwert, die für die spätere Lebensphase charakteristisch sind. An ihnen kann sich die Persönlichkeit bewähren, wachsen und zu einer neuen Form zufriedener Lebenseinstellung gelangen. Die Auseinandersetzung mit solchen Schwierigkeiten kann aber für den alternden Menschen auch eine Krise nach sich ziehen, lang anhaltende emotionale Fehlreaktionen oder gescheiterte Bewältigungsversuche zur Folge haben und sich in einem Mißlingen psychologischer Anpassungs- und Kompensationsmechanismen äußern.

Alterstypische Aufgaben und Probleme

Für viele Menschen beginnt das Erlebnis des Alterns mit dem Blick in den Spiegel. „Oft bleibe ich konsterniert haften an dem unglaublichen Zeug, das mir als Antlitz dient", schreibt Simone de Beauvoir (zit. nach Amery 1971), „Über den Augen die Mützen, unter ihnen die Taschen, das allzu volle Gesicht und diese Traurigkeit um den Mund, die von den Falten kommt". Anderen wird diese *Veränderung des Selbstbilds* erstmals bei einem Wiedersehen mit Gleichaltrigen bewußt. Nachdenklich macht dabei nicht nur das Nachlassen der Attraktivität, das für viele Frauen zusätzlich durch das Aussetzen der Monatsblutung markiert wird. Irritierend ist auch die Unstimmigkeit zwischen der Selbstvertrautheit der durch die Jahre mitgebrachten eigenen Ich-Identität und der Selbstentfremdung gegenüber jenem sich verändernden Körper, der in jungen Jahren, wie Sartre einmal gesagt hat, „le négligé" war, nun aber plötzlich im Mißbefinden spürbar wird. Der junge Mensch, solange er noch in der Gewißheit gesunder Körperlichkeit lebt, „fühlt sich nicht"; er ist nicht bei sich, sondern „dort" (Plügge) bei den Dingen und Geschehnissen der Welt; er ist „außer sich", im Raum, der zu ihm gehört und ihm gehört, der untrennbar mit seinem Ich verwachsen ist (Amery 1971). Der Alternde aber wird mehr und mehr zu seinem eigenen Körper, der ihm nun als sein eigentliches Ich präsent wird, auf das er sich mehr und mehr reduziert, dem er wachsende Aufmerksamkeit zuwendet und den er doch zugleich als etwas Äußeres empfindet, als „sterbliche Hülle". Angesichts dieser Erfahrung stellt Montaigne fest: „So löse ich mich auf und komme mir abhanden".

Hand in Hand mit dieser Selbstentfremdung geht die Erfahrung der *abnehmenden Vitalität.* Der Körper vermittelt dem alternden Menschen nicht mehr in der gleichen Weise die Welt wie dem jüngeren; er kann ihn vielmehr absperren von Welt und Raum durch stärkere Erschöpfbarkeit, geringere Ausdauer, schweren Atem und schmerzende Beine (Améry 1971). Sexuelle Interessen und Potenz lassen nach, auch wenn hierfür meist nicht so sehr biologische als psychologische und gesellschaftliche Ursachen maßgebend sind. Selbst geringfügige Erkrankungen verursachen eine längere Rekonvaleszenz. Die Konkurrenz Jüngerer nimmt zu. Man leistet nicht mehr so viel. Man merkt, daß man zum alten Eisen gehört.

Zur gleichen Zeit wird einigen Älteren eine *Veränderung ihrer geistigen Leistungsfähigkeit* bewußt. Die Merkfähigkeit und das psychische Tempo lassen nach. Es fällt schwerer, sich neue Sachverhalte anzueignen. Viele Untersuchungen (Birren et al. 1963; Lehr 1977; Spieth 1965) haben zwar gezeigt, daß das chronologische Alter weder die alleinige noch auch nur die überwiegende Ursache für das Absinken geistiger Leistungen ist und daß Schulbildung, Beruf, intellektuelle Trainingsmöglichkeit und körperliche Gesundheit einen größeren Teil der Merkmalsvarianz erklären. Dennoch kommen Probleme dieser Art auf viele Älterwerdende zu und können zu einer Quelle der Beunruhigung werden.

Gesundheitliche Störungen machen sich bemerkbar. Die überwiegende Mehrzahl der alternden Menschen leidet unter meist mehreren chronischen Krankheiten (Multimorbidität) und ist auf häufigere Arztbesuche, Medikamente, diätetische Richtlinien, Krankenhausaufenthalte oder gymnastische Übungen angewiesen. Zu einem psychologischen Problem werden die gesundheitlichen Störungen dadurch, daß sie verschiedene Formen der seelischen Auseinandersetzung nach sich ziehen und daß ihr Vorhandensein eng mit einem Abfall des intellektuellen Leistungsniveaus und der psychomotorischen Fähigkeiten korreliert (Birren et al. 1963; Klonoff u. Kennedy 1966; Lehr 1977).

Zu solchen alterstypischen Behinderungen gehören auch *Einschränkungen der Sinnesfunktionen.* Am folgenschwersten ist die Schwerhörigkeit, die bei etwa 30% der älteren Menschen auftritt. Die sprachliche Kommunikation ist eine derart wichtige Grundlage zwischenmenschlicher Beziehungen, daß sich Hörbehinderungen stets negativ auf die sozialen Kontakte auswirken. Schwerhörige alte Menschen schränken angenehme Aktivitäten, wie Besuche von Bekannten, Vortrags-, Theater- oder Filmveranstaltungen, ein. Überall dort, wo viele Menschen gleichzeitig anwesend sind, ist die Aufnahme akustischer Informationen durch Hintergrundgeräusche besonders beeinträchtigt. Da die hohen Frequenzen am stärksten von dem Hörverlust betroffen sind, werden Konsonanten nur noch schlecht verstanden. Der alte Mensch hat zunehmend Schwierigkeiten, dem Gespräch zu folgen und erhält nur noch zerstückelte Informationen. Der soziale Bezugspartner bringt dem Schwerhörigen im allgemeinen weniger Sympathie entgegen als dem Sehbehinderten. Der Zwang zum lauten und deutlichen Sprechen und die Unsicherheit darüber, ob und inwieweit der alte Mensch die Mitteilung verstanden hat, setzt die Gesprächsbereitschaft des Jüngeren herab und hat ein soziales Vermeidungsverhalten zur Folge, auf das die betroffene alte Person ihrerseits mit Rückzug, Aktivitätsverarmung, Nachlassen geistiger Interessen oder Depressivität, aber auch mit Mißtrauen, Argwohn oder Wahn reagiert. Demgegenüber sind Sehstörungen im Alter weniger häufig als allgemein angenommen und wirken sich meist nicht so einschneidend auf die Aufnahme von Informationen und auf die Aufrechterhaltung sozialer Kontakte aus. Obwohl die meisten alten Menschen auf eine Brille angewiesen sind, verfügen etwa 80% noch bis zum 90. Lebensjahr und darüber hinaus über eine genügende Sehschärfe. Dennoch kann auch eine Sehbehinderung eine Einschränkung in bezug auf wichtige Aktivitäten wie Lesen, Handarbeiten oder Fernsehen bedeuten, die Mobilität herabsetzen und damit die Lebenszufriedenheit des alten Menschen beeinträchtigen oder in schweren Fällen Anlaß zu einer Störung des Orientierungsvermögens oder zu angstauslösenden illusionären Verkennungen und halluzinatorischen Erlebnissen geben.

Zu den größten Problemen des Altwerdens gehört der *Verlust nahestehender Menschen,* also v. a. der Tod von Ehepartnern, Familienangehörigen und Freunden. Je mehr der betreffende Mensch für das eigene Leben bedeutet hat, um so mehr verarmt mit seinem Hinscheiden der Sinngehalt des eigenen Lebens. Mit jedem derartigen Verlust gehen entscheidende Quellen der Selbstbestätigung für immer oder für lange Zeit verloren. Abgesehen von diesen emotionalen Konsequenzen bringt aber der Verlust eines engen Bezugspartners auch Nachteile auf einer mehr instrumentalen Ebene mit sich: Der verstorbene Mensch war ja auch eine Quelle von Informationen, ein Vermittler von Kontakten, ein Helfer und ein Teilnehmer an täglichen Aktivitäten wie die Einnahme von Mahlzeiten oder das Spazierengehen, also Tätigkeiten, deren Annehmlichkeit gerade an die Anwesenheit dieses einen Partners gebunden waren und die nun ohne ihn nicht mehr die gleiche Befriedigung bringen. Meist bedeutet der Verlust nahestehender Menschen auch die Trennung von gleichaltrigen Zeitgenossen, von jenen Personen also, die in der gleichen Zeit jung gewesen sind, mit denen daher Erinnerungen, soziale Werturteile und kulturelle Normen geteilt wurden. Mit dem Abtreten der übrigen Akteure von der gemeinsamen Szene wird die Lebensbühne leer, vor allem für diejenigen, die nicht über eigene Nachkommen verfügen; es gibt keinen interessierten Zuhörer mehr für ein Gespräch und niemanden, der auf einen Brief wartet.

Mit der zweiten Lebenshälfte kommt es oft auch zu einer *Krise der ehelichen*

Partnerschaft. Die Kinder sind flügge, das „Nest" ist leer geworden. Damit beginnt eine neue Lebensperiode, die sich aufgrund der heutigen biologischen und sozialen Gegebenheiten in der Regel über einen sehr viel längeren Zeitraum erstreckt als früher: die sog. nachfamiliäre Phase der Ehe. Beide Ehepartner haben sich bis dahin vorwiegend in ihrer Vater- und Mutterrolle erlebt. Dabei mußten die Kinder auch gelegentlich zum Ausgleich und zur Abfuhr elterlicher Spannungen und Konflikte herhalten. Erst jetzt, wo die beiden Eheleute stärker aufeinander angewiesen sind, lernen sie sich gegenseitig kennen und machen dabei oft die Feststellung, daß es schwer ist, eine einigermaßen ungestörte Beziehung aufrechtzuerhalten oder neu zu beleben. Der Mann, meist noch auf dem Höhepunkt beruflichen Erfolgs und in dem Vollgefühl erotischer Attraktivität, neigt oft dazu, angesichts dieser Situation in außerberufliche Aktivitäten auszuweichen, während die nichtberufstätige Frau die gesellschaftlich geprägte Matronenrolle übernehmen kann. Mißverständnisse und Probleme stellen sich ein; sexuelle Schwierigkeiten kommen hinzu.

Sofern nicht bereits in diesen Jahren durch das Kleinerwerden der Familie ein Wohnungswechsel erfolgt ist, kann spätestens mit dem Auftreten gesundheitlicher Störungen, der Einschränkung der Mobilität oder dem Tod des Ehepartners die nochmalige *Änderung der Wohnsituation* aktuell werden; dabei taucht dann oft auch die Frage der Übersiedelung in ein Altenheim auf. In diesem Zusammenhang ist zu bedenken, daß jede solche Veränderung der vertrauten Umwelt für den alten Menschen ein einschneidendes Ereignis bedeutet. Denn die Wohnung ist für den Alten nicht einer von vielen beliebigen Aufenthaltsorten, das Wohnen nicht eine von vielen Lebensbereichen; Wohnen wird vielmehr im höheren Lebensalter mehr und mehr zur zentralen und einzigen Zuflucht der Existenz (s. Beitrag von Gößling in diesem Buch).

Zu den Lebensaufgaben des älteren Menschen gehört v.a. beim Mann die *Aufgabe des Berufs* und die Übernahme der Pensionärs- oder Rentnerrolle. Wie dieses Problem bewältigt wird, hängt unter anderem von der individuellen Vorbereitung auf den Ruhestand und von den Erwartungen ab, die der einzelne mit diesem Lebensabschnitt verbindet. Negativ akzentuierte gesellschaftliche Vorstellungen, welche die Rolle des Rentners mit dem Auftreten von „Abbauerscheinungen" verknüpfen oder Schlagworte wie „Pensionierungsbankrott" oder „Pensionierungstod", denen zufolge die Pensionierung eine gesundheitliche Krise auslöst, sind natürlich wenig dazu geeignet, die individuelle Einstellung gegenüber dem Ruhestand zu verbessern. Die Möglichkeit, den Zeitpunkt der Berufsaufgabe selbst zu bestimmen, erleichtert offenbar die Anpassung an die Berentung (Reichard et al. 1962); leider hat aber die Einführung der flexiblen Altersgrenze nur die Möglichkeit zur Herabsetzung, nicht aber auch zur Hinausschiebung des individuellen Pensionsalters geschaffen. Zu den negativen Folgen, die bei Männern durch das Ausscheiden aus dem Berufsleben eintreten können, gehören Krisen im partnerschaftlichen Bereich, insbesondere bei Angehörigen der unteren Sozialschicht (Heymann u. Jeffers 1968). Für alleinstehende Personen weiblichen Geschlechts ist die Beendigung der Berufstätigkeit oft ein geringeres Problem als für verheiratete Frauen (Schneider 1966, unveröffentlicht); dies hängt vielleicht damit zusammen, daß sie sich schon während des mittleren Erwachsenenalters einen persönlichen Lebensraum aufbauen konnten, was den berufstätigen Hausfrauen infolge ihrer Doppelrolle weniger gut möglich war.

Durch die Sozialgesetzgebung ist zwar die materielle Existenz des alten Menschen weitgehend gesichert. Dennoch ist auch heute noch das höhere Lebensalter mit *finanziellen Einbußen* verbunden. Das Ruhegeld reicht häufig gerade noch zur Deckung der eigenen, ständig wachsenden Lebenshaltungskosten aus, aber nicht mehr zur Erfüllung an sich berechtigter, auf Entspannung, Erholung oder Bequemlichkeit gerichteter Sonderwünsche und schon gar nicht für Geschenke und Zuwendungen an Kinder und Enkel, die den meisten alten Menschen ein großes Bedürfnis sind. Besonders betroffen sind in dieser Hinsicht Frauen der unteren Sozialschicht, die nach dem Tod ihres Ehemannes nur noch über eine niedrige Witwenrente verfügen. Aber selbst mancher gute Verdiener, der im Alter auf ein Alten- oder Pflegeheim angewiesen ist, erlebt heute, daß nicht nur seine eigenen Einkünfte und Ersparnisse aufgebraucht, sondern auch Vermögenswerte seiner Kinder angegriffen werden, um die Kosten seiner Unterbringung und Pflege zu decken. Er erfährt keine absolute, wohl aber eine relative Armut, und das schmale verbleibende Taschengeld zeigt ihm, daß er an dem allgemeinen gesellschaftlichen Lebensstandard, den er durch seine Arbeit mitbegründet hat, nur noch in bescheidenem Umfang teilhaben kann.

Für eine Reihe von Menschen bringt das höhere Lebensalter noch *andere Einschränkungen* in Hinblick auf Wohnung, Gesundheitsfürsorge, Freizeitmöglichkeiten, Informations- und Bildungsangebote und Sozialkontakte. Hiervon sind allerdings in erster Linie bestimmte Untergruppen der Alterspopulation betroffen, z. B. Hochbetagte, Personen mit Volksschulbildung und geringerer Berufsqualifikation, Landbewohner, Alleinstehende und Frauen, die nie einen Beruf ausgeübt haben.

Den *Verlust an Sozialprestige* dagegen müssen heute mehr oder weniger alle älteren Personen hinnehmen. In der Öffentlichkeit besteht ein negativ getöntes Fremdbild über den Alten: das Bild des kranken und hinfälligen, linkischen, vergeßlichen, passiven alten Menschen, der einsam ist, sich langweilt und ohne eine vernünftige Funktion nur noch auf den Tod wartet. Zahlreiche Adjektive, die alle mit der Silbe „un" beginnen, werden ihm zugeordnet: Er ist unfähig, ungeschickt, unattraktiv, unbelehrbar, ungesund und unzurechnungsfähig. Älterwerden geht weitverbreiteten Annahmen zufolge einher mit Abhängigkeit, Hilfsbedürftigkeit, Isolation, Gebrechlichkeit, Persönlichkeitsveränderung und Abbau geistiger Fähigkeiten. Charakterisierungen solcher Art, meist als Folge einseitiger Orientierung an einer Auswahlgruppe älterer Menschen zu verstehen, finden wir bei der Analyse von Lesebuchtexten (Hastenteufel 1971, unveröffentlich; Viebahn 1971), Märchen (Schenda 1975), Aufsatzwettbewerben von Kindern (Pouplier 1963, unveröffentlicht), Illustriertenberichten, Fernsehsendungen (zit. nach Lehr 1977), Zeitungsanzeigen sowie bei der Werbung für Konsumartikel und pharmakologische Präparate (Horn u. Naegele 1976). Hinter einer derartigen Sichtweise steckt teilweise die gutgemeinte Absicht, die Gesellschaft zu einer humanen Einstellung gegenüber Älteren zu motivieren, an die Hilfsbereitschaft Jüngerer zu appellieren oder soziale Verbesserungen zu erreichen. Dies ändert aber nichts daran, daß durch solche Vorurteile der ältere Mensch generell zu einer „Problemgruppe" gemacht wird und gerade diese Zuordnung das Altwerden erst zu einem Problem werden läßt. In der allgemeinen Stimmung einer Jugendidolatrie wird der altwerdende Mensch auf Unscheinbarkeit, Unsichtbarkeit und Unzulänglichkeit festgelegt und ihm eine defektuöse Existenz ohne Potentialität und Zukunftsbezogenheit zugeschrieben. Selbstbild und Selbsteinschätzung des Älteren passen sich den Rollenerwartungen der Gesellschaft an, was eine Einengung des Verhaltensspielraums und eine abnehmende Leistungsbereitschaft zur Folge hat. Außerdem führt die soziale Stereotypisierung zu einer veränderten Erwartungshaltung gegenüber dem Älterwerden und, aufgrund einer Selektion des Wahrnehmungsprozesses, zu einem veränderten Erleben des Alterns. Damit ist Altern heute auch zu einem sozialen Schicksal geworden (Thomas 1968).

Ein großes psychologisches Problem ist für viele ältere Personen auch die Bedrohung ihrer Selbständigkeit. *Abhängigkeit* kann als Folge von sensorischen Einschränkungen, gesundheitlichen Störungen, bestimmten seelischen Entwicklungen, geistigen Abbauprozessen oder sozialem Rollenverlust auftreten (Blenkner 1969). Aber auch wenn der alte Mensch sein Leben als Stillstand erlebt, wenn er in der Aufnahme von Informationen behindert ist oder seine Umwelt als emotional feindlich und entmutigend ansieht, wird er aufgrund einer solchen kognitiven Einstellung keine genügenden Anreize zur aktiven Gestaltung seines Lebensraums mehr schöpfen können und damit in die Gefahr der Passivität und der Anlehnung an andere geraten. Die Abwehr einer solchen Abhängigkeit kann sich in übertriebener Betonung der eigenen Selbständigkeit und in der Zurückweisung von Hilfsangeboten äußern.

Das *Verhältnis zur jüngeren Generation* kann durch Schwierigkeiten geprägt sein, die eigenen Kinder aus ihrer Abhängigkeit freizugeben und ihnen Selbstbestimmung und Eigenverantwortung zuzugestehen. Auch Enttäuschung über die Nichterfüllung narzißtischer Wünsche oder latente libidinöse Bedürfnisse dürften die Beziehungen mancher Eltern zu ihren erwachsenen Kindern mitbestimmen. Die gleichen Wünsche, Empfindungen und Vorurteile, die den eigenen Kindern gelten, werden dann oft auch auf andere jüngere Menschen übertragen. Aber einige intergenerative Konflikte wurzeln vermutlich in einem tieferen Problem: der kulturellen Alienation alternder Menschen. Nicht nur die Kleidermode wandelt sich, sondern auch Sprachgewohnheiten, ästhetische Urteile, soziale Normen, philosophische Denkrichtungen ändern sich innerhalb kurzer Zeitabstände, und ihre Entstehung, Popularisierung und Entwertung vollzieht sich in immer rascherem Tempo (Améry 1971). Der Alternde, der in dem kulturellen Jargon seiner eigenen Jugend beheimatet ist, kann sich in der ungewohnten Zeichensyntax einer neuen Epoche nicht mehr völlig zurechtfinden. Mag sich diese Verständnislosigkeit in einer reaktionär-verstockten Defensivhaltung äußern, mag sich der alternde Mensch als jung gebliebener Peter Pan der jeweils neuen kulturellen Mode erbötig zeigen und jeder kulturellen Strömung hinterherjagen, mag er sich in das Idyll einer vermeintlichen Toleranz flüchten, es ändert nichts daran, daß man aus dem eigenen abgelebt-unzeitgemäßen kulturellen System, das man mit sich herumschleppt, nicht ausbrechen kann, daß man im Alter kulturell entfremdet ist, daß neue gesellschaftliche Zeichensysteme „immer nur für den voll zugänglich sind, der an ihrer Erfindung und Anordnung beteiligt ist" (Améry 1971).

Zu den typischen Erfahrungen der alternden Menschen gehört auch die *Veränderung des Zeiterlebens.* Die Zeit vergeht für den Alten oft langsamer als früher, und sie ist kürzer bemessen. Ein Jahr bedeutet für den Greis nur noch ein Siebzigstel oder Achzigstel seines Lebens, während der Jüngling in eine scheinbar unbegrenzte Zukunft blickt. Diese Zukunft erfährt der junge Mensch nicht als Zeit sondern als Welt, Leben und Raum, in den er seinen Leib hinauswirft (Améry 1971). Für den Alten dagegen bedeutet Zukunft Negation des Räumlichen. Er erlebt Zeit und „spürt auf einmal nichts als sie" (von Hofmannsthal). Ihre Irreversibilität kann erst vom Alternden voll realisiert und erlitten werden. Dieses Bewußtsein führt oft zu dem verzweifelten Versuch, Geschehenes unwirksam zu machen, Nichtgeschehenes zu verwirklichen, alte Verpflichtungen aufzulösen und neue Bindungen einzugehen. Zu den Problemen und Aufgaben des Alters gehört aber auch die Erkenntnis, daß Handeln, Versäumen und Mißlingen nicht mehr aufhebbar sind, die Menschen und Aufgaben des eigenen Lebens nicht beliebig durch andere ersetzt werden können und daß „alles seine bestimmte Stunde und jedes Ding unter dem Himmel seine Zeit hat".

Der Tod anderer Menschen und im Zusammenhang damit auch das eigene Sterben gehören heute nicht mehr zum alltäglichen Inhalt der Handlungs- und Vorstellungswelt jüngerer Menschen. *Die Auseinandersetzung mit der Endlichkeit des Daseins* wird vielmehr i. allg. erst zu einer persönlichen Angelegenheit und zu einem besonderen Bestandteil der Altersrolle. In einer Umwelt, für die der Tod immer weniger Relevanz besitzt, kann sich die Bewältigung dieser Aufgabe kaum noch auf eine tragende Homogenität von Überzeugungen stützen, sondern muß mehr und mehr auf der Grundlage von individuellen Deutungsversuchen erfolgen. Bei der Vorbereitung auf das Sterben ist also der alte Mensch völlig auf sich allein gestellt. Negative Einstellungen im Sinne einer Vermeidung oder Verneinung von Gedanken an das Lebensende sind besonders bei solchen Personen anzutreffen, deren Situation durch ungünstige zwischenmenschliche, gesundheitliche oder soziale Faktoren belastet ist und die ihr Leben subjektiv nicht als erfüllt ansehen können. Viele phasentypische Verluste der zweiten Lebenshälfte erlangen erst dadurch ihr persönliches Gewicht, daß sie den Betroffenen von den Wurzeln seiner individuellen Existenz abschneiden und damit ein Stück vorweggenommene Todeserfahrung bedeuten (Lauter 1976).

Emotionale Reaktionen

Wenn die Aufgaben und Probleme des Alters hauptsächlich in der Bewältigung von Verlusten bestehen, so ist es nicht verwunderlich, daß die *Trauer* zu den häufigsten emotionalen Reaktionen alter Menschen gehört. Sie tritt v. a. nach dem Tod nahestehender Angehöriger auf, ist durch somatische Beschwerden, Ruhelosigkeit, intensive Beschäftigung mit dem Bild des Verstorbenen, Suchreaktionen und Entfremdungsgefühle gekennzeichnet und geht mit Schuldgedanken, aggressiven Verhaltensweisen sowie einer gestörten Beziehung zur sozialen Umwelt einher. Die zeitliche Abfolge dieser Reaktionsmuster hat dabei manche Ähnlichkeit mit den

Stadien, die von Kübler-Ross (1974) für die Konfrontation mit dem eigenen Tod beschrieben wurden. Der adaptive Sinn solcher emotionaler Reaktionen liegt darin, daß die Trauerarbeit eine schrittweise Loslösung von dem verlorengegangenen Objekt ermöglicht und den Betroffenen allmählich wieder für neue Bindungen freimacht.

Im Gegensatz zu manchen Gesellschaftsformen mit einer anderen Familienstruktur, in denen die Bedeutung einzelner nahestehender Angehöriger für die Identität des Hinterbliebenen eine sehr viel geringere Rolle spielt, ist die Zahl der Personen, an die ein Mensch in unserer eigenen Gesellschaft affektiv gebunden ist, sehr klein. Der Verlust dieser Bindungen durch den Tod eines Angehörigen löst daher in unserer Gesellschaft eine viel schwerere Krise für die Identität des Überlebenden aus. Dazu kommt, daß es heute kaum noch sozial allgemeingültige Ausdrucksformen der Trauer gibt und sich Gram und Kummer nicht mehr mit Hilfe eines gesellschaftlich sanktionierten Status oder in Form allgemein anerkannter ritueller Handlungsabläufe kanalisieren können. Der Trauernde verliert damit den Schutz und die Geborgenheit, welche die Gesellschaft den Hinterbliebenen früher durch die Vorgabe eines entlastenden äußeren Rahmens bereitstellte. Durch das Fehlen spezieller sozial verankerter Verhaltensmuster ist die Trauer in der modernen Gesellschaft weitgehend zu einer Privatsache geworden, und der Einzelne ist ausschließlich auf sich selbst verwiesen. Zu besonderen Problemen kommt es zusätzlich dort, wo durch den Tod des Angehörigen aggressive Regungen, ambivalente Empfindungen und Schuldgefühle wachgerufen werden, weil die ohnehin sehr undeutlich definierte Rolle des Hinterbliebenen keine Möglichkeit bietet, gerade solche Gefühle auszudrücken und zu verarbeiten.

Gegenüber der normalen Trauerreaktion ist die Intensität und Dauer der emotionalen Reaktion beim abnormen Trauern verlängert. Einzelne Stadien der Trauerreaktion, z. B. das Suchverhalten, die Verzweiflung oder das Nichtwahrhabenwollen, treten stärker hervor; gleichzeitig besteht eine besondere Bereitschaft zu psychosomatischen Beschwerden. Abnorme Trauerreaktionen werden gefördert durch Zweifel an dem Tod oder der Todesursache, durch die fehlende Möglichkeit, von dem Verstorbenen Abschied zu nehmen, durch Selbstvorwürfe wegen tatsächlicher oder vermeintlicher Versäumnisse, durch aufgezwungene gesellschaftliche Verhaltensregeln oder durch das Fehlen eines mitfühlenden Partners, mit dem Erinnerung und Trauerarbeit geteilt werden kann.

Von der Trauer unterscheidet sich die *Depression* dadurch, daß sich der negative Affekt nicht an das verlorene Objekt, sondern an Sorgen heftet, welche meistens die materielle, physische oder metaphysische Existenz betreffen. Depressionen im Alter sind häufig gekennzeichnet durch Niedergeschlagenheit, morose Gereiztheit, neurasthenisches Unlustgefühl, psychomotorische Hemmungen und zahlreiche Störungen der Vitalsphäre. Oft wird der eigene Körper zum bevorzugten Austragungsort der Depression, was in der Tendenz zur Somatisierung, in der verstärkten Beachtung vegetativer Funktionen und in der Neigung zu hypochondrischen Befürchtungen zum Ausdruck kommt. Verschiedene Feldstudien an unausgelesenen Bevölkerungsgruppen haben gezeigt, daß an einem bestimmten Stichtag bei etwa 20–25% der über 60jährigen mit depressiven Zuständen zu rechnen ist und daß ungefähr 70% der älteren Menschen irgendwann in ihren späteren Lebensjahren depressive Symptome aufweisen. Ein weiterer wichtiger Hinweis für die Häufigkeit von Depressionen im Alter sind die Suizidraten, die bei beiden Geschlechtern bis ins höchste Alter kontinuierlich ansteigen. Es lassen sich weder einzelne Persönlichkeitsmerkmale (z. B. geringes Selbstwertgefühl oder niedrige Aktivität) noch einzelne besondere Lebenssituationen (z. B. Verwitwung, Verlusterlebnisse, Pensionierung oder körperliche Krankheiten) allein für eine negative Stimmungslage im Alter verantwortlich machen. Man hat vielmehr von einer multifaktoriellen Entstehung depressiver Reaktionen auszugehen, wobei neben einer individuell geprägten psychischen und somatischen Vulnerabilität, spezifischen Lebenssituationen und besonderen Verlusterlebnissen auch bestimmten kognitiven Erlebnisbereitschaften und Daseinstechniken (Lehr 1981) eine spezielle Bedeutung zukommt. Bei der Entwicklung einer zufriedenen Lebenseinstellung im Alter spielt nach neueren Untersuchungen nicht nur der Einfluß enger emotionaler Bindungen, sondern auch der von eher lockeren und diffusen Sozialkontakten eine Rolle (Blöschl 1981); das Vorhandensein einer größeren Anzahl von Freunden und Bekannten scheint daher partiell Schutz gegen das Auftreten depressiver Symptome unter ungünstigen Lebensumständen zu bieten. Eine wichtige Funktion solcher sozialer Interaktionen dürfte unter anderem auch darin bestehen, die günstigen Annahmen des älteren Menschen über sich selbst und seine Rolle auch dann zu bestätigen und aufrechtzuerhalten, wenn entgegenlautende Informationen und Einstellungen von anderer Seite das eigene Selbstkonzept gefährden.

Angst ist eine häufige emotionale Reaktion der zweiten Lebenshälfte. Sie kann intermittierend als Antwort auf spezifische Streßfaktoren auftreten, bei anderen Menschen chronisch vorhanden sein oder sich im Zusammenhang mit einer psychischen Krankheit manifestieren. Sie ist Ausdruck einer subjektiv erlebten Gefahrensituation und schließt auch körperliche Begleiterscheinungen ein, z. B. Muskelspannungen, Schweißausbrüche, erhöhte Pulsfrequenz und allgemeine Ruhelosigkeit. Die Angst wendet sich im höheren Lebensalter häufig von den Gegebenheiten der Außenwelt ab und richtet sich auf die Beobachtungen des eigenen Leibes und verschiedener Körperfunktionen sowie auf eventuelle diagnostische und therapeutische Maßnahmen.

Eine andere emotionale Reaktion im Alter sind *Zorn und Wut*. Sie äußern sich manchmal in Form eines gereizten, zänkischen oder quengeligen Verhaltens und können in dem Ärger über die frustrierende Umwelt oder über den eigenen Körper wurzeln, dem Hader mit dem Schicksal oder der Enttäuschung über das eigene Selbst, das die phantasierten Hoffnungen und Erwartungen nicht erfüllt hat. Schon in der Säuglingszeit erzeugt das Alleinsein Angst um das körperliche Überleben und die emotionale Isolierung und ruft laute Schreie des Unbehagens hervor. Mit dem Heranwachsen des Menschen gehen solche primitiven Ängste wieder verloren, da der Erwachsene gelernt hat, sein körperliches Wohl zu sichern und emotionale Befriedigung aus dem Umgang mit Anderen und der täglichen Arbeit herzuleiten. Erst im Alter, wenn die Kräfte nachlassen und manche Möglichkeiten des Sozialkontakts nicht mehr im bisherigen Umfang bestehen, können die frühkindlichen Ängste in Form von *Einsamkeitsgefühlen* wieder wach werden. Das Ausmaß solcher Gefühle wird keineswegs von der tatsächlichen Kontakthäufigkeit bestimmt; (objektiv gegebene) soziale Isolation und (subjektiv empfundene) Einsamkeit haben wenig miteinander zu tun. Einsamkeit ist eher eine Funktion der an die Sozialkontakte geknüpften Erwartungen, hängt aber mit Inaktivität und Langeweile zusammen. Da verständlicherweise auch jede Abhängigkeit zu Einsamkeit prädisponiert, fühlen sich Menschen mit altersbedingten Formen der Abhängigkeit besonders leicht vereinsamt. Das gleiche gilt auch für Personen mit einer abhängigen Charakterstruktur, bei denen das Bedürfnis nach Anerkennung, Umsorgtwerden und Ausübung einer sozialen Kontrolle besonders ausgeprägt ist.

Psychologische Anpassungstechniken

Dem alternden Menschen stehen eine Reihe von Bewältigungsstrategien zur Verfügung, mit deren Hilfe die Aufgaben der zweiten Lebenshälfte besser gemeistert und die hierbei entstehenden negativen Gefühlsreaktionen abgewehrt werden können. Der Einzelne verfügt über spezifische Muster derartiger adaptiver Techniken, die sich im Laufe seiner individuellen Entwicklung gebildet haben. Sie sollen dazu dienen, die Persönlichkeit gegenüber den Schwankungen des seelischen Gleichgewichts abzuschirmen, welche sich als Folge von belastenden Erlebnissen, Triebregungen und Bedürfniskonflikten zwangsläufig einstellen. Einige dieser Techniken entwickeln sich schon in der frühen Kindheit und werden später wieder aufgegeben, andere erweisen sich besonders im späteren Lebensabschnitt als geeignet. Manche können bewußt eingesetzt werden, während es sich bei anderen um unbewußte, automatisch ablaufende Prozesse handelt, die man mit dem tiefenpsychologischen Terminus „Abwehrmechanismen" bezeichnet. Einige dieser Bewältigungstechniken ermöglichen eine vernünftige Anpassung an das Altern, andere hingegen bringen eine Ausblendung wichtiger Realitätsaspekte mit sich, führen daher nur zu einer oberflächlichen Scheinadaptation und verhindern durch ihr Vorhandensein und ihre fehlende Modulierbarkeit das Zustandekommen solcher Problemlösungen, die für das Gelingen weiterer Reifungsschritte im Alter erforderlich sind.

Viele Menschen zeigen im höheren Lebensalter eine Haltung der *Rigidität* und des *Konservativismus*. Sie äußert sich in einem Festhalten an gewohnten Ansichten, in einem starren Beharren und ständigem Rückgriff auf frühere Erfahrungen und in der Neigung zu zwanghafter Ordnung des Lebensrhythmus, so daß ein einmal aufgestellter Tagesplan mit uhrwerkartiger Regelmäßigkeit eingehalten wird. Dazu tritt häufig auch eine Merkschwäche für neue Situationen, Namen oder Begriffe. Es mag dahingestellt sein, ob solche Verhaltensänderungen bei körperlich und geistig rüstigen, normalen Greisen überhaupt vorkommen, oder ob sie stets eine organische Hirnleistungsschwäche voraussetzen. Sicher können sie jedenfalls als Anpassungsstrategie an das Altern verstanden werden. Sie garantieren nämlich durch Ausblendung äußerer Eindrücke, daß unerwünschte neue Erfahrungen die konstante Ordnung der inneren Welt gefährden und vermindern dadurch das Auftauchen nicht zu bewältigender Probleme, Ängste und Befürchtungen.

Die gleiche Rigidität kommt auch in einer anderen typischen Anpassungsstrategie zum Ausdruck: *Der Verstärkung von Charakterzügen*. Psychische Schwierigkeiten werden dadurch bewältigt, daß der betreffende Mensch die ihm vertrauten persönlichkeitsspezifischen Verhaltensmuster aktiviert. Da die Abwehr neuer Erfahrungen und das starre Festhalten an gewohnten Reaktionsweisen es dem alternden Menschen nicht mehr im bisher gewohnten Umfang erlaubt, sein Verhalten zu modulieren und an wechselnde Umweltsituationen anzupassen, entsteht der Eindruck einer Verstärkung von Persönlichkeitsmerkmalen und einer Karikierung primärer Charakterzüge, die nicht mehr harmonisch in ein Ganzes integriert werden können: Der sparsame Mensch wird geizig, der ängstliche hypochondrisch, der vorsichtige mißtrauisch, der lebensfroh-extrovertierte geschwätzig. Vor allem bei Verlust der körperlichen Vitalität, bei beginnenden hirnorganischen Abbauprozessen, aber auch bei Bedrohung der Selbständigkeit oder angesichts schwerer Verlusterlebnisse wird die Akzentuierung und Erstarrung von Charakterzügen als Abwehrmechanismus eingesetzt.

Reicht dieser Bewältigungsversuch nicht mehr aus, so können sehr viel schwerwiegendere Anpassungsvorgänge an deren Stelle treten. Es kann dann zur *Regression* kommen, d.h. zur Preisgabe bereits gewonnener Stufen der Ich-Leistung und der Triebbefriedigung und zu einer Rückkehr auf frühere Entwicklungsstufen, die der betreffende Mensch bereits durchlaufen hat, an denen aber im Laufe seiner Individualgeschichte Teile seiner psychischen Energie „hängen geblieben" sind, auf die er also in spezifischer Weise fixiert ist und die ihm nunmehr eine gewisse Sicherheit und Stabilität versprechen (Radebold et al. 1973). Dies bedeutet, daß die Beherrschung reifer Ich-Funktionen, wie z.B. die Wahrnehmung und Prüfung der Realität, die Regulierung und Kontrolle der Triebimpulse, die Aufrechterhaltung ausreichender Objektbeziehungen oder die Durchführung von Wahrnehmungs- und Denkprozessen mehr und mehr verloren geht und infolge dieses Desintegrationsprozesses Fähigkeiten und Kenntnisse schwinden, über die der reife Erwachsene verfügt. Diese Nachteile werden gegen die Vorteile an Geborgenheit und Bequemlichkeit eingetauscht, die das ständige Angewiesensein auf einen erwachsenen Bezugspartner mit sich bringen und in einem kindlichen Stadium der Entwicklung einen hohen Anpassungswert besitzen. Parallel mit der Rückentwicklung der Ich-Funktionen, aber auch unabhängig davon, kann es zu einer Triebregression und zu einem Wiederauftreten prägenitaler Triebimpulse kommen. Regressionen auf die anale Stufe der Triebentwicklung können sich äußern in einer hypochondrisch anmutenden Beschäftigung mit Problemen der Verdauung oder des Wasserlassens, in einem Hervortreten trotziger, vorwurfsvoller und offen agressiver Intentionen oder in einer vermehrten thematischen Relevanz von Fragen des Geldes und Besitzes. Orale Regressionstendenzen zeigen sich in der Besorgtheit um den eigenen Körper, einer anklammernden und anspruchsvollen Haltung oder dem Wunsch nach möglichst weitgehender Versorgung und Verwöhnung, einem Bedürfnis, dem der herkömmliche professionelle Stil der Alten- und Krankenpflege leider allzusehr entgegenkommt.

Eine häufige Form des Abwehrmechanismus ist die *Somatisierung*. Dies hängt sicher damit zusammen, daß das Interesse des alten Menschen sich häufiger von den Erlebnissen der Außenwelt abwendet und auf den eigenen Körper konzentriert. Dieser wird mehr und mehr zum ausschließlichen Krisenfeld und zum Kristallisationspunkt für Angstgefühle. Eine ständige Beschäftigung mit dem eigenen Leib und das Auftreten von körperlichen Beschwerden, die durch den objektiven Untersuchungsbefund nicht oder nicht ausreichend klärbar sind, beobachten wir bei der Hypochondrie. Sie tritt oft erstmals im höheren Lebensalter in Erscheinung und ist, sofern ihr nicht eine Altersmelancholie zugrunde liegt, im allgemeinen als Versuch zu verstehen, persönlichen Problemen durch die Annahme einer gesellschaftlich anerkannten Krankenrolle auszuweichen. Vermutlich kann die Einfügung des allgemeinen sozialen Stereotyps des Alters in das eigene Selbstbild aufgrund seiner negativen gesundheitlichen Konnotationen das Gewahrwerden körperlicher Mängel und Beeinträchtigungen begünstigen und dadurch die Entwicklung einer Hypochondrie fördern (Feldmann 1976). Somatische Beschwerden können aber auch als Mittel der Selbstbestrafung oder als Möglichkeit der Identifikation mit einem Verstorbenen herangezogen werden, bei dem Symptome ähnlicher Art bestanden. Von der Hypochondrie im engeren Sinne muß die chronische Klagsamkeit unterschieden werden, bei der eine subjektive Überbewertung der vitalen Gefährdung und hypochondrisch-ängstliche Klagsamkeit nicht besteht. Die chronische Klagsamkeit äußert sich eher in habituellen Verhaltensgewohnheiten, wie Sprechen über Krankheit und Beschreibung von Krankheitszuständen, und hat vermutlich die Funktion einer „sozialen Krücke“ (Busse 1961), die dem Bedürfnis nach Kontakt und emotionaler Zuwendung entspricht.

Menschen mit einer hypochondrischen Einstellung halten ihren Gesundheitszustand für schlechter, als es dem objektiven Arzturteil entspricht. Dennoch hat auch diese subjektive Bewertung wichtige Implikationen, denn sie erlaubt eine relativ zuverlässige Aussage über die weitere gesundheitliche Entwicklung der betreffenden Person (Lehr 1981); die Korrelation zwischen Langlebigkeit und subjektivem gesundheitlichem Befinden ist sogar enger als jene zwischen Langlebigkeit und objektivem Arzturteil, was sich vermutlich mit der durch den subjektiven Gesundheitszustand bestimmten Aktivität erklären läßt, die eine sehr enge Beziehung zur Langlebigkeit aufweist.

Neben den Gesundheitspessimisten gibt es auch Gesundheitsoptimisten, bei denen ebenfalls eine Diskrepanz zwischen subjektiver Gesundheitseinschätzung und objektivem Arzturteil besteht. Bei der Auseinandersetzung mit den Problemen von Gesundheit und Krankheit greifen solche Personen – vorwiegend Männer – auf eine andere Bewältigungsstrategie zurück: die *Verleugnung*. Viele alte Menschen haben offenbar Schwierigkeiten, ihr Selbstkonzept eines jungen Menschen aufzugeben und ein neues, adäquates Selbstbild zu akzeptieren. Sie wollen ihr eigenes Alter nicht wahrhaben und blenden alle hiermit verbundenen Probleme aus der Betrachtung aus. Da das allgemeine Altersimage stark von Aspekten der Schwäche, Hinfälligkeit und Krankheit bestimmt ist, wendet sich die psychische Abwehr gegen die Selbsteinschätzung als „alt“ zugleich gegen die Annahme des Selbstbildes als „krank“ (Feldmann 1976). Altersverleugnung bedeutet daher meist Krankheitsverleugnung. Diese Flucht in die Gesundheit hat zur Folge, daß bei derartigen Menschen nicht nur die Konsultationsrate, sondern auch die Bereitschaft zur Nennung von Beschwerden und Symptomen abnimmt.

Von diesem Typ der aktiven Krankheitsverleugnung ist der einer eher passiven Krankheitsausblendung zu unterscheiden, der mehr durch Gleichgültigkeit und Indifferenz gekennzeichnet ist. Personen dieser Art neigen dazu, Krankheitssymptome als unvermeidliche Begleiterscheinungen des Alters resignativ hinzunehmen. Gesundheitspessimismus, -optimismus und -indolenz sind also Formen des Krankheitsverhaltens im Alter, auf die der Arzt bei Befragung, Untersuchung und Aufklärung achten muß, die sich aber auch auf die therapeutische Compliancesituation auswirken.

Ein der Verleugnung verwandter Abwehrmechanismus läßt sich bei einigen alten Menschen in Form der sog. Konterphobie beobachten. Es handelt sich dabei um den Versuch, der Angst vor gewissen individualspezifischen Gefahren dadurch zu begegnen, daß man ihr bewußt ins Auge sieht. Ein Beispiel hierfür ist der alte Mensch, der trotz seiner Schwindelanfälle auf die Leiter steigt, um eine Dachreparatur auszuführen oder die betagte Hausfrau, die unter Nichtbeachtung ihrer Herzbeklemmungen schwere Wäschekörbe aus dem Keller holt.

Auch durch andere Formen der Bewältigungsstrategie kann der alte Mensch versuchen, vorhandene Behinderungen auszugleichen z.B. durch die *Selektion von Wahrnemungs- und Gedächtnisinhalten*. Einige ältere Menschen können neue oder beunruhigende Eindrücke geradezu meisterhaft aus ihrer Erinnerung oder ihrer Wahrnehmung ausblenden. Viele Schwerhörige scheinen immer nur das akustisch aufzunehmen, was sie gerade hören wollen. Dies ist offenbar ein gangbarer Weg, um Art und Menge des jeweiligen Informationszuflusses unter Kontrolle zu halten.

Andere verstehen es hervorragend, aus ihren Behinderungen *sekundären Gewinn* zu ziehen und aus ihrer Schwäche ein Stück heimlicher Stärke zu machen. Durch die Ausnützung ihrer Hilfsbedürftigkeit erzwingen sie von Angehörigen und Pflegepersonal ein Mehr an bekümmerter Zuwendung und erreichen auf diese Weise oft ein erhebliches Maß an Kontrolle und Manipulation ihrer Umgebung.

Manche alte Menschen passen sich veränderten Umweltverhältnissen durch eine *Identifikation mit dem Aggressor* an, was ihnen jedoch viel geringere Vorteile bringt. Diese Form der Bewältigung bedeutet, daß sie die Person des Betreuers bedingungslos akzeptieren und sich dessen Wertmaßstäbe und Erwartungen vollständig zu eigen machen. Damit wird zwar eine Konfliktfreiheit erzielt, die aber durch die Übernahme falscher Fremdurteile in das eigene Selbstbild erkauft wird. Wenn die Umwelt des älteren Menschen ihn als „abgebaut" oder pflegebedürftig erlebt, wird er sich daher u.U. dementsprechend verhalten.

Eine ähnliche, aber adaptiv günstigere Form der Angstabwehr ist die *Idealisierung*. Sie bedeutet eine positive kognitive Verzerrung von Personen oder Lebensumständen und richtet sich meist in die Vergangenheit. Sie dient also der Trauerarbeit in bezug auf verlorene Objekte und soll den Betroffenen mit vergangenen Problemen, Konflikten und Schuldgefühlen versöhnen und abgelaufenen Lebensperioden Sinn verleihen.

Aktuelle Belastungen und Schwierigkeiten werden dagegen zuweilen mit Hilfe eines Prozesses abgewehrt, den man als *Isolierung* bezeichnet. Der Inhalt eines Erlebnisses ist nicht mit dem zu erwartenden Affekt kongruent sondern von ihm „isoliert". Ein alter Mann weiß beispielsweise, daß vor einigen Monaten seine Frau gestorben ist; er hat diese Erfahrung nicht verdrängt und kann offen mit anderen darüber sprechen, aber eine gleichzeitig vorhandene Depression oder psychosomatische Beschwerden nicht mit diesem Verlust in Verbindung bringen, da sich der ursprünglich hiermit zusammenhängende Affekt von diesem Ereignis losgelöst und auf ein anderes Erlebnisthema verschoben hat.

Für viele alte Menschen ergibt sich die Notwendigkeit, feindselige Regungen oder sexuelle Wünsche und Schwächen in das eigene Selbstbild zu integrieren. Die hiermit verbundenen Schwierigkeiten können durch *Projektion* abgewehrt werden, wobei nicht mehr das eigene Ich, sondern andere Menschen als Ausgangsort solcher Intentionen erscheinen. Die betreffende Person fühlt sich dann von anderen bedroht, bestohlen oder sexuell beeinträchtigt oder äußert gegenüber dem Lebenspartner den Verdacht ehelicher Untreue.

Beim Umgang mit alten Menschen trifft man häufig auch auf sehr geglückte Formen der Problembewältigung. Hierzu gehört beispielsweise das Bedürfnis, ein *Vermächtnis* zu hinterlassen. Dies kann sich in der Niederschrift von Lebenserinnerungen, in der Zusammenstellung von Familienfotos oder auch einfach in dem Wunsch äußern, die eigenen Geschäfte zu ordnen, „das Haus zu bestellen", ein Testament zu verfassen oder Vorkehrungen für die Beerdigung zu treffen. Hinter solchen vordergründigen Bemühungen verbirgt sich das Anliegen, eine Spur im Leben zu hinterlassen, den Hinterbliebenen einen Teil des eigenen Selbst zu bewahren und durch ein materielles, geistiges oder emotionales Vermächtnis im Andenken der Angehörigen weiterzuleben (Butler u. Lewis 1977).

Eine andere Form dieser Bilanz ist der *Lebensrückblick* (Butler u. Lewis 1977). Die aktive Auseinandersetzung mit der eigenen Lebensgeschichte ermöglicht die Aufrechterhaltung der Ich-Identität inmitten einer fremdwerdenden Umwelt. Sie erleichtert das Fertigwerden mit dem persönlichen Problem von Verzicht und Verlust und den existentiellen Fragen von Schuld und Sinn, ermöglicht Kommunikation, erlaubt die Übermittlung von Erfahrungen an die jüngere Generation und ist nicht zuletzt ein kreativer Prozeß. Erinnerung im Sinne des Lebensrückblicks ist also mehr als ein bloß negativ verstandenes Verhaftetsein an die Vergangenheit, mehr als ein regressives Phänomen oder als der Ausdruck eines noch leidlich gut erhaltenen Altgedächtnisses; sie ist eine grundlegende menschliche Fähigkeit, der gerade im Alter eine hohe kompensatorische Bedeutung zukommt.

Zu diesen kompensatorischen Leistungen gehört auch die Fähigkeit mancher älterer Menschen zu einem *unmittelbaren Erleben*. Damit ist ein Bewußtsein für die Unwiederbringlichkeit des Hier und Jetzt gemeint, eine Offenheit gegenüber Sinneseindrücken und eine emotionale Ansprechbarkeit für erfreuliche Erfahrungen des Alltags, wie sie sich demjenigen erschließt, der das Wesentliche seines Lebens vom Unwesentlichen zu unterscheiden gelernt hat.

Weitere Erkenntnisse über „erfolgreiches Altern", d. h. über die Erreichung von Zufriedenheit mit dem vergangenen Leben und der derzeitigen Lebenssituation, verdanken wir sozialpsychologischen Untersuchungen, die sich mit dem Zusammenhang zwischen geglücktem Altern und Intensität von sozialen Kontakten und Aktivitäten befaßt haben. Aus diesen Erhebungen läßt sich ableiten (Lehr 1977), daß i. allg. der jeweilige Grad von *sozialer Aktivität* mit dem Ausmaß von Lebenszufriedenheit im Alter positiv korreliert. Aus dieser Erkenntnis heraus ist das Ziel der praktisch orientierten Altenarbeit vorwiegend die Aktivierung und Reaktivierung älterer Menschen. Dies schließt aber nicht aus, daß etwa 20–30% der alten Menschen von sich aus das Bedürfnis nach Rückzug von bestimmten sozialen Verpflichtungen äußern und daß eine Restriktion des Lebensraumes und eine auf Verinnerlichung gerichtete existentielle Einstellung bei diesen Menschen mit einer höheren Lebenszufriedenheit einhergeht. Zumindest scheint ein Disengagement als vorübergehende Reaktion auf Belastungssituationen, z. B. die Pensionierung, eine zweckmäßige Form psychologischer Anpassung zu sein. In welcher Weise sich ein alter Mensch gegenüber den Kontakt- und Aktivierungsangeboten seiner sozialen Umwelt verhalten soll, läßt sich jedenfalls nicht mit einem uniformen Interventionsprogramm festlegen; entsprechende Empfehlungen können nur individuell bei Kenntnis der Biographie, der Persönlichkeit und der derzeitigen Lebenssituation des Betroffenen gemacht werden.

Probleme und Belastungen der Familienangehörigen

Die psychologischen Schwierigkeiten alter Menschen stellen keinen ausgegrenzten Bereich dar, der ausschließlich die Bejahrten als Individuen und Gruppe betrifft. Sofern es sich nicht um alleinstehende Personen handelt, bedeuten diese Probleme vielmehr stets auch eine Herausforderung der jüngeren Familienmitglieder, die sich um die Betreuung und Hilfe kümmern oder kümmern sollten (Rosenmayr u. Rosenmayr 1978). Im Gegensatz zu der Sozialisation des Kindes als einer primären Aufgabe der Familie sind die Beziehungen und Hilfeleistungen erwachsener Kinder gegenüber ihren altgewordenen Eltern eine sekundäre Leistung, die instinktmäßig schlechter abgesichert ist und sicher auch in der Vergangenheit nicht immer in idealer Weise verwirklicht wurde. Filialität ist daher stets auf unterstützende gesellschaftliche Normen angewiesen, die gerade in der Gegenwart leicht in Gegensatz zu anderen Wertsetzungen, z. B. zum Recht auf „Selbstverwirklichung", geraten. Es kann daher kaum ausbleiben, daß die Sorge für ein älteres Familienmitglied von dem Hilfeleistenden nicht nur mit uneingeschränkter Befriedigung erlebt wird, sondern auch Schwierigkeiten und Spannungen heraufbeschwört, v. a. angesichts maximaler pflegerischer Beanspruchung durch langdauernde körperliche und seelische Behinderungen des zu betreuenden alten Menschen. Ärzte und andere professionelle Helfer tun daher gut daran, ihr Wahrnehmungsvermögen für die Belastungen und die Tragfähigkeit der Familienmitglieder zu schärfen, nicht zuletzt auch deswegen, weil diese Angehörigen der Filialgeneration in der Regel ja bereits selbst die Lebensmitte überschritten haben, ihre Sorgen und Konflikte also ebenfalls zu den typischen Problemen des Alters gehören (Bruder et al. 1981).

Ein wichtiger Problembereich sind hierbei zunächst zahlreiche *Einschränkungen und Verzichte*. Sie ergeben sich in erster Linie für solche Angehörige, die ihren Haushalt mit einem alten Familienmitglied teilen. Selbst wenn der alte Mensch noch körperlich und geistig rüstig ist, kann seine Omnipräsenz es dem Rest der Familie erschweren, noch einen Rest ungestörten Privatlebens beizubehalten. Die Frage, wann die Anwesenheit von Großvater oder Großmutter erwünscht ist und wann nicht, bleibt meist ungeklärt; dies führt zu Spannungen und zu einem Verlust von Sozialkontakten. Manche älteren Menschen fühlen sich in besonderem Maße auf die ständige Anwesenheit jüngerer Familienmitglieder angewiesen. Die Gegenwart von Tochter oder Schwiegertochter bedeutet für sie eine Art Sicherheitssignal, während ihre Abwesenheit einen angstauslösenden Effekt hat. Oft stellen sich die Kinder auf diese Bedürfnisse eines alten Elternteils ein und wagen es kaum noch, die Wohnung zu verlassen. Vor allem bei einer chronischen Krankheit und Pflegebedürftigkeit des älteren Menschen können die Mitglieder der Filialgeneration in eine erhebliche äußere und innere Abhängigkeit geraten: Der Bekanntenkreis schrumpft zusammen, der Urlaubsverzicht wird zur Regel, weibliche Familienmitglieder können eine berufliche Tätigkeit nicht fortsetzen oder wiederaufnehmen. In solchen Fällen fällt es den Angehörigen meist sehr schwer, noch eine genügende innere Distanz zur Versorgungssituation aufrechtzuerhalten und die notwendige Hilfe in einer zurückhaltenden Form zu gewähren, die auch Rücksichtnahme auf die begrenzten eigenen Kräfte und Respekt vor dem Selbstwertgefühl des alten Menschen in sich schließt. Die Pflege eines chronisch kranken alten Menschen kann aber nicht nur zur Abhängigkeit führen, sondern auch mit wirtschaftlichen Nachteilen verbunden sein. Denn obwohl die Angehörigen in derartigen Situationen durchaus Pflegegeld in Anspruch nehmen können, machen nur wenige von dieser Möglichkeit Gebrauch. Allein die Vorstellung, daß infolge eines solchen Antrags auch die Einkommensverhältnisse der Geschwister überprüft werden, läßt viele Angehörige vor der Inanspruchnahme gesetzlich verankerter Hilfen zurückschrecken. Sie fürchten innerfamiliären Streit und den Vorwurf, daß sie sich durch die Pflege von Vater oder Mutter bereichern wollten.

Selbst wenn die Behinderung des betagten Elternteils weniger ausgeprägt ist und keine ständige Aufsicht und Pflege erforderlich macht, kann das Festhalten des alten Menschen an einer starren Zeiteinteilung oder der Wunsch nach Betätigung im Haushalt den Angehörigen einen unerwünschten Tagesrhythmus aufzwingen oder ihnen das Zugeständnis einer Art von Beschäftigungstherapie abverlangen, die für den Haushalt wenig effektiv ist und letzten Endes Mehrarbeit und Belastung nach sich zieht.

Ein anderes Problem, mit dem sich die Angehörigen vieler alter Menschen konfrontiert sehen, ist die *Einschränkung der intergenerativen Information und Kommunikation.* Für das alte Familienmitglied bedeuten Söhne und Töchter die beste, oft genug die einzige Brücke zur Außenwelt. Damit werden an die Gesprächsbereitschaft des Jüngeren Anforderungen gestellt, die dieser nicht immer erfüllen kann oder will. Auch Schwerhörigkeit des alten Menschen, verlangsamte Auffassung komplexer Sachverhalte oder festgefahrene Meinungen und unkorrigierbare Überzeugungen können dazu führen, daß der jüngere Angehörige Informationen vorenthält oder filtert. Dieser unterschiedliche Informationsstand bedeutet aber eine problematische Aufteilung der Realität zwischen den Generationen und kann das emotionale Klima der Familie erheblich beeinträchtigen. Man hat sich nicht mehr viel zu sagen, und Gespräche erschöpfen sich in Trivialitäten. Der alte Mensch fühlt sich nicht ausreichend an der Konversation beteiligt, und der Angehörige macht sich Vorwürfe, daß er sich nicht genug um eine Verbesserung der Kommunikation bemüht.

Ein subtiler Aspekt gestörter intergenerativer Kommunikation liegt auch in der Berührungsphobie begründet, die jüngere Menschen gelegentlich gegenüber ihren älteren Angehörigen entwickeln und die den unbefangenen Umgang mit der Körperoberfläche des Alten erschweren. Infolge dieser taktilen Barriere wird das Bedürfnis des alten Menschen nach körperlicher Nähe, Kontakt und Zärtlichkeit nicht mehr befriedigt. Der jüngere Mensch, dem seine – aus einer ihm selbst unverständlichen Scheu und aus abgewehrtem Widerwillen entspringende – Zurückhaltung zum Bewußtsein kommt, reagiert hierauf mit dem Gefühl der Schuld und Beschämung.

Darüber hinaus sind viele Menschen im jüngeren und mittleren Lebensalter beunruhigt, wenn sie sich im Umgang mit alten Familienangehörigen mitunter als feindselig erleben. Solche *Feindseligkeit* hat oft einen realen Grund. Sie ist z.B. leicht nachfühlbar, wenn eine Mutter im höheren Lebensalter sich an ihre Tochter klammert, Kontrolle über ihr Verhalten ausübt, sie wie ein kleines Kind behandelt und ihr die Anerkennung für ihre eigene Leistung vorenthält. Eine solche Situation führt dazu, daß die Dominanz des Elternteils als unentrinnbar erlebt und mit aggressiven Gefühlen beantwortet wird. Auch nach einer als sehr streng und schwierig erlebten Kindheit kann in dem Jüngeren das Bedürfnis nach Revanche für die Unterdrückung wachwerden. Dabei ist aber Feindseligkeit gegenüber älteren Angehörigen zu stark tabuisiert, als daß sie sich in direkter Form entladen könnte. Sie äußert sich daher eher in dem Stellen zu hoher Anforderungen und Erwartungen oder in unfreundlichem oder verärgertem Verhalten. Feindliche Regungen verbergen sich aber auch oft hinter der Neigung jüngerer Angehöriger, den alten Menschen unter dem Aspekt des Kindes zu sehen und ihn durch eine möglichst „totale" Versorgung in noch größere Abhängigkeit zu bringen. Das distanzlose Duzen betagter Patienten durch professionelle Helfer beruht auf dem gleichen Motiv einer latenten Feindseligkeit und Abwehr.

Viele Familienangehörige bemerken, daß das Altwerden von Vater oder Mutter *Änderungen des eigenen filialen Verhaltens* erforderlich macht. Dieser Rollenwechsel ist mit einer schwerwiegenden Umstellung verbunden. Er setzt die Fähigkeit voraus, aus der Rolle der Tochter oder Schwiegertochter mit der Erfahrung lebenslangen Gehorsams und stillschweigender Unterwerfung in die einer verantwortlichen Bezugsperson hinüberzuwechseln, die sich u.U. auch einmal wohlmeinend autoritär verhalten und sich mit manipulativen oder restriktiven Maßnahmen über den Willen des alten Menschen hinwegsetzen muß. Diese innere Umstellung kann v.a. dann notwendig werden, wenn sich bei dem alten Menschen geistige Abbauerscheinungen bemerkbar machen. Der hiermit verbundene Zwang zum Rollenwechsel löst Konflikte und Schuldgefühle aus, da gegen lebenslange Verhaltensgesetze verstoßen wird.

Eine weitere Problemquelle, die sich für Angehörige aus der vermehrten Zuwendung gegenüber einem altgewordenen Elternteil ergeben können, sind *Spannungen mit anderen Familienmitgliedern*. Sie entwickeln sich dann, wenn sich der alte Mensch in unangemessener Weise in das Erziehungsverhalten einmischt oder wenn der Ehepartner sein Bedürfnis nach ehelicher Partnerschaft und Privatsphäre ständig hinter den Anforderungen der älteren Generation zurückstellen muß.

Eine erhebliche Belastung bringt schließlich die *Wahrnehmung und Deutung psychischer Veränderungen* mit sich. Dabei ist es i. allg. nicht das typische Muster des organischen Psychosyndroms, das für jüngere Menschen zum Problem wird. Die ständige Suche nach verlorenen Gegenständen wird beispielsweise von den Angehörigen meist nicht als belastend empfunden, da die Vergeßlichkeit eine allgemein bekannte Behinderung alter Menschen ist. Viel schwieriger ist es, mit dem Umstand fertig zu werden, daß der psychische Zustand oft großen Schwankungen unterliegt und daß sich auch ein alter Mensch mit schweren geistigen Störungen Fremden oder entfernteren Angehörigen gegenüber noch weitgehend unauffällig verhalten kann, so daß die Beobachtungen der nächsten Familienmitglieder fragwürdig oder unglaubhaft erscheinen können. Eine starke Belastungsquelle ist auch die Fähigkeit mancher alter Menschen, mit der eigenen Hilflosigkeit spezifische Schwächen und Verwundbarkeiten ihrer Angehörigen auszunutzen. Die Familie kann dann lange Zeit im unklaren darüber sein, ob das Verhalten des betagten Alten krankhafte Ursachen hat oder lediglich eine bewußte Provokation ist, mit der lebenslange Konflikte neu belebt werden. Probleme ähnlicher Art ergeben sich, wenn vorhandene körperliche Behinderungen oder geistige Störungen von dem betroffenen alten Menschen hartnäckig bagatellisiert und verleugnet werden, so daß ein sachlicher Umgang mit diesen Problemen nicht möglich ist. Daher ist es auch verständlich, daß die Frühsymptome eines psychischen Altersabbaus für den Angehörigen oft schwerer zu bewältigen sind als die fortgeschrittenen Stadien des gleichen Prozesses, weil die Ursache des Fehlverhaltens in diesen Anfangsstadien oft noch nicht ohne weiteres zu erkennen ist und Fehlinterpretationen naheliegen können.

Der mnestische Zerfall in späten Phasen der Altersdemenz bringt dann Probleme anderer Art mit sich: Soll beispielsweise der Geburtstag eines alten Menschen noch gefeiert werden, wenn die Erinnerung hieran schon am nächsten Tag wieder erloschen ist? Besonders belastend ist es auch für die Familienmitglieder, wenn die nächsten Angehörigen nicht mehr eindeutig erkannt werden; in solchen Fällen hofft der Betreuende immer wieder aufs neue, daß sich die enge emotionale Beziehung als stärker erweisen möge als die Gedächtniseinbuße. Auch der Mangel an Antrieb oder depressive Äußerungen rufen bei den betreuenden Angehörigen ständig die Frage hervor, ob sie genug unternehmen, um die Aktivität und Zufriedenheit des alten Menschen zu erhöhen. Aus dieser Frage ergeben sich ebenso wie aus allen anderen bisher aufgeführten Problembereichen nahezu zwangsläufig Schuldgefühle, die, oft hinter vordergründigen Schwierigkeiten verborgen, als die grundlegende Belastung der Angehörigen anzusehen sind.

Große Probleme ergeben sich auch aus der eigenen Hilflosigkeit der Angehörigen gegenüber dem Fortschreiten von chronischer Krankheit und geistigem Verfall des alten Familienmitgliedes. Während die Hilflosigkeit des Kindes Hoffnung und Zukunfsperspektiven wachruft, symbolisiert die gleiche Hilflosigkeit des Greises Niedergang und Tod. Dies gilt besonders dann, wenn das ursprüngliche Elternbild durch Persönlichkeitsveränderungen nicht mehr aufrechterhalten werden kann und die Gegenseitigkeit der Beziehung verlorengeht. Die Sorge um ein altes und krankes Familienmitglied ist daher meist auch ein Stück *vorweggenommener Trauer.*

Literatur

Améry J (1971) Über das Altern. Klett, Stuttgart

Birren JE (1958) Handbook of aging and the individual. Chicago University Press, Chicago

Birren JE (1964) The psychology of aging. Prentice Hall, Eaglewood Cliffs

Birren JE, Butler RN, Greenhouse SW, Sokaloff L, Yarrow MR (1963) Human aging: A biological and behavioral study. National Institut of Mental Health, Bethesda

Blenkner M (1969) The normal dependencies of aging. In: Kalish RA (ed) The dependencies of old people. University of Michigan, Ann Arbor; pp 27–37

Blöschl L (1981) Soziale Integration, Depression und Alter. Manuskript eines Vortrags, gehalten im Rahmen des Symposiums „Depression im Alter", 20./21.11. 1981, Psychiatr. Universitätsklinik, Wien

Bruder J, Klusmann D, Lauter H, Lüders I (1981) Beziehungen zwischen Patienten und ihren Familienangehörigen bei chronischen Erkrankungen des höheren Lebensalters. Bericht an die Deutsche Forschungsgemeinschaft. Deutsche Forschungsgemeinschaft, Hamburg (Teilprojekt A., Sonderforschungsbereich 115).

Busse EW (1961) Psychoneurotic reactions and defense mechanisms in the aged. In: Hoch PH, Zubin J (eds) Psychopathology of aging. Grune & Stratton, New York London, pp 274–284

Butler RN, Lewis MI (1977) Aging and mental health, 2nd edn. Mosby, St. Louis

Erikson EH (1971) Identität und Lebenszyklus. Suhrkamp, Frankfurt

Feldmann H (1976) Aspekte des Krankheitsverhaltens alter Menschen. Akt Gerontol 6: 415–423

Hall S (1922) Senescence – the last half of life. New York

Havighurst RJ (1963) Successfull aging. In: Tibbits C, Donahue W (eds) Processes of aging. Williams, New York, pp 299–320

Heymann DK, Jeffers FC (1968) Wives and retirement: A pilot study. J Gerontol 23: 488–496

Horn M, Naegele G (1976) Gerontologische Aspekte in der Werbung. Z Gerontol 9: 463–472

Klonoff H, Kennedy M (1966) A comparative study of cognitive functioning in old age. J Gerontol 21: 239–243

Kübler-Ross E (1974) Interviews mit Sterbenden. Kreuz, Stuttgart Berlin

Lauter H (1976) Todesbewußtsein und Sterbehilfe bei alten Menschen. Aerztl Gespraech 24: 64–79

Lehr U (1977) Psychologie des Alterns. Quelle & Meyer, Heidelberg

Lehr U (1981) Lebensqualität im Alter – Korrelate positiver Gestimmtheit. Manuskript eines Vortrags, gehalten im Rahmen des Symposiums „Depression im Alter", 20./21.11. 1981, Psychiatr. Universitätsklinik Wien

Meyer JE (1973) Tod und Neurose. Vandenhoeck & Ruprecht, Göttingen

Radebold H, Bechtler H, Pina I (1973) Psychosoziale Arbeit mit älteren Menschen. Lambertus, Freiburg

Reichard R, Livson F, Petersen PG (1962) Aging and personality. London

Rosenmayr H, Rosenmayr L (1978) Der alte Mensch in der Gesellschaft. Rowohlt, Reinbek

Schenda R (1975) Alte Leute. In: Ranke K (Hrsg) Enzyklopädie des Märchens. Gruyter, Berlin, S 373–380

Spieth W (1965) Slowness of dark performance and cardiovascular diseases. In: Birren JE, Welford AT (eds) Behavior, aging and the nervous system. Springfield, pp 336–400

Thomae H (Hrsg) (1959) Entwicklungspsychologie. Hogrefe, Göttingen (Handbuch der Psychologie, Bd 3)

Thomae H (1968) Psychische und soziale Aspekte des Alterns. Z Gerontol 1: 43–55

Viebahn W (1971) Stellung und Einstellung des alten Menschen zu Arbeit und Arbeitslosigkeit. Akt Gerontol 1: 487–493

Vom Leben in Alten- und Pflegeheimen

S. Gößling

Sinn und Zweck sind fragwürdig

Nach der Nomenklatur des Deutschen Vereins (1979) sind Altenheime „darauf ausgerichtet, alten Menschen, die keinen eigenen Haushalt führen, Unterkunft, Verpflegung und Betreuung zu gewähren." Das Altenkrankenheim bzw. Altenpflegeheim „dient der umfassenden Pflege, Betreuung und Versorgung chronisch kranker und pflegebedürftiger alter Menschen. Es ist nach Bau, Ausstattung und Personalbesetzung darauf ausgerichtet, verbliebene Kräfte der alten Menschen mit ärztlicher Hilfe, insbesondere durch aktivierende Pflege, zu üben und zu erhalten sowie eine Besserung des Allgemeinzustandes herbeizuführen."

Unter Verzicht auf wichtige Einzelheiten läßt sich die Diskussion des letzten Jahrzehnts als unterschiedliche Ausdeutung des Begriffs „Betreuung" in beiden Definitionen verstehen. Was ist Betreuung, durch wen soll sie wann und wie und mit welchem Ziel übernommen werden? Von den Antworten hängt es ab, wie alte Menschen in Einrichtungen leben können, was sie dort für Möglichkeiten haben, was sie dürfen und was sie müssen.

Wir haben viel Mühe und Zeit darauf verwendet, die Formel „darauf ausgerichtet" in den zitierten Erklärungen mit Inhalten zu füllen und so die Rahmenbedingungen zu ändern und zu schaffen. Die „Stätte der Ruhe", die „Stätte der Rehabilitation" – wie auch immer gesehen – entwickelte sich zu einer Werkstatt der Altenhilfe. Im Lauf der Zeit verbesserte sich die Ausstattung deutlich: Immer mehr und immer wertvollere Werkzeuge aller Art, immer mehr und immer qualifiziertere Mitarbeiter standen zur Verfügung. Jetzt gibt es schon viele Meisterbetriebe, hervorragend eingerichtet und bestens auf alle anfallenden Arbeiten vorbereitet. All diese Verbesserungen waren notwendig und wichtig, aber auch teuer und schwer zu verwirklichen.

Die alten Menschen in den Heimen und die Heime selbst sind es wert, daß an dieser Stelle nicht stehen geblieben wird. Wir dürfen uns mit der Werkstatt nicht begnügen, so gut sie uns oft gefallen mag, sondern müssen nunmehr unüberhörbar die Frage nach Sinn und Zweck stellen und beantworten. Es reicht nicht aus, für allerlei Lebenslagen adäquate Angebote bereit zu halten, immer kunstfertiger Probleme erkennen und analysieren zu können, die „Reparaturen" in diesen Werkstätten immer besser zu beherrschen. Diejenigen, die dort unsere Bemühungen an sich und für sich erleben, sind keine Objekte mit diversen Verschleißsymptomen, Abnutzungserscheinungen, Verbrauchsschäden und Materialfehlern. Letztlich muß es um den Zugewinn an lebenswerten Monaten und Jahren, um die Verfügbarkeit von Lebensqualität, um erfüllte Tage, um die Vermittlung von Werten wie Lebensfreude, Lebenszufriedenheit und Lebenssicherheit, um Menschlichkeit und menschenwürdiges Dasein gehen.

Der Zeitpunkt scheint mir gekommen, um über die Werkstatt und ihre Ausstattung unter diesem Aspekt einmal nachzudenken. In den Mittelpunkt gehören der Mensch und seine Bedürfnisse, weniger die Chancen der Institution zur Profilierung, Spezialisierung und Modernisierung. Daß sich dies alles nicht von einander trennen läßt, wird sich herausstellen. Zu gewinnen gibt es aber einen neuen und besseren Maßstab zur Prüfung der Richtigkeit und Wertigkeit.

Dieser Bericht vom Leben in Alten- und Pflegeheimen soll deshalb der Versuch sein, Möglichkeiten und Grenzen der Bewältigung des Alltags durch alte Menschen zu betrachten. Sachlichkeit und Distanziertheit genügen dazu sicherlich nicht.

Nicht nur eine Minderheit

Alte Menschen in Heimen – wer sind sie, was bewegt sie, wie leben sie? Anderen „draußen" fehlt es an Verständnis für ihre Freuden und Nöte, besonders wenn es heimtypische Probleme sind. Weniger als 4% aller Bürger, die älter als 64 Jahre sind, leben in solch einer Institution. Eine Minderheit demnach, so daß die geringe Informiertheit über deren tägliche Lebensbewältigung nicht verwundern kann. Die Kenntnisse über andere Minderheiten in unserer Gesellschaft sind auch nicht besser; manchmal stehen sie freilich mehr im Blickfeld. Doch die eine Prozentzahl besagt zu wenig über die Wirklichkeit und verleitet darüber hinaus zu falschen Schlüssen.

Obgleich es keine zuverlässigen Daten gibt, ist von etwa 340000 Menschen, eher von mehr, auszugehen. Die meisten davon, rund 220000, befinden sich in herkömmlichen Altenheimen (außerhalb von Pflegeabteilungen), weitere 110000 in Altenpflegeheimen oder Pflegeabteilungen von Altenheimen. Amtlicher Schätzung zufolge sind etwa 50% d.h. rund 170000, pflegebedürftig. Hinzu kommen, bisher nicht und überhaupt selten mitgerechnet, alte Menschen in Behinderteneinrichtungen, in psychiatrischen und geriatrischen Krankenhäusern sowie in Kliniken für chronisch Kranke. Vermutlich handelt es sich dort um weitere 40000–50000 Patienten im Rentenalter, die auf nicht absehbare Zeit in diesen Einrichtungen leben.

Es bleibt auf die durch einige Daten gestützte Annahme hinzuweisen, wonach der prozentuale Anteil der alten Heimbewohner um so höher liegt, je höher die Lebensaltersgrenze angesetzt wird. Bei den über 80jährigen z. B. dürfte sich ein Vielfaches jener 4% ergeben. Anders ausgedrückt: Die „Chance", den letzten Lebensabschnitt in einem Heim zu erleben, steigt mit dem Lebensalter an. Eine steigende Tendenz ergibt sich aus der höheren Lebenserwartung.

Einen weiteren wichtigen Aspekt für die Beachtung dieses Personenkreises liefert die Tatsache, daß Problemsituationen aller Art – ungeachtet des Aufbaus ambulanter, „mobiler" Hilfsdienste – weiterhin in der Regel dann zur Heimaufnahme führen, wenn ständige fachkundige Hilfen erforderlich geworden sind. Qualifizierte Angebote zur unbefristeten Betreuung, Versorgung, Pflege und Therapie gibt es außerhalb von Institutionen nur selten. Da in den letzten Jahren mehr nichtstationäre Dienste zur Verfügung stehen (eher vorübergehende oder geringgradige Hilfen, eher Versorgung als Pflege oder Therapie) und sich wohl auch die Einstellung zu Altersfragen geändert hat, scheint sogar eine Verschärfung eingetreten zu sein: Der Grad der Hilfsbedürftigkeit, der Abhängigkeit von professionellen Helfern, liegt im Durchschnitt bei neu aufgenommenen Heimbewohnern weit höher als früher. Viele kommen – verständlicherweise – jetzt „erst", wenn es anders nicht mehr geht. Der gleichzeitige Rückgang der Nachfrage nach Plätzen für rüstige alte Menschen bei obligatorischer Totalversorgung bewirkt zusammen mit anderen Ursachen eine Änderung der Leistungsstrukturen: immer mehr hin zum Pflegeheim, Altenkrankenheim, geriatrischen Krankenhaus und immer weiter weg vom traditionellen Altenheim.

Werden Behandlung, Pflege, Versorgung nicht gebraucht, bevorzugen die meisten alten Menschen eine altersgerechte Wohnung mit abrufbaren Dienstleistungen aller Art und garantiertem Zugang zur Pflege im Bedarfsfall.

Beides, der wachsende Bedarf an stationärer Pflege und die steigende Nachfrage nach „beschützten" Wohnungen, läßt sich auch als keineswegs unbegründete Angst vor einem Alter in Hilfsbedürftigkeit ohne Verfügbarkeit entsprechender Hilfen deuten. Nicht nur die Pflegebedürftigkeit an sich ist zu einem allgemeinen Lebensrisiko geworden, sondern speziell die auf nicht absehbare Zeit bestehende Pflegebedürftigkeit alter und sehr alter Menschen. Davon abgesehen, wirkt bei der Betrachtung von Altersproblemen die Institution oft genug als Vergrößerungsglas und verdeutlicht, worauf es generell auch sonst ankommt. Dieser Beitrag versteht sich darum auch als Bericht über Möglichkeiten und Grenzen, durch Hilfsangebote menschenwürdige Bedingungen zu schaffen mit dem Ziel, den letzten Lebensabschnitt bejahen und annehmen zu können.

Nach Recht und Gesetz

Eine Bund-Länder-Arbeitsgruppe (1981) schätzt, daß in Einrichtungen rund 170000 Empfänger von „Hilfe zur Pflege" leben, Menschen also, die nach den Vorschriften des Bundessozialhilfegesetzes (BSHG) in ihrer besonderen Lebenslage „Pflegebedürftigkeit" aus öffentlichen Mitteln unterstützt werden. Mehr als 100000 davon befinden sich in Alten- und Pflegeheimen. Daß auch von den nicht pflegebedürftigen Heimbewohnern viele auf Sozialhilfe angewiesen sind, „nur" Hilfe zum Lebensunterhalt bekommen, sei hier lediglich angemerkt.

Dieser finanzielle Hintergrund bedeutet etwas völlig anderes als jene im allgemeinen unsichtbaren und unbemerkten Vorgänge zur Kostenregelung mittels Sozialversicherung, die den Krankenhauspatienten betreffen. Soweit er Ansprüche gegen eine gesetzliche Krankenkasse hat – es gibt nur wenige Ausnahmen – ist für ihn mit der ärztlich bescheinigten Notwendigkeit das Finanzierungsproblem erledigt.

Es wird sogar bei weiterlaufendem Lohn, Gehalt oder Rente außer den Behandlungs- und Pflegekosten im Krankenhaus sein Lebensunterhalt gleich mitfinanziert. Viele alte Menschen, die Heimbewohner werden, kommen im Zustand der Pflegebedürftigkeit aus einem Krankenhaus. Bereits vor der „Verlegung" fangen für sie jene Probleme an, die danach nie wieder aufhören, ihre Zukunftschancen bestimmen und ihren Alltag nachhaltig beeinflussen. Zu denken ist v. a. an die oft entwürdigende Heimplatzsuche für den künftigen „Pflegefall" mit der Notwendigkeit, fast jeden annehmen zu müssen, und an die oft erzwungene oder erschlichene Aufkündigung der Wohnung und Auflösung des Haushaltes.

Nach der Statistik gibt es in Akutkrankenhäusern rund 3500 Empfänger von (Sozial-)Hilfe zur Pflege. Hinter dieser bescheidenen Zahl verbirgt sich Erstaunliches: Bei fast jedem alten Menschen, der Pflege benötigt und aus dem Krankenhaus ins Heim kommt, beginnt sein neues Leben als „Pflegefall" genau am Verlegungstag. Bis zu diesem Tag bestand offenbar Aussicht auf Heilung, Besserung oder Linderung, bis zu diesem Tag war „Behandlung" erforderlich. Just mit der Heimaufnahme verflüchtigten sich Heilungs-, Besserungs-, Linderungsaussichten, erhält der seitherige „Behandlungsfall" ein neues Etikett. Weil solches zeitliche Zusammentreffen nicht zufällig sein kann (und darf), muß die Ursache in den vorgegebenen Bedingungen liegen. Tatsächlich kommt es weniger auf die Beurteilung des Gesundheits- oder Krankheitszustandes als auf die Art der Institution an. Niemand bezweifelt, daß Krankenhauspatienten der Behandlung bedürfen. Leider bezweifelt auch fast keiner, daß pflegebedürftige Alte „nur" noch Pflege und keine Behandlung mehr brauchen.

Die Unterstellung, eine Behandlung fände jedenfalls in einem Krankenhaus statt, im Pflegeheim jedoch nicht (mehr), trifft jedoch ebenfalls nicht zu. Es gibt genug Beispiele für reine Pflege und Versorgung ohne Therapie in der Klinik auf Kosten der Krankenkasse einerseits und für gezielte Rehabilitationsversuche und Behandlungspflege im Heim ohne Beteiligung der Krankenkasse andererseits. Das spricht nicht gegen das jeweilige Krankenhaus, wohl aber gegen das Finanzierungssystem und für das jeweilige Heim. Dem alten Menschen bleibt unverständlich, daß „seine" Krankenkasse genau dann ihre Leistungen weitgehend einstellt, wenn sie für ihn im Heim erlangbar werden und er sie dringend braucht.

Für jedes Heim ist der Expatient und jetzige „Bewohner" der primär Zahlungspflichtige. Er muß nicht nur für den Lebensunterhalt samt Versorgung und Betreuung aller Art aufkommen, sondern auch für Pflegeleistungen bis hin zu therapeutisch-rehabilitativen Maßnahmen. Zusammengefaßt im Pflegesatz, handelt es sich dann in den Pflegeabteilungen und -stationen gleich um Beträge zwischen 70 und 110 DM pro Tag. Die meisten können diese Kosten ohne Hilfe anderer nicht aufbringen, jedenfalls nicht auf längere Zeit oder auf Dauer.

Letztlich spielt es auch keine Rolle, ob das Heim wirklich mehr als versorgende Pflege anbietet. Der gewiß auch behandlungsbedürftige Pflegepatient gerät und bleibt in Abhängigkeit vom Sozialamt oder bisweilen, ohne Sozialhilfe, von seinen Angehörigen. Manchmal bleibt ihm auch ein kleiner Betrag, die Differenz zwischen Heimkosten und Renteneinkommen. Als Sozialhilfeempfänger erhält er ein Taschengeld, sein Einkommen wird vom Amt weitergeleitet, seine Unterhaltspflichtigen müssen Beiträge leisten. Der Hinweis auf einen Rechtsanspruch für BSHG-Leistungen wirkt wenig hilfreich. Wenn auch sonst vieles unverstanden bleibt, so ist eines jedoch offensichtlich: Erst die Kombination höheres Lebensalter plus Pflegebedürftigkeit erzeugt jenen Status; in jüngeren Jahren hätte man von einer Krankheit gesprochen und sie mit erheblichem Aufwand zu therapieren und den Patienten zu rehabilitieren versucht. Wenn überhaupt, wären solche Lebensbedingungen erst nach vielen Monaten und unter anderen Vorzeichen eingetreten.

Das sozialjuristische Unikum, daß bei alten Menschen Sozialhilfe nicht die letzte, sondern die erste und einzige Masche im Sicherungsnetz ist, wenn sie für längere Zeit krank werden, soll wenigstens erwähnt werden. Auch auf die Tatsache, daß nicht die gesetzliche Krankenversicherung, sondern die öffentliche Sozialhilfe über ein Dutzend Jahre Therapie und aktivierende Pflege in den Institutionen der Altenhilfe ermöglicht und finanziert hat, sei nur hingewiesen. Für den Alltag im Heim wichtig sind die handfesten Folgen von zwei Tatbeständen. Wer alt und krank und daher pflegebedürftig ist und deshalb in einem Heim leben muß, wird arm und ist diskriminiert. Außerdem gelten alte kranke Menschen als „Un-Patienten“ oder als solche minderen Ranges; wissenschaftliche Erkenntnisse und praktische Erfahrungen hinsichtlich angemessener Therapie und ausreichenden Rehabilitationsangeboten werden zumeist nicht oder ungenügend berücksichtigt. Feststellungen dieser Art erscheinen nur in der Verallgemeinerung als Übertreibung, nicht jedoch in der Hinwendung zum Einzelschicksal. Hier geschieht Unrecht. Trotzdem läßt sich die Frage, warum das so ist und ob es so sein muß, aus den Paragraphen der Gesetze nicht befriedigend beantworten.

Keine kleine heile Welt

Das bedeutungsvolle und so treffende Wort vom „psychophysischen Wohlbefinden“ alter Menschen ist in den letzten Monaten Opfer der bekannten Verschleiß- und Sinnwandlungstendenzen bei sprachlichen Begriffen geworden. Allen Hintergrunds entkleidet, aus dem Bezugsrahmen der Interventionsgerontologie herausgerissen und unter die Opportunisten geraten, soll es als weiteres Alibi für Passivierung und De-facto-Entmündigung dienen. Billig genug muß es bestätigen, daß es „also“ in erster Linie auf eines ankommt: Die alten Menschen sollen sich im letzten Lebensabschnitt wohl fühlen, körperlich und seelisch, auch und v. a. im Heim. Daß beides zusammengehört, weiß man schon lange, und wie solches zu bewerkstelligen ist, lehren die Erfahrung der Mitarbeiter und die Wünsche der Betroffenen. Heimbewohner sollen es „gut“ haben und gut „aufgehoben“ sein; man wird sich um sie „kümmern“, ihnen Lasten abnehmen, sie bestens „versorgen“ und „betreuen“. Was könnten sie denn mehr wollen? Keine Sorgen mehr mit den üblichen Alltagsproblemen, Zuwendung, Unterhaltung, und viel Ruhe. Wenn Pflege nötig wird, ist auch sie gewährleistet.

Dieses Bild von der heilen Welt im Altenheim wird ständig heraufbeschworen, wenn es um die Lösung eines Problems, entstanden durch Hilfsbedürftigkeit jeglicher Art bei einem alten Menschen, oder um die Abwehr von Angriffen gegen die

Heime oder eines davon geht. Den dabei offenbaren Widerspruch nimmt unsere Gesellschaft in Kauf. Sie kann grundsätzlich gegen Heime eingestellt sein und dies auch drastisch zum Ausdruck bringen. Handelt es sich aber um die bequeme Zuweisung nach vermeintlichen Zuständigkeiten, und erscheint das Heim als ein auch um der anderen willen notwendiges Übel, wird es ebenso grundsätzlich bestätigt und bejaht.

Was bereits zu Anfang „mit" dem einzelnen geschieht, stellt die Weichen für sein künftiges Dasein als Heimbewohner. Nur wenige ziehen um oder ein, die meisten „werden aufgenommen" oder „werden verlegt". Oma, jetzt ein Pflegefall, wurde ins Heim eingeliefert – nichts kennzeichnet ihre Rolle besser. Lächerlich genug, sind die vielen sprachlichen Entgleisungen im Heim selbst auch weiterhin zu kritisieren, wenig hat sich da geändert. Das plump-dreiste „Du" schon an der „Bahre" zwischen Krankenauto und Bett, der lästige Wir-Ton („Jetzt essen wir brav unser Süppchen"), die Frage, wo denn ein gesuchter alter Mensch im Heim „liegt", der Verzicht auf Diskretion und Rücksicht bei der Körperpflege wie bei einem ewigen Tag der offenen Tür („Herein ohne anzuklopfen") – dies alles sind Symptome für eine Situation, die Wohlbefinden gewiß nicht fördert.

Den Einwand, so etwas gäbe es nur noch ausnahmsweise, lasse ich nicht gelten. Sollten auch die verbalen Rituale feiner geworden sein („Essen anreichen" statt füttern), sollten auch die gröbsten Entwürdigungen offiziell verpönt sein („Sie müssen doch zu dem Opa Herr X. sagen"), sollten auch anrüchige Vokabeln ausgetauscht sein (der „Insasse" wurde zum „Gast" ernannt), Vorgaben und Rahmen des Lebens im Alten- und Pflegeheim entzogen sich einer wirklichen Reform.

An dieser Stelle gilt es zur Vermeidung eines wiederkehrenden Mißverständnisses, die Schuldfrage anzusprechen. Unter den Heimleitungen und Mitarbeitern in den Heimen sind Schwächen und Versagen, Mängel und Fehlverhalten ebenso häufig anzutreffen wie in anderen Berufsfeldern – nicht aber öfter. Nichts weist daraufhin, daß eine Art Verschwörung die Zukunft verhindert hat oder daß es möglich wäre, abgesehen von krassen Außenseitern, die Leute aus den Heimen herauszugreifen und wegen nachgewiesener Böswilligkeit unter Anklage zu stellen. Eher das Gegenteil ist der Fall. Fortschritt im recht verstandenen Sinn gab es in der stationären Altenhilfe während der letzten Jahre nicht gegen die, sondern wegen der Mitarbeiter. Sie waren es, oft im Gegensatz zu eigenen Obrigkeiten, häufig mit den Persönlichkeiten der Betriebsführung voran, die als Heimleitung, Pflegedienst oder Verwaltung Korrekturen und Kursänderungen angingen, neue Wege einübten und gegen nicht selten erbitterten Widerstand die Leistungsangebote verbesserten. Die Gerontologen – wer immer sich dazu rechnen mag – hätten allein oder auch mit Hilfe wohlwollender Sozialpolitik von allen heute verfügbaren Erkenntnissen nichts in die Praxis umsetzen können. Das Angebot an Theorien in Papieren, Büchern und Programmen erwies sich so unfruchtbar wie stets. Es gab aber Menschen, die zwischen Wissenschaft und Praxis vermitteln konnten und wollten, es gab Beispiele bei unseren europäischen Nachbarn und es gab Pionierprojekte, die sich abwechselnd als Modell feiern und als Fehlschlag beschimpfen ließen. Auf diese Weise wurde mancherlei erreicht, das sich sehen lassen kann. Vieles fehlt, insbesondere die eigentliche Reform im Kern und in den Binnenstrukturen der Einrichtungen.

Für den alten Menschen wirkt sich unmittelbar vor anderem zweierlei aus:

1. Hinter der Betreuung, ob es sich um Versorgung oder Pflege handelt, steht weithin als Tendenz die wohlwollende Passivierung als Konsequenz aus dem negativen Altersbild. Eigenständigkeit bleibt zu oft unerlaubt und gilt als nicht möglich.
2. Das Defizitmodell verleitet zur Egalisierung aller Hilfen, zur Normierung der Arbeitsabläufe und wird oft von finanziellen Zwängen dabei gestützt. Während man die Vielzahl der Aspekte bei Alterszuständen und Altersprozessen ignoriert und nur Teile anerkennt, fehlt es an Individualität bei den Leistungen, aber auch bei der persönlichen Zuwendung.

Wenn der Schein trügt

Leider haben die Bestimmungen der Heimmindestbauverordnung nicht halten können, was die Entwürfe dazu versprachen. Einmal handelt es sich nur noch um Minimalanforderungen, zum anderen sind sie durch zahllose Ausnahmen und Aufschübe weitgehend ausgehöhlt. Finanzielle Gründe geben in der Regel den Ausschlag. Gleichwohl wird dort an Äußerlichkeiten nicht gespart, wo anderes und letztlich Wichtigeres hintanstehen muß. Weder die Erfüllung von Architektenträumen am Baukörper und im Raumprogramm noch die gegenständlich-symbolische Verwirklichung von Hotel-, Oasen- und Feierabendatmosphäre können der Funktionalität für die Mitarbeiter und dem Binnenklima für die Bewohner dienen – wenn nicht anderes dazukommt. Die ernsthafte Befürchtung, daß es gerade in einem „schönen" Heim an bedarfsdeckenden Leistungen fehlt, kann mit nicht wenigen Beispielen gestützt werden. Es liegt nicht nur der Verdacht nahe, daß die Schaustellung Blicke anziehen und trüben soll, sondern es gibt auch Erfahrungen, wie im Arbeitsalltag Prioritäten durch äußere Vorgaben umgelenkt werden.

Ich möchte damit nichts gegen anmutige Fassaden, ein- und ausladende Empfangshallen, Kegelbahnen, Schwimmbäder, Wintergärten, Müllschlucker, Telefonnetze und Kunstausstellungen in Alten- und Pflegeheimen sagen, soweit und solange Schein und Sein im Einklang stehen. So manche sinnvolle Verbesserung und Verschönerung von Gebäude und Ausstattung könnte das Klima in vielen Heimen verbessern, zur Zufriedenheit der Bewohner und Mitarbeiter beitragen. Schlimm ist es aber, wenn der so erweckte Schein trügt, wenn hinter allem Klimbim nichts mehr kommt oder nur noch Antiquitäten aus der Rumpelkammer der Altenhilfe.

Die personellen Voraussetzungen sind im Zweifel weit wichtiger als die materiellen jeder Art. Wenn sie stimmen, kann auch der Altbau lebendige Wärme ausstrahlen, können viele Unzulänglichkeiten kompensiert werden. Umgekehrt geht es nicht! Die Vorstellung übrigens, das gegenständliche Drum und Dran könnte mit gefälligen Vokabeln aus dem Zitatenschatz der Gerontologie so weit poliert werden, daß unwahre Behauptungen über angebliche Leistungen und Angebote daraus werden, ist besonders erschreckend. Es gibt einige Papiere und Prospekte, einige Selbstdarstellungen von Heimen, die die Grenze zwischen Übertreiben und Hinters-Licht-Führen längst überschritten haben.

Etliches davon wuchs unbeachtet und ergab sich unversehens als Ausweg aus ungeliebten Zwängen. Wer bzw. welches Heim könnte es heute noch auf sich nehmen, z. B. die Gretchenfrage nach der aktivierenden Pflege negativ zu beantworten? Die Auskünfte lauten gleich, alle pflegen überall und immer nicht anders als aktivierend, und zwar auch dann, wenn sie es im Grunde weder wollen noch können, auch dann, wenn die Bedeutung in gnädiges Dunkel gehüllt bleibt. Es ist bedrükkend, daß gegen eine Aufhellung und Verwirklichung – sehr zu Recht – wiederum finanzielle Gründe angeführt werden können. Wohl und Wehe des Heimbewohners, besonders des pflegebedürftigen, entscheidet sich an der empfindlichsten Stelle des Heimbetriebs, nämlich beim Personalschlüssel und bei den Personalkosten, also bei den laufenden Betriebskosten und nicht beim einmaligen Investitionsaufwand.

Im Pflegeheim und in der Pflegeabteilung des Altenheims erlaubt es erst ein Pflegepersonalschlüssel besser als 1 : 4 (ohne Nachtwachen), mit aktivierender Pflege zu beginnen. Diese zweifelsfrei erwiesene und unbestreitbare Tatsache läßt in Einrichtungen, die personell schlechter ausgestattet sind, keinen Raum mehr für die Behauptung, es werde aktivierend gepflegt. Genau bei diesem Zentralproblem aber darf der Schein nicht trügen! Mag sein, daß wir uns hier oder dort die Mehrkosten nicht leisten können oder wollen. Das sollte dann aber auch so gesagt werden, ohne Wenn und Aber. Sonst beginnt eine Unredlichkeit, die nicht nur künftige Heimbewohner und Aufsichtsbehörden täuschen, sondern auch mittelfristig zu erheblichen Nachteilen für die Altenpflege überhaupt führen muß.

Wie stark die alten Menschen in der Alltagsrealität des Heimlebens davon betroffen werden, zeigt schon die Definition von „aktivierende Pflege“:

- Das bis in den Bereich der Grundpflege reichende Prinzip, wonach jede Pflegeleistung zum Ziel hat, den Gepflegten unter Ausnutzung aller Möglichkeiten möglichst weitgehend von Pflege unabhängig zu machen („Hilfe zur Selbsthilfe“),
- jene Tätigkeiten der Pflegenden, die außerhalb der Routinearbeit geschehen und individuell die persönliche Selbständigkeit soweit wie möglich herstellen, bessern oder erhalten sollen.

Es ist deutlich, daß diese Abkehr von traditioneller Versorgungspflege grundsätzlich mehr und qualifiziertere Mitarbeiter benötigt. Barmherzigkeit und Nächstenliebe, die um der anderen Menschen willen nichts unversucht lassen, waren noch nie besonders bequem oder billig.

Den Jahren Leben geben

Im Hinblick auf die berechtigte Erwartung eines längeren Lebens für die heute alt werdenden Menschen wurde in der Altenhilfe, v. a. als Begründung für Angebote der Interventionsgerontologie, ein Merksatz populär: Nachdem wir dem Leben Jahre gegeben haben, kommt es jetzt darauf an, diesen Jahren Leben zu geben. Den Jahren Leben geben: Nichts könnte die Aufgabenstellung gerade auch der Heime kürzer und treffender beschreiben.

Zu diesem Zweck heißt es, über Werkstatt und Werkbank hinaus an die Voraussetzungen zu denken, die den Alltag eines Menschen in der Institution bestimmen. Fragen der Planung und Organisation der Arbeit werden davon ebenso berührt wie die Einstellung der Mitarbeiter, medizinisch-pflegerische Maßnahmen ebenso wie psychosoziale Hilfen. Unter den vielen denkbaren Beispielen möchte ich einige herausstellen, die mir besonders typisch und wichtig erscheinen:

1. Pflegerische Hilfen bedürfen, wenn sie im gewollten Sinn effektiv sein sollen, einer sinnvollen und systematischen Vorbereitung. Dabei kommt es auch auf bewährte Routine und rationelle Abwicklung an, mehr aber noch auf das Erkennen individueller Fähigkeiten und Behinderungen. Fähigkeiten müssen als Eigenaktivität einbringbar sein, notfalls auf Kosten der Routine und Schnelligkeit. Sie sollen die Basis bilden, von der aus bewußt und gewollt Selbständigkeiten eingeübt und gefördert werden. Dabei bedeutet Fördern oft Fordern unter Verzicht auf totale Sicherheit und Perfektion. Nicht ankommen darf es auf die Vorstellungen der Mitarbeiter, wie Arbeit schneller und bequemer mit dem Ziel purer Versorgung abwickelbar wäre. Umgekehrt sind ihre Kenntnisse der individuellen Konstitution und Disposition ebenso wertvoll wie Anregungen aus der Erfahrung zur Optimierung aktivierender Pflege, allgemein und zugunsten eines einzelnen alten Menschen.
2. Wenn persönliche Wünsche und individuelle Bedürfnisse nicht zum Tragen kommen, taugt die vielleicht im übrigen erstklassige Betreuung in Wirklichkeit nichts. In der Routine der Alltagsarbeit und oft unter Zeitdruck muß es gleichwohl nicht nur erlaubt und möglich sein, sondern ausdrücklich vorgesehen sein, auf die Gefühle der alten Menschen einzugehen, ihre Personalität zu achten und zu stärken. Dazu gehören Selbstwertgefühl, Schamgefühl, Empfindlichkeiten, Neigungen und Abneigungen, die natürliche Spannung zwischen dem Bedarf an Ruhe und Geborgenheit einerseits und dem Bedarf an Aktivität und Bestätigung andererseits. Alte Menschen im Heim werden zwar auch erfahren, daß sie sich nach Notwendigkeiten der Institution zu richten haben. Sie müssen jedoch mehr noch erfahren, daß sich die Institution nach ihnen richten will. Das Gefühl der Abhängigkeit darf niemals begünstigt, geschweige denn bezweckt werden.
3. Menschen im Heim sind nicht Objekte der Bemühungen der Institution und ihrer Bediensteten. Sie dürfen nicht zum Gegenstand von Maßnahmen degradiert, nicht de facto entmündigt werden. Dies bedeutet ihre bewußte Einbeziehung in alle Angebote und Hilfen, von der allgemeinen Betreuung über Grund- und Behandlungspflege bis zu Aktivierung und Rehabilitationsleistungen. Geboten erscheinen daher die umfassende Information über alles, was geschehen soll, sowie die partnerschaftliche Einbeziehung in alle zu treffenden Entscheidungen. Signale der Zuwendung und des aufrichtigen Interesses dürfen nicht von Zuneigung und Kontaktfähigkeit der Betreuer abhängig sein. Anweisungen werden in der Regel durch Bitten um Mitwirkung und durch verständliche Erklärungen zu ersetzen sein. Dabei ist es wichtig, daß Information mehr ist als die Vorbereitung auf ein Kommando.
4. Viele durchaus sinnvolle und notwendige Leistungen haben es nicht nötig, ihre Effektivität durch Zwang unter Beweis zu stellen. Individualität geht im Heim

zumeist und zuerst da verloren, wo für viele wichtige Angebote der Einfachheit halber für alle obligatorisch sind, auch dann, wenn sie sie gar nicht brauchen. Nur zum Schein steht dahinter ein Ordnungsprinzip, das um der Allgemeinheit willen Normen beim einzelnen durchsetzen will. Die Durchführung jedweder Betreuung darf nicht darauf abzielen, einen einheitlichen Versorgungsrahmen tatsächlich und jederzeit bei allen gleich auszufüllen. Auch organisatorisch läßt sich sicherstellen, daß Hilfen nur diejenigen erreichen, für die sie bestimmt sind. Der Verzicht auf ein Übermaß an Regelleistungen und der Ausbau fakultativer Angebote dienen der Menschlichkeit und der Wirtschaftlichkeit.

5. Unabdingbare Bestandteile der Betreuung sind Kommunikation und neben der physischen die psychische Aktivierung. Auch im Heim lebt der Mensch „nicht vom Brot allein". Zum Verständnis für psychosomatische Zusammenhänge tritt die Verpflichtung der Betreuer, im eigentlichen Wortsinn Seelsorger zu sein. Zuhören können und wollen, zu kleinen Dienstleistungen außerhalb der Routine bereit sein, Probleme erkennen und für sie die Fach- und Sachkunde Dritter abrufen, ein Partner im Gespräch und bei den alltäglichen Verrichtungen sein – dies ist die eine Seite. Auf der anderen steht die Vermeidung von Überbetreuung ebenso wie die Förderung unabhängiger Verhaltensweisen. Die Betreuer werden auf Selbständigkeit nicht negativ reagieren, sondern für Aktivitäten ausreichend Zeit lassen, Bemühungen und Fortschritte anerkennen. Nur in begründeten Ausnahmefällen werden Aufgaben für den alten Menschen und an ihm erledigt, zumeist jedoch durch und mit ihm. Dazu wird ihm Mut gemacht und „Hilfe zur Selbsthilfe" geleistet. Die Vermeidung einer Überforderung sollte dabei ebenso selbstverständlich sein wie der Respekt vor ernsthaften anderen Absichten und Wünschen.
6. An vorletzter Stelle möchte ich auf den glücklichen Umstand hinweisen, daß es immer mehr Beispiele für vorübergehenden Heimaufenthalt gibt. Ganz konkret darf das Ziel der Hilfen im Heim niemals der (noch so angenehme) Daueraufenthalt sein, wenn er auch weiterhin für viele als einzige Möglichkeit bleibt. Ärzte, Pflegepersonen, Therapeuten, Sozialarbeiter müssen im Gegenteil, wo immer möglich, die Entlassung aus der Institution und die Rückkehr in das gewohnte Leben zu erreichen versuchen. Die Chancen dafür sind gewaltig gewachsen: Pflegebedürftigkeiten lassen sich in vielen Fällen beseitigen oder erheblich verringern, Krankheiten und Krankheitsfolgen therapieren, persönliche und haushaltsmäßige Selbständigkeit trainieren. Bereits der sich immer wiederholende Vorgang, wonach jemand nicht nur lebendig herein-, sondern auch wieder herauskam, vermag eine positive Veränderung in der Einstellung zum Heimaufenthalt zu bewirken.
7. Im übrigen darf das Gefühl, aufgegeben und abgeschrieben zu sein, zu den hoffnungslosen Fällen zu gehören, bei keinem einzigen Menschen bestehen bleiben. Wenn Therapie, Pflege und Aktivierung an ihren Grenzen angekommen sind, muß anderes noch wirksamer werden. Es läßt sich als mitmenschliche Zuwendung, als Beistand und Begleitung beschreiben. Auch das allerletzte Stück Weges, das Ende, soll nicht in Angst und Verlassenheit erlebt werden. Bewußte Nähe, Dasein- und Dabeiseinwollen auch nach dem Aufhören aller Interventionen und rehabilitativen Bemühungen werden tröstend und stärkend helfen.

Pater Bernard Rüther, ein Nestor der Altenhilfe, hat von der Betreuung im Heim gewünscht, sie möge Hilfe zur täglichen Lebensbewältigung im Bewußtsein der Würde des Menschen sein. Vieles ist nötig, um dieses hohe Ziel zu erreichen. Wahr bleibt freilich auch, daß unsere Alten- und Pflegeheime nur so gut oder schlecht sein können, wie dies das Altersbild unserer Gesellschaft zuläßt. Der Umgang mit den alten Menschen im Heim reflektiert den Umgang mit alten Menschen außerhalb des Heims. Ihre Chancen drinnen entsprechen den Lebenschancen, die ihnen draußen eingeräumt werden. Für Art und Ziel der Betreuung gilt das ebenso wie für Behandlung und Pflege.

Literatur

Bundesminister für Jugend, Familie und Gesundheit (Hrsg) (1980) Zur Organisation pflegerischer Dienste in Altenpflege-/Altenkrankenheimen. Kohlhammer, Stuttgart Berlin Köln Mainz (Schriftenreihe, Bd Bd 82)

Bund-Länder-Arbeitsgruppe (Hrsg) (1981) Bericht Aufbau und Finanzierung ambulanter und stationärer Pflegedienste (unveröffentlicht)

Deutscher Verein für öffentliche und private Fürsorge (Hrsg) (1979) Nomenklatur der Veranstaltungen, Dienste und Einrichtungen der Altenhilfe. Eigenverlag des Deutschen Vereins, Frankfurt

Deutsche Zentrale für Volksgesundheitspflege (Hrsg) (1980) Interventionsmaßnahmen in Alten- und Pflegeheimen. Frankfurt

Gößling S, Knopp A (1980) Handkommentar zum Heimgesetz, 2. Aufl. Vincentz, Hannover

Wirtschafts- und Sozialwissenschaftliches Institut des Deutschen Gewerkschaftsbundes (Hrsg) (1975) Die Lebenslage älterer Menschen in der Bundesrepublik Deutschland. Bund – Verlag, Köln

Der psychotherapeutische Zugang zum Schwerkranken

J. Bastiaans

Die Behandlung von Schwerkranken und von unheilbar Kranken ist noch immer eine schwere Aufgabe. Wie man ihr am besten gerecht werden kann, ist in den letzten Jahren von Köhle, Simons und Urban im bekannten *Lehrbuch der psychosomatischen Medizin* von v. Uexküll (1979) eingehend beschrieben worden. Diese Autoren haben sich die Frage gestellt: „Nimmt der Umgang mit unheilbar Kranken eine Sonderstellung in der Medizin ein?" Sie wurde im bejahenden Sinne beantwortet:

„Arzt und Pflegepersonal sollten den Kranken helfen, die verbliebene Lebenszeit entsprechend ihrer Persönlichkeit optimal zu nutzen und gleichzeitig ihre physiologischen und psychologischen Lebenskräfte maximal zu mobilisieren. Der Kranke sollte darin unterstützt werden, die Integrität seiner Person und seine zwischenmenschlichen Beziehungen möglichst weitgehend aufrecht zu erhalten. Mit dem Arzt sollte er als informierter und selbständiger Partner bei der Behandlung seiner Erkrankung kooperieren. Dieses Arbeitsbündnis mit dem Arzt sollte zur emotionalen Stabilisierung beitragen und das rechtzeitige Erkennen und Verhindern gravierender emotionaler Komplikationen ermöglichen. Für Arzt, Schwestern und alle anderen an der Versorgung unheilbar Kranker Beteiligten ist es wichtig, die wesentlichen Faktoren zu kennen, die ihre Beziehung mit unheilbar Kranken beeinflussen: die Entwicklung des Patienten, den Prozeß des Trauerns, seine Auseinandersetzung mit der tödlichen Bedrohung, die eigenen Abwehrhaltungen und schließlich die Reaktion der Angehörigen des Patienten."

Bewußt und rational können wir selbstverständlich diesen Aussagen zustimmen. Wir wissen aber auch, daß es manche „hidden persuaders" gibt, die dem Erreichen dieser Ideale und der optimalen Annäherung an den schwer und unheilbar Kranken widerstreben. Die Intensität der erwähnten Abwehrhaltungen kann sehr stark sein. Deshalb möchte ich einige Aspekte der Abwehr bei den Ärzten, Schwestern und anderen Gesundheitshelfern einerseits und bei den Patienten und den Angehörigen andererseits genauer analysieren.

Bleuler (1975) hat darauf hingewiesen, wie wenig Zeit die Ärzte eigentlich für die Kommunikation mit den Patienten haben. Er sagt: „Es ist nicht mehr übertrieben festzustellen: der Arzt entfernt sich von der Seite des Kranken und der Kranke wird einsam. Wo der Arzt von der Seite des Kranken gewichen ist, drängen andere nach." Damit hat Bleuler recht. In Balint-Gruppen mit Medizinstudenten hören wir, wie die menschliche Kommunikation mit den Kranken in den Krankenhäusern manchmal den Studenten und dem Hauspersonal überlassen wird. Darum sagt Bleuler: „Wollen wir Ärzte bleiben, so ist wohl das Wichtigste, das wir tun müssen: verlassen wir den Kranken nicht, halten wir die Versuchungen, die uns von ihm ablocken, in ihren Schranken, und bleiben wir persönlich mit dem größten Einsatz unserer Zeit, unserer Arbeit und unseres Herzens nahe dem Kranken."

Köhle und seine Mitarbeiter haben eingehend beschrieben, daß die Distanzierung von den Patienten manchmal eine Schutzreaktion ist, und sie erwähnen, daß Ärzte in der Regel den Tod mehr fürchten als eine Vergleichsgruppe von Patienten. Starke, jedoch verdrängte Todesangst kann bei der Berufwahl von Ärzten als unbewußtes Motiv eine bedeutsame Rolle spielen. Eine bekannte Schutzreaktion ist Flüchten in andere Aktivitäten, und dazu gibt es heutzutage viele Möglichkeiten. Es ist bis jetzt kaum untersucht worden, wie die Kommunikations- und Gesprächstechnik für den Umgang mit Schwerkranken verbessert werden kann. Wenn man tatsächlich für diese Kommunikation wenig Zeit hat, ist es angezeigt, sie zumindest so effizient wie möglich zu nutzen. Das verlangt aber vom Arzt, daß er schnell verstehen kann, was sich im Innenleben des Patienten abspielt, wodurch er belastet ist, was er fürchtet und was die Krankheit und das drohende Ende des Lebens für ihn bedeuten. Das verlangt v.a. Erfahrung mit der Technik der Signalübersetzung, wie von mir in früheren Abhandlungen über die Technik der sog. Mikroanalyse des Gesprächs beschrieben wurde (Bastiaans 1969, 1971, 1976, 1980). Diese Technik umfaßt eine schnelle Übersetzung der vom Patienten gegebenen verbalen und nonverbalen Informationen, sowohl auf der Ebene der Lebensgeschichte wie auf der Ebene des „Hier und Jetzt." Immer soll man sich fragen: Warum spricht oder benimmt der Patient sich in diesem Moment auf diese Weise? Warum schweigt er, und auf welche Weise werden sein Sprechen und sein Schweigen auch von mir bedingt? Dabei soll der Therapeut wissen, was eine sog. gesunde Abwehrhaltung sowohl bei ihm selbst als auch beim Patienten beinhalten kann. Organische Symptomatik veranlaßt den Arzt manchmal dazu, nur die Entwicklung der Krankheit in Betracht zu ziehen, ohne zu spüren, daß es sich dabei auch um den „Notschrei" des Patienten handelt, selbst wenn dieser in larvierter oder verhüllter Form präsentiert wird. Für die meisten Patienten ist eine schwere Organerkrankung auch ein traumatisches Geschehen und ein traumatisches Erlebnis. Nur für eine Minderheit von Patienten kann eine solche Erkrankung eine Befreiung sein, im Sinne des Geborgenseins im Krankenhaus und Befreitseins von den Streßsituationen und Konflikten des alltäglichen Lebens. Aber auch dann bleibt die Frage, wie lange das Gefühl des Befreitseins dauern wird und ob auch solche scheinbar nicht traumatisierten Kranken auf die Dauer nicht ebensoviel Begleitung brauchen wie die von der Krankheit traumatisierten und manchmal auch seelisch isolierten Patienten.

Meiner Meinung nach sind die Kenntnisse und Erfahrungen der modernen psychiatrischen Traumatologie sehr wichtig für die Beantwortung der Frage, wie man die Kommunikation mit den Schwerkranken optimalisieren kann.

Die Essenz der psychiatrischen und psychosomatischen Traumatologie habe ich an anderen Stellen eingehend beschrieben. Ausgangspunkt für meine theoretischen und praktischen Betrachtungen waren die Beobachtungen bei und die psychotherapeutischen Erfahrungen mit Kriegsgeschädigten und psychosomatischen Patienten. Zusammenfassend wurde folgendes formuliert:

Wenn das seelische Gleichgewicht gestört wird, dann sind, wie bekannt, die ersten Erscheinungen des Versagens der Anpassungsstrategien: allgemeine und unspezifische Syndrome von Überempfindlichkeit, Reizbarkeit, Übermüdung und Angst. Solche Syndrome sind Manifestationen des erhöhten Erregungsspiegels und Symptom des Versuchs des Individuums, das Gleichgewicht wiederherzustellen. Der Organismus wird sozusagen zu besserer Anpassung oder zur richtigen Strategie für die Problemlösung stimuliert. Gelingt diese Anpassung, dann verschwindet die unspezifische Nervosität und der Organismus kehrt nach kurzer Zeit ins Gleichgewicht zurück. Gelingt es aber nicht, das Gleichgewicht schnell wiederherzustellen, dann ergeben sich 4 pathologische Verhaltensmöglichkeiten, Reaktionen oder Anpassungsstrategien:
1. Psychotische Reaktionen,
2. psychopathische Reaktionen,
3. psychoneurotische Reaktionen,
4. psychosomatische Reaktionen.

Der Zusammenhang dieser Reaktionen ist in Abb. 1 dargestellt. Obwohl der psychodynamische Konnex zwischen diesen Reaktionsformen noch nicht allgemein erkannt wird, bin ich der Meinung, daß dieses Modell sehr nützlich ist, v. a. für das Verstehen der Folgen psychischer Traumatisierung (Bastiaans 1974). Das KZ-Syndrom ist eine dieser Folgen, aber auch bei Schwerkranken kann man manchmal ähnliches beobachten.

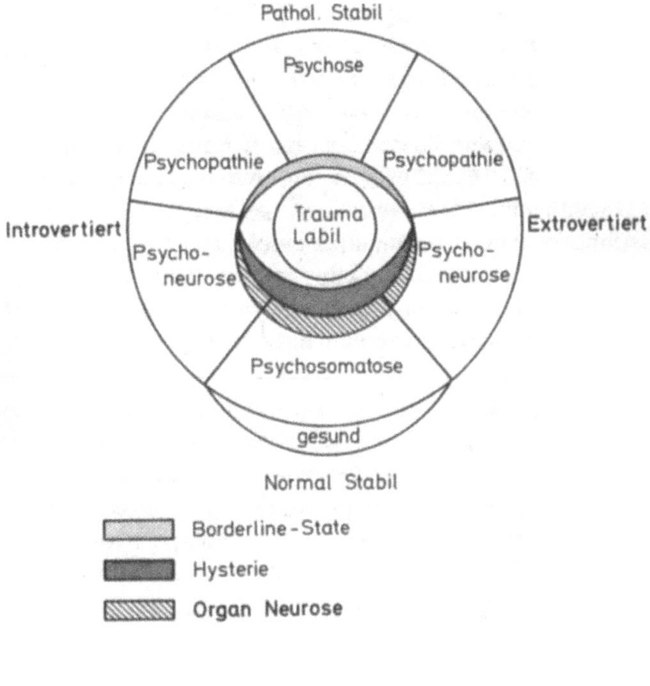

Abb. 1. Der Zusammenhang der unterschiedlichen psychiatrischen und psychosomatischen Syndrome

Was sind, insbesondere psychoanalytisch betrachtet, die Schwierigkeiten, denen man als Psychotherapeut bei der Behandlung solcher Folgen begegnen kann?

1. *Das Verstehen der Essenz des traumatischen Geschehens.* Für manche Therapeuten, insbesondere für diejenigen, die selber niemals eine traumatische Erfahrung hatten, kann es schwierig sein, sich mit geistig und körperlich schwer Geschädigten in der therapeutischen Situation zu identifizieren. Zumindest kann die erwünschte Empathie versagen. Viele Schwerkranke sind von der Abwehrhaltung gekennzeichnet: „Sie können mich nicht verstehen, wenn sie selbst so etwas nicht erfahren haben." In der Übertragung kann eine solche Abwehrhaltung nur dann richtig analysiert werden, wenn die empathische Annäherung des Therapeuten ausreicht.
2. *Die Intensität der Machtlosigkeit.* Viele Schwerkranke sind sehr auf die Erwartung fixiert, daß ihr Leben bald zum Ende kommt. Wenn sie in ihrer Vorgeschichte schon Unangenehmes erlebt haben oder irgendwann traumatisiert wurden, werden die damit assoziierten Erinnerungen aktiviert. Das Schmerzerleben nimmt stark zu, ebenso die Gefühle von Hoffnungslosigkeit, Hilflosigkeit und Machtlosigkeit.
3. *Die Intensität der Alexithymie.* Das moderne Konzept der Alexithymie eignet sich sehr gut für die klinische Beschreibung des Unvermögens der Schwerkranken, verbal zum Ausdruck zu bringen, was sie während ihrer Krankheit erleben. Oft denken die Ärzte nicht daran, wie sehr Schmerzerleben von Alexithymie gekennzeichnet ist. Solche Patienten können nicht verbalisieren, was eigentlich die Essenz ihrer Schmerzen ist. Das kann manchmal erst später, nach positivem Ablauf der Krankheit, geäußert werden. Alexithymie tritt v. a. dann in den Vordergrund, wenn die Patienten die Intensität der traumatischen Erfahrungen und der traumatischen Emotionen nicht verarbeiten können.
4. *Die Schwierigkeit, in der Übertragung die Essenz des Schwerkrankseins durchzuarbeiten.* Aus der Kriegspathologie wissen wir, daß es im Krieg an und für sich nur 2 Rollen gibt: die des Herrn und die des Sklaven. Hoppe (1971) nannte dieses Syndrom das „Master-slave-Syndrom". Bei Schwerkranken ergibt sich ähnliches. Die drohende Krankheit ist eigentlich der drohende und belastende Herr. Der Patient ist der Sklave, der sich diesem Herrn fügen muß. Einerseits nimmt dadurch die Machtlosigkeit an Intensität zu, andererseits kann man manchmal auch beobachten, wie sehr die Patienten in krampfhafter Weise versuchen, sich mit dem Herrn zu identifizieren. Dann machen sie den Eindruck, als ob sie die Krankheit ruhig akzeptieren können. Auf diese Weise bleiben sie „Herr im eigenen Hause". Auch besteht die Möglichkeit, daß die Kranken zwischen beiden Verhaltensmöglichkeiten nervös oszillieren.

Was ist nun die größte Gefahr dieser Schwierigkeiten für die Arzt-Patient-Beziehung? Meiner Meinung nach besteht sie im Induktionsphänomen. In der klassischen Psychiatrie kennt man das Krankheitsbild der Induktionspsychose sehr gut. Die Konsequenz der Aktivitäten der Induktoren für das Leben ihrer Mitmenschen brauchen wir kaum zu erwähnen. Viel weniger ist bekannt, daß es auch Induktionsneurosen gibt, die sich ebenso in der Arzt-Patient-Beziehung wie in der Übertragung manifestieren können.

Wenn man einem Schwerkranken begegnet, der durch seine Krankheit sehr deprimiert ist, so besteht die Gefahr, daß er bei den Ärzten und dem Pflegepersonal ein depressives Verhalten induziert. Am Ende des Interviews spricht man nur darüber, wie schrecklich alles in der Welt von heute ist. Wenn dagegen der Kranke paranoid reagiert, kann er in seiner Umwelt paranoische und paranoide Reaktionen hervorrufen, u.a. in dem Sinne, daß der Arzt, die Schwester oder die Angehörigen der Familie sich fragen, inwieweit sie von dem Kranken betrogen werden.

Wenn die Kranken dazu neigen, ihre Schmerzen durch Alkohol oder Psychopharmaka vergessen zu wollen, so kann es sein, daß auch die Umwelt von derselben Neigung infiziert wird. Leiden die Patienten unter Hypertonie und waren sie schon lange von einer hypertonischen Persönlichkeitsstruktur gekennzeichnet, dann kann man beobachten, wie sie sich, auch wenn sie schwerkrank sind, noch wie Tiger im Käfig benehmen. Sie reagieren dann sehr gespannt und ruhelos. Eine solche Spannung können sie aber auch in ihrer Umwelt auslösen. Es kann dann zu peinlichen Vorwürfen kommen, z.B. von seiten der Ärzte in der Beziehung zum Pflegepersonal oder in der Beziehung zu den Patienten.

Bei Herzinfarktpatienten trifft man sehr häufig das Herzinfarktverhalten im Sinne des Typus A von Friedman und Roseman an. Solche Patienten versuchen, immer alles selbst zu organisieren. Was sie tun, wird schnell akzelerierend durchgeführt. Dadurch können sie ein ähnliches Verhalten in der Umwelt auslösen. Pelser (1967) hat darauf hingewiesen, daß solche Patienten am meisten fürchten, passiv zu sein, v.a. deshalb, weil für sie Passivität synonym ist mit Machtlosigkeit. Auch in solchen Fällen kann man die unterschiedlichen Rollen des „Master-slave-Syndroms" beobachten. Der Arzt will für solche Patienten fast alles sofort organisieren. Der Patient soll vollkommen ruhig sein. In der Notaufnahme und in der Intensivstation wird er als ein machtloses Objekt behandelt. Leider wird der Patient gerade dadurch beunruhigt. In einer solchen Atmosphäre erhöht sich die Spannung sowohl beim Kranken als auch in der Umwelt. Die Gefahr der Verschlimmerung der Krankheit ist dann sehr groß.

Wenn das Gefühl von Machtlosigkeit, bewußt oder unbewußt, die Arzt-Patient-Beziehung beherrscht, so besteht die Gefahr, daß man zu wenig für den Patienten tut. Wenn aber in der Abwehr eine Überaktivität die Situation kennzeichnet, kann das psychosomatische Gleichgewicht des Patienten noch weiter gestört werden.

Bei Dialysepatienten kann es sein, daß ihr charakterologisch bedingtes Schweigen auch Schweigen in der Arzt-Patient-Beziehung induziert. Dann kommt es nicht zu einem entspannten Gespräch, Ängste und seelische Schmerzen werden nicht entdeckt. So bleibt der Patient allein gerade in den Momenten, in denen er Hilfe braucht.

Schließlich möchte ich noch etwas über Krebspatienten sagen. Die Problematik der Krebsentstehung ist Gegenstand der Forschung in der heutigen psychosomatischen Medizin. Grossarth-Maticek (1979) hat ausführlich beschrieben, wie Krebspatienten durch ein bestimmtes Verhalten gekennzeichnet sind. Sie haben eine rigide, harmonisierende und idealisierende, kognitive Orientierung. Um jeden Preis erstreben sie ein harmonisches Verhältnis zu ihren Mitmenschen. Wenn sich durch bestimmte ungünstige Lebensereignisse die Möglichkeit einer erstrebten harmonischen Beziehung nicht realisieren läßt, dann tauchen emotionale Reaktionen auf, die sich der kognitiven Kontrolle ständig entziehen. In der Vorgeschichte ergeben sich starke traumatisierende Situationen, deren Bedeutung und pathologische Wirkung geleugnet und verdrängt wird. So entstehen bei diesen Patienten maskierte Depressionen, welche nicht als solche anerkannt werden. Es kommt nicht zur Expression des Erlebten und in der Verdrängung wird auch biochemisch der Organismus weiter zerstört.

Diese Persönlichkeitsstruktur oder das mehr oder weniger spezifische Verhalten der Krebspatienten kann dazu führen, daß im ärztlichen Gespräch ebenfalls alles geleugnet und verdrängt wird. Solche Gespräche verlaufen dann im harmonisierenden oder idealisierenden Stil; über die Möglichkeit einer traumatischen Vorgeschichte wird nicht gesprochen. Es wird nur auf die Schwierigkeiten bei der Anpassung an die Situation nach dem chirurgischen Eingriff geachtet. Auch das kann Folge der Induktion sein. Auf diese Problematik wurde schon vor Jahren von Balint hingewiesen. Sobald die Diagnose gestellt ist, schweigen Patient und Arzt, als ob das Thema der Krebsentwicklung tabu geworden ist.

Selbstverständlich wird die Intensität der Induktion nicht nur bedingt von den Abwehrhaltungen der Patienten, sondern auch von den Abwehrhaltungen der Umwelt. Wenn man einmal verstanden hat, wie infektiös die Hauptstrategien der pathologischen Abwehr der Patienten eigentlich sind, so wird man darauf achten, sobald im Gespräch die ersten Symptome der Induktion erkennbar werden. Darum kann ich nur empfehlen, darauf beim Training des ärztlichen Interviews systematisch zu achten.

Literatur

Bastiaans J (1969) Vertaling van de Klacht. Taal en Gezondheid 40: 23–39

Bastiaans J (1971) Die Übersetzung der Klage. Psychother Med Psychol 21: 167–182

Bastiaans J (1974) Neue psychodynamische und psychobiologische Aspekte der Hysterie. Prax Psychother 19: 4

Bastiaans J (1976/1980) Das erste Gespräch mit psychosomatischen Patienten. In: Jores A (Hrsg) Praktische Psychosomatik. Huber, Bern, S 76–92

Bastiaans J (1979) Models of teaching psychobiological medicine to medical students. Bibl Psychiatr., 159: 48–61

Bastiaans J (1982) Vom Menschen im KZ und vom KZ im Menschen. In: Henseler H, Kuchenbuch A (Hrsg) Die Wiederkehr von Krieg und Verfolgung in Psychoanalysen. Interne Herausgabe der Mitteleuropäischen Vereinigungen, Ulm Berlin

Bleuler M (1975) Gefährdete Psychiatrie und gefährdete Berufung zum Arzt. Schweiz Aerztez 20: 741–780

Friedman M, Rosenman RH (1960) Overt behavior pattern in coronary disease. JAMA 173: 1320–1325

Grossarth-Maticek R (1979) Krankheit als Biographie. Kiepenheuer & Witsch, Köln

Hoppe KD (1971) The Master-Slave-See-Saw Relationship in Psychotherapy. Reiss Davis Clin. Ball. 8/2: 117–125

Köhle K (1979) Klinisch-psychosomatische Krankenstationen. In: Uexküll T von (Hrsg) Lehrbuch der psychosomatischen Medizin. Urban & Schwarzenberg, München Wien New York, S 299–326
Pelser HE (1967) Psychological aspects of the treatment of patients with coronary infarct. J Psychosom Res 11: 47–49
Uexküll T von (1979) Lehrbuch der psychosomatischen Medizin. Urban & Schwarzenberg, München Wien New York

Ein Konzept zur Bearbeitung von psychologischen Problemen auf Schwerkrankenstationen*

K. Köhle

Einleitung

Die Aufforderung der Herausgeber, über „die Bearbeitung psychologischer Probleme auf Schwerkrankenstationen" zu berichten, enthält 2 Aufgaben:
1. die gegenwärtige Situation zu klären und
2. Verbesserungsmöglichkeiten zu prüfen.

Die Klärung der gegenwärtigen Situation wird dabei auch grundsätzliche Fragen, wie die nach der Berücksichtigung psychologischer Gesichtspunkte in der Theorie der Heilkunde, einbeziehen müssen; erst im Anschluß hieran können Überlegungen für erweiterte Versorgungskonzepte entwickelt werden. Als ein Beispiel hierfür werde ich unser Ulmer Konzept einer „internistisch-psychosomatischen Krankenstation" sowie erste Ergebnisse einer empirischen Überprüfung dieses Arbeitsansatzes vorstellen.

Die *Bezeichnung „schwerkrank"* bedarf einer Klärung. Verbindliche Definitionen liegen ebensowenig vor wie Konventionen für die klinische Praxis. In erster Annäherung an den durchschnittlichen Sprachgebrauch muß wohl mehr als die Hälfte aller Kranken, die an einem Schwerpunktkrankenhaus – zumindest im Bereich der inneren Medizin – stationärer Behandlung und Pflege bedürfen, als „schwerkrank" bezeichnet werden.

Für eine nähere Bestimmung bieten sich 2 Möglichkeiten an:
1. Eine mehr subjektive Einstufung der Patienten durch die behandelnden Ärzte hinsichtlich des Schweregrads der Erkrankung (Kriterium ist v. a. die aktuelle Beeinträchtigung vitaler Funktionen) und der Prognose. Die Ärzte der später beschriebenen internistisch-psychosomatischen Krankenstation ordneten bei jeweils 3 vorgegebenen Kategorien 25% der Patienten (n = 314) dem Schweregrad „hoch" und 33% der Prognose „ungünstig" zu.
2. Eine eher objektive prognostische Einstufung anhand der zu den jeweiligen Krankheitsbildern in der Literatur vorhandenen katamnestischen Daten (mittlere

* Mit Unterstützung der Deutschen Forschungsgemeinschaft (Sonderforschungsbereich 129, Teilprojekt B 5: „Therapeutische Beziehungen auf einer internistisch-psychosomatischen Krankenstation")

Überlebenszeit). Danach stuften wir 36% der Kranken (n = 998) als „zum Tode krank" ein. Kriterien waren: mittlere Überlebenszeit ≦ 2 Jahre („unheilbar krank") oder/und Mortalitätsrisiko ≧ 30% innerhalb von 3 Monaten („akut gefährdet").

Die Bedeutung psychologischer Probleme bei der Versorgung Schwerkranker

Art der Probleme

Im Vordergrund stehen psychische Reaktionen auf Folgen der körperlichen Erkrankung. Prototypisch sind Angst und depressive Verstimmung als Folge von Funktionseinschränkungen und Schmerzen, aber auch als Ergebnis von Befürchtungen und Phantasien, die sich auf die künftige soziale Rolle in Familie und Beruf beziehen. Aggressive Affekte entstehen in erster Linie als Folge der krankheitsbedingten Einbußen im Bereich des Selbstwerterlebens und der Bedürfnisbefriedigung, aber auch in der Folge enttäuschter, an die Medizin gerichteter Erwartungen auf Heilung oder Linderung des Leidens. Gegen das Erleben der Bedrohung gerichtete Abwehrvorgänge, v.a. überstarke Verleugnung, können die Kooperationsfähigkeit des Kranken erheblich einschränken und Ärzte und Schwestern in ihrem Bemühen, dem Patienten zu helfen, behindern. Eine Bearbeitung solcher Probleme ist oft schon deshalb erforderlich, um die diagnostischen und therapeutischen Maßnahmen überhaupt oder unter günstigeren Bedingungen durchführen zu können. Insbesondere intensivere, apparativ aufwendigere Therapie- und Rehabilitationsmaßnahmen kommen dem Patienten oft erst dann voll zugute, wenn seine Kooperationsfähigkeit nicht mehr durch psychische Probleme eingeschränkt wird; aber auch an sich einfachere Routinemaßnahmen, wie etwa die Schmerzbehandlung, lassen sich oft nur unter Berücksichtigung der emotionalen Probleme rational durchführen.

Für das Verständnis der als Reaktion auf die Krankheit auftretenden psychologischen Probleme ist es wichtig, ihren Zusammenhang mit der jeweils individuellen, subjektiven Bedeutung der Krankheit für den Betroffenen und seiner prämorbiden psychischen und sozialen Situation zu kennen.

Stand der Forschung

Im ganzen besteht ein ausgesprochenes Defizit an systematischen empirischen Studien zur Bedeutung psychologischer Probleme in der Versorgung Schwerkranker. Günstiger ist die Situation lediglich für einzelne Patientengruppen: Herzinfarktkranke in der akuten Phase, unheilbar Kranke, insbesondere Patienten mit malignen Neubildungen, sowie Kranke, die auf apparative therapeutische Hilfen angewiesen sind (Dialyse, künstliche Beatmung, Schrittmacher). Aber auch bei den genannten Patientengruppen werden die sich aus der Forschung ergebenden Konsequenzen nur an sehr wenigen Zentren in die Praxis umgesetzt. Als Hinweis auf den Ist-Zustand in der Praxis soll hier ein Befund zur Situation an der Schnittstelle zwischen somatischen und psychologischen Problemen dienen: Angell (1982) weist in einer Übersichtsarbeit darauf hin, daß trotz der heute vorhandenen Möglichkeiten analgetischer Therapie Schmerzzustände bei körperlich schwerkranken Patienten unerwartet häufig noch ganz unzureichend behandelt werden.

Der gegenwärtige Forschungsstand läßt so insgesamt nur eine erste Orientierung über die psychologischen Probleme bei der Versorgung Schwerkranker zu. Dies ist zugleich eine Aussage über den Stellenwert, den die wissenschaftliche Medizin diesen Problemen einräumt.

Häufigkeit. Aufgrund sorgfältiger amerikanischer Studien ist davon auszugehen, daß im Bereich der inneren Medizin bei 50–80% aller stationär Behandelten eine erhebliche oder entscheidende Beteiligung psychosozialer Faktoren am Krankheitsbild anzunehmen ist (Übersicht: Köhle u. Joraschky 1981). Engelhardt et al. (1973) konnten in Kiel nur bei 28% sorgfältig untersuchter internistischer Patienten (n = 120) keinen Einfluß der persönlichen Vorgeschichte auf die Beschwerden nachweisen. Bei 30% von 123 Patienten der von uns untersuchten internistischen Allgemeinstation waren psychosoziale Faktoren wesentlich an der Pathogenese beteiligt; bei 33% der Kranken bestanden erhebliche Probleme im Bereich der Krankheitsverarbeitung, bei 7% im Bereich des Krankheitsverhaltens; weitere 7% litten an Durchgangssyndromen bzw. Funktionspsychosen.

Auch die Inanspruchnahme psychosomatischer Konsiliardienstangebote vermag erste Hinweise auf die Mindesthäufigkeit der gravierendsten Probleme zu geben: Solche Angebote werden in verschiedenen Ländern für etwa 10% aller internistischen Patienten in Krankenhäusern genutzt (Übersicht: Köhle u. Joraschky 1981). Dieser Wert ist – wie zu erwarten – besonders stark von Quantität und Qualität des Angebots abhängig.

Folgen für den Krankheits- bzw. Behandlungsverlauf. Die wenigen *Verlaufsstudien* sprechen für einen großen Einfluß psychosozialer Belastungsmomente auf den weiteren Krankheits- und Rehabilitationsverlauf.

Bei den von Querido (1959) untersuchten 1630 stationär behandelten internistischen Patienten erwiesen sich psychosoziale Belastungsfaktoren als signifikante Prädiktoren für den weiteren Verlauf: Nur 29,6% der später als gesund entlassenen Patienten hatten unter solchen Belastungen zu leiden, dagegen 70,4 der Kranken mit ungünstigem Verlauf. Umgekehrt betrachtet: Weniger als ein Drittel der psychisch belasteten Patienten erholte sich nach dem Krankenhausaufenthalt, während dies für mehr als die Hälfte der Gesamtgruppe zutraf. In dieser prospektiven Studie ließ sich die Prognose im übrigen aufgrund der psychosozialen Kriterien wesentlich zutreffender stellen als aufgrund somatischer Befunde.

Bei Herzinfarktkranken korreliert die Art der emotionalen Reaktionen und der Krankheitsverarbeitung in der ersten Zeit nach Infarkteintritt mit dem späteren Rehabilitationsergebnis (Cay et al. 1976). 52% der Patienten, bei denen während des Krankenhausaufenthaltes keine ausgeprägte emotionale Erregung beobachtet worden war, befanden sich nach 4 Monaten wieder voll im Arbeitsprozeß, dagegen nur 36% derjenigen Patienten, die nach Krankheitseintritt unter Angst und Depression gelitten hatten. Die Prognose für die Rehabilitation verschlechterte sich mit dem Grad der emotionalen Störung: Nach einem Jahr waren lediglich 29% der Patienten mit schweren Angstzuständen und Depressionen wieder auf ihrem früheren Berufsniveau tätig, im Vergleich zu 45% der Patienten mit milden Störungen und 64% der Kranken ohne emotionale Probleme. Patienten, die die Arbeit nicht wiederaufnahmen, gehörten überwiegend der Gruppe derjenigen an, die bei Krankheitsbeginn besonders ausgeprägt pathologisch reagiert hatten. Nach einem Jahr arbeiteten aus dieser Gruppe 31% noch nicht wieder, gegenüber 12% der übrigen Kranken.

Interventionsstudien liegen v. a. für Herzinfarktkranke vor. Sowohl während der Phase der Akutbehandlung auf Intensiv- und Allgemeinstationen als auch während der Rehabilitation vermögen ergänzende psychotherapeutische und sozialtherapeutische Ansätze den weiteren Krankheitsverlauf und/oder die soziale Anpassung deutlich zu verbessern (Übersicht: Köhle u. Gaus 1981). Als entscheidende Voraussetzung für eine angemessene Planung von Behandlungs- und Rehabilitationsmaßnahmen erwies sich dabei die frühzeitige und miteinander verbundene Diagnose körperlicher, psychischer und sozialer Behinderungen, wie dies nur in einem integrativen Versorgungsansatz möglich ist (Cay et al. 1976).

Zum Umgang mit den psychologischen Problemen Schwerkranker auf traditionellen Krankenstationen

Systematische Studien, die eine zuverlässige Beurteilung der Qualität psychologischer Versorgung von Schwerkranken zuließen, liegen bisher noch nicht vor. Es gibt jedoch zahlreiche Hinweise darauf, daß in diesem Bereich ein ausgeprägtes Defizit besteht, das nicht nur die durchschnittliche Praxis der klinischen Medizin, sondern auch die ihr zugrundeliegenden Konzeptionen betrifft. Ich gehe hier nur auf wenige zentrale Gesichtspunkte ein; unberücksichtigt bleibt v. a. auch das Problem der Aufklärung und Information der Patienten (vgl. den Beitrag von Meyer in diesem Band und Raspe 1979 b). Wesentlich erscheint mir, daß Ärzte und Schwestern über die psychologischen Probleme der von ihnen betreuten Kranken meist völlig unzureichend informiert sind und dazu tendieren, dem Umgang mit schwerkranken Patienten eher auszuweichen, und daß all die vielfältigen Wechselbeziehungen, die sich auf Krankenstationen zwischen Personal und Patienten abspielen, hinsichtlich ihrer Nützlichkeit oder Schädlichkeit für die Krankenbehandlung völlig unreflektiert bleiben. Das heißt, daß der Umgang zwischen Personal und Patient weitestgehend rationaler Klärung und Kontrolle entzogen ist. Schließlich behindert die derzeitige Organisation der klinischen Arbeit ein patientengerechteres Vorgehen.

Das Wissen von Ärzten und Pflegepersonal über die psychischen Probleme ihrer Patienten

Ausreichendes Wissen um die psychischen Probleme ist die Hauptvoraussetzung für die Entwicklung entsprechender Hilfestellungen. Zu diesem Wissen gehören Kenntnisse über die Biographie, über die aktuelle Lebenssituation, über die Adaptationsfähigkeit während vorausgegangener Belastungen ebenso wie die Kenntnis der subjektiven Vorstellungen und Phantasien des Patienten über seine Krankheit.

Engelhardt et al. (1973) haben in Kiel den Kenntnisstand von Ärzten und Krankenschwestern einer medizinischen Klinik über die Person der von ihnen betreuten Kranken (n = 120) sorgfältig untersucht. Nur bei 10% der Patienten wußte der Arzt um deren persönliche Situation, bei mehr als 50% der Kranken hatte er keine bzw. falsche Vorstellungen von deren persönlichen Belangen; er hatte sich mit ihnen nur über Symptome und Beschwerden der körperlichen Erkrankung unterhalten. Bei 33% der Patienten waren die Kenntnisse zwar etwas besser, reichten jedoch für eine Beurteilung der Situation des Patienten in keiner Weise aus. Das Wissen der Schwestern entsprach recht genau demjenigen der Ärzte.

Ausweichende Reaktionen gegenüber Schwerkranken

Sozialwissenschaftliche Untersuchungen haben wiederholt darauf hingewiesen, daß Ärzte und Schwestern gegenüber Schwerkranken bzw. Patienten mit ungünstiger Prognose zu ausweichendem Verhalten neigen. So nimmt die Informationsbereitschaft von Ärzten mit zunehmendem Schweregrad bzw. schlechter werdender Prognose der Erkrankung ab (Raspe 1979b). Diese Patienten haben auch eine wesentlich geringere Chance, vom Arzt Fragen beantwortet zu bekommen, die sie während der Visite an ihn richten (Siegrist 1976). Äußern diese Patienten während der Visite Affekte, gehen die Ärzte seltener darauf ein als bei Leichtkranken (Koch et al. 1982). Schwestern reagieren zögernder, wenn diese Kranken nach ihnen läuten (LeShan u. Glassmann 1958). Alles spricht dafür, daß Ärzte und Schwestern entgegen den Normen ihrer Rollen und ihrem beruflichen Selbstverständnis dem Umgang mit solchen Patienten, die sie subjektiv belasten (vgl. auch Glaser u. Strauss 1974), eher ausweichen. Dies hängt m. E. auch damit zusammen, daß dem Personal im Krankenhaus für diese Belastungen keine Hilfestellungen angeboten werden.

Wechselseitige Beziehungen zwischen Patienten und Stationspersonal

Die immer vorhandenen Zusammenhänge von Einstellungen und Verhalten des Personals mit dem Erleben und Verhalten der Patienten werden bisher für die Gestaltung der klinischen Arbeit kaum berücksichtigt. Von Weizsäcker machte auf dieses Defizit bereits 1925 aufmerksam: „Pflegerin und Arzt erzeugen zugleich aber eine eigene Kategorie von seelischen Erlebnissen ... eine Milieuwirkungsmasse, die jedenfalls als ein total unkontrollierbarer Faktor in die Behandlung um so mehr miteingeht, weil er an die ärztlichen Handlungen unlösbar geknüpft ist. Dies letztere und eigentlich Entscheidende macht oft die Behandlung einer Neurose überhaupt zur Unmöglichkeit".

Diese Wechselwirkungen haben tiefgehende Einflüsse auf die Patienten, bis hin zu ihrem Befinden. So fand Ridder (1980) signifikante Zusammenhänge zwischen dem von den Kranken angegebenen Einschlafverhalten und der Einschätzung des Betriebsklimas auf der Station durch die dort tätigen Schwestern. Die Patienten gaben um so häufiger Einschlafschwierigkeiten an, je schlechter die Schwestern das Betriebsklima einstuften, je weniger qualifiziert nach ihrer Ansicht die Vorgesetztenposition besetzt war, je seltener die Arbeitsschritte aus ihrer Sicht (als Kennzeichen von Bürokratie) vorhersehbar waren, je mehr der Kranke abgewertet wurde und je engmaschiger das mündliche Kontaktnetz unter den Schwestern war, das den Patienten unvermeidlich ausschließt.

Wir selbst fanden Hinweise auf einen systematischen Zusammenhang zwischen einem patientenzentrierten Verhalten des Nachtpflegers bei der abendlichen Begrüßung der Patienten und der Häufigkeit der nächtlichen Rufe der Patienten (Geist et al. 1976).

Diese unreflektierten Wechselwirkungen in den Beziehungen zwischen Personal und Patienten beeinflussen in irrationaler Weise auch Entscheidungsprozesse in der Krankenversorgung, z. B. die Überweisung von Patienten an Psychosomatiker bzw. Psychiater. Die Analyse solcher Überweisungen ergab, daß die Anforderungen weder quantitativ noch qualitativ der von Fachleuten eingeschätzten tatsächlichen Problematik der Patienten entsprach, sondern unerwartet häufig Ergebnis einer Interaktionskrise zwischen dem behandelnden Arzt bzw. Pflegepersonal und den betreffenden Patienten war. Dem entspricht auch die Häufigkeit, mit der psychische Probleme scheinbar gut angepaßter, v. a. depressiv zurückgezogener Patienten übersehen werden (Übersicht: Joraschky u. Köhle 1981).

Äußere Bedingungen und Organisation der klinischen Arbeit

Auf traditionellen Krankenstationen steht i. allg. nur sehr wenig Zeit für Gespräche zur Verfügung. Nach dem Aufnahmegespräch ist die tägliche Visite normalerweise die einzige systematische Möglichkeit für ein Gespräch zwischen Arzt und Patient (Erdmann et al. 1974; Raspe 1979 b). Für die Visite stehen jedoch pro Tag und Patient durchschnittlich nur ca. 3,5 min zur Verfügung, davon können nur 30–60% für das Gespräch *mit* dem Kranken genutzt werden; den Rest der Zeit nehmen andere Aufgaben, wie die Diskussion von Befunden, die klinische Untersuchung, Therapiekontrolle und organisatorische Absprachen in Anspruch (Jährig u. Koch 1982; Raspe 1979 a, 1982; Siegrist 1976).

Im Pflegebereich behindert oft schon der organisatorische Ansatz die Entwicklung von intensiveren Beziehungen zu den Kranken; in der sog. Funktionspflege wird die Arbeit unter dem Gesichtspunkt (zweck-)rationaler Organisation aufgeteilt. Ungeklärt ist, inwieweit diese Arbeitsteilung auch als Schutz vor einer zu belastenden Intensivierung der Beziehung mit den Kranken dient. Diesem Schutz dienen auch individuelle Abwehrhaltungen von Ärzten und Schwestern (vgl. Köhle et al. 1981). Alle bisherigen Erfahrungen sprechen dafür, daß diese Abwehrhaltung durch Weiterbildungsangebote, die sich auf ein besseres Verständnis der psychischen Probleme Schwerkranker und eine Bearbeitung der Beziehungen zwischen Personal und Schwerkranken – wie etwa in Balint-Gruppen – richten, alleine nicht abgebaut werden können. Durch derartige Maßnahmen läßt sich zwar das Verständnis bei Ärzten und Schwestern für die Probleme von Schwerkranken verbessern, ihr konkretes Handeln verändert sich trotz entsprechender Motivation meist nicht; das Handeln wird stark von den Gesetzen des gesamten Betriebsablaufs im Krankenhaus mitbestimmt; Änderungen des Verhaltens scheinen eine Vergrößerung des institutionellen Spielraums sowie die Möglichkeiten zur konkreten Einübung der neuen Verhaltensweisen und der entsprechenden neuen Rollenauffassung zur Voraussetzung zu haben.

Zum Zusammenhang zwischen traditioneller Praxis und Einschränkungen in der Theorie der Heilkunde

Die beschriebenen Defizite in der klinischen Praxis lassen sich nicht auf ein unzureichendes Engagement oder gar Versagen von einzelnen im Krankenhaus tätigen Personen zurückführen, wie es sicher zu unrecht etwa im Rahmen der Diskussion zum Thema „Mehr Humanität im Krankenhaus" immer wieder geschieht. Das dargestellte Defizit ist m. E. vor allem darauf zurückzuführen, daß der heutigen klinischen Medizin in zu ausschließlicher, oft geradezu dogmatischer Weise die naturwissenschaftliche Betrachtungsweise zugrunde liegt. Eine Klärung dieses grundlegenden Problems hat der Entwicklung neuer Konzepte für die Bearbeitung psychologischer Probleme Schwerkranker vorauszugehen.

Ich fasse zunächst thesenhaft zusammen: Solange in der Medizin einseitig nur eine naturwissenschaftliche Betrachtungsweise zur Anwendung kommt, das wissenschaftliche Bild vom Menschen konsequenterweise nur ein biologisches sein kann, so lange müssen psychologische Gesichtspunkte auch aus der Praxis der wissenschaftlichen Medizin ausgeklammert bleiben. Will man den psychologischen Gesichtspunkten gerecht werden, so ist eine Erweiterung des wissenschaftlichen Ansatzes in der Medizin durch Ansätze der Sozialwissenschaften zu einer „psychosomatischen Betrachtungsweise" zu fordern. Diese Aufgabe möchte ich im einzelnen erläutern.

Will der Arzt seinem Handeln eine psychosomatische Betrachtungsweise zugrunde legen, so steht er zunächst vor der Frage, wie er die benötigten „Daten" gewinnen kann. Um den Patienten in *seiner* Situation und mit *seinen* Reaktionen verstehen zu können, genügt es nicht, ihn einfach nach belastenden „Ereignissen" in seinem Leben zu befragen. Der Mensch reagiert ja nicht nur auf „objektive" Umgebungsreize, sondern er lebt in seiner eigenen, „individuellen Wirklichkeit" (von Uexküll); die Ereignisse seiner Umgebung haben für ihn eine jeweils individuelle, subjektive Bedeutung, die sich im Zusammenhang mit der Lebensgeschichte entwickelt hat. Diese Bedeutung ist dem Bewußtsein oft nicht zugänglich und kann vom Kranken oft nicht unmittelbar kommuniziert werden. Der Arzt muß nun versuchen, auf eine ihm bisher nicht gewohnte Art Zugang zu dieser individuellen Wirklichkeit seiner Patienten zu gewinnen. Hierbei hilft ihm – neben dem *gemeinsamen* Bemühen um Verständigung im Gespräch –, daß der Kranke auch seine Beziehung zum Arzt entsprechend seiner Individualität gestaltet und damit den Arzt, wenn dieser es nur zuläßt, in seine individuelle Wirklichkeit einbezieht. Voraussetzung ist, daß der Kranke die Beziehung zum Arzt tatsächlich mitgestalten kann, daß er in sie tatsächlich seine Bedürfnisse einbringen und in diesem Beziehungsfeld *seine* Verhaltensmuster darstellen kann. Der Arzt stellt sich damit dem Kranken zur Verfügung, läßt sich von ihm „benutzen“, damit der Kranke der entstehenden gemeinsamen Beziehung Gestalt geben kann. In diesem Sinne läßt sich der Arzt vom Kranken bewegen und benützt anschließend seine eigene Mitbewegung als Erkenntnismöglichkeit. Er reflektiert seine emotionalen Reaktionen und versucht, diese als *auch* vom Patienten ausgelöst zu verstehen.

In der psychosomatischen Betrachtungsweise wird so die Analyse der Beziehung zwischen Arzt und Patient zum wichtigsten „Instrument“ in Diagnostik und Therapie. Überspitzt formuliert, wird damit die Klärung der Beziehung zwischen Arzt und Patient wichtiger als die Kenntnis vieler Einzelheiten über den Patienten. Von Weizsäcker schreibt bereits 1925: „Nicht darum handelt es sich in erster Linie, auch das außertherapeutische Milieu des Kranken zu verändern und zu beherrschen, sondern darum, die Tragweite aller Handlungen des Arztes zu erkennen.“

Damit wird das Verhältnis zwischen einer solchen psychosomatischen und einer rein „naturwissenschaftlichen Betrachtungsweise“ in der Medizin deutlicher: Solange die Medizin pathologisch veränderte Organstrukturen und gestörte Organfunktionen zum Gegenstand hat, kann die Erhebung der Befunde – zumindest im Prinzip – durch innerlich unbeteiligte, beliebig austauschbare Beobachter vorgenommen werden. Die Einflüsse der Persönlichkeit des Beobachters bei wissenschaftlichem Vorgehen müssen systematisch ausgeschaltet werden, wie dies etwa im sog. Doppelblindversuch geschieht. Sie gehören, wie etwa die Zuwendung des Arztes zum Kranken, zu den nicht kontrollierten Randbedingungen, sie sind Störfaktoren. Verkürzt formuliert, muß der Arzt bei Anwendung naturwissenschaftlicher Methodik darum bemüht sein, „sich selbst in seinen Urteilen auszuschalten“ (Pearson 1911), während der psychosomatische Zugang von ihm verlangt, sich in Gegenseitigkeit in eine Beziehung zum Kranken einzulassen, diese Beziehung systematisch zu klären und als Instrument zu benutzen. Während im ersten Fall wissenschaftliches Vorgehen mit dem Ausschluß der Subjektivität des Untersuchers verbunden ist, gilt Wissenschaft im zweiten nach von Weizsäcker „als eine redliche Art des Umganges von Subjekten mit Objekten“ oder: „Die Begegnung, der Umgang wird zum Kernbegriff der Wissenschaft erhoben.“

Vordringliche Aufgabe einer psychosomatischen Betrachtungsweise in der Medizin ist es damit auch, die durch die naturwissenschaftliche Betrachtungsweise systematisch aus der Medizin ausgeschlossenen Bereiche, v.a. die Emotionen und menschlichen Beziehungen, wieder in die Medizin eingliedern zu helfen – auch wenn der Ausschluß einmal aus gutem Grund geschah und zunächst den Fortschritt der Medizin entscheidend förderte. Vom Gelingen entsprechender integrativer Arbeitsansätze wird es abhängen, ob die Entwicklung der Medizin in Richtung auf 2 verschiedene und sich gegenseitig ausschließende Heilkunden aufzuhalten ist. Von Uexküll (1981) hat darauf aufmerksam gemacht, daß es heute mindestens 2 Heilkunden gibt, „eine Medizin für den Körper ohne Seele und eine Medizin für die Seelen ohne Körper". Die Mehrzahl der Patienten habe in beiden Bereichen Probleme und werde damit in unserem geteilten System zwangsläufig unzureichend versorgt: Entweder werde ein Teil ihrer Problematik übersehen oder, was noch verhängnisvoller sein könne, falsch gedeutet.

Diese Situation möchte ich an einem klinischen Beispiel illustrieren:

Im psychosomatischen Studentenpraktikum sollte ein 62jähriger Diabetiker vorgestellt werden, der seit 6 Monaten an rezidivierenden Hypoglykämien litt, die mehrfach zum Koma geführt hatten. Die Studenten waren enttäuscht, von einer psychosomatischen Betrachtung erwarteten sie bei diesem Kranken nichts.

Der Diabetes bestand seit 40 Jahren, war mit Insulin immer gut eingestellt, gravierende Organkomplikationen waren bisher nicht aufgetreten. Der Patient befand sich bereits seit über 20 Wochen in verschiedenen Kliniken; alle diagnostischen und therapeutischen Maßnahmen hatten weder eine Klärung dieses Leidens noch Besserung gebracht.

Der Patient eröffnete das Interview mit der Bemerkung, er sei jetzt schon 20 Wochen in Kliniken, ohne daß man eine Ursache für seine Störung habe finden können. Immer sei der Diabetes gut eingestellt gewesen, die jetzige Störung müsse doch irgendeine Ursache haben. Zwar seien in der Zeit vor dem Ausbruch der jetzigen Krankheit 4 seiner nächsten Angehörigen gestorben, und er habe seinen Arzt auch gefragt, ob das eine „Belastung" sein könne. Der Arzt habe akzeptiert, daß dies eventuell zutreffen könne, aber – und mich beeindruckte jetzt sehr stark, wie vollständig sich der Patient der Meinung seines Arztes anzuschließen schien – man könne weder beweisen, ob solche Verluste für ihn eine „seelische Belastung" seien, noch ob die Krankheit mit solchen Belastungen in Zusammenhang stehen könne.

Meinem Eindruck nach war die Einstellung des Patienten seinen eigenen Gefühlen gegenüber durch die Einstellung seiner Ärzte im Zusammenhang mit einer einseitigen naturwissenschaftlichen Betrachtungsweise und der Wirkung der vielen entsprechenden Untersuchungen und Therapieversuche zumindest sehr einseitig verstärkt worden. Anders formuliert: Seiner eigenen, gegen die ihn belastenden Gefühlsregungen gerichteten Abwehr entsprach der Ausschluß des subjektiven Erlebens aus der Medizin als Wissenschaft. Das Ergebnis war jedenfalls eine enorme Verunsicherung und Hilflosigkeit in der Bewertung der eigenen Gefühle. Im Verlauf von 4 weiteren Gesprächen wurde die subjektive Bedeutung der Verluste für den Patienten erkennbar: Er hatte nach dem Tode seines Vaters und eines Bruders auch noch seine um 7 Jahre ältere Schwester verloren, die während seiner Kindheit bei ihm früh die Stelle der schwerkranken Mutter vertreten hatte; ihr hatte er sich sein ganzes Leben lang sehr eng verbunden gefühlt. Ihr Tod traf ihn besonders intensiv. Nachdem er mir etwas von seiner Abwehr gegenüber dem Aufkommen der Trauer hatte mitteilen können, konnte er auch davon berichten, wie sehr er sich nach dem Tod dieser Schwester zunächst schockartig gelähmt gefühlt hatte, welche Sehnsucht er nach ihr spürte, wie sehr er sich wünschte, sie solle ihn doch auch „hinüberholen ins Totenreich". Auf dem Friedhof hatte er von ihr nicht mehr Abschied nehmen können; er wollte sie noch einmal aufgebahrt sehen, auf dem Weg dorthin wurde er jedoch ohnmächtig. Seine mit dieser Betroffenheit verbundenen Gefühle hatte er nicht ausdrücken können. Traurigkeit und Weinen konnte er mit seinem Selbstverständnis als Mann nicht vereinbaren. Er hatte vielmehr die anderen Angehörigen getröstet. Etwa einen Monat nach diesem Ereignis sei zum erstenmal ein hypoglykämischer Schockzustand aufgetreten.

Nachdem der Patient über seine Trauer hatte sprechen, seine Gefühle hatte äußern können, stellte sich auch heraus, daß er bisher entgegen all seinen Beteuerungen und allen Beobachtungen von Schwestern und Diätassistentinnen die von ihm sonst peinlich genau eingehaltene Diabetesdiät wohl doch etwas vernachlässigt hatte; er habe einfach nicht mehr normal essen können.

Nach dem dritten Gespräch war der Diabetes wieder in gewohnter Weise behandelbar geworden.

Ich kann natürlich nicht den Nachweis einer „kausalen“ Wirksamkeit dieser Gespräche führen; ebenso müssen vielleicht bedeutsame psychophysiologische Zusammenhänge offen bleiben. Ich wollte an diesem Beispiel vielmehr zeigen, wie sehr der Ausschluß des emotionalen Bereiches aus der Praxis der wissenschaftlichen Medizin eine entsprechende Einschränkung der Selbstwahrnehmung und Selbstbewertung von Gefühlsprozessen beim Patienten zur Folge haben kann.

Damit wird auch deutlich, daß es von „Entscheidungen“ (von Weizsäcker 1925), von der Wahl des Bezugssystems mit abhängt, was wir erkennen; wir bestimmen mit, was hervortritt: „Was als psychisches oder somatisches Phänomen erscheint, ist bereits Resultat der Parteinahmen ...“. Diese Prozesse wirken sich auch in der klinischen Arbeit aus. Entspricht das Vorgehen einseitig einer naturwissenschaftlichen Betrachtungsweise, so wird die Wirklichkeit der Patienten reduziert und die Patienten passen sich ihrerseits an dieses reduktionistische Vorgehen an; sie werden an die im Krankenhaus sich aus diesem reduktionistischen Vorgehen in der Medizin als Wissenschaft ergebenden organisatorischen Konsequenzen „assimiliert“ (Raspe 1979a). Aus dem Kranken wird so ein Krankenhausbehandlungsfall (Raspe 1979a). Dieser Prozeß kann beispielsweise auch daran beobachtet werden, wie Patienten über Kleidung (weiße Flügelhemden) und Dauerzugänge für Infusionen (Venendauerkatheter) über ein rational erklärbares Maß hinaus für diagnostische und therapeutische Maßnahmen verfügbar gehalten werden.

Das Ulmer Stationskonzept: Versuch einer Einbeziehung der psychosomatischen Betrachtungsweise in die klinische Krankenversorgung

Die Einbeziehung der psychosomatischen Betrachtungsweise in die Arbeit einer Krankenstation hat zur Voraussetzung, daß sich auch hier das soziale Feld so gestalten läßt, daß der Patient die Beziehungen zu Ärzten, Schwestern und weiteren Mitarbeitern entsprechend seinen Bedürfnissen und Konflikten gestalten kann und daß es zugleich möglich wird, diese Beziehungen zu reflektieren und die so gewonnenen Ergebnisse für Diagnostik und Therapie zu benützen. Dies ist nur dann möglich, wenn die Mitarbeiter einer Krankenstation bereit sind – etwa wie ein eingestimmter Resonanzkörper –, sich vom Patienten in Bewegung setzen zu lassen, mitzuschwingen und über die Reflexion ihrer Mitbewegung versuchen, die vom Patienten ausgehenden Impulse zu erkennen und zu verstehen. Impulse, die von den Mitarbeitern selbst ausgehen, die ihren Ursprung z. B. in Abwehrhaltungen gegenüber bestimmten Patienten haben, können ein solches Wieder-in-Erscheinung-Treten der Konflikte vom Kranken behindern und sollten ebenfalls einer Reflexion zugänglich gemacht werden können.

Gelingt es, die Arbeit auf einer Krankenstation entsprechend den Anforderungen der psychosomatischen Betrachtungsweise zu gestalten, so ergeben sich Vorteile gegenüber einer rein additiv der somatischen Behandlung hinzugefügten psychotherapeutischen Betreuung. Diagnostik und Therapie finden jetzt in einem sorgfältig auf das Konzept abgestimmten Milieu statt, das dem Kranken die kognitive und emotionale Sicherheit bietet, die er benötigt, um sich überhaupt auf die Zusammenarbeit mit dem Arzt einlassen zu können. Aus den unterschiedlichen Wahrnehmungen der einzelnen Teammitglieder vom Patienten läßt sich ein vollständigeres Bild des Kranken gewinnen. Die verschiedenen therapeutischen Ansätze können im Rahmen eines Gesamtkonzeptes aufeinander abgestimmt werden. Die gegenseitige Information über die Befunde gelingt leichter, weil die Beteiligten in einer gemeinsamen Situation leben, die entsprechend der einmal gewählten Betrachtungsweise gestaltet wurde.

Diagnostik und Therapie knüpfen an die sich in der Behandlungssituation einstellenden Beziehungen des Patienten an. Wir gehen davon aus, daß der Patient im Hier und Jetzt in den Beziehungen zu den Mitarbeitern der Krankenstation seine wichtigsten Probleme darstellt. Die gemeinsamen Besprechungen auf der Station orientieren sich an diesen aktuellen Beziehungsproblemen. Hierdurch ist ein Gewinn an Verständnis des Patienten immer auch mit einer Entlastung der Mitarbeiter verbunden.

Im einzelnen sollten bei einem Versuch, den psychosomatischen Arbeitsansatz in die stationäre Krankenversorgung zu integrieren, folgende *Voraussetzungen* berücksichtigt werden:

1. Dem Arbeitsansatz sollte ein *theoretisches Konzept* zugrunde liegen, das es erlaubt, sowohl intrapsychische Prozesse in Patienten als auch Vorgänge in den Beziehungen zwischen Patienten und Teammitgliedern zu verstehen und zu bearbeiten. Wir wählten den psychoanalytischen Verständnisansatz.
2. Die *Weiterbildung* aller Beteiligten sollte diesem Konzept entsprechen. Die Ärzte der Krankenstation, über die hier berichtet wird, waren gleichzeitig in internistischer und psychoanalytischer Weiterbildung; für die Krankenschwestern führten wir einen einjährigen Vollzeitweiterbildungskurs in psychosomatischer Medizin/ patientenzentrierter Pflege ein (Köhle et al. 1980).
3. Die *Organisation* des Arbeitsablaufs auf der Station soll die Beziehungen zwischen Patienten und Mitarbeitern entsprechend den erläuterten Zielen intensivieren, den Informationsaustausch unter den Mitarbeitern fördern und den Mitarbeitern ausreichend emotionale Unterstützung in den Belastungen anbieten, die sich aus dem intensiveren Umgang mit dem Patienten ergeben.

Wir modifizierten den Arbeitsansatz einer vorwiegend mit Schwerkranken belegten internistischen Allgemeinstation mit 15 Betten. *Unser Ziel war es, bei jedem Patienten vom Aufnahmetag an gleichermaßen somatische und psychosoziale Gesichtspunkte in Diagnostik und Therapie zu berücksichtigen.* Die Wahl dieser Station erlaubte es uns auch, der Frage nachzugehen, inwieweit *innerhalb* des bestehenden medizinischen Versorgungssystems Möglichkeiten zur Modifikation im Sinne eines patientenzentrierteren Vorgehens bestehen, d.h. wie weit sich „die Spannung zwischen den Polen Individuum vs. medizinisches Handeln in der bürokratischen Organisation ... abmildern" läßt (Raspe 1979a). Die Aufnahme der Patienten auf diese Station erfolgte ebenso wie bei den übrigen Allgemeinstationen des Departments für Innere Medizin durch Zuweisung aus der internistischen Ambulanz bzw. aus der internistischen Aufnahmestation.

Die Auswertung von 998 Patientenaufenthalten während 3½ Jahren (1975–1978) zeigte folgende Verteilung: 80% der Patienten sind vorwiegend organisch krank; rund 20% leiden an psychischen bzw. psychosomatischen Erkrankungen, 40% an Erkrankungen des Herz-Kreislauf-Systems oder der Atemorgane; 20% sind krebskrank. Angaben zu Schweregrad und Prognose der Patienten finden sich am Beginn dieser Arbeit. Die Mortalität während des stationären Aufenthalts betrug 10%.

Die Patienten sind im Durchschnitt 49,6 Jahre alt; ihre durchschnittliche Liegezeit auf der Station schwankte während der angegebenen Zeit zwischen 17,9 und 22,0 Tagen; 50% der Kranken lagen jeweils nicht länger als 14 Tage auf der Station.

Ziel der *Neuorganisation des Pflegesystems* war es, ein therapeutisches Milieu als tragfähige Basis für alle weitergehenden, spezifischeren psychotherapeutischen Maßnahmen zu entwickeln. Wir ersetzten das bisherige System der Funktionspflege durch das Zimmerpflegesystem: Jeweils eine Schwester betreute vollverantwortlich eine begrenzte Zahl von Patienten, um so weit wie möglich eine Kontinuität in der Beziehung herzustellen und aufrechtzuerhalten. Im Team arbeitete zusätzlich zum vorhandenen Stellenplan eine weitergebildete „psychosomatische Schwester" mit, die v.a. Aufgaben in der Supervision und in der speziellen Patientenbetreuung übernahm. Für das Gelingen dieser Veränderungen war die verständnisvolle Unterstützung des Gesamtprojektes durch die Pflegedienstleitung mitentscheidend.

Die Zusammenarbeit im Team (2 Stationsärzte, 1 Medizinalassistent bzw. Internatsstudent, 5 Schwestern, 2 Schülerinnen und – auf Teilzeitbasis – ein Sozialarbeiter und eine Psychologin, der Krankenhausseelsorger) erforderte eine genaue Klärung der Kompetenz- und Funktionsverteilung.

Eine Verbesserung des Weiterbildungsangebots für die Krankenschwestern erwies sich für uns bald als notwendige Voraussetzung für die Verbesserung der Kooperation zwischen den verschiedenen Berufen. Seit 1975 führen wir jährlich für jeweils maximal 8 Schwestern einen einjährigen „Vollzeitweiterbildungskurs in patientenzentrierter Pflege/psychosomatischer Medizin" durch; während des ersten Jahres nahmen auch sämtliche auf der Station angestellte Schwestern an diesem Kurs teil. Im Kursverlauf alternieren Praxisabschnitte auf der Station und reine Studienabschnitte in 3wöchigem Rhythmus. Neben der Wissensvermittlung wird im Kurs v.a. das Lernen neuer Verhaltensweisen angestrebt; so üben die Schwestern z.B. Interview- und Gesprächstechnik zunächst im Rollenspiel, dann unter Supervision einer Lehrschwester und schließlich unter der Kontrolle von Videoaufnahmen bei Patienten. Eine Übersicht über die Kursveranstaltungen gibt Tabelle 1. Den *Arbeitsablauf auf der Station* und die einzelnen Veranstaltungen stelle ich am Beispiel des Vorgehens bei der Neuaufnahme von Patienten dar (vgl. Abb. 1).

Jeder neu aufgenommene Patient wird zunächst von der für ihn zuständigen Schwester begrüßt, sie führt mit ihm ein *„Erstgespräch"*. Die Krankenschwester versucht, dem Patienten dabei zu vermitteln, daß er auf der Station „aufgenommen" wird und daß sie sich als für ihn verantwortliche Schwester um seine Bedürfnisse in der für ihn zunächst fremden und beängstigenden Umwelt kümmert. Das Interesse der Schwester gilt während des Erstgespräches in erster Linie dem subjektiven Krankheitsgefühl des Patienten, der Art und dem Ausmaß seiner Hilfsbedürftigkeit, seinen subjektiven Vorstellungen über Wesen und Folgen der Erkrankung, sei-

Tabelle 1. Konzept des Weiterbildungskurses für das Pflegepersonal

Ausbildungsbereiche	Verhaltensschulung: Patientenzentrierte Pflege	Organisationsentwicklung, Verbesserung der Pflegeorganisation	Theorie der psychosomatischen Medizin
Ausbildungsveranstaltungen	- Interview-Training (Erstgespräche) - „Gesprächsführung" - Supervision während der Pflege („Pflegevisite") - Balint-Gruppen - Selbsterfahrungsgruppe	Teamarbeit auf Station Stationsveranstaltungen Plenumsdiskussionen Workshops: - Strukturen im Krankenhaus - Systeme der Pflegeorganisation - Vergleichende Pflegemethodik - Informationssysteme in der Pflege (Kardex)	Workshop-Unterricht - Entwicklungspsychologie - Medizinische Psychologie und Soziologie - Neurosen - Psychosomatische Krankheiten - Umgang mit unheilbar Kranken - Psychiatrie - Sozialpsychologie und Soziologie medizinischer Institutionen - Stützende Psychotherapie u. a. m.

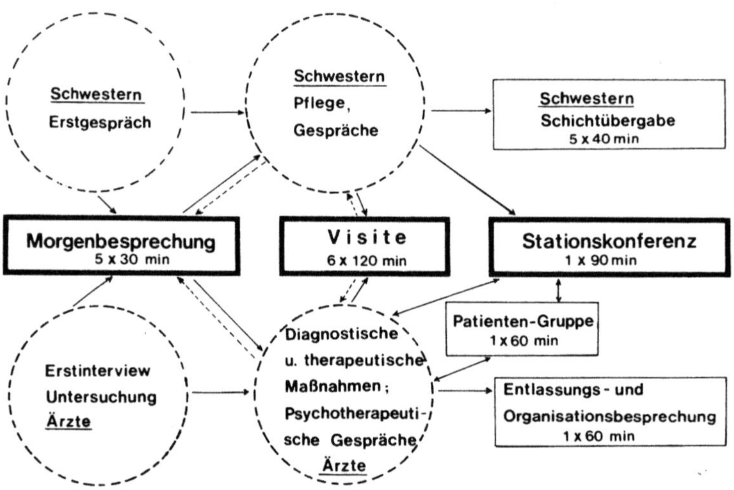

Abb. 1. Veranstaltungen auf der internistisch-psychosomatischen Krankenstation

nen Erwartungen an den Krankenhausaufenthalt, seiner sozialen Situation und auch den Umständen beim Beginn der Erkrankung. Aus den Ergebnissen dieses Gespräches wird eine *„Pflegediagnose"* abgeleitet und ein erster *„Pflegeplan"* erstellt.

Anschließend erhebt der Arzt die *Anamnese,* die im Sinne eines klinischen Interviews (Morgan u. Engel 1977) geführt wird. Der Patient soll seine Beschwerden und den bisherigen Verlauf seiner Erkrankung entsprechend seinem Erleben und im Zusammenhang seiner Lebensgeschichte darstellen können. Der Arzt versucht in besonderem Maße auf die Entwicklung der Beziehung zum Patienten zu achten.

Während der *Morgenbesprechung* am folgenden Tag berichten Schwester und Arzt jeweils zusammenfassend über ihre Erstgespräche. Anschließend versucht das Team gemeinsam einen ersten integrierten internistisch-psychosomatischen Plan für die weiteren diagnostischen und therapeutischen Maßnahmen aufzustellen und die Zuständigkeiten für die weitere Betreuung des Patienten zu regeln. Eine *Problemliste* (Weed 1971) sowie ein *Pflegeplan* werden bei den Krankenakten dokumentiert.

Weitere Veranstaltungen, insbesondere die wöchentliche *Stationskonferenz,* dienen sowohl dem Informationsaustausch innerhalb des Teams als auch der Bearbeitung von Verständnisschwierigkeiten und emotionalen Problemen, die zwischen Teammitgliedern und Patienten auftreten. In der Stationskonferenz versuchen wir v. a. in exemplarischer Weise solche Schwierigkeiten zu besprechen, die ein Teammitglied im Umgang mit einem Patienten erlebt. Im allgemeinen ergänzen sich die aus dem Umgang mit dem Patienten gewonnenen Beobachtungen und Erfahrungen der einzelnen Mitarbeiter und bieten so die Möglichkeit, Lücken und Verzerrungen in der Wahrnehmung einzelner auszugleichen und so den Patienten besser zu verstehen. Das therapeutische Vorgehen kann entsprechend den Entwicklungsmöglichkeiten des jeweiligen Patienten und unter Berücksichtigung etwaiger besonderer Probleme einzelner Teammitglieder abgesprochen werden. In den Stationskonferenzen versuchen wir auch die emotionalen Belastungen aufzufangen und zu verarbeiten, die im Umgang mit Schwerkranken regelmäßig bei den Teammitgliedern auftreten.

Die Sonderrolle dieser Belastungen bestätigte auch die Auswertung von 208 zwischen 1972 und 1978 angefertigten Protokollen über den Konferenzverlauf. Während der ersten Jahre wurden in diesen Besprechungen gehäuft Probleme von Patienten mit onkologischen Erkrankungen diskutiert; Sterben und Tod bestimmten oft die Kardinalprobleme. Besonders bedrängend wurden dabei v. a. Probleme jüngerer Patienten mit unheilbaren Erkrankungen erlebt – sie waren in den Besprechungen weit überrepräsentiert. Erst nach längerem Bestehen der Station traten andere Fragen, so etwa die Klärung von Konflikten bei Patienten mit psychosomatischen Erkrankungen, mehr in den Vordergrund. Dies entspricht wahrscheinlich der allmählich gewachsenen Fähigkeit des Teams, mit der Bedrohung durch Verlusterlebnisse, mit eigenen Ängsten und der eigenen Trauer umzugehen (Gaus et al. 1980).

Besonders bemühten wir uns darum, die tägliche *Stationsarztvisite* entsprechend unseren Zielvorstellungen umzugestalten. Wir versuchten dabei, die Situation am Krankenbett so weit als möglich für das Gespräch des visiteführenden Arztes mit dem jeweiligen Patienten und für die körperliche Untersuchung freizuhalten. Um die übrigen Funktionen der Visite von diesem Gespräch abzulösen, haben wir die Visite formal in 3 Abschnitte gegliedert: Eine *Vorbesprechung* außerhalb des Krankenzimmers, die v. a. dem Informationsaustausch zwischen den Teammitgliedern und der Kurvenbesprechung dient, das Gespräch mit dem Patienten und eine

Nachbesprechung zur Diskussion des Gesprächs mit dem Patienten und der Festlegung des weiteren Vorgehens. Die Zielvorstellungen für das Visitengespräch am Krankenbett stelle ich hier zusammenfassend dar (ausführlicher in Westphale u. Köhle 1982a, b). Während des Visitengesprächs soll der Patient seine Fragen und Erwartungen zunächst möglichst ungehindert vorbringen können. Er soll den Gesprächsverlauf mitstrukturieren können und zur aktiven Beteiligung am diagnostischen und therapeutischen Prozeß ermutigt werden; hierzu soll der Patient in für ihn verständlicher Form ausreichend Information erhalten. Zuwendung und Interesse des Arztes können bereits stabilisierend auf die Regulation des Selbstgefühls und der Ich-Funktionen wirken. Die Vermittlung von Information hilft dem Kranken bei der Orientierung in seiner Situation und wirkt so ebenfalls unterstützend und ermutigend.

Die *Krankheitsverarbeitung* kann bei vielen Patienten während der Visite nachhaltig unterstützt werden. Schwierigkeiten im *Krankheitsverhalten* können ebenfalls angesprochen und nicht selten unmittelbar im situativen Zusammenhang bearbeitet werden. Gelingt es dem Arzt, den Patienten in seiner Angst, Depression oder emotionalen Zurückgezogenheit, in seinem Zorn, seiner Enttäuschung über die Medizin oder einzelne Ärzte im Beisein des gesamten Teams während der Visite zu erreichen, so entsteht hieraus nicht selten ein Prozeß, der in weiteren Visitengesprächen fortgeführt werden kann und der dem Patienten schließlich die Bearbeitung der mit seiner derzeitigen Situation verbundenen Probleme ermöglicht. So kann besonders auch der „Trauerprozeß"' schwerkranker Patienten im unmittelbaren Kontext der medizinischen Versorgung unterstützt werden. Im allgemeinen gelingt dies dem Arzt, der den Kranken auch sonst behandelt und körperlich untersucht, leichter als einem spezialisierten Konsiliarius, der für die „seelischen Probleme" hinzugezogen wird.

Die Visitensituation kann darüber hinaus auch zu *psychotherapeutischen Interventionen* genutzt werden, die auf pathogenetisch wirksame Faktoren gerichtet sind. Hier entsprechen die Möglichkeiten während der Visite in etwa denjenigen, die Balint u. Norell (1975) im Rahmen ihrer „Sprechstundenpsychotherapie" entwickelt haben. So kann der Arzt während der Visite den Kranken etwa auf Zusammenhänge zwischen dem Auftreten der Beschwerden und auslösenden emotionalen oder situativen Faktoren hinweisen und so dazu beitragen, den Patienten für eine psychotherapeutische Behandlung zu motivieren. Dies wird auch dadurch erleichtert, daß im Rahmen der Visitengespräche selbstverständlich gleichzeitig auch auf die Beschwerden und Symptome des Patienten eingegangen wird. Diese werden gerade dadurch ernstgenommen, daß sie in den jetzt um psychosoziale Gesichtspunkte erweiterten Gesamtzusammenhang einbezogen werden.

Auch die Chefarztvisite wurde entsprechend modifiziert (vgl. von Uexküll 1981; Westphale u. Köhle 1982b). Neben seiner Supervisionsfunktion bemüht sich auch der Chefarzt darum, die Situation am Krankenbett möglichst weitgehend für das Gespräch mit dem Patienten offen zu halten. Die empirische Überprüfung ergab, daß das angestrebte Ziel weitgehend erreicht wurde.

Angemerkt sei, daß auch schwerkranken Patienten im Bedarfsfalle immer wieder auch längere Einzelgespräche mit dem betreuenden Arzt bzw. der für sie zuständigen Schwester angeboten werden. Besonders wichtig erscheint uns die konsequente Einbeziehung des jeweils nächststehenden Angehörigen in das diagnostische und evtl. auch in das therapeutische Vorgehen.

Empirische Überprüfung der erreichten Veränderungen

Anhand von Tonbandaufnahmen von Visitengesprächen überprüfen wir, ob und inwieweit es gelang, das ärztliche Gesprächsverhalten zu verbessern; anhand von Tonbandprotokollen der „Balint-Gruppen" aus dem Weiterbildungskurs für Krankenschwestern untersuchen wir die Entwicklung der patientenbezogenen Einstellung der Schwestern und die mit dieser Entwicklung für sie verbundenen psychischen Belastungen während des Kursverlaufs.

Hier möchte ich über erste Ergebnisse aus der Untersuchung der Visitengespräche berichten. Über die systematische Auswertung von Tonbandaufnahmen von insgesamt 1800 Stationsarztvisiten versuchen wir die Gestaltung der Gesprächssituation, den Informationsprozeß zwischen Arzt und Patient, den emotionalen Austausch in dieser Beziehung sowie die therapeutischen Interventionen der Ärzte und ihre Wirkungen auf den Gesprächsverlauf zu klären. Hier berichte ich darüber, inwieweit es während einer Periode von 3½ Jahren gelang, die Situation für den Patienten hinsichtlich seiner Möglichkeiten zu verbessern, sich am Gespräch zu beteiligen und ausreichende Information über seine Krankheit zu erhalten. Unsere Ergebnisse stützen sich dabei auf 615 ausgewertete Visiten – jeweils die ersten 5 Visiten bei 123 Patienten, die repräsentativ für alle während der genannten Zeit auf der Station behandelten Patienten mit entsprechender Liegezeit sind. Diese Visiten wurden von 9 verschiedenen Ärzten durchgeführt. Die Patienten hatten der Aufnahme der Visitengespräche schriftlich zugestimmt (vgl. Westphale u. Köhle 1982a, b).

Die gewonnenen Ergebnisse setze ich hier in Bezug zu Befunden, die mit entsprechender Methodik in verschiedenen Kreiskrankenhäusern in Baden-Württemberg und Hessen (Begemann-Deppe 1978; Raspe 1979a, 1982, Raspe u. Nordmeyer 1981, Siegrist 1978), auf einer internistischen Abteilung eines Hamburger Krankenhauses (Jährig u. Koch 1982) sowie in einer Rheumaklinik (Nordmeyer 1982) erhoben wurden. Im einzelnen wird damit kein exakter quantitativer Vergleich angestrebt. Dem heute durchschnittlich gegebenen Ist-Zustand soll lediglich das mit dem beschriebenen Mehraufwand prinzipiell Erreichbare gegenübergestellt werden. Ein systematischer Vergleich von Ulmer und Hamburger Visiten mit parallelisierten Patientenstichproben liegt mittlerweile vor (Safian et al. 1982).

Im einzelnen untersuchten wir, ob es gelang:

1. Die Gesprächssituation am Krankenbett entscheidend zu verlängern, so daß ausreichend Zeit für die Entfaltung der Beziehung zwischen Arzt und Patient während der Visite zur Verfügung steht,
2. das Gespräch am Krankenbett weitgehend auf ein Gespräch zwischen 2 Personen, auf einen Dialog zwischen Arzt und Patient zu konzentrieren,
3. die Beteiligung von Arzt und Patient einigermaßen ausgewogen zu gestalten,

4. das Informationsangebot für den Patienten quantitativ und qualitativ zu verbessern,
5. den Patienten vermehrt Gelegenheit zu geben, ihr Informationsbedürfnis zu äußern, d.h. Fragen zu stellen,
6. auf das Informationsbedürfnis der Patienten unabhängig von solchen Patientenmerkmalen einzugehen, die den Arzt subjektiv oder objektiv belasten könnten.

Ergebnisse

Die Visite dauert auf der internistisch-psychosomatischen Krankenstation durchschnittlich 6,7 min am Krankenbett, hinzu kommen ca. 3 min für Vor- und Nachbesprechung. Es gelang damit, die Visitendauer über den gesamten Untersuchungszeitraum hinweg gegenüber der Visite auf traditionellen Krankenstationen um das 2- bis 3fache zu verlängern.

Entsprechend der längeren Visitendauer wird auf der Ulmer Station auch mehr gesprochen: 97 Sätze pro Visite im Vergleich zu 43 Sätzen in den Kreiskrankenhäusern. Besonders stark nimmt dabei die Redemenge der Patienten zu.

Die Verteilung der Gesprächsaktivität zwischen den Visitenteilnehmern verschiebt sich in Ulm zugunsten des Patienten, die Beteiligung des Arztes und anderer Visitenteilnehmer geht deutlich zurück.

Der Arzt richtet sich im Gespräch fast ausschließlich an den Patienten, während auf traditionellen Krankenstationen diese „patientenzentrierte Redezeit" (Jährig u. Koch 1982) nur 30% der Gesamtredezeit des Arztes ausmacht.

Die Patienten der Ulmer Station erhalten insgesamt etwas mehr Information als die Patienten der Kreiskrankenhäuser: 15,8 Sätze mit krankheitsbezogener Information pro Visite gegenüber 12,6 Sätzen. Die Informationsmenge steigt dabei jedoch nicht proportional mit der Zahl der gesprochenen Sätze oder Worte an. Patientengerechte Informationsvermittlung erfordert die Einbettung der Information in ein ausführlicheres Gespräch.

Während in den untersuchten Kreiskrankenhäusern Information überwiegend indirekt (*impliziter Informationsmodus* nach Begemann-Deppe 1978) vermittelt wird, d.h. Patienten Information dem über sie geführten Gespräch des Visitenteams entnehmen müssen, erhalten sie in Ulm fast ausschließlich direkte Information: Entweder bietet sie der Arzt spontan an *(„initiativer Informationsmodus")* oder er gibt sie auf eine Bitte des Patienten um Information *(„reaktiver Informationsmodus")* (Abb. 2).

Auf der Ulmer Station stellen Patienten durchschnittlich 3 Fragen pro Visite an den Arzt, auf den traditionellen Krankenstationen lediglich eine.

Während in den Untersuchungen von Siegrist (1978) die visiteführenden Ärzte v.a. auf Fragen von Patienten mit ungünstiger Prognose nicht oder nur ausweichend antworteten (in 92% aller untersuchten Fälle), fand sich eine derartige *„asymmetrische Reaktion"* auf der Ulmer Station insgesamt nur in 20% aller Fälle; dabei bestand gegenüber Patienten mit günstiger oder ungünstiger Prognose kein Unterschied.

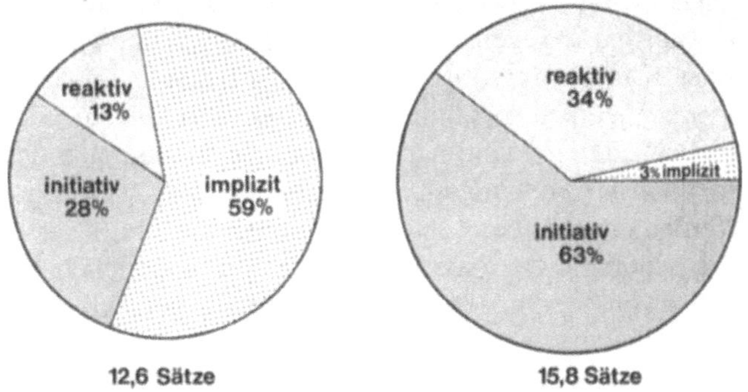

Abb. 2. Umfang und Qualität des Informationsangebots

Zusammengefaßt zeigen die bisherigen Befunde, daß sich während der täglichen Visite auch in einem Akutkrankenhaus durchaus geeignete Rahmenbedingungen für ein intensiveres Gespräch zwischen Arzt und Patient herstellen lassen und sich während des Gesprächs Information in patientengerechter Weise vermitteln läßt.

Im beschriebenen Konzept scheint der Arzt die im Umgang mit Schwerkranken auftretenden Belastungen wenigstens soweit ertragen zu können, daß er es längere Zeit am Krankenbett und im Gespräch mit dem Patienten aushält. Inwieweit die so geschaffene erweiterte Kontaktmöglichkeit tatsächlich für ein patientengerechtes und in bestimmten Abschnitten therapeutisch geführtes Gespräch genützt wird, versuchen wir in weiteren Untersuchungsabschnitten zu klären.

Probleme des Konzepts und Grenzen der Arbeitsmöglichkeiten

Die Grenzen der Arbeitsmöglichkeiten innerhalb des vorgestellten Konzepts wurden v. a. durch den jeweiligen Stand der psychotherapeutischen Weiterbildung der Mitarbeiter bestimmt. Die besondere Schwierigkeit, körperlich Kranke für eine Anerkennung der Bedeutung psychosozialer Faktoren zu gewinnen und, falls indiziert, für eine psychotherapeutische Behandlung zu motivieren, die Notwendigkeit psychotherapeutische Interventionen während der Gespräche jeweiligen situativen Gegebenheiten anzupassen, die Kürze der zur Verfügung stehenden Zeit und nicht zuletzt die Komplexität der Gruppenprozesse stellen an die psychotherapeutische Weiterbildung besonders hohe Anforderungen. Die ebenso berechtigten Anforderungen an die internistische Weiterbildung konkurrieren hiermit. Erhebliche Schwierigkeiten ergeben sich aus der Aufgabe, beide Ansätze in der eigenen Person zu integrieren, eine berufliche Identität als „Psychosomatiker" zu finden. Meiner Erfahrung nach ist es auf der Ebene der direkten Krankenversorgung durchaus auch an einer Universitätsklinik möglich, den psychosomatischen Arbeitsansatz voll in die internistische Krankenversorgung zu integrieren. Die Supervisionsaufgaben dürften dagegen nur in seltenen Ausnahmefällen durch *einen* psychosomatischen Kliniker durchführbar sein. Wir selbst haben auf der Supervisionsebene kooperativ gearbeitet (Köhle u. Kubanek 1981).

Besondere Beachtung verdienen die Belastungen des Pflegepersonals, die sich im intensiveren Umgang, insbesondere mit schwerkranken Patienten, ergeben. Werden eingefahrene „Helferhaltungen" in Frage gestellt, nimmt die persönliche Exposition zu, bis neue Formen des professionellen Umgangs erworben werden, die sowohl der neuen Aufgabenstellung gerecht werden als auch den nötigen Schutz bieten.

Ein großes, weitgehend ungelöstes Problem ist die Fortführung der geschilderten Art der Patientenbetreuung nach der Entlassung der Kranken aus der Klinik. Wir haben versucht, die verschiedenen im Versorgungssystem vorhandenen Möglichkeiten für die Weiterbehandlung zu benützen, v.a. die Zusammenarbeit mit solchen niedergelassenen Kollegen, die an Balint-Gruppen teilnehmen.

Übertragbarkeit des Konzepts in andere Arbeitssituationen

In den letzten Jahren sind integrativ arbeitende klinisch-psychosomatische Krankenstationen vereinzelt auch außerhalb von Universitätskliniken eingerichtet worden (Köhle et al. 1980; Filter et al. 1981; von Uexküll 1981). Andere Kliniken haben einzelne Elemente unseres Ansatzes übernommen (Deter et al. 1979; Kütemeyer 1981). Die Bedingungen für die Realisierung eines derartigen Arbeitsansatzes erscheinen mir an außeruniversitären Schwerpunktkrankenhäusern eher günstiger. Als Voraussetzungen für die Einrichtung entsprechender Stationen sehe ich heute folgende Bedingungen an:

1. Die Möglichkeit, ein Team neu aufzubauen, das ausschließlich aus speziell für eine solche Arbeit motivierten Schwestern und Ärzten besteht.
2. Ausreichende Fachkompetenz: Die Ärzte der Station sollten zusätzlich zur fachinternistischen Weiterbildung (bzw. Weiterbildung in einem anderen medizinischen Fach) sich in einer psychoanalytisch orientierten Weiterbildung befinden, zumindest jedoch an einem intensiven Balint-Gruppentraining teilnehmen. Mindestens eine für diese Aufgabe weitergebildete zusätzliche Krankenschwester („psychosomatische Schwester") sollte für Supervisionsaufgaben zur Verfügung stehen. Die Stationskonferenzen sollten durch einen psychotherapeutisch-psychosomatisch weitergebildeten Supervisor geleitet werden, der außerdem wenigstens einmal an der täglichen Visite teilnehmen sollte. Die Mitarbeit eines Sozialarbeiters ist dringend zu empfehlen, ebenso die Zusammenarbeit mit den Klinikseelsorgern. Für die Krankenschwestern ist ein intensives Fortbildungsangebot vorzusehen.
3. Die jeweilige Gesamtklinik hat in einer solchen Einheit einen den Bedürfnissen des Arbeitsansatzes entsprechenden organisatorischen Freiraum und Schutz zu gewähren, wie er etwa internistischen Intensivstationen eingeräumt wird. Dem Leiter einer solchen Einheit sollte eine möglichst selbständige Position geboten

werden. Umgekehrt gehört es zu den vordringlichen Aufgaben einer solchen Arbeitseinheit, ihre Tätigkeit der gesamten Klinik verständlich zu erläutern.

Eine nicht zu überschätzende Gefahr für derartige Projekte besteht darin, im Bemühen um den Erwerb eines differenzierten psychodynamischen Verständnisansatzes in der ja immer komplexen und in vieler Hinsicht belastenden klinischen Situation zugunsten einer scheinbar leichteren Praktikabilität zu früh zu kapitulieren. Es kommt dann leicht zu der bereits von v. Weizsäcker (1950) beklagten Situation, daß hochdifferenzierten Verständnisansätzen im Bereich der naturwissenschaftlichen Medizin eine Art „Hausmacherpsychologie", ein Verständnis psychosozialer Probleme aufgrund des „gesunden Menschenverstandes", gegenübergestellt wird. Vereinzelt sind mittlerweile bereits auch Versuche, den Ulmer Ansatz in andere Kliniken zu übertragen, aus diesem Grunde gescheitert: Das dem Ulmer Ansatz zugrundeliegende psychoanalytische Verständniskonzept war unberücksichtigt geblieben.

Literatur

Angell M (1982) The quality of mercy. N Engl J Med 306: 98–99

Balint E, Norell JS (eds) (1975) Fünf Minuten pro Patient. Eine Studie über die Interaktionen in der ärztlichen Allgemeinpraxis. Suhrkamp, Frankfurt

Begemann-Deppe M (1978) Sprechverhalten und Thematisierung von Krankheitsinformationen im Rahmen von Stationsvisiten. Phil. Dissertation, Freiburg

Cay E, Philip AE, Aitken C (1976) Psychological aspects of cardiac rehabilitation. in: Hill OW (ed) Modern trends in psychosomatic medicine. Butterworth, London Boston pp 330–346

Deter HC, Lenkeit S, Becker-von Rose P, Rapp W (1979) Die Bedeutung des psychosozialen Hintergrundes für Diagnose und Therapie von Patienten einer allgemeinen-internistischen Station. Prax Psychother Psychosom 42: 213–230

Engelhardt K, Wirth A, Kindermann K (1973) Kranke im Krankenhaus. Enke, Stuttgart

Erdmann H, Overrath HG, Adam W, Uexküll T von (1974) Organisationsprobleme der ärztlichen Krankenversorgung. Dtsch Ärztebl 71: 3421–3422

Filter PM, Wesemann HG, Kahleyss M et al. (1981) Patientenzentrierte Medizin an einer internistischen Fachklinik. in: Uexküll T von (Hrsg) Integrierte Psychosomatische Medizin. Schattauer, Stuttgart New York, S 153–163

Gaus E, Klingenburg M, Simons C, Westphale C, Köhle K (1980) Die Funktion von Stationskonferenzen im Rahmen eines internistisch-psychosomatischen Stationskonzeptes. Verh Dtsch Ges Inn Med 8: 1487–1491

Geist W, Urban H, Köhle K (1976) Der Nachtdienst in der Pflege aus der Sicht patientenzentrierter Medizin. in: Psychosoziale Probleme im Krankenhaus. Urban & Schwarzenberg, München Berlin, S 39–85

Glaser BG, Strauss A (1974) Interaktion mit Sterbenden. Vandenhoeck & Ruprecht, Göttingen

Jährig C, Koch U (1982) Die Arzt-Patienten-Interaktion in der internistischen Visite eines Akutkrankenhauses. in: Köhle K, Raspe HH (Hrsg) Das Gespräch während der ärztlichen Visite. Empirische Untersuchungen. Urban & Schwarzenberg, München, S 36–57

Joraschky P, Köhle K (1981) Psychosomatische Konsultations- und Liaisondienste. In: Uexküll T von (Hrsg) Lehrbuch der Psychosomatischen Medizin. 2. Aufl. Urban & Schwarzenberg, München Wien New York, S 229–326

Koch U, Fauler I, Safian P, Jährig C (1982) Affekte bei Ärzten und Patienten während der Visite: eine Analyse verbalisierter Affekte mit dem Gottschalk-Gleser-Verfahren an Hamburger und Ulmer Visitengesprächen. In: Köhle K, Raspe HH (Hrsg) Das Gespräch während der ärztlichen Visite. Empirische Untersuchungen. Urban & Schwarzenberg, München

Köhle K, Gaus E (1981) Psychotherapie von Herzinfarkt-Patienten während der stationären und poststationären Behandlungsphase. In: Uexküll T von (Hrsg) Lehrbuch der Psychosomatischen Medizin, 2. Aufl. Urban & Schwarzenberg, München Wien New York, York, S 571–615
Köhle K, Joraschky P (1981) Die Institutionalisierung der Psychosomatischen Medizin im klinischen Bereich: Ziele, Voraussetzungen, Bedarf und Konzepte. In: Uexküll T von (Hrsg) Lehrbuch der Psychosomatischen Medizin, 2. Aufl. Urban & Schwarzenberg, München Wien New York, S 263–280
Köhle K, Kubanek B (1981) Zur Zusammenarbeit von Psychosomatikern und Internisten. Erfahrungen aus 12 Jahren. In: Uexküll T von (Hrsg) Integrierte Psychosomatische Medizin. Schattauer, Stuttgart New York, S 17–54
Köhle K, Simons C, Böck D, Grauhan A (1980) Angewandte Psychosomatik. Die internistisch-psychosomatische Krankenstation. Ein Werkstattbericht, 2. Aufl. Rocom, Basel
Köhle K, Simons C, Urban H (1981) Zum Umgang mit unheilbar Kranken. In: Uexküll T von (Hrsg) Lehrbuch der Psychosomatischen Medizin. 2. Aufl. Urban & Schwarzenberg, München Wien New York, S 811–832
Kütemeyer M (1981) Versuch der Integration psycho-somatischer Medizin in eine Neurologische Universitätsklinik. In: Uexküll T von (Hrsg) Integrierte psychosomatische Medizin. Schattauer, Stuttgart New York, S 187–226
LeShan LO, Glassmann ML (1958) Some observations on psychotherapy with patients suffering from neoplastic disease. Am J Psychother 12: 195–207
Morgan WL, Engel GL (1977) The clinical approach to the patient. Huber, Bern Stuttgart
Nordmeyer J (1982) Formal-quantitative Aspekte der Arzt-Patient-Beziehung während der Visite. In: Köhle K, Raspe HH (Hrsg) Das Gespräch während der ärztlichen Visite. Empirische Untersuchungen. Urban & Schwarzenberg, München, S 58–69
Pearson C (1911) The grammar of science. London, S 11
Querido A (1959) Forecast and follow up: An investigation into the clinical, social and mental factors determining the results of hospital treatment. Br J Prev Soc Med 13: 33
Raspe HH (1979 a) Das Problem der Aufklärung und Information bei Akutkrankenhauspatienten und seine Erforschung. Phil. Dissertation, Freiburg
Raspe HH (1979 b) Warum fragen Krankenhauspatienten so wenig? Eine medizinsoziologische Untersuchung der Stationsarztvisite. Therapiewoche 30: 560–573
Raspe HH (1982) Visitenforschung in der Bundesrepublik: Historische Reminiszenzen und Ergebnisse formal-quantitativer Analysen. In: Köhle H, Raspe HH (Hrsg) Das Gespräch während der ärztlichen Visite. Empirische Untersuchungen. Urban & Schwarzenberg, München, S 1–35
Raspe HH, Nordmeyer J (1981) Die Stationsarztvisite – eine verschenkte Möglichkeit? Therapiewoche 31: 1021–1025
Raspe HH, Siegrist J (1979) Zur Gestalt der Arzt-Patient-Beziehung im stationären Bereich. In: Siegrist J, Hendel-Kramer A (Hrsg) Wege zum Arzt. Urban & Schwarzbenberg, München, S 113–138
Ridder P (1980) Patient im Krankenhaus. Personenbezogener Dienst auf der Station, Bd I: Die Trauer des Leibes. Enke, Stuttgart
Safian P, Fauler I, Koch U, Jährig C, Köhle K (1982) Inhaltliche und methodische Analyse von Visitengesprächen zweier klinischer Populationen mittels unterschiedlicher Rating-Verfahren. In: Köhle K, Raspe HH (Hrsg) Das Gespräch während der ärztlichen Visite. Empirische Untersuchungen. Urban & Schwarzenberg, München, S 140–177
Siegrist J (1976) Asymmetrische Kommunikation bei klinischen Visiten. Med Klin 71: 1962–1966
Uexküll T von (1981) Idee und Wirklichkeit. In: Uexküll T von (Hrsg) Integrierte Psychosomatische Medizin. Schattauer, Stuttgart New York, S 227–240
Weed LL (1971) Medical records, medical education, and patient care. Press of Case Western Reserve University, Chicago
Weizsäcker V von (1925) Randbemerkungen über Aufgabe und Begriff der Nervenheilkunde. Dtsch Z Nervenheilkd 87: 1–22
Weizsäcker V von (1950) Psychosomatische Medizin. Psyche 3: 331–341
Westphale C, Köhle K (1982) Gesprächssituation und Informationsaustauch während der Visite auf einer internistisch-psychosomatischen Krankenstation. In: Köhle K, Raspe HH (Hrsg) Das Gespräch während der ärztlichen Visite. Empirische Untersuchungen. Urban & Schwarzenberg, München, S 102–139

Westphale C, Köhle K (1982b) Kommunikation in Visitengesprächen. I. Formale Gesprächsanalyse und Informationsanalyse. Ergebnisbericht aus dem Teilprojekt B5 des SFB 129 der Deutschen Forschungsgemeinschaft an der Universität Ulm. Unveröffentl. Manuskript
Westphale C, Simons C, Köhle K (1981) Die Visite als psychotherapeutisches Gespräch. In: Heigl F, Neun H (Hrsg) Psychotherapie im Krankenhaus. Vandenhoeck & Ruprecht, Göttingen Zürich, S256–261

Die Aufklärung des unheilbar Kranken

J.-E. Meyer

Zum Thema „Wahrheit am Krankenbett" wird im folgenden ausschließlich die Situation des Krebskranken erörtert, denn das Problem der Aufklärung über die lebensbedrohliche Natur eines Leidens stellt sich bei anderen Krankheiten nicht in gleichem Maße. Das typische Beispiel dafür ist die Arteriosklerose mit ihren Folgen (Herzinfarkt, zerebraler Insult, peripherer Gefäßverschluß). Zwar sind in der Todesursachenstatistik die Gefäßerkrankungen etwas häufiger als der Krebs, trotzdem wird mit der Mitteilung der Diagnose einer Gefäßerkrankung oder auch einer anderen Alterskrankheit nicht in gleichem Maße die Prognose angesprochen wie beim Krebs. Abgesehen von der metaphorischen Bedeutung der Kennzeichnung eines Leidens als „Krebs", sind beim Malignom die Beziehungen zwischen Diagnose, Therapie und Prognose besonders eng. Bei den Gefäßprozessen dürften Risikofaktoren auch nach Stellung der Diagnose noch für den Verlauf bedeutsam sein und lassen deshalb eine sekundär präventive Beeinflussung zu, während onkologische Risikofaktoren, soweit heute bekannt, nur so lange relevant sind, bis die Diagnose gestellt ist. Danach ist der Verlauf einerseits durch das Wachstumsverhalten und andererseits durch die Behandlungsmöglichkeiten (operative Entfernung, Bestrahlung, Zytostatika) weitgehend festgelegt. Wegen dieser Relation zwischen Diagnose und Prognose ist das Problem der Aufklärung des unheilbar Kranken in der Onkologie von besonderer Bedeutung oder, wie es Piechowiak (1981) ausdrückt, die Wahrheit am Krankenbett des Krebspatienten ist „paradigmatisch für den Prinzipienstreit", für die entscheidende ethische Frage, ob die Wahrheitspflicht Vorrang vor dem Lebensschutz habe oder umgekehrt.

Vom ahnungslosen zum aufgeklärten Kranken

Bis vor kurzem war es, jedenfalls in den meisten europäischen Ländern, die Regel, den Patienten über Natur und Prognose eines bösartigen Leidens nicht aufzuklären. So heißt es noch in der soziologischen Krankenhausstudie von Glaser u. Strauss (1974), das Personal im Krankenhaus sei dazu erzogen, dem Kranken Informationen über seinen Zustand vorzuenthalten; das bedeute, daß der Betroffene im Bemühen, seine Lage richtig einzuschätzen, niemanden finden könne, der ihm dabei hilft. Diese Einstellung gegenüber dem Patienten war mit der vollen Aufklärung der Angehörigen verbunden, denen die Prognose nicht selten exakter mitgeteilt wurde, als dies bei der Variabilität des zeitlichen Verlaufs letztlich gerechtfertigt war. Studien über das Verhalten der Ärzte zeigten ferner, daß das informierende Gespräch mit dem Krebskranken so „dosiert" wurde, daß es die Kooperation des Patienten für diagnostische und therapeutische Eingriffe sicherstellte.

Wie sind die Auswirkungen dieser *traditionellen* Einstellung auf den Patienten und seine Angehörigen zu beurteilen? An erster Stelle ist hier zu nennen, daß es zwischen dem ahnungslosen Kranken und den voll aufgeklärten Angehörigen keine ungestörte Beziehung mehr geben kann; denn diese werden speziell alle zukunftsbezogenen Gespräche zu vermeiden suchen, um nicht in die Lage zu kommen, ihre Hoffnungslosigkeit verleugnen zu müssen. Das hat zur Folge, daß sich der Kranke zunehmend isoliert fühlen muß. Der „ahnungslose" Kranke bleibt es aber in der Regel nicht, sondern ahnt, daß ihm die Wahrheit vorenthalten wird, und das macht ihn mißtrauisch. Dies führt dazu, daß er das Verhalten seiner Umgebung sorgfältig beobachtet und den Arzt oder die Schwester mit Fragen zu überrumpeln versucht, was zu massiven Aggressionen führen kann. Dieser – das Stationsteam sehr beunruhigende – Zustand endet, wenn der Kranke „weiß", wie es um ihn steht. Im übrigen war auch bei dem traditionellen Nichtinformieren des Kranken nicht von den Alternativen ahnungslos oder wissend auszugehen, sondern von einem „middle knowledge" genannten Kontinuum des Wissens, welches von vollem Akzeptieren bis zur totalen Verleugnung reichte (Moses u. Cividalli 1966).

Es entwickelte sich dabei in vielen Fällen die Situation des *schweigenden Einverständnisses:* Der Kranke, seine Betreuer und die Angehörigen wissen um die Natur der Erkrankung, sie wissen auch, daß der andere davon weiß, aber die entsprechende verbale Verständigung findet nicht statt. Das schweigende Einverständnis muß nicht Beziehungslosigkeit bedeuten. Der unheilbar Kranke kann mit dem unausgesprochenen Wissen eine größere Freiheit wiedergewinnen, die es ihm erlaubt, seine Sorgen auch einmal ganz offen auszusprechen; ebenso brauchen die Betreuer und die Familie ihre Gefühle nicht mehr so ängstlich zu verbergen.

Für den Arzt wurde das Verschweigen der Wahrheit zunehmend schwieriger, je ungünstiger der Verlauf war und z. B. ein Therapieabbruch als Zeichen der Aussichtslosigkeit vor dem Kranken nicht mehr verheimlicht werden konnte. Von der Aufgabe des Arztes her gesehen, war also der erste Schritt (die Wahrheit nur den Angehörigen) relativ einfach. Ihm war aber von Anfang an klar, daß die Belastung der Arzt-Patient-Beziehung dann sehr groß werden würde, wenn der Kranke bei vollem Bewußtsein den Beginn der terminalen Phase erlebte. Bis zu diesem Stadium der Erkrankung mag der Patient durch die ihm vom Arzt gleichsam vorgegebene und gestützte Verleugnung vor unmittelbaren Ängsten um sein Leben bewahrt geblieben sein. Der plötzliche Zusammenbruch der Verleugnung bedeutete stets eine schwere Krise bis hin zur Suizidalität. Der bisher übliche Umgang mit der „Wahrheit am Krankenbett" bei lebensbedrohlichen Erkrankungen garantierte also unter günstigen Bedingungen eine relativ lange Zeit von wirklichem oder vermeintlichem Unbesorgtsein, bis es zu einer schweren psychischen Belastung zu einem Zeitpunkt kam, an dem der Kranke sich auch körperlich schon in einem entkräfteten Zustand befand.

In den letzten zwei Jahrzehnten hat sich ein drastischer *Wandel* in der ärztlichen Einstellung zur Aufklärung vollzogen. Besonders deutlich zeigt dies die Studie von Novack et al. (1979). Sie haben 278 amerikanischen Ärzten den gleichen Fragebogen vorgelegt, mit dem Oken (1961) 219 Ärzte befragt und darüber in seiner Studie *What to tell cancer patients* berichtet hatte. 1961 haben 88% der Ärzte die Kranken grundsätzlich nicht informiert, 1979 haben 98% der Ärzte grundsätzlich informiert. Zwar sind die beiden Studien methodisch nicht wirklich vergleichbar (jüngeres Lebensalter und v. a. über 50% Verweigerer in der neuen Studie!). An dem prinzipiellen Wandel ist kein Zweifel, wenn darüber auch aus der Bundesrepublik bisher noch keine exakten Daten vorliegen (Zander 1981). Die Situation hierzulande kann man etwa so beschreiben, daß sich die neue Einstellung am stärksten in der Onkologie durchgesetzt hat, weniger ausgeprägt in der Strahlentherapie, während auf chirurgischer Seite die traditionelle Einstellung zur Aufklärung noch überwiegt. Im übrigen ist es zu diesem Einstellungsumschwung nicht ganz unerwartet gekommen, wie sich etwa aus der Studie von Demling u. Flügel entnehmen läßt, die 1975 erschien. Aitken-Swan u. Easson (1959) hatten aufgrund eingehender Befragung von 231 Malignompatienten die Auffassung vertreten, *man solle die Krebsdiagnose dann nennen, wenn der Krebs mit Wahrscheinlichkeit heilbar* sei. Das wäre für die Zusammenarbeit mit dem Patienten nützlich, v. a. aber für die Gesundheitserziehung der Bevölkerung. Es gibt noch ein interessantes Detail in den amerikanischen Parallelbefragungen: Genauso wie 1961 die Ärzte ihr Verschweigen voller Überzeugung als das zwingende Ergebnis ihrer klinischen Erfahrung darstellten, so gehen in der Studie von 1979 alle Ärzte, die den Fragebogen beantwortet haben, sehr betont davon aus, der Patient habe ein Recht auf Aufklärung (gute Beispiele für die Argumentation der Ärzte finden sich bei Fitts u. Ravdin 1953). Das hat Novack et al. (1979) in der Diskussion ihrer Ergebnisse dazu veranlaßt, ganz konkret die Frage zu stellen: „Do patients also have a right not to know?"

Wir kennen heute die Tatsache dieser Einstellungsänderung der Ärzte, an der zunehmend auch das Pflegepersonal beteiligt ist (Henke 1980). Wir verfügen aber noch kaum über exakte Untersuchungen, in denen ihre positiven und negativen Konsequenzen näher analysiert sind. Die meisten Arbeiten zum Thema, v. a. auch zur Verleugnungsarbeit, stammen noch aus der Zeit des primär uninformierten Kranken. Unter diesem einschränkenden Gesichtspunkt sind die folgenden Ausführungen zu verstehen.

Ursachen des Wandels in der Einstellung zur ärztlichen Aufklärung

Die verschiedenen Ursachen der Änderung des ärztlichen Verhaltens sind unschwer zu benennen: *Fortschritte in der Malignomtherapie* haben dazu geführt, daß die zeitliche Distanz zwischen Erkrankungsbeginn und Tod sehr viel größer geworden ist und der Prozentsatz der heilbaren onkologischen Patienten, vor allem auch durch Frühdiagnostik, deutlich zugenommen hat. Nicht nur die Ärzte sehen die Prognose des Karzinoms weniger pessimistisch, sondern auch in der Bevölkerung ist die Zahl derer beträchtlich gewachsen, die wissen, daß Krebs heilbar sein kann.

Es kommt hinzu, daß die Medien immer ausführlicher über Krankheiten und deren Behandlung informieren, so daß viele Patienten allein aus ihrer Therapie auf die Natur ihres Leidens schließen können.

Eine andere entscheidende Ursache liegt in den ständig wachsenden *juristischen Forderungen nach Aufklärung* des Patienten. Dies entspricht der allgemeinen Tendenz, dem mündigen Bürger ein uneingeschränktes Recht auf Information zuzusprechen. In einer Entscheidung des California Supreme Court von 1977 heißt es: „The patient's right of self-decision is the measure of the physician's duty to reveal. That right can be effectively exercised only if the patient possesses adequate information to enable an intelligent choice. The scope of the physician's communication to the patient must be measured by the patient's need, and that need is whatever information is material to the decision" (Muss et al. 1979). Hinzu kommt die Kritik der Öffentlichkeit an der bisherigen Arzt-Patienten-Beziehung, wobei die Abhängigkeit des Patienten insbesondere darauf zurückgeführt und dahingehend bemängelt wird, daß dem Kranken wichtige Informationen über sein Leiden vorenthalten werden.

Vor- und Nachteile der Aufklärung für den Patienten

In der Regel vollzieht sich die Information des Patienten heute sehr frühzeitig: Von „Krebsverdacht" wird schon vor einer invasiven diagnostischen Maßnahme, von „Krebs" nach dem ersten histologischen Befund gesprochen. Dabei wird diese Mitteilung nicht selten mit sehr detaillierten, sich weitgehend der Fachsprache bedienenden Angaben über das Stadium der Erkrankung und die sich daraus ergebende Therapieform verbunden. Zu einer getrennten Information der Angehörigen kommt es in der Regel nicht mehr; es wird vielmehr angestrebt, daß sie bei dem ersten aufklärenden Gespräch mit dem Patienten anwesend sind. Dadurch wird die Gefahr einer unterschiedlichen Information von Patient und Angehörigen vermieden und der Arzt hat Gelegenheit, sich ein erstes Urteil über die familiäre Beziehung angesichts der neuen Situation zu bilden.

Der *Vorteil* eines solchen Vorgehens für den Arzt ist offensichtlich: Er ist und bleibt ehrlich gegenüber dem Patienten, es kommt nicht zu dem, was Meerwein et al. (1976) als die „Spaltung" im Umgang mit Krebskranken näher analysiert hat. Die Benennung der lebensbedrohlichen Erkrankung erfolgt sehr frühzeitig, d.h. zu einer Zeit, in der der Patient noch relativ wohl ist, so daß die Aussagen zur Prognose eher in ihren günstigen Aspekten „wahrgenommen" werden dürften. Dabei sollte allerdings nicht übersehen werden, daß die frühzeitige Mitteilung der Krebsdiagnose auch bei guten Heilungschancen zu nachhaltigen seelischen Reaktionen führen kann. Dazu gehören Schuldgefühle, den Arzt nicht rechtzeitig aufgesucht zu haben, oder auch Vorwürfe, der Arzt habe nicht früh genug an eine solche Erkrankung gedacht.

Die juristischen Aufklärungspflichten, speziell auch in der schriftlichen Form des „informed consent", bringen quasi automatisch einen sachbezogenen Stil der Information mit sich. Damit bietet sich dem Arzt auch ein „formalisierter" Stil für das Aufklärungsgespräch an – scheinbar weitgehend befreit von der schwierigen Frage, wie und in welchem Umfang gerade dieser Patient mit der Wahrheit konfrontiert werden darf. Damit entfällt die den Arzt besonders belastende Forderung, in der Behandlung seines Patienten „um jeden Preis" so erfolgreich zu sein, daß er sein Verschweigen der Wahrheit nach Möglichkeit später nicht korrigieren muß.

Das veränderte Aufklärungsverhalten hat aber noch andere Konsequenzen: Die Diagnose einer lebensbedrohlichen Erkrankung erfährt jetzt auch derjenige, dessen Krebserkrankung sich als heilbar erweist. Die lange Zeit regelmäßiger, meist halbjähriger Kontrollen mit der sich vor jeder Nachuntersuchung wieder verstärkenden Ungewißheit haben alle Patienten durchzustehen, d.h. auch die, welche niemals wirklich gefährdet waren. Wenn der Arzt sehr frühzeitig die Diagnose mitteilt, besteht aber auch die Gefahr, daß er den seelischen Vorgängen bei seinem Patienten *im Verlauf* der letztlich tödlichen Erkrankung weniger Aufmerksamkeit meint zuwenden zu müssen, v.a. dann, wenn sich der Patient beim Aufklärungsgespräch ruhig, gefaßt und vernünftig verhalten hat. Im übrigen wird man zu unterscheiden haben zwischen der *Erstinformation* und den *Nachinformationen*, die etwa bei neuen diagnostischen oder therapeutischen Maßnahmen schon durch die Aufklärungspflicht erforderlich werden. Noch gibt es keine Studien darüber, welche Auswirkungen solche mehrfachen Informationen auf den Verleugnungsprozeß haben.

Wir wissen, daß gerade dann mit massiver Verleugnung zu rechnen ist, wenn der Patient plötzlich und unerwartet mit der Wahrheit konfrontiert wird. Eine sehr direkte, vielleicht sogar „brutale" Aufklärung hat in der Regel eine besonders intensive Verleugnung zur Folge. Wenn heute der Patient frühzeitig aufgeklärt wird bzw. unter juristischem Aspekt aufgeklärt werden muß, so kann dies von dem noch nicht durch ein stärkeres Krankheitsgefühl darauf vorbereiteten Patienten wie eine brutale Aufklärung erlebt und mit entsprechend starken Verleugnungstendenzen beantwortet werden. Der Arzt könnte also um so eher übersehen, daß es mit der ersten Mitteilung nicht „getan" ist, daß der Patient trotzdem seiner ständigen, ja zunehmenden Betreuung bedarf, obwohl doch eigentlich „alles gesagt ist". Die Studie von Cassileth et al. (1980) geht nur von Patienten aus, die sich z.Zt. in Zytostatikabehandlung befanden, also über ihre Krankheit informiert waren. „Globale" Verleugnung gab es deshalb hier nicht, wohl aber das, was die Autoren *selektive Verleugnung* nennen, indem der Kranke sich selbst anhand der Statistik jener kleinen Untergruppe zuordnete, die auf die Therapie anspricht.

Informationsbedürfnis der Kranken. Wie schon hervorgehoben, überwiegt heute im öffentlichen Bewußtsein eindeutig die Meinung, der Patient habe ein Recht zu wissen, wie es um ihn steht. Es scheint so, als ob sich viele Ärzte relativ rasch dieser Einstellungsänderung angeschlossen haben. Bei der Diskussion des Themas wird immer darauf verwiesen, daß Umfragen bei Patienten und potentiellen Patienten ganz klar erkennen lassen, daß dies der erklärte Wunsch der meisten Patienten ist. Wir lassen hier die Frage offen, inwiefern Patienten und potentielle Patienten in ihrer Auffassung mit dem öffentlichen Bewußtsein prinzipiell konform gehen wollen, so daß also derartige Befragungen von den *individuellen* Wünschen und Sorgen wenig verraten. Zieger berichtet, daß von 80 bestrahlten Malignompatienten bei 74%

ein „Informationsbedürfnis“ bestand, während nur 14% „genau Bescheid“ wissen wollten. Wichtiger ist es, sich zu vergegenwärtigen, daß die Ergebnisse solcher Umfragen eine viel größere Streubreite erkennen lassen als die Befragung der Ärzte. So hängt die Antwort der Patienten u.a. von der Institution ab, in der sie behandelt werden, und von deren Aufklärungsstrategie (McIntosh 1976). Viele Studien über die Einstellung der Patienten zur vollen Information zeigen die schon lange bekannte Tatsache, daß gerade der Krebspatient in der Regel eine Kritik an seinem behandelnden Arzt, auf den er sich ganz angewiesen fühlt, strikt zu vermeiden sucht. Im übrigen ist auf das eigentlich selbstverständliche Faktum zu verweisen, daß die Einstellung zum Recht auf Wahrheit entscheidend davon abhängt, wer befragt wurde: Gesunde Laien, von denen nach Blumenfeld et al. (1978) 92% im Falle einer unheilbaren Erkrankung informiert werden wollten; Kranke in ambulanter oder stationärer Behandlung; chronisch Kranke oder solche, die akut behandlungsbedürftig sind; Krebskranke in bestimmten Stadien usw. Von *einer* Meinung des Patienten oder des potentiellen Patienten kann sicher nicht gesprochen werden.

Hartwich (1979) hat 56 Kranke einer onkologischen Abteilung untersucht, die alle über ihre Erkrankung aufgeklärt worden waren. 50% bejahten dies, 16% waren gegen die Aufklärung und immerhin 34% konnten keine eindeutige Antwort geben. Er fand, daß höheres Lebensalter, gute soziale Integration und eine möglichst unneurotische Persönlichkeit die besten Voraussetzungen für ein inneres Akzeptieren der Diagnose sind. Diese Verteilung erinnert an die Studie von Spencer-Jones (1981) an 200 Patienten mit inoperablem Bronchialkarzinom. Ihnen wurde gesagt, sie könnten am Ende der Untersuchungen genaue Auskunft erhalten, wenn sie es wünschten, andernfalls würde der Hausarzt benachrichtigt. Etwas mehr als die Hälfte der Patienten nahmen die Möglichkeit, sich informieren zu lassen, nicht wahr. Dabei – das ist besonders hervorzuheben – ließen die Hälfte derer, die nicht informiert werden wollten, eine „awareness of a fatal illness“ erkennen. Man muß sich danach fragen, ob auch heute von vielen Krebskranken das oben beschriebene schweigende Einverständnis als die am ehesten tragbare „unbestimmte Gewißheit“ erlebt wird. Instruktiv ist auch die Studie von Cassileth et al. (1980) an 305 Patienten mit einer metastatischen Krebserkrankung. Bei ⅙ Verweigerungen ergab sich ein klarer Altersunterschied hinsichtlich des Wunsches nach voller Information und Beteiligung an der Entscheidung über Therapiemaßnahmen. Bei jüngeren Patienten mit besserer Schulbildung überwog diese Einstellung als Ausdruck der „new emphasis on individual responsibility and the right to control one's own living and dying“. Sie zeigten dabei mehr Hoffnung als ältere Patienten, von denen die traditionelle Patientenrolle bevorzugt wurde.

Die Situation des unheilbar Kranken *in der Vergangenheit* haben wir charakterisiert. Der entscheidende Nachteil lag für den ahnungslosen Kranken in der mit zunehmendem Leiden unvermeidlichen Enttäuschung über den Arzt, seinem Gefühl, vom Arzt getäuscht zu sein. Vielleicht noch gravierender war die gestörte Beziehung zwischen dem Kranken und seinen genau informierten Angehörigen. Die neue Einstellung hat aber noch eine andere, bisher kaum diskutierte Konsequenz. Die Ausdehnung der Rechte des mündigen Bürgers auf den unheilbar Kranken und Sterbenden ist nicht denkbar ohne das Leitbild vom natürlichen Sterben, vom naturhaften Tod, wie es im dialektischen Materialismus heißt. Auf unsere Thematik bezogen bedeutet das, daß er sich dem Sterben als dem – allen Menschen gemeinsamen – Schicksal zu stellen und sich entsprechend zu verhalten hat. Die schon in der Vergangenheit oft beobachtete Erwartung der Ärzte und des Pflegepersonals, daß sich der Kranke soweit unter Kontrolle habe, daß seine Umgebung nicht durch heftige emotionale Reaktionen oder regressive Tendenzen beunruhigt und übermäßig belastet wird, besteht fort, ja sie könnte sich noch deutlicher artikulieren als bisher. Die neue Einstellung scheint das erwünschte Eingehen auf den *einzelnen* Kranken nicht mehr zu fördern, als dies in der Vergangenheit der Fall war.

Eingangs war von der ethischen Frage die Rede, ob die Wahrheitspflicht oder der Lebensschutz Vorrang haben. Das gilt nicht nur für die Suizidalität unheilbar Kranker. Es gibt neuere Untersuchungen, die die Abhängigkeit immunologischer Vorgänge von Streßfaktoren erkennen lassen. Das Immunsystem wird nicht nur durch sich selbst reguliert, sondern auch durch zahlreiche nichtimmunologische Faktoren, v.a. endokriner Natur. Eine direkte Beeinflussung der Antikörpersynthese durch Streß wurde bei der Ratte nachgewiesen. Beim Mammakarzinom des Menschen zeigte sich eine enge Beziehung zwischen der Effektivität der Zytostatikatherapie und einer Hyperprolaktinämie. Zu gesteigerter Prolaktinausschüttung kommt es beim Menschen unter zahlreichen Bedingungen, darunter auch in akuten und chronischen Streßsituationen. Man geht onkologischerseits heute davon aus, daß das Tumorwachstum und damit die Prognose vom „milieu interne", d.h. von neurovegetativen, endokrinen und (wahrscheinlich unspezifischen) immunologischen Regelkreisen abhängt (Nagel 1982, persönliche Mitteilung). Die Feststellung der Wirkung von Streß auf das biologische Geschehen und v.a. auch auf die Therapie ist von großem Interesse, auch wenn es bis zur Anwendung dieser Erkenntnisse auf die psychologische Situation des Krebskranken noch ein weiter Weg ist.

Schlußbemerkung

Überlegungen zum Umgang mit unheilbar Kranken müssen von den Bedingungen ausgehen, die die öffentliche Meinung und mit ihr die Jurisdiktion zur Frage des Rechts auf Wahrheit gegenwärtig vorgeben. Eine Rückkehr zur Situation des ahnungslosen Kranken ist nicht denkbar und auch nicht wünschenswert, doch sollten die vorausgegangenen Überlegungen deutlich machen, daß eine pauschale Anwendung des totalen Aufklärungsprinzips den *individuellen Bedürfnissen* des Kranken eben nicht gerecht wird.

Die Notwendigkeit und die Schwierigkeit, auf die besonderen Ängste und die Bedürfnisse des Einzelnen einzugehen, läßt sich sehr deutlich an neueren Untersuchungen und persönlichen Mitteilungen zur „Wahrheit am Krankenbett" ablesen. Dazu gehört nicht nur die häufig beobachtete *Diskrepanz* zwischen einem generellen Informationsbedürfnis der Kranken und dem vergleichsweise seltenen Wunsch, alles über die Krankheit, speziell über ihre Prognose zu erfahren. Es zeigt sich auch, daß die Quantität der Informationen nicht entscheidend ist (Reynolds et al. 1981) und auch nicht die Diagnose als solche. Eine im Auftrag der Danish Cancer Society durchgeführte Untersuchung kam zu der Auffassung, daß die Nennung der Diagnose „Krebs" keine gefährlichen emotionalen Reaktionen auslöst und daher empfohlen wird, wobei im methodischen Teil dieser Studie an 135 operierten Krebspatienten ausgeführt wurde, daß „information about the prognosis was kept in general and optimistic terms" (Henrique et al. 1980). Hiermit wird deutlich, daß es bei dem Problem der „Wahrheit am Krankenbett" letztlich nicht um Wahrheit im Sinne von Richtigkeit oder Exaktheit der Aussage geht, sondern um die Wahrhaftigkeit oder die wahrheitsgemäße Information. Diese aber ist im juristischen Sinne nicht exakt bestimmbar, sie läßt sich durch einen schriftlichen „informed consent" nicht erfassen, sie ist vielmehr gebunden an die Gesprächsatmosphäre, an die schwer lehrbare vertrauensvolle Arzt-Patienten-Beziehung. Man mag es bedauern, daß sich die – durch Aufklärungspflicht vorgegebenen – Richtlinien nun doch für den angemessenen Umgang mit einem unheilbar Kranken als untauglich erweisen, ja die Gefahr eines Wahrheitsfanatismus mit sich bringen (Auer 1980). Man kann daraus aber auch mit Befriedigung entnehmen, daß für die „ärztliche Mitmenschlichkeit" (Leuenberger 1979) definitive Anweisungen und Regeln nicht zur Hand sind. Im Beginn der Wende zur vollen Aufklärung des Krebskranken schien es so, als gäbe es gar kein Problem mehr, wie der Arzt sich zu verhalten habe. Daß das nicht der Fall ist, zeigen nicht zuletzt die zahlreichen Diskussionsbemerkungen und Leserbriefe von Ärzten wie von Laien, die gerade in jüngster Zeit in maßgeblichen medizinischen Journalen publiziert werden.

Literatur

Aitken-Swan J, Easson EC (1959) Reactions of cancer patients on being told their diagnosis. Br Med J 21: 779–789

Auer A (1980) Problem der Sterbehilfe aus theologischer Sicht. In: Grundmann E, Flaskamp W (Hrsg) Krebsbekämpfung, Bd 2. Fischer, Stuttgart New York, S 137–145

Blumenfield M, Levy NB, Kaufman D (1978) Do patients want to be told? N Engl J Med 116: 1138

Cassileth BR, Zupkis RV, Sutton-Smith K, March V (1980) Information and participation preferences among cancer patients. Ann Intern Med 92: 832–836

Demling L, Flügel H (1975) Wie steht der Patient zur Aufklärungspflicht des Arztes. Dtsch Med Wochenschr 100: 1578–1589

Fitts WT, Ravdin IS (1953) What Philadelphia physicians tell patients with cancer. JAMA 10: 901–904

Glaser BG, Strauss A (1974) Interaktion mit Sterbenden. Vandenhoeck & Ruprecht, Göttingen

Hartwich P (1979) The question of disclosing the diagnosis to terminally ill patients. Arch Psychiatry 272: 23–32

Henke C (1980) The nurse oncologist. Semin Oncol 7 1: 1–90

Henrique B, Stadil F, Baden H (1980) Patient information about cancer. Acta Chir Scand 146: 309–311

Leuenberger R (1979) Gehört der Tod ins Gespräch zwischen Arzt und Patient? Schweiz Rundsch Med 68: 452–456

McIntosch J (1976) Patient's awareness and desire for information about diagnosed but undisclosed malignant disease. Lancet III: 300–303

Meerwein F, Kauf S, Schneider G (1976) Bemerkungen zur Arzt-Patientenbeziehung bei Krebskranken. Z Psychosom Med 22: 278–299

Moses R, Cividali N (1966) Differential levels of awareness of illness. Ann NY Acad Sci 125: 984–994

Muss HB, White DR, Michielutte R et al. (1979) Written informed consent in patients with breast councer. Cancer 43: 1549–1556
Novack DH, Plumer R, Smith RL, Ochitill H, Morrow GR, Benett JM (1979) Changes in physicians attitudes toward telling the cancer. Cancer 43: 1549–1556
Oken D (1961) What to tell cancer patients. JAMA 175: 1120–1128
Piechowiak H (1981) Die Wahrheitspflicht des Arztes. Wien Med. Wochenschr 130: 787–789
Reynolds PM, Sanson-Fisher RW, Desmond Poole A, Harker J, Byrne MJ (1981) Cancer and communication: Information giving in an oncology clinic. Br Med J 282: 1449–1451
Spencer-Jones J (1981) Telling the right patient. Br Med J 283: 291–292
Zander J (1981) Aufklärung des Krebskranken über die Diagnose. Behandlung und Prognose. Arch Gynaekol 230: 166–174
Zieger MM (1981) Informationsbedürfnis bestrahlter Malignompatienten. Strahlentherapie 157: 310–314

ZUR EIGENSTÄNDIGKEIT DER PSYCHOSOMATISCHEN MEDIZIN

Stellungnahme

H. Freyberger

Vorbemerkung

Aufgrund der Diskussion nach meinem damaligen Göttinger Vortrag *Dialyse und Transplantation,* in der kontroverse Auffassungen zur Organisation und funktionalen Einordnung sowie zu den Aufgabenbereichen der *klinischen Psychosomatik* – insbesondere zwischen Herrn Meyer und mir – zutage traten, gebe ich dieses nachträglich neu formulierte und erweiterte Statement ab. Die Kontroverse drehte sich in erster Linie um die Frage, ob es hinsichtlich ihrer Effektivität vorteilhafter sei, wenn die Psychosomatik ein betont eigenständiges Fach darstelle, oder ob sie besser im direkten Klinikverbund der Psychiatrie funktioniere.

Definitionen

Die Definition des Begriffes *Psychosomatik* beinhaltet die diagnostischen und therapeutischen Überlegungen, die Lehrinhalte sowie den Forschungsansatz im Hinblick auf jene psychologisch-medizinischen Faktoren, die – in enger Wechselbeziehung zu bestimmten biologischen Variablen – die Zustände von Gesundheit und Krankheit mitbegründen.

Diese Definition ist eine typisch „psychosomatische" (im engeren Sinne des Wortes), die dem *psychosozialen* Moment primär eine wichtige teilursächliche Relevanz zubilligt, gleichzeitig jedoch auch nachdrücklich *biologische* Aspekte („somatisches Entgegenkommen") berücksichtigt. Ausgehend von dieser Definition legte Weiner 1977 eine glänzend fundierte Studie vor, in der er konsequent die engen Korrelationen von psychosozialen Momenten, Genetik, Biochemie, Immunologie und Physiologie bei 7 chronischen Erkrankungen aufzeigte, die hinsichtlich ihres psychosozialen Verwobenseins bereits näher untersucht wurden: Ulcus duodeni, essentielle Hypertonie, Bronchialasthma, rheumatoide Arthritis, Colitis ulcerosa, Morbus Crohn und Neurodermitis. Diese umfassende und intensive Berücksichtigung psychischer und physischer Gesichtspunkte, die uns so überzeugend bei Weiner begegnet, signalisiert ferner die hohe Bedeutung von 2 prospektiv eminent wichtigen wissenschaftlichen Subdisziplinen der Psychosomatik: *Psychophysiologie* und *Psychochemie.*

Am Beispiel der 7 von ihm so systematisch bearbeiteten Erkrankungen tendiert Weiner dazu, das Adjektiv „psychosomatisch" einesteils für jene pathologischen Abläufe gelten zu lassen, die ursprünglich wesentlich im Psychosozialen wurzeln, anderenteils auch dann von „psychosomatisch" zu sprechen, wenn bei sog. Gesunden psychosozial relevante Faktoren hinsichtlich der Prädisposition und Prävention von Erkrankungen zur Diskussion stehen. Es gehe nicht darum, spezifische „psychosomatische Patienten" und spezifische „psychosomatische Erkrankungen" systematisch zu klassifizieren, sondern vielmehr im Einzelfall um die Eruierung des jeweiligen teilursächlichen Stellenwertes von psychosozialen Momenten und deren direkter Verknüpfung mit bestimmten biologischen Prozessen in Gesundheit wie Krankheit.

Außerdem beinhaltet die Definition des Begriffes „Psychosomatik" eine *somatopsychische* Korrelation, denn es geht um die diagnostischen und therapeutischen Überlegungen, Lehrinhalte und Forschungsansätze im Hinblick auf jene sekundärpsychischen Rückwirkungen, die beim Patienten reaktiv als Folge der Wahrnehmung einer beeinträchtigenden organischen Erkrankung zutage treten. Beispiele sind die Kranken in Intensivbehandlungseinheiten, Dialyse- und Transplantionspatienten sowie onkologisch Kranke.

Folgerungen

Anhand der klaren Definitionen von Weiner ergibt sich für die Psychosomatik ein eindeutig abgrenzbares, im übrigen hinsichtlich seiner Vielfalt imponierendes psychologisch-medizinisches Gebiet, weil zum einen „Krankhaftes" und „Gesundes" (einschließlich der zugehörigen präventiven Konsequenzen) einbezogen werden, zum andern – über den schon „klassischen" psychoanalytisch orientierten Diagnose- und Therapietrend hinaus – auch die psychobiologischen Korrelationen eine maßgebliche Berücksichtigung erfahren. Allein schon die aus dieser Vielfalt ableitbaren komplexen Kompetenzen machen die *absolute fachliche Eigenständigkeit* der Psychosomatik notwendig.

Für diese Argumentation im Sinne der fachlichen Eigenständigkeit stellen auch die Begriffe „liaison medicine" und „consultative psychiatry" sowie die hiermit verknüpften Funktionsbereiche einen weiteren wesentlichen Beleg dar. *„Liaison medicine"* bezeichnet die kontinuierliche, teambezogene Eingliederung des Psychosomatikers in eine internistische oder andersartig fachbezogene Stationsgruppe zwecks ergänzender Mitarbeit bei der Krankenversorgung und Forschung sowie zur psychologisch-medizinischen Fortbildung der Ärzte-Schwestern-Pflegergruppe. Demgegenüber meint *„Consultative psychiatry"* das Modell des Konsiliardienstes im klassischen Sinne. Die Gesamtheit dieser interdisziplinär orientierten Aktivitäten wird dem Oberbegriff *„consultation-liaison"* zugeordnet. Die zugehörigen *praktisch-klinischen* Aspekte betreffen nicht nur die Psychopathologie und Psychodynamik des psychosomatischen wie somatopsychischen Patienten einschließlich der zugehörigen psychotherapeutischen Interventionen, sondern auch die gleichzeitig existenten somatischen Patientenprobleme und die ableitbaren Interaktionen des Patienten wie des Psychosomatikers mit den zuständigen Ärzte-Schwestern-Pflegergruppen. Wir sehen in der Vielschichtigkeit dieser klinischen, auf den Psychosomatiker direkt zukommenden Aspekte ein *absolutes Spezialproblem*, das nur von ganz eigenständigen Servicegruppen gelöst werden kann und nicht von solchen psychiatrisch-psychosomatischen Gruppen, denen darüber hinaus auch noch die Versorgung weiterer wesentlicher, von psychosomatischen Patienten generell unterschiedlichen Krankengruppen obliegt, wie z. B. endogen Depressive, Schizophrene, Suizidale, Alkoholiker, Tablettenabhängige, hirnorganisch Veränderte. Umgekehrt besteht kein Zweifel daran, daß die psychotherapeutischen und teambezogenen Aktivitäten der klinischen Psychosomatiker um so effektiver sind, je ausgeprägter sie von der Verpflichtung zusätzlicher psychiatrischer Konsultation-Liaison-Aktivitäten entbunden werden.

Angesichts dieser Überlegungen ist auch der Gegeneinwand bedeutungslos, daß im Grunde zum Rüstzeug jedes „guten Psychiaters" auch das systematische psychologisch-medizinische Umgehenkönnen mit psychosomatischen und somatopsychischen Patienten gehöre. Die zugehörigen psychotherapeutischen Maßnahmen – sei es Einzel- oder Gruppenbehandlung oder familientherapeutische Intervention – sind derart umfangreich und setzen eine derart große spezifische Arbeitserfahrung voraus, daß sie nur von einem spezialisierten Psychosomatiker durchgeführt werden können, nicht jedoch – sozusagen zusätzlich – von Psychiatern, die zudem noch gleichermaßen umfangreiche Therapiemaßnahmen, die sich von jenen der psychosomatischen und somatopsychischen Patienten grundsätzlich unterscheiden, bei ihren psychiatrischen Patienten zu verwirklichen haben.

Für unsere Argumentation könnte auch das bisherige Ausmaß der Realisierung des Konsultation-Liaison-Prinzips in den USA – hier wurde dieses Prinzip ursprünglich begründet – und bei uns sprechen. Der Vergleich bietet sich deshalb an, weil die amerikanischen Konsultation-Liaison-Servicegruppen ausschließlich der Psychiatrie zugeordnet sind, während diese bei uns in erster Linie unabhängig agieren und sich historisch eigenständig, vornehmlich in klinisch-internistischen Settings (A. Jores – Hamburg, Th. v. Uexküll – Gießen/Ulm, P. Christian – Heidelberg, W. Seitz – München) entwickelt haben. Angesichts der nordamerikanischen Situation äußerte unlängst Greenhill (1977), ein führender Experte dieses Gebietes, daß nach 40jährigen Anwendungsversuchen des Konsultation-Liaison-Prinzips in den USA, die 2 Generationen psychologischer Mediziner beschäftigt hätte, von deutlich faßbaren Liaisoneffekten bei den Ärzten und Pflegepersonen anderer klinisch-medizinischer Disziplinen keine Rede sein könne. Dieses Votum Greenhills trifft in einem so pessimistischen Ausmaß nicht auf die Situation in der BRD zu. Zwar befinden sich auch bei uns die klinisch-psychosomatischen Servicegruppen nach wie vor in einer gewissen Außenseiterposition. Jedoch ist sie viel weniger ausgeprägt als jene in den USA. Nachdem bei uns der verheißungsvolle Beginn klinisch-psychosomatischer Aktivitäten v. a. psychoanalytisch orientierter Psychosomatiker in den 20er Jahren durch den Nationalsozialismus zerstört worden war, wurde erst in den 50er und 60er Jahren, v. a. dank der überzeugenden Initiativen der erwähnten 4 Internisten, so etwas wie eine klinisch-psychosomatische „Bewegung" faßbar, die dann, ganz wesentlich mitgefördert durch die von den Psychoanalytikern konzipierte psychologische Medizin, in die universitären Lehrstühle und zugehörigen Einheiten für Psychosomatik bzw. Psychotherapie ausmündete. Die von hier ausgehenden Aktivitäten, die erst eine Generation betreffen, haben nicht nur zur Institutionalisierung eigener stationärer Einheiten geführt, sondern lassen auch – auf der Basis des Konsultation-Liaison-Prinzips – eine unverhältnismäßig größere Kliniknähe, v. a. in Bezug zur inneren Medizin, erkennen. Ferner ist unverkennbar, daß bei uns in Krankenversorgung, Weiterbildung und Forschung die Kooperationen zwischen Psychosomatikern und bestimmten Subdisziplinen der inneren Medizin, besonders der Gastroenterologie, Nephrologie, Onkologie, Hypertonologie und Intensivmedizin, viel intensiver sind als in den USA. Demgegenüber wird für den äußeren Beobachter der amerikanischen Situation schnell deutlich, daß die dortigen Konsultation-Liaison-Gruppen hinsichtlich ihrer Funktionseffektivität durch die gleichzeitige Überladung mit spezifisch psychiatrischen Aufgaben eingeschränkt werden.

Der Zukunftsaspekt der Psychosomatik

Auch der Zukunftsaspekt der Psychosomatik spricht eindeutig für deren separate Institutionalisierung. Die zukünftigen Aufgaben der klinischen Psychosomatik sind praktisch unendlich. Hier verwenden wir deshalb den zukunftsbezogenen Begriff „unendlich", weil innerhalb der 3 klinisch-medizinischen Bereiche Krankenversorgung, Lehre und Forschung ganz *tiefgehende psychologisch-medizinische Defizite* existieren, aufgrund derer bestimmte klinische Aktivitäten nur unzulänglich funktionieren, ohne daß dies allerdings von den zugehörigen Ärzte-Schwestern-Pflegergruppen hinreichend wahrgenommen wird. Die Beseitigung dieser Defizite würde, selbst unter der illusorischen Voraussetzung optimaler personeller und finanzieller Möglichkeiten, Jahrzehnte in Anspruch nehmen. Allein schon die beiden m. E. nächstliegenden Forschungsschritte, welche die klinisch-psychosomatische Krankenversorgung und damit auch die interdisziplinäre Kooperation sowie die studentische Lehre und die weiterführende Forschung fördern sollen, sind methodologisch und personell derartig aufwendig, daß sie sich nur durch spezialisierte Psychosomatiker verwirklichen lassen, die frei von zusätzlichen psychiatrischen Aufgaben tätig sein können. Zur näheren Verdeutlichung seien die beiden forschungsträchtigen Strategien mit hoher Zukunftsperspektive genannt:

1. Die Frage der *Kostendämpfungswirkungen* angesichts internistischer Behandlungsmaßnahmen im Falle von gleichzeitigen *ergänzenden psychologisch-medizinischen* Interventionen.
2. Die breitgestreute Erforschung der *psychologisch-medizinischen* Interventionseffekte bei *internistischen* Patienten (unter Einbeziehung von Kontrollgruppen) sowie die kontinuierliche, *interdisziplinär-teambezogene Erprobung* der aus den Forschungsergebnissen resultierenden Psychotherapien.

Literatur

Greenhill MH (1977) The development of liaison programs. IN: Usdin G (ed) Psychiatry medicine. Brunner, New York, S 218–252

Weiner W (1977) Psychobiology and human disease. Elsevier, New York Amsterdam

Stellungnahme

J.-E. Meyer

Zunächst ist Übereinstimmung gegeben: Was heute als Psychosomatik bezeichnet wird, umfaßt zweierlei: die Psychosomatosen mit den klassischen 7 Krankheiten und die somatopsychischen Störungen, d.h. die vielfältigen psychischen Auswirkungen v.a. schwerer chronischer oder auch unheilbarer Krankheiten. Das sind 2 Bereiche, die nicht nur „in ihrer Vielfalt imponieren", sondern für die auch unterschiedliche Behandlungs- und Beratungsformen typisch sind.

Für die Psychosomatosen unterscheidet sich die Therapie der Wahl – trotz mancher Modifikationen – nicht entscheidend von der für die Psychoneurosen. Bei den seelischen Folgen körperlicher Krankheit dagegen läßt sich ein einheitliches Behandlungs- und Beratungskonzept schon deswegen nicht formulieren, weil wir es hier, wie auch dieses Buch zeigt, mit ganz verschiedenartigen Störungen zu tun haben. Dazu gehören: akute seelische Krisen, Trauerreaktionen und vitalisierte Depressionen, ferner neurotische Syndrome als Zuspitzung bzw. Manifestation früher Störungen und schließlich organische Psychosyndrome, oft als Folge moderner Therapieformen. Sehr aufschlußreich hinsichtlich der Häufigkeitsverteilung ist die eben erschienene Studie von Lipowski u. Wolston (1981): Unter den Diagnosen der zur psychiatrischen Konsultation überwiesenen je 1000 Patienten zwischen 1971 und 1974, 1975 und 1979 überwogen bei weitem die Depressionen mit 43–50%; es folgten mit ca. 15% die hirnorganischen Syndrome. Das ist eine sehr klare Aussage von einem der besten Kenner der psychosomatischen Medizin! Sie zeigt, daß auf psychiatrische Erfahrung in der Psychosomatik nicht verzichtet werden kann. Die Aufgaben des Psychosomatikers beschränken sich aber nicht auf den Patienten, sondern zu ihnen gehört auch der Umgang mit der Familie und die Beratung des Teams auf der Station. Hier ist sicher psychotherapeutische Kompetenz von entscheidender Bedeutung, wenn auch die jüngsten Entwicklungen der Sozialpsychiatrie in eine ähnliche Richtung gehen.

In einer grundsätzlichen Arbeit hat Lipowski (1967) betont, daß man die Arbeit des psychiatrischen Konsiliarius in allgemeinen Krankenhäusern „als klinische Anwendung von und Unterweisung in psychosomatischer Medizin" ansehen kann. Er empfiehlt, der „liaision consultant psychiatrist" solle nach Ende seiner psychiatrischen Ausbildung 1 Jahr unter (psychotherapeutischer) Supervision auf allen nichtpsychiatrischen Abteilungen des Krankenhauses arbeiten. Kenntnisse in Psychiatrie und Psychosomatik genügten dafür nicht. Diese Empfehlungen scheinen mir sehr wichtig, auch wenn sich die psychiatrische Weiterbildung in den USA nicht mit der hiesigen vergleichen läßt.

Es wird hier nicht die Meinung vertreten, dieser Bereich sei am besten oder ausschließlich von der Psychiatrie her zu entwickeln. Es erschiene mir aber bedauerlich, jetzt schon eine „separate Institutionalisierung“ der Psychosomatik anzustreben. Der – unabdingbar – interdisziplinäre Charakter jeder psychosomatischen Medizin würde in der Praxis wie in der Forschung dabei Schaden leiden. Auch Bräutigam (1982) verweist auf die Nachteile der Spezialisierung der psychosomatischen Medizin, wodurch der „Abstand zur allgemeinen Medizin und die Abgrenzungstendenz gegenüber den anderen Fächern immer größer geworden“ ist. Gerade die behandelten Themen in diesem Buch zeigen, welchen Umfang und welche Bedeutung psychische Phänomene bei körperlichen Krankheiten und in besonderen Lebensphasen besitzen. Das einer sich abgrenzenden Spezialdisziplin zu überlassen, ist schon organisatorisch unmöglich. Sicher kann ein Arzt, der Psychosomatiker werden möchte, nicht gleichzeitig hinlängliche Erfahrung und Kompetenz erwerben, z. B. in der Onkologie, Gynäkologie und Geriatrie. Es ist auch denkbar und deutet sich auch in diesem Buch an, daß sich in der Zukunft wieder die Tendenz durchsetzen wird, auf den direkt in die Krankenversorgung einbezogenen „Psychoexperten“ nach Möglichkeit zu verzichten, indem die verschiedenen Fachrichtungen der Medizin sich selbst Zugang zu einer fachbezogenen Psychosomatik erarbeiten.

Ein Urteil über die Zukunft der „liaison psychiatry“ zu fällen, ist verfrüht. Soviel läßt sich aber wohl absehen, daß die Konsultation auch in Zukunft die typische psychiatrisch-psychotherapeutische Betreuungs- und Beratungsform sein wird und sich nur an einigen, besonders günstig ausgestatteten und „offenen“ Institutionen für den „liaison psychiatrist“ echte Arbeitsmöglichkeiten bieten. Ob er aus der Psychiatrie, aus der Psychosomatik im engeren Sinne oder aus der analytisch orientierten Psychotherapie kommt, ist nicht entscheidend und sollte im Interesse einer natürlichen Weiterentwicklung offen bleiben.

Literatur

Bräutigam W (1982) Psychotherapie und Psychosomatik in der Medizin? In: Bergener M (Hrsg) Psychiatrie der 80er Jahre. Thiemig, München, S 106–116

Lipowski ZJ (1967) Review of consultation psychiatry and psychosomatic medicine III. Pschosom Med 29: 395–422

Lipowski ZJ, Wolston EJ (1981) Liaison psychiatry and their stability over time. Am J Psychiatry 138: 1608–1611

Sachverzeichnis

GPSR Compliance

The European Union's (EU) General Product Safety Regulation (GPSR) is a set of rules that requires consumer products to be safe and our obligations to ensure this.

If you have any concerns about our products, you can contact us on ProductSafety@springernature.com

In case Publisher is established outside the EU, the EU authorized representative is:

Springer Nature Customer Service Center GmbH
Europaplatz 3
69115 Heidelberg, Germany

Batch number: 10683525

Printed by Printforce, the Netherlands